2025

全国一级注册建筑师资格考试辅导教材

建筑经济 施工与设计业务管理（知识题）精讲精练

土注公社 **组编**

李 馨 王晨军 **主编**

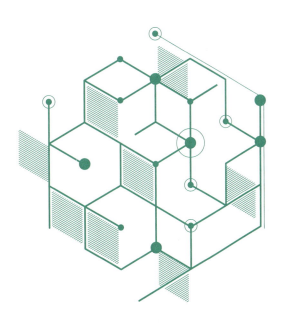

中国电力出版社
CHINA ELECTRIC POWER PRESS

内 容 提 要

  本书根据全国一级注册建筑师资格考试新大纲对《建筑经济 施工与设计业务管理（知识题）》进行了梳理，共分为三大部分，即建筑经济、施工质量验收、设计业务管理。全书通过思维导图、考情分析、考点精讲、典型习题的复习架构帮助考生更好地通过考试。另外，本书配有电子版题库，除了书中的真题，电子版题库还收录了其他年份的真题，对于新考点，还增加有模拟预测题，考生可根据复习进度按章节扫码学习。

  本书可供参加全国一级注册建筑师资格考试的考生复习使用。

图书在版编目（CIP）数据

  2025 全国一级注册建筑师资格考试辅导教材 . 建筑经济 施工与设计业务管理（知识题）精讲精练 / 土注公社组编；李馨，王晨军主编 . -- 北京：中国电力出版社，2025.1. -- ISBN 978 - 7 - 5198 - 9606 - 5

  Ⅰ. TU

  中国国家版本馆 CIP 数据核字第 2024MK0251 号

出版发行：中国电力出版社
地 址：北京市东城区北京站西街 19 号（邮政编码 100005）
网 址：http://www.cepp. sgcc. com. cn
责任编辑：未翠霞（010—63412611）
责任校对：黄 蓓 常燕昆 王海南
装帧设计：张俊霞
责任印制：杨晓东

印 刷：三河市航远印刷有限公司
版 次：2025 年 1 月第一版
印 次：2025 年 1 月北京第一次印刷
开 本：787 毫米×1092 毫米 16 开本
印 张：23
字 数：574 千字
定 价：79.80 元

前　言

一、本书编写的依据及目的

注册建筑师考试自 1995 年 11 月首次在全国举行以来，至今已举行了 27 次（因考试时间调整、考试大纲修订、题库更新等原因，1996 年、2002 年、2015 年、2016 年各停考一次，2022 年考两次）。

为加强新时期建筑师队伍建设，推动注册建筑师资格考试改革，住房和城乡建设部职业资格注册中心发布了全国一级注册建筑师资格考试大纲（2021 年版）（以下简称为新大纲），将原来九门考试科目合并成为六门考试科目。《建筑经济　施工与设计业务管理》科目保持不变，考试内容稍微有所变更。

从考试大纲来看，该科目分为建筑经济、施工质量验收、设计业务管理三个部分。根据本科目 2023 年和 2024 年按照新大纲考试情况，题目总数 75 道题，每题 1 分，合格线为 45 分。其中，建筑经济 20 题，施工质量验收 35 题，设计业务管理 20 题。该科目题型稳定，命题范围清晰，多年来一直保持较高的通过率。

为能帮助考生充分备考 2025 年的考试，土注公社一级注册建筑师备考教研组对《建筑经济　施工与设计业务管理（知识题）》进行考试知识点梳理，结合最新 5 年真题、现行规范和标准以及考试参考书目进行编写。

二、考试大纲变化分析

考试大纲变化分析见表 1。

表 1　　　　　　　　　　　　　　　考试大纲变化分析

考试内容	2002 年版	2021 年版	两版大纲对比解读
建筑经济	了解基本建设费用的组成；了解工程项目概、预算内容及编制方法；了解一般建筑工程的技术经济指标和土建工程分部分项单价；了解建筑材料的价格信息，能估算一般建筑工程的单方造价；了解一般建设项目的主要经济指标及经济评价方法；熟悉建筑面积的计算规则	了解建设工程投资构成。 了解建设工程**全过程**投资控制，包括：**策划阶段**中，投资估算的作用、编制依据和内容，项目建议书、可行性研究、技术经济分析的作用和基本内容。**设计阶段**中，设计方案经济比选和限额设计方法；估算、概算、预算的作用、编制依据和内容。**招投标阶段**中，工程量清单、标底、招标控制价、投标报价的基本知识。**施工阶段**中，施工预算、资金使用计划的作用、编制依据和内容，工程变更定价原则。**竣工阶段**中，工程结算、工程决算的作用、编制依据和内容，工程索赔基本概念。**运营阶段**中，项目后评价基本概念。 了解工程**投融资**基本概念	1. 强调全过程造价管理，从策划，设计，招投标，施工，竣工，运营各个阶段进行投资控制。 2. 增加工程投融资考查

I

考试内容	2002 年版	2021 年版	两版大纲对比解读
施工质量验收	了解砌体工程、混凝土结构工程、防水工程、建筑装饰装修工程、建筑地面工程的施工质量验收规范基本知识	了解**建筑工程施工质量的验收方法、程序和原则**；了解砌体工程、混凝土结构工程、**钢结构工程**、防水工程、建筑装饰装修工程、建筑地面工程等的**施工工序**及施工质量验收规范、标准基本知识	1. 增加建筑工程施工质量验收。 2. 增加钢结构工程施工质量验收
设计业务管理	了解与工程勘察设计有关的法律、行政法规和部门规章的基本精神；熟悉注册建筑师考试、注册、执业、继续教育及注册建筑师权利与义务等方面的规定；了解设计业务招标投标、承包发包及签订设计合同等市场行为方面的规定；熟悉设计文件编制的原则、依据、程序、质量和深度要求；熟悉修改设计文件等方面的规定；熟悉执行工程建设标准，特别是强制性标准管理方面的规定；了解城市规划管理、房地产开发程序和建设工程监理的有关规定；了解对工程建设中各种违法、违纪行为的处罚规定	了解与工程勘察设计有关的法律、行政法规和部门规章的基本精神；了解**绿色和可持续发展**及**全过程咨询服务**等行业发展要求。 熟悉注册建筑师考试、注册、执业、继续教育及注册建筑师权利与义务等方面的规定。 了解**施工招投标管理和施工阶段合同管理**；了解建设工程**项目管理和工程总承包管理**内容；了解**工程保险**基本概念；了解建筑**使用后评估**基本概念和内容。 了解设计项目招标投标、承包发包及签订设计合同等市场行为方面的规定；熟悉各阶段设计文件编制的原则、依据、程序、质量和深度要求及修改设计文件的规定；熟悉执行工程建设标准，特别是强制性标准管理方面的规定。 了解城市规划管理、**城市设计管理**、房地产开发程序和建设工程监理的有关规定；了解对工程建设中各种违法、违纪行为的处罚规定	1. 强调绿色和可持续发展及全过程咨询服务。 2. 增加合同管理和总承包管理的考查。 3. 增加工程保险和使用后评估的考查。 4. 增加城市设计管理的考查

三、每篇分值统计

本书收集了 2020～2024 年（2022 年考两次）近 5 年的真题，按照该科目考试大纲的内容，将这些真题分为建筑经济、施工质量验收与设计业务管理三个部分。每年各部分的真题比例及真题数量详见表 2～表 5。从表 2 可以看出，2023 年以来考试题量减少，由 85 题减少到 75 题，施工质量验收题量在近三次考试中占比有所提高，是大家复习的重点，真题分布对比如图 1 所示。

表 2　　　　　　　　　　　各部分所占真题比例

篇名	2024 年	2023 年	2022 年 12 月	2022 年 5 月	2021 年	2020 年
建筑经济	20	20	25	25	24	24
施工质量验收	35	35	40	40	38	38
设计业务管理	20	20	20	20	23	23
总计	75	75	85	85	85	85

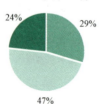
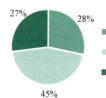

图 1　真题分布对比

1. 建筑经济

建筑经济部分各章节试题数量

章　名	近5年考试分值统计（2022年考两次）					
	2024年	2023年	2022年12月	2022年5月	2021年	2020年
第一章　建设程序与工程造价的确定	0	1	0	1	1	0
第二章　建设项目投资的构成	3	3	3	5	2	4
第三章　策划阶段的投资控制	1	2	0	1	1	1
第四章　设计阶段的投资控制	4	2	8	5	4	4
第五章　招标投标阶段的投资控制	3	3	2	1	4	1
第六章　施工阶段的投资控制	4	2	0	0	1	0
第七章　竣工、运营阶段的投资控制	2	2	0	0	0	0
第八章　建设工程技术经济分析	1	3	8	7	8	11
第九章　工程项目投融资	2	2	0	0	0	0
总计	20	20	21	20	21	21

注：新大纲中删除了"建筑面积计算"相关考点，在2023～2024年考题中也未考查，故在本书编写时未编入相关考题。

2. 施工质量验收

表4

施工质量验收部分各章节试题数量

章　名	近5年考试分值统计（2022年考两次）					
	2024年	2023年	2022年12月	2022年5月	2021年	2020年
第十章　施工质量验收标准	6	6	0	0	0	0
第十一章　砌体工程	4	4	8	7	6	5
第十二章　混凝土结构工程	5	4	8	8	6	4
第十三章　钢结构工程	2	3	0	0	0	0
第十四章　防水工程	6	7	5	6	7	10
第十五章　建筑装饰装修工程	8	7	12	12	12	12
第十六章　地面工程	4	4	7	7	7	7
总计	35	35	40	40	38	38

3. 设计业务管理

表5

设计业务管理部分各章节试题数量

章　名	近5年考试分值统计（2022年考两次）					
	2024年	2023年	2022年12月	2022年5月	2021年	2020年
第十七章　注册建筑师管理的有关规定	1	2	2	2	0	3
第十八章　设计文件编制的有关规定	3	1	1	3	1	5
第十九章　工程建设强制性标准的有关规定	1	2	1	0	1	2
第二十章　与工程勘察设计有关的法规	4	4	5	3	10	5
第二十一章　城市规划、城市设计及房地产开发程序	2	3	5	4	6	3
第二十二章　工程监理的有关规定	2	1	1	2	1	1
第二十三章　招投标管理	4	1	2	4	2	4

章 名	近 5 年考试分值统计（2022 年考两次）					
	2024 年	2023 年	2022 年 12 月	2022 年 5 月	2021 年	2020 年
第二十四章　建设工程项目管理的有关规定	2	3	1	1	1	0
第二十五章　行业发展要求	1	3	2	1	1	0
总计	20	20	20	20	23	23

四、本书使用说明

本书的每章前面给出了思维导图和考情分析，以帮助考生对整个章节建立系统框架并找到知识点之间的联系，引导考生找到考试出题人的角度，在复习时宜有的放矢，不用面面俱到。考生可以先抓分值分布高的知识点，以提高复习效率。

本书将重要的知识点与考点浓缩进各章下面的小节中，其中，关键词都用带色字体区分，以便考生在复习的过程中更易抓到重点。书中将自 2020 年以来的真题考点都进行了标注，例如，【2023】表示此知识点在 2023 年出过题。考生在复习完考点精讲后，可以通过考点后面的典型习题进行自我检测。

需要特别提到的是，本书中对于常考考点的考试频率用★的数量来表述，★越多表示考点出现的频率越高。

考点后的典型习题大多选自近几年的考试真题，并标注了真题的年份和题号，如［2021 - 10］表示 2021 年的第 10 题，［2022（5）- 20］表示 2022 年 5 月考试真题的第 20 题。

另外，近年来很多通用规范颁布实施，把相关强制性条文集中到一本规范中，对于原规范中的强制性条文全部废止，但有些条文在新规范中无替代性条文，只废止了其强制性，为了保证考点的完整性，书中保留了相关废止条文，在条文号后统一加上标记▲，以示提醒。

同时，考生可以通过微信公众号搜索"土注公社"，从公众号页面右下角"土注题库"进入免费历年真题题库学习。

第一章～第十四章主要由李馨、王晨军编写，第十五章～第二十五章主要由王晨军、薛婧编写，此外，还有钟水永等土注公社成员参加了编写。在此对全体成员的辛勤付出表示感谢。

本书出版后，希望能与广大考生积极互动，从而不断更新优化本书内容。因编者能力有限，书中难免有不妥之处乃至错误，欢迎各位考生批评指正。各位读者可扫描下方二维码联系我们。

预祝各位考生取得好成绩，考试顺利通过。

土注公社 一级注册建筑师备考教研组
2025 年 1 月于厦门

备考复习
交流微信群

免费规范
讲解视频

目 录

B　施工质量验收

C 设计业务管理

A 建筑经济

第一章 建设程序与工程造价的确定

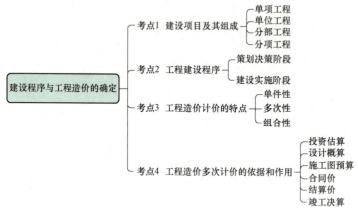

考 点	近5年考试分值统计					
	2024年	2023年	2022年 12月	2022年 5月	2021年	2020年
考点1 建设项目及其组成	0	0	0	0	0	0
考点2 工程建设程序	0	0	0	0	0	0
考点3 工程造价计价的特点	0	0	0	0	0	0
考点4 工程造价多次计价的依据和作用	0	1	0	1	1	0
总 计	0	1	0	1	1	0

考点1：建设项目及其组成

建设项目	建设项目：按一个总体规划或设计进行建设的，由一个或若干个互有内在联系的单项工程组成的工程总和。建设项目在经济上独立核算，行政上有独立的组织形式并实行统一管理。 建设项目可分为**单项工程、单位工程、分部工程和分项工程**
单项工程	单项工程：在一个建设项目中，**具有独立的设计文件，建成后可以独立发挥生产能力或使用功能**的工程项目。【2018】 单项工程是建设项目的组成部分，一个建设项目可以只有一个单项工程，也可以有若干个单项工程

单位工程	两本标准对于单位工程的名词解释有差别。 根据《工程造价术语标准》（GB/T 50875—2013），单位工程是指具有**独立的设计文件**能够**独立组织施工**，但**不能独立发挥生产能力或使用功能**的工程项目。 根据《建筑工程施工质量验收统一标准》（GB 50300—2013），单位工程是指具备独立施工条件并能形成独立使用功能的建筑物或构筑物。 单位工程是单项工程的组成部分。对于建设规模较大的单位工程，可将其能形成独立使用功能的部分划分为一个子单位工程。**一般情况下，将单位工程作为工程成本核算的对象**
分部工程	分部工程是单位工程的组成部分，一般按**专业性质**、**工程部位**确定。建筑的分部工程有：地基与基础、主体结构、建筑装饰装修、屋面、建筑给水排水及供暖、通风与空调、建筑电气、智能系统、建筑节能、电梯等。 当分部工程较大或较复杂时，可按**材料种类**、**施工特点**、**施工程序**、**专业系统及类别**将分部工程划分为若干子分部工程。例如，地基与基础分部工程划分为地基、基础、基坑支护、地下水控制、土方、边坡和地下防水六个子分部工程
分项工程	分项工程是分部工程的组成部分，一般分项工程按**主要工种**、**材料**、**施工工艺**、**设备类别**进行划分，例如地基子分部划分为素土、灰土地基，砂和砂石地基，土工合成材料地基，粉煤灰地基，强夯地基，注浆地基，预压地基，砂石桩复合地基，高压旋喷注浆地基，水泥土搅拌桩地基，土和灰土挤密桩复合地基，水泥粉煤灰碎石桩复合地基，夯实水泥土桩复合地基等分项工程。 **分项工程是形成建筑产品的基础，也是计量工程用工用料和机械台班消耗的基本单元**
建设项目分解示意图（图1-1）	**建设项目：**可分为单项工程、单位工程、分部工程和分项工程。 **单项工程＞单位工程＞分部工程＞分项工程** 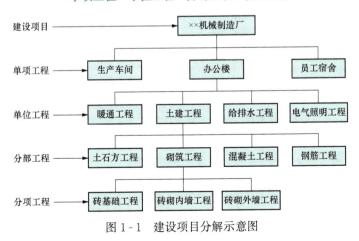 图1-1 建设项目分解示意图

1-1 [2018-17] 具有独立的设计文件，建成后能够独立发挥生产能力或使用功能的工程项目是（　　）。

A. 单项工程　　　　B. 单位工程　　　　C. 分部工程　　　　D. 分项工程

答案： A

解析： 参见考点1中"单项工程"相关规定。

考点2：工程建设程序

工程 建设 程序 （图1-2）	在建设项目的整个过程中，从**策划决策、勘察设计、建设准备、施工、生产准备、竣工验收，直至考核评价**，各项工作必须按照一定的顺序进行，这个顺序就是所谓的工程建设程序。在我国，这个过程被划分为三个主要阶段：**策划决策阶段、建设实施阶段和运营使用阶段**。每个阶段都包含有多项工作。细分下来，整个工程建设程序主要包括以下几项主要工作 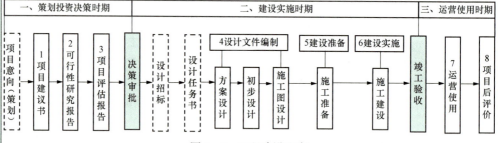 <center>图1-2　工程建设程序</center>
项目 建议书	项目建议书是一份建议文件，旨在提出建设某一具体工程项目的请求。在投资决策之前，它是对建设项目所进行的一种初步设想和轮廓描述。特别是对于政府计划投资建设的工程项目，首要步骤就是编制并提交**项目建议书**以供审批
可行性 研究	可行性研究是针对建设项目进行的技术和经济方面的科学分析，旨在评估项目的可行性。一旦项目建议书获得批准，项目便可立项，随后编制并提交可行性研究报告以供审批。可行性研究可以分为**初步**和**详细**两个阶段，研究深度逐步加深。 　　对于政府投资的项目，采用不同的投资方式会有不同的审批要求。采用**直接投资和资本金注入方式**的项目，政府主管部门主要审批项目建议书和可行性研究报告，一般**不再审批开工报告**，但对初步设计和概算的审批较为严格。若采用投资补助、转贷或贷款贴息方式，仅需审批资金申请报告。对于非政府资金的企业投资项目，不再实行审批制，而是根据项目性质实行核准制或登记备案制。政府仅对重大或限制类项目进行核准，以维护社会公共利益，其他项目则改为备案制。企业投资建设的核准制项目，只需提交项目申请报告，无须再经过批准项目建议书、可行性研究报告和开工报告的流程

编制和报批设计文件	在项目决策之后，需要对预定的建设地点进行工程地质勘察，并呈交勘察报告，从而为设计工作奠定基础。一旦通过设计招标或方案比选确定了设计单位，就可以启动初步设计文件的编制工作。一般而言，工程项目的设计流程被划分为两个阶段：**初步设计和施工图设计**的两阶段设计。然而，对于规模较大、复杂度较高的项目，需要在初步设计阶段之后增设一个**技术设计**阶段（也称为扩大初步设计阶段），形成初步设计、技术设计和施工图设计的三阶段流程。相应地，我们需要编制**初步设计总概算、修正总概算和施工图预算**。 编制初步设计文件，应当满足编制施工招标文件、主要设备材料订货和编制施工图设计文件的需要。编制施工图设计文件，应当满足设备材料采购、非标准设备制作和施工的需要，并注明建设工程的合理使用年限
建设准备	在项目开始建设之前，需要做好一系列准备工作，包括解决征地、拆迁和场地平整问题，确保施工所需的用水、用电和道路都已接通，准备好必要的施工图纸，选择合适的施工队伍、监理单位和材料设备供应商，并办理相关的施工许可证和质量监督注册手续。当所有建设准备工作都按规定完成后，且具备了开工条件，建设单位才能申请开工，从而进入正式的施工安装阶段
施工安装和生产准备	当建设工程满足开工要求并取得施工许可证后，即可组织施工安装工作。施工承包单位应按照合同规定、设计图纸和施工规范，确保按时完成施工任务，同时负责编制和审核工程结算。对于生产性建设项目，建设单位在工程项目竣工并即将投产前，应做好一系列生产或使用前的准备工作，包括建立生产管理机构，招募和培训生产人员，组织相关人员参与设备的安装、调试和验收工作，以及确保生产原材料的供应等
项目竣工验收、投产经营和考核评价	当建设项目按照批准的设计文件规定的内容建成，且满足了验收标准，应按照竣工验收报告的规定内容进行竣工验收。竣工验收合格后，应办理固定资产的移交手续并编制工程决算，此后，工程项目便转入生产或使用阶段。 针对某些工程项目，在生产运营一段时间后可能需要接受考核评价。这种评价涉及对工程项目的立项决策、设计、施工、投产运营以及建设效益等各个方面进行综合评估，旨在总结经验、找到改进之处，并最终提高投资效益

考点 3：工程造价计价的特点

特点	建设工程造价是指为建设一个工程项目，**从筹建到竣工交付使用**的全过程中所投入的全部**固定资产投资**费用。这种工程建设项目与一般工业生产存在显著的区别，具有其独特性，即每一个项目都是独特的，流动性强，建设过程较长，涉及的投资额巨大，且在建设工期上往往有严格的要求。这些特殊性使得建设工程的产品造价在计算上与常规的工业产品存在明显的差异。具体来说，工程计价的主要特点可以归纳为以下三点： ①单件性；②多次性；③组合性

单件性	每个工程项目都有其独特的用途，包括不同的建筑和结构形式，以及各异的建造地点。此外，所采用的建筑材料和施工工艺也会有所不同。因此，每个工程项目必须进行独立设计、独立建设，只能进行单独的计价
多次性	建设工程必须遵循建设程序，分阶段进行。每个阶段对工程造价的计价和管理都有不同的要求，因此需要在建设程序的每个阶段进行多次计价。图1-3展示了这一多次性计价过程，其中不同的阶段对应着不同的工程计价。从图1-3可以看出，工程的计价是一个逐步细化，直到最终确定实际工程造价的过程。  图1-3 工程多次性计价示意图
组合性	建设项目被分解为单项工程、单位工程、分部工程和分项工程。由于建设项目的这种组合性，使得工程造价的计算成为一个逐步组合的过程。当为工程建设项目编制设计概算和施工图预算时，需要按照工程的分部分项工程进行组合，并逐步向上进行计价，这是一个**从细部到整体**的计价流程。同时，根据规定的建设程序，分阶段进行建设，并在每个设计和建设阶段都进行多次计价。其计算顺序为：**分部分项工程单价→单位工程造价→单项工程造价→建设项目总造价**

典型习题

1-2［2017-1］下列关于编制概、预算的过程和顺序，正确的是（　　）。
A. 单项工程造价→单位工程造价→分部分项工程造价→建设项目总造价
B. 单位工程造价→单项工程造价→分部分项工程造价→建设项目总造价
C. 分部分项工程造价→单位工程造价→单项工程造价→建设项目总造价
D. 单位工程造价→分部分项工程造价→单项工程造价→建设项目总造价
答案：C
解析：参见考点3中"组合性"相关规定。

考点4：工程造价多次计价的依据和作用【★★★】

投资估算	在编制项目建议书和可行性研究报告时，项目投资估算的确定可依据工程造价管理部门发布的**投资估算指标**、类似工程造价资料、工程所在地市场价格和工程实际情况进行估算造价。投资估算可以为建设项目投资决策和技术经济评价提供重要依据。在项目建议书、预可行性研究、可行性研究及方案设计等阶段，均需编制投资估算。**作为工程造价的目标限额，用于控制初步设计概算和整体工程造价，同时也是制定投资计划、筹措资金和申请贷款的重要依据**

设计概算	在初步设计阶段，设计单位依据初步设计图纸和相关说明，利用概算定额、概算指标和费用标准来编制设计总概算，该总概算涵盖项目从筹建到竣工验收的全部建设费用。若项目进行三段设计，则在技术设计阶段进行修正总概算的编制。初步设计阶段或技术设计阶段所确定的预期建设工程造价被称为概算造价。 经批准的设计总概算是建设项目造价控制的最高限额，通常需控制在立项批准的投资额度内。一旦设计概算超出该控制额度，必须进行设计修改或重新进行立项审批。设计总概算一旦获得批准，不得随意进行修改或调整；任何修改或调整都需经过原批准部门的重新审批。设计总概算是确定建设项目总造价、签订建设项目总承包合同的依据，也是用于控制施工图预算和评估设计经济合理性的基础
施工图预算	在建筑安装工程开工前，根据已批准的施工图纸和预算定额、工程量清单计价规范、当地生产要素价格水平及其他计价文件，编制出工程计价文件，即为施工图预算。由此阶段确定的工程预期造价被称为预算造价，其详细度和精确度高于概算造价，但需受概算造价的约束，经审核的施工图预算造价不得超过设计总概算所确定的造价。 施工图预算在控制工程造价、工程招标投标、签订建筑安装工程承包合同等方面起到关键作用，同时也是确定标底的重要依据
合同价	经发包方和承包方共同参考相关计价文件和市场行情后，所签订的建设项目承包合同、建筑安装工程承包合同以及材料设备采购合同等所确定的合同价格，具有市场价格性质。该合同价格构成双方进行工程结算的基础
结算价	合同履行中，因设计变更、超出合同规定的市场价格波动等因素导致工程造价发生变动，故需根据合同规定的调整范围和方法对合同作出必要调整，进而确定工程结算价。工程结算为发包方与承包方根据合同约定，对合同内已完成、中止或竣工的工程项目进行价款计算和确认的文件。 竣工结算则是承包方完成合同约定的全部工作并经验收合格后，双方基于约定的合同价款、调整事项及索赔等内容，最终计算并确认竣工项目工程价款的文件。在工程竣工阶段，施工单位需依据施工合同、经双方确认的索赔和现场签证等资料编制工程竣工结算计价文件。结算价代表了该工程的实际成交价格
竣工决算	竣工决算是基于实物数量和货币形式，对建设项目在建设期的总投资、投资效果、新增资产价值，以及财务状况进行全面衡量和分析的过程。它所确定的实际完成投资额，集中体现了竣工建设项目的所有费用。当工程项目通过竣工验收并交付使用时，建设单位需要按照建设项目的实际费用来编制竣工决算。竣工决算所确定的造价，即竣工决算价，是该工程项目的实际工程造价，同时也是核定建设项目资产实际价值的基准。【2023，2022（5），2021】 需要明确的是，竣工结算与竣工决算在对象上有所区别：竣工结算主要针对发、承包双方合同约定的工程项目，而竣工决算则面向整个工程建设项目

1-3［2023-18］全面反映建设工程项目建设费用及财务情况的总结性文件是（　　）。

A. 竣工结算
B. 竣工决算
C. 签约合同价
D. 最高投标限价

答案：B

解析：竣工决算是核定建设项目资产实际价值的依据，是全面反映建设工程项目建设费用及财务情况的总结性文件。

1-4［2022（5）-9］下列属于竣工决算价的作用的选项是（　　）。

A. 确定施工结算价
B. 确定固定资产价值
C. 支付承包工程价款
D. 调整概算

答案：B

解析：参见考点4中"竣工决算"相关规定，竣工决算价是建设项目的实际造价，确定固定资产价值。

1-5［2019-5］政府投资建设项目造价控的最高限额是（　　）。

A. 承发包合同价
B. 经批准的设计总概算
C. 设计单位编制的初步设计概算
D. 经审查批准的施工图预算

答案：B

解析：参见考点4中"设计概算"相关规定，经批准的设计总概算工程建设投资的最高限额。

第二章　建设项目投资的构成

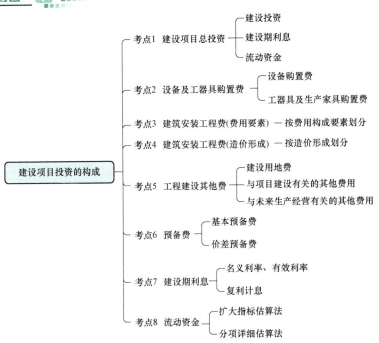

建设项目投资的构成
- 考点1　建设项目总投资
  - 建设投资
  - 建设期利息
  - 流动资金
- 考点2　设备及工器具购置费
  - 设备购置费
  - 工器具及生产家具购置费
- 考点3　建筑安装工程费(费用要素)—— 按费用构成要素划分
- 考点4　建筑安装工程费(造价形成)—— 按造价形成划分
- 考点5　工程建设其他费
  - 建设用地费
  - 与项目建设有关的其他费用
  - 与未来生产经营有关的其他费用
- 考点6　预备费
  - 基本预备费
  - 价差预备费
- 考点7　建设期利息
  - 名义利率、有效利率
  - 复利计息
- 考点8　流动资金
  - 扩大指标估算法
  - 分项详细估算法

考情分析

考点	近5年考试分值统计					
	2024年	2023年	2022年12月	2022年5月	2021年	2020年
考点1　建设项目总投资	1	1	0	1	0	0
考点2　设备及工器具购置费	0	0	1	1	0	1
考点3　建筑安装工程费（费用要素）	1	0	1	1	1	1
考点4　建筑安装工程费（造价形成）	0	0	0	0	0	0
考点5　工程建设其他费	0	1	0	1	1	1
考点6　预备费	1	1	1	0	0	1
考点7　建设期利息	0	0	0	0	0	0
考点8　流动资金	0	0	0	1	0	0
总　　计	3	3	3	5	2	4

考点1：建设项目总投资 【★★】

建设项目总投资的构成（图2-1）	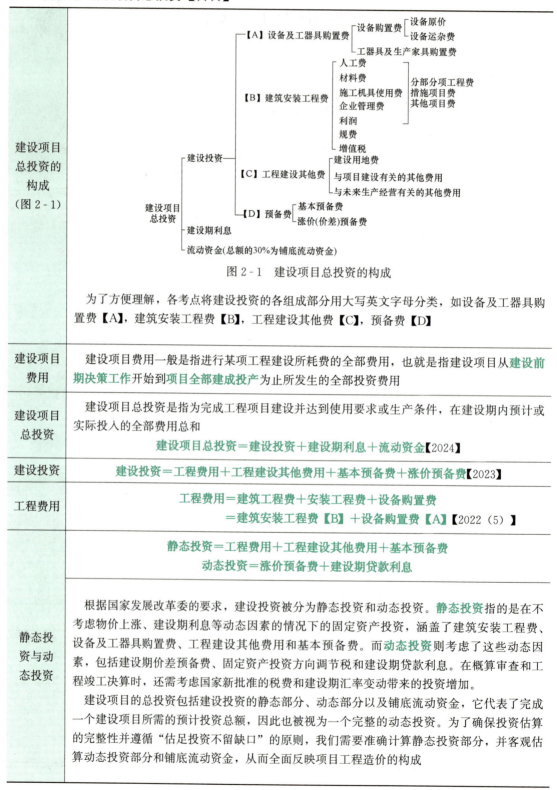 图2-1 建设项目总投资的构成 为了方便理解，各考点将建设投资的各组成部分用大写英文字母分类，如设备及工器具购置费【A】，建筑安装工程费【B】，工程建设其他费【C】，预备费【D】
建设项目费用	建设项目费用一般是指进行某项工程建设所耗费的全部费用，也就是指建设项目从**建设前期决策工作**开始到**项目全部建成投产**为止所发生的全部投资费用
建设项目总投资	建设项目总投资是指为完成工程项目建设并达到使用要求或生产条件，在建设期内预计或实际投入的全部费用总和 **建设项目总投资＝建设投资＋建设期利息＋流动资金【2024】**
建设投资	**建设投资＝工程费用＋工程建设其他费用＋基本预备费＋涨价预备费【2023】**
工程费用	**工程费用＝建筑工程费＋安装工程费＋设备购置费** **＝建筑安装工程费【B】＋设备购置费【A】【2022（5）】**
静态投资与动态投资	**静态投资＝工程费用＋工程建设其他费用＋基本预备费** **动态投资＝涨价预备费＋建设期贷款利息** 根据国家发展改革委的要求，建设投资被分为静态投资和动态投资。**静态投资**指的是在不考虑物价上涨、建设期利息等动态因素的情况下的固定资产投资，涵盖了建筑安装工程费、设备及工器具购置费、工程建设其他费用和基本预备费。而**动态投资**则考虑了这些动态因素，包括建设期价差预备费、固定资产投资方向调节税和建设期贷款利息。在概算审查和工程竣工决算时，还需考虑国家新批准的税费和建设期汇率变动带来的投资增加。 建设项目的总投资包括建设投资的静态部分、动态部分以及铺底流动资金，它代表了完成一个建设项目所需的预计投资总额，因此也被视为一个完整的动态投资。为了确保投资估算的完整性并遵循"估足投资不留缺口"的原则，我们需要准确计算静态投资部分，并客观估算动态投资部分和铺底流动资金，从而全面反映项目工程造价的构成

2-1 [2024-1] 生产性建设项目总投资包括建设投资、建设期利息以及（　　）。

A. 建设用地费

B. 流动资金

C. 生产准备费

D. 联合试运转费

答案：B

解析：生产性建设项目总投资包括建设投资、建设期利息以及流动资金。

2-2 [2023-1] 我国现行建设投资包括工程费用、工程建设其他费以及（　　）。

A. 预备费

B. 铺动流动资金

C. 建设期项目借款

D. 建设期利息

答案：A

解析：建设投资包括工程费用（【A】＋【B】）、工程建设其他费【C】以及预备费【D】。

2-3 [2022（5）-3] 某建设项目估算的建筑工程费为1200万元，设备购置费为2000万元，安装工程费为500万元，工程建设其他费用为800万元，基本预备费为200万元，价差预备费为100万元，上述数据均含增值税，该建设项目估算的工程费用为（　　）。

A. 3700万元

B. 2800万元

C. 800万元

D. 400万元

答案：A

解析：参见考点1中"工程费用"相关规定，工程费用＝【A】＋【B】＝设备购置费＋建筑工程费＋安装工程费＝2000＋1200＋500＝3700（万元）。

考点2：设备及工器具购置费【★★★】

费用构成（图2-2）	设备及工器具购置费【A】涵盖建设项目设计范围内的需安装与不需安装的设备、仪器、仪表及其备品备件的费用，以及保证初期正常生产所需的仪器仪表、工卡具模具、器具和生产家具的费用。 设备及工器具购置费【A】由设备购置费用【A1】和工器具及生产家具购置费【A2】组成，在固定资产投资中占有重要地位。在生产性项目中，设备、工器具费用与资本的有机构成紧密相关，其占工程造价比例的增加反映了生产技术的进步和资本有机构成的提升

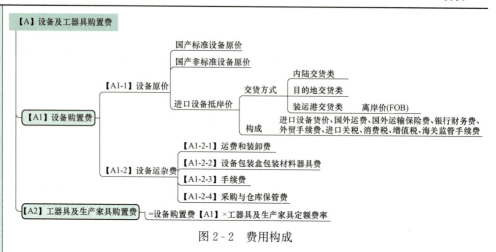

图 2-2　费用构成

费用构成 （图 2-2）	【A1】设备购置费 　　是指为工程建设项目购置或自制的达到固定资产标准的设备、工具、器具的费用。 　　设备购置费按下式计算： **设备购置费＝设备原价（或进口设备抵岸价）＋设备运杂费** 　　其中，**设备原价**是指国产标准设备、国产非标准设备、引进设备的原价。**设备运杂费**系指设备原价中未包括的设备包装和包装材料费、运输费、装卸费、采购费及仓库保管费和设备供销部门手续费等。如果设备是由设备成套公司供应的，成套公司的服务费也应计入设备运杂费之中。【2022（12），2019】 【A2】工器具及生产家具购置费 　　是指新建项目或扩建项目初步设计规定，保证生产初期正常生产所必须购置的、没有达到固定资产标准的设备、仪器、工卡模具、器具、生产家具和备品备件等的购置费用，一般是以设备购置费为计算基数，按照行业（部门）规定的工器具及生产家具定额费率计算。其计算公式为： **工器具及生产家具购置费＝设备购置费×工器具及生产家具定额费率**
国产标准 设备	国产标准设备是按照国家主管部门规定的标准图纸和技术要求，由国内生产厂家批量生产并符合国家质量检验标准的设备。其原价通常以设备制造厂的出厂价为准，若由设备公司成套供应，则根据订货合同价确定。该价格可根据生产厂或供应商的询价、报价、合同价或特定的计算方法来确定
国产非标 准设备	非标准设备指的是国家没有固定标准，各生产厂家不能批量生产，只能依据特定设计图纸进行单次制造的设备。其原价计算方法多种多样，如成本计算估价法、系列设备插入估价法、分部组合估价法、综合定额估价法等，但目标都是使非标准设备的价格接近其实际出厂价，并确保计算方法的简洁性。按照成本计算估价法，非标准设备的原价涵盖了材料费、加工费、辅助材料费、专用工具费、废品损失费、外购配套件费、包装费、利润、税金以及非标准设备设计费

进口设备交货方式	进口设备的交货方式及价格可分为三类：内陆交货类、目的地交货类和装运港交货类。 （1）**内陆交货类**指卖方在出口国内陆指定地点完成交货。卖方需按时提交合同规定的货物及相关凭证，并承担交货前的所有费用和风险；买方则负责按时接收货物、支付货款，并承担接收后的所有费用和风险，同时需自行处理出口手续和装运事宜。货物所有权在交货后转移至买方。此方式适用于各种运输方式，主要包括工厂交货价（EXW）和货交承运人价（FCA）两种价格条款。 （2）**目的地交货类**要求卖方在进口国的港口或内地完成交货，包括目的港船上交货价（DES）、目的港码头交货价（DEQ）及完税后交货价（DDP）等。在此类交货方式下，买卖双方的责任、费用和风险以约定的目的地交货点为界限；只有当卖方将货物交付给买方掌控时，才视为完成交货并可收取货款。由于此类方式对卖方风险较大，通常在国际贸易中并不受卖方欢迎。 （3）**装运港交货类**指卖方在出口国装运港完成交货，主要有装运港船上交货价（FOB/离岸价）、运费在内价（C&F）、装运港船边交货价（FAS）及运费、保险费在内价（CIF）。特点是卖方在约定时间于装运港交货，装船并提供货运单据后，即完成交货并可凭单据收款，适用于海运或内陆水运。 **FOB 是我国进口设备最常用的价格条款**。卖方的责任包括在规定期限内在合同指定装运港将货物装至买方指定船只、及时通知买方、承担装船前的费用和风险、办理出口手续及提供相应证件、提供装运单据。买方则负责租船订舱、支付运费、通知卖方船期和船名、承担装船后的费用和风险、办理保险和支付保险费、在目的港办理进口和收货手续、接收卖方提供的装运单据并按合同支付货款
进口设备抵岸价的构成	进口设备抵岸价是指抵达买方边境港口或车站，且缴完关税以后的价格，是由进口设备货价和进口从属费用组成。我国进口设备采用最多的是装运港船上交货价（FOB），其抵岸价构成可按下列公式计算：【2022（5）】 <div align="center">**进口设备抵岸价＝货价＋进口从属费用** **＝货价＋国外运费＋国外运输保险费＋银行财务费** **＋外贸手续费＋进口关税＋增值税＋消费税＋海关监管手续费**</div> （1）**进口设备货价**是指进口设备货价分为原币货价和人民币货价。原币货价一般按离岸价（FOB 价）计算，币种一律折算为美元表示。 <div align="center">**人民币货价＝原币货价（FOB 价）×外汇牌价（美元兑换人民币中间价）**</div> （2）**国外运费**是从装运港（站）到我国抵达港（站）的运费。当采用运费率时，应按下式计算： <div align="center">**国外运费（海、陆、空）（外币）＝原币货价（FOB 价）×运费率**</div>

进口设备抵岸价的构成	当采用运费单价时，按下式计算：

当采用运费单价时，按下式计算：

国外运费（海、陆、空）（外币）＝货物运量净重×毛重系数（1.15～1.25）×运费单价

以上两个公式中的运费率和运费单价可参照执行中国技术进出口集团有限公司和中国机械进出口集团有限公司规定，还可参照中国远洋运输有限公司、交通运输部和中国民用航空局等有关运价表计算。注意软件不计算运费

（3）**国外运输保险费**。对外贸易货物运输保险是由保险人（保险公司）与被保险人（出口人或进口人）订立保险契约，在被保险人交付议定的保险费后，保险人根据保险契约的规定对货物在运输过程中发生的承保责任范围内的损失给予经济上的补偿。这属于财产保险。计算公式为：

$$国外运输保险费（外币）＝\frac{原币货价（FOB价）＋国外运费}{1-国外运输保险费率}×国外运输保险费率$$

其中保险费率可按保险公司规定的进口货物保险费率计算，注意软件不计算运输保险费

（4）**银行财务费**一般是指中国银行手续费，按下式计算：

银行财务费（元）＝货价（FOB价）×人民币外汇牌价×银行财务费率

式中的银行财务费率，一般为 0.4%～0.5%

（5）**外贸手续费**是指按对外经济贸易部规定的外贸手续费率计取的费用，按下式计算：

外贸手续费（元）＝［离岸价（FOB价）＋国外运费＋运输保险费］×人民币外汇牌价×外贸手续费率

＝到岸价（CIF价）×人民币外汇牌价×外贸手续费率

式中的外贸手续费率一般取 1.5%

（6）**进口关税**是由海关对进入国境或关境的货物和物品征收的一种税。按下式计算：

进口关税（元）＝关税完税价格×进口关税税率

＝到岸价（CIF价）×人民币外汇牌价×进口关税税率

进口货物的完税价格由海关审定、以成交价格为基础的到岸价为准。到岸价格（CIF价）包括原币货价、加上货物运抵中国海关境内、运入地点起卸前的包装费、运费、保险费和其他劳务费等费用，按下式计算：

关税完税价格（元）＝［原币货价（外币）＋国外运费（外币）＋运输保险费（外币）］×外汇牌价（人民币中间价）

＝到岸价（CIF价）×人民币外汇牌价

进口关税税率分为优惠和普通两种。普通税率适用于与我国没有签订关税互惠条款的国家和地区的进口设备。若进口货物来自与我国签订有关税互惠条款的国家和地区，则采用优惠税率。关税税率根据中华人民共和国海关总署发布的标准，租赁进口的货物，为完税价格以其租金为准

进口设备抵岸价的构成	（7）**消费税**。仅对进口时应纳消费税的货物（如轿车、摩托车等），按下式计算： $$消费税（元）=\frac{关税完税价格+关税}{1-消费税税率}×消费税税率$$ $$=\frac{抵岸价×人民币外汇牌价+关税}{1-消费税税率}×消费税税率$$ 其中，消费税税率按国家颁发的税率计算。即根据《中华人民共和国消费税暂行条例》规定的税率计算。如从量计税消费税按下式计算： $$消费税（元）=应税消费品的数量×消费税单位税额$$
	（8）**增值税**是我国政府对从事进口贸易的单位和个人，在进口商品报关进口后征收的税种。我国增值税条例规定，进口应税产品均按组成计税价格和增值税税率直接计算应纳税额，按下式计算： $$进口产品增值税额（元）=组成计税价格×增值税税率$$ $$=（关税完税价格+进口关税+消费税）×增值税税率$$ $$=（到岸价×人民币外汇牌价+进口关税+消费税）$$ $$×增值税税率$$ 增值税税率根据《中华人民共和国增值税暂行条例》规定的税率计算。对减、免进口关税的货物，同时减、免进口环节的增值税。目前进口设备适用增值税税率一般为17%
	（9）**海关监管手续费**是指海关对进口减税、免税、保税货物实施监督、管理、提供服务的手续费，对于全额征收进口关税的货物不计本项费用。海关监管手续费应按下列公式计算： $$海关监管手续费=到岸价×人民币外汇牌价×海关监管手续费率$$ 式中海关监管手续费率：进口免税、保税货物为3‰；进口减税货物为3‰×减税百分率
设备运杂费组成 【2020， 2018， 2017】	设备运杂费包含以下几个部分： （1）国产标准设备从**制造厂交货地**至**工地仓库**或指定堆放地点的**运费和装卸费**；对于进口设备，则从我国到岸港口或边境车站至工地仓库或指定堆放地点的运费和装卸费。 （2）**设备包装及包装材料器具费**，除非已包含在出厂价或进口设备价格中。 （3）**设备供销部门的手续费**，按照统一费率计算。 （4）建设单位或工程承包公司的**采购与仓库保管费**，包括相关人员的工资、附加费用、办公费、差旅交通费、设备供应部门的固定资产使用费、工具用具使用费、劳动保护费和检验试验费等，按规定的采购与保管费率计算
	在一般情况下，设备运杂费率**在沿海和交通便利地区相对较低**，而在内地和交通不便地区则相对较高，边远省份更高。对于非标准设备，为了大幅降低设备运杂费，优先选择就近的设备制造厂、施工企业制作或由建设单位自行制作。由于进口设备原价高且国内运距短，因而运杂费比率应适当降低，我国通常按照6%的费率计算

设备运杂费计算	(1) 进口货物的运杂费＝到岸价（外币）×外汇汇价×设备运杂费率 (2) 出口货物的运杂费＝$\dfrac{离岸价×外汇汇价－国内运费}{1＋运杂费率}×运杂费率$ (3) 国内非贸易货物的设备运杂费＝出厂价（设备原价）（元）×运杂费率 设备运杂费率按各部门及省、市等的规定计取

2-4［2022（12）-1］下列选项中，属于设备购置费的是（　　）。

A. 该设备的外贸进口手续费

B. 设备的基础与金属结构安装费

C. 与设备相连的平台，栏杆工程费

D. 为检测工程质量，对单台设备的试运转费

答案：A

解析：参见考点2中"费用构成"相关规定，外贸手续费属于进口设备抵岸费，属于设备购置费。

2-5［2022（5）-11］下列选项中，属于进口货物的设备购置费用的是（　　）。

A. 抵岸价

B. 出厂价

C. 抵岸价＋运杂费

D. 原价＋运杂费

答案：C

解析：参见考点2中"费用构成""进口设备抵岸价的构成"相关规定，进口设备原价＝抵岸价，购置费＝抵岸价＋运杂费。

2-6［2020-2］下列关于设备运杂费说法正确的是（　　）。

A. 沿海地区和交通便利的地方设备运杂费相对便宜些

B. 运至仓库的费用不算在运杂费里

C. 国产设备运至工地后发生的装卸费不应包括在运杂费中

D. 工程承包公司采购的相关费用不应计入运杂费

答案：A

解析：参见考点2中"设备运杂费组成"相关规定，沿海地区和交通便利的地方设备运杂费相对便宜些。运至仓库的费用、装卸费、采购的相关费用均应计入运杂费。

考点3：建筑安装工程费（费用要素）【★★★】

费用构成 （图2-3） 【2021，2020】	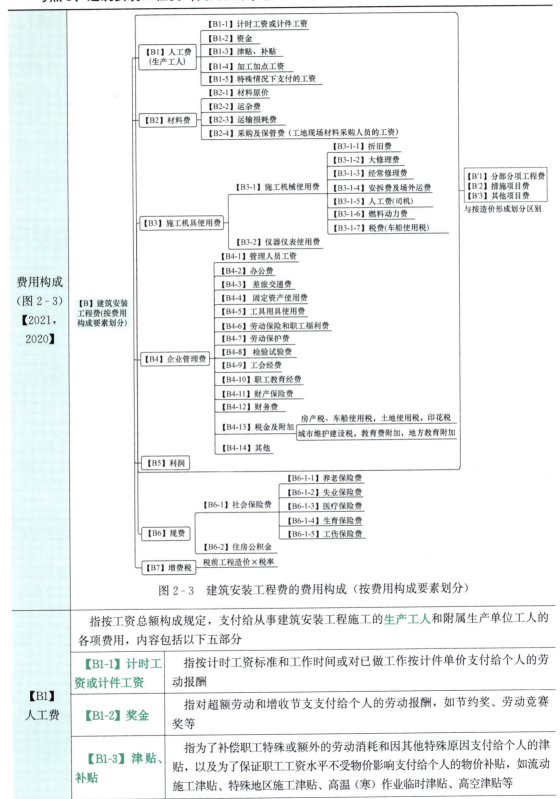

图2-3　建筑安装工程费的费用构成（按费用构成要素划分）

	指按工资总额构成规定，支付给从事建筑安装工程施工的**生产工人**和附属生产单位工人的各项费用，内容包括以下五部分	
【B1】 人工费	**【B1-1】计时工资或计件工资**	指按计时工资标准和工作时间或对已做工作按计件单价支付给个人的劳动报酬
	【B1-2】奖金	指对超额劳动和增收节支支付给个人的劳动报酬，如节约奖、劳动竞赛奖等
	【B1-3】津贴、补贴	指为了补偿职工特殊或额外的劳动消耗和因其他特殊原因支付给个人的津贴，以及为了保证职工工资水平不受物价影响支付给个人的物价补贴，如流动施工津贴、特殊地区施工津贴、高温（寒）作业临时津贴、高空津贴等

17

【B1】人工费	【B1-4】加班加点工资	指按规定支付的在法定节假日工作的加班工资和在法定日工作时间外延时工作的加点工资	
	【B1-5】特殊情况下支付的工资	指根据国家法律、法规和政策规定，因病、工伤、产假、计划生育假、婚丧假、事假、探亲假、定期休假、停工学习、执行国家或社会义务等原因按计时工资标准或计时工资标准的一定比例支付的工资	
【B2】材料费	指施工过程中耗费的原材料、辅助材料、构配件、零件、半成品或成品、工程设备的费用，内容包括以下四部分		
	【B2-1】材料原价	指材料、工程设备的出厂价格或商家供应价格	
	【B2-2】运杂费	指材料、工程设备自来源地运至工地仓库或指定堆放地点所发生的全部费用	
	【B2-3】运输损耗费	指材料在运输装卸过程中不可避免的损耗	
	【B2-4】采购及保管费	指在组织采购、供应和保管材料、工程设备的过程中所需要的各项费用，包括采购费、仓储费、工地保管费、仓储损耗	
【B3】施工机具使用费	指施工作业所发生的施工机械、仪器仪表的使用费或其租赁费		
	【B3-1】施工机械使用费	(1) 折旧费：指施工机械在规定的使用年限内，陆续收回其原值的费用	
		(2) 大修理费：指施工机械按规定的大修理间隔台班进行必要的大修理，以恢复其正常功能所需的费用	
		(3) 经常修理费：指施工机械除大修理以外的各级保养和临时故障排除所需的费用，包括为保障机械正常运转所需替换设备与随机配备工具附具的摊销和维护费用，机械运转中日常保养所需润滑与擦拭的材料费用及机械停滞期间的维护和保养费用等	
		(4) 安拆费及场外运费：安拆费指施工机械（大型机械除外）在现场进行安装与拆卸所需的人工、材料、机械和试运转费用，以及机械辅助设施的折旧、搭设、拆除等费用；场外运费指施工机械整体或分体自停放地点运至施工现场或由一施工地点运至另一施工地点的运输、装卸、辅助材料及架线等费用	
		(5) 人工费：指机上司机（司炉）和其他操作人员的人工费	
		(6) 燃料动力费：指施工机械在运转作业中所消耗的各种燃料及水、电等费用	
		(7) 税费：指施工机械按照国家规定应缴纳的车船使用税、保险费及年检费等	
	【B3-2】仪器仪表使用费	指工程施工所需使用的仪器仪表的摊销及维修费用【2017】	

【B4】 企业管理费	指建筑安装企业组织施工生产和经营管理所需的费用。施工企业管理费由企业自主确定，可选用以①分部分项工程费、②人工费和③人工费和机械费合计，这三种计算基础进行计算	
	【B4-1】管理人员工资	指按规定支付给管理人员的计时工资、奖金、津贴补贴、加班加点工资及特殊情况下支付的工资等
	【B4-2】办公费	指企业管理办公用的文具、纸张、账表、印刷、邮电、书报、电子信息网络、办公软件、现场监控、会议、水电、烧水和集体取暖降温（包括现场临时宿舍取暖降温）等费用
	【B4-3】差旅交通费	指职工因公出差、调动工作的差旅费、住勤补助费，市内交通费和误餐补助费，职工探亲路费，劳动力招募费，职工退休、退职一次性路费，工伤人员就医路费、工地转移费以及管理部门使用的交通工具的油料、燃料等费用
	【B4-4】固定资产使用费	指管理和试验部门及附属生产单位使用的属于固定资产的房屋、设备、仪器等的折旧、大修、维修或租赁费
	【B4-5】工具用具使用费	指企业施工生产和管理使用的不属于固定资产的工具、器具家具、交通工具和检验、试验、测绘、消防用具等的购置、维修和摊销费
	【B4-6】劳动保险和职工福利费	指由企业支付的职工退职金、按规定支付给离休干部的经费、集体福利费、夏季防暑降温、冬季取暖补贴、上下班交通补贴等
	【B4-7】劳动保护费	企业按规定发放的劳动保护用品的支出，如工作服、手套、防暑降温饮料，以及在有碍身体健康的环境中施工的保健费用等
	【B4-8】检验试验费	指施工企业按照有关标准规定，对建筑以及材料、构件和建筑安装物进行一般鉴定、检查所发生的费用，包括自设试验室进行试验所耗用的材料等费用，不包括新结构、新材料的试验费，对构件做破坏性试验及其他特殊要求检验试验的费用和建设单位委托检测机构进行检测的费用，对此类检测发生的费用，由建设单位在工程建设其他费用中列支，但对施工企业提供的具有合格证明的材料进行检测不合格的，该检测费用由施工企业支付
	【B4-9】工会经费	指企业按《工会法》规定的全部职工工资总额比例计提的工会经费
	【B4-10】职工教育经费	指按职工工资总额的规定比例计提，企业为职工进行专业技术和职业技能培训，专业技术人员继续教育、职工职业技能鉴定、职业资格认定以及根据需要对职工进行各类文化教育所发生的费用
	【B4-11】财产保险费	指施工管理用财产、车辆等的保险费用
	【B4-12】财务费	指企业为施工生产筹集资金或提供预付款担保、履约担保、职工工资支付担保等所发生的各种费用

【B4】企业管理费	【B4-13】税金及附加	指企业按规定缴纳的房产税、车船使用税、土地使用税、印花税城市维护建设税、教育费附加、地方教育附加等
	【B4-14】其他	包括技术转让费、技术开发费、投标费、业务招待费、绿化费、广告费公证费、法律顾问费、审计费、咨询费、保险费等
【B5】利润	指施工企业完成所承包工程获得的盈利。施工企业根据企业自身需求并结合建筑市场实际情况自主确定，利润应计入分部分项工程费和措施项目费中，并列入工程报价中	
【B6】规费	指按国家法律、法规规定，由省级政府和省级有关权力部门规定必须缴纳或计取的费用，包括社会保险费和住房公积金等。【2022（5）】 社会保险费和住房公积金应以定额人工费为计算基础，根据工程所在地省、自治区、直辖市或行业建设主管部门规定的费率计算。 其他应列而未列入的规费应按工程所在地环境保护等部门规定的标准缴纳，按实计取列入	
	【B6-1】社会保险费	(1) 养老保险费：指企业按照规定标准为职工缴纳的基本养老保险费
		(2) 失业保险费：指企业按照规定标准为职工缴纳的失业保险费
		(3) 医疗保险费：指企业按照规定标准为职工缴纳的基本医疗保险费
		(4) 生育保险费：指企业按照规定标准为职工缴纳的生育保险费
		(5) 工伤保险费：指企业按照规定标准为职工缴纳的工伤保险费
	【B6-2】住房公积金	指企业按规定标准为职工缴纳的住房公积金
【B7】增值税	增值税是指按国家税法规定应计入建筑安装工程造价内的增值税销项税额。税前工程造价为人工费、材料费、施工机械使用费、企业管理费、利润和规费之和，各费用项目均以不包含增值税（可抵扣进项税额）的价格计算 **增值税销项税额＝税前工程造价×税率**	

典型习题

2-7［2024-3］按照费用构成要素划分，建筑安装工程费包括人工费、材料费、施工机具使用费以及（　　）。

A. 现场管理费、风险费用、利润

B. 企业管理费、风险费用、措施项目费和税金

C. 企业管理费、利润、规费和税金

D. 措施项目费、其他项目费、规费和税金

答案：C

解析：按照费用构成要素，建安工程费包括"人材机管利规税"。

2-8 [2022（5）-2] 下列选项中属于建筑安装工程规费的是（　　　）。

A. 劳动保护费　　　　B. 财产保险费　　　　C. 工程保险费　　　　D. 社会保险费

答案：D

解析：参见考点3中"【B6】规费"相关规定，规费由施工企业应给员工缴纳的五险一金组成。劳动保护费、财产保险费属于企业管理费，工程保险费属于与项目建设有关的其他费用。

考点4：建筑安装工程费（造价形成）

费用构成 （图2-4）	

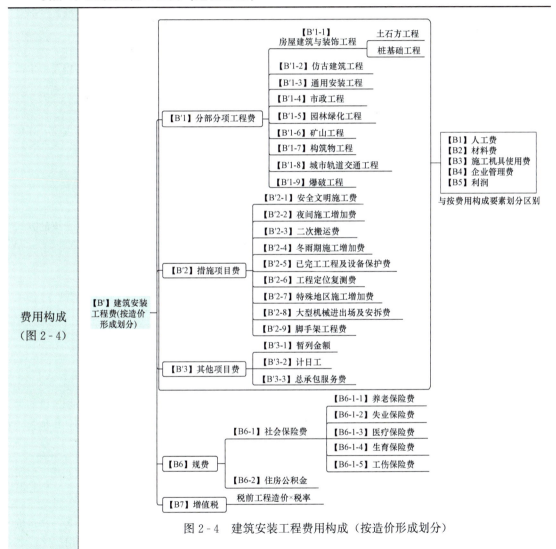

图2-4 建筑安装工程费用构成（按造价形成划分）

建筑安装工程费有两种划分方式，按费用构成要素划分用【B】表示，按造价形成用【B'】表示。

建筑安装工程造价由分部分项工程费、措施项目费、其他项目费、规费和增值税组成

【B′1】 分部分项工程费	分部分项工程费是指各专业工程的分部分项工程应予列支的各项费用： （1）专业工程：指按现行国家计量规范划分的房屋建筑与装饰工程、仿古建筑工程、通用安装工程、市政工程、园林绿化工程、矿山工程、构筑物工程、城市轨道交通工程、爆破工程等各类工程。 （2）分部分项工程：按现行国家计量规范对各专业工程划分的项目，如房屋建筑与装饰工程划分的土石方工程、地基处理与桩基工程、砌筑工程、混凝土及钢筋混凝土工程等。各类专业工程的分部分项工程划分见《房屋建筑与装饰工程工程量计算标准》（GB/T 50854—2024，以下简称《计量标准》）。 <div align="center">分部分项工程费 ＝∑（分部分项工程量×综合单价）</div>式中综合单价包括人工费、材料费、施工机具使用费、企业管理费和利润，以及一定范围的风险费用，但不包括规费和税金	
【B′2】 措施项目费	指为完成建设工程施工，发生于该工程施工前和施工过程中的技术、生活、安全、环境保护等方面的费用。 措施项目及其包含的内容详见各类专业工程的《计量标准》。 《计量标准》规定应予以计量的措施项目费的计算公式为： <div align="center">按"量"计价的措施项目费 ＝∑（措施项目工程量×综合单价）</div>《计量标准》规定不宜计量的措施项目，措施项目费一般按照计算基数乘以费率的方式计算，计算基数为人工费或人工费与机械费之和。 <div align="center">按"项"计价的措施项目费 ＝∑（计算基数×费率）</div>	
	【B′2-1】安全文明施工费	1）环境保护费：指施工现场为达到环保部门要求所需要的各项费用
		2）文明施工费：指施工现场文明施工所需要的各项费用
		3）安全施工费：指施工现场安全施工所需要的各项费用
		4）临时设施费：指施工企业为进行建设工程施工所必须搭设的生活和生产用的临时建筑物、构筑物和其他临时设施的费用，包括临时设施的搭设、维修、拆除、清理费或摊销费等【2017】
	【B′2-2】夜间施工增加费	指因夜间施工所发生的夜班补助费、夜间施工降效、夜间施工照明设备摊销及照明用电等费用
	【B′2-3】二次搬运费	指因施工场地条件限制而发生的材料、构配件、半成品等一次运输不能到达堆放地点，必须进行二次或多次搬运所发生的费用
	【B′2-4】冬雨期施工增加费	指在冬期或雨期施工需增加的临时设施、防滑、排除雨雪人工及施工机械效率降低等费用
	【B′2-5】已完工程及设备保护费	指竣工验收前，对已完工程及设备采取的必要保护措施所发生的费用

【B′2】措施项目费	【B′2-6】工程定位复测费	指工程施工过程中进行全部施工测量放线和复测工作的费用
	【B′2-7】特殊地区施工增加费	指工程在沙漠或其边缘地区、高海拔、高寒、原始森林等特殊地区施工增加的费用
	【B′2-8】大型机械设备进出场及安拆费	指机械整体或分体从停放场地运至施工现场或由一个施工地点运至另一个施工地点，所发生的机械进出场运输及转移费用及机械在施工现场进行安装、拆卸所需的人工费、材料费、机械费、试运转费和安装所需的辅助设施的费用
	【B′2-9】脚手架工程费	指施工需要的各种脚手架搭、拆、运输费用以及脚手架购置费的摊销（或租赁）费用
【B′3】其他项目费	【B′3-1】暂列金额	指建设单位在工程量清单中暂定并包括在工程合同价款中的一笔款项，用于施工合同签订时尚未确定或者不可预见的所需材料、工程设备、服务的采购，施工中可能发生的工程变更、合同约定调整因素出现时的工程价款调整以及发生的索赔、现场签证确认等的费用。 暂列金额由建设单位根据工程特点，按有关计价规定估算，施工过程中由建设单位掌握使用，扣除合同价款调整后如有余额，归建设单位
	【B′3-2】计日工	指在施工过程中，施工企业完成建设单位提出的施工图纸以外的零星项目或工作所需的费用。计日工由建设单位和施工企业按施工过程中的签约证明计价
	【B′3-3】总承包服务费	指总承包人为配合、协调建设单位进行的专业工程发包，对建设单位自行采购的材料、工程设备等进行保管以及施工现场管理、竣工资料汇总整理等服务所需的费用。 总承包服务费由建设单位在招标控制价中根据总包服务范围和有关计价规定编制，施工企业投标时自主报价，施工过程中按签约合同价执行
规费和增值税		同考点2组成与计算方法。 建设单位和施工企业均应按照省、自治区、直辖市或行业建设主管部门发布的标准计算规费和增值税，不得作为竞争性费用

典型习题

2-9 ［2018-2］建筑安装工程费用按工程造价的形成可划分为（　　　）。

A. 人料机费，企业管理费，利润，规费，税金

23

B. 分部分项工程费，措施项目费，其他项目费，规费，税金

C. 直接费，间接费，利润，税金

D. 设备及工具购置费，建安工程费，工程建设其他费，预备费和建设期贷款

答案：B

解析：参见考点 4 中"费用组成"相关规定，按工程造价的形成划分：【B′1】分部分项工程费，【B′2】措施项目费，【B′3】其他项目费，【B6】规费，【B7】税金。

2-10 ［2017-4］施工现场设立的安全警示标志、现场围挡等所需要的费用应计入（　　）。

A. 分部分项工程费

B. 规费项目费

C. 措施项目费

D. 其他项目费

答案：C

解析：参见考点 4 中"【B′2】措施项目费"相关规定，施工现场设立的安全警示标志、现场围挡等所需要的费用应计入安全文明施工费中的临时设施费。

考点 5：工程建设其他费【★★★★】

工程建设其他费是指在工程筹建至竣工验收期间，除建筑安装工程费和设备及工器具购置费外，为保证项目成功建设和正常运行所需的各项费用之和，应纳入项目或单项工程造价。这些费用大致可分为三类：建设用地费、与项目建设有关的其他费用、与未来企业生产经营相关的费用。

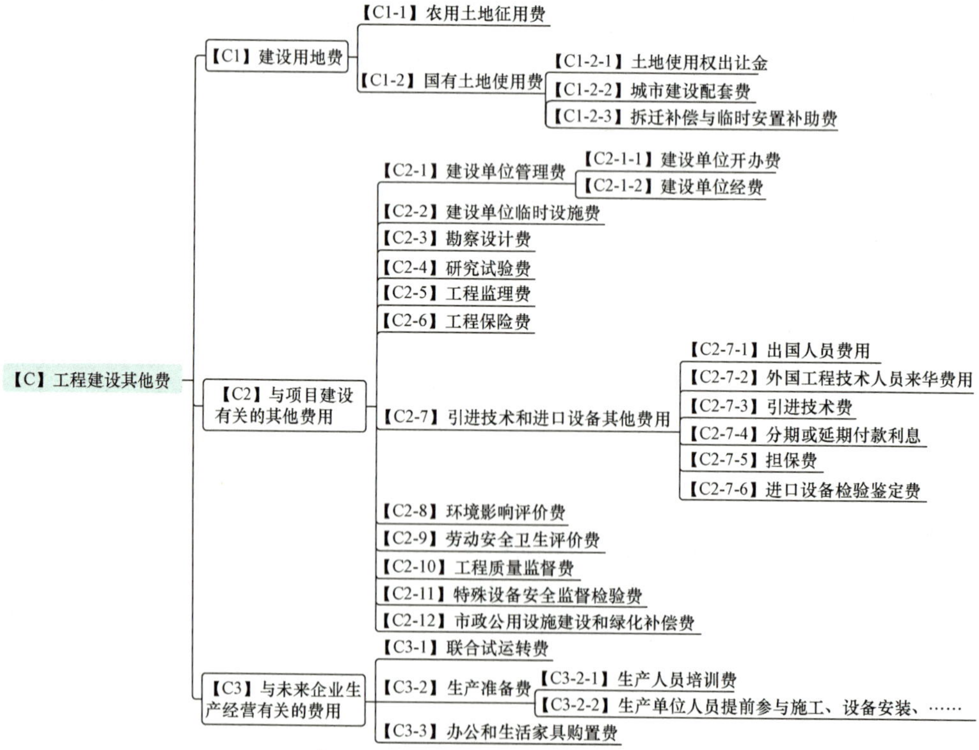

费用构成
(图2-5)

图2-5　工程建设其他费的费用构成

【C1】 建设 用地费	建设用地费是指建设项目通过划拨或土地使用权出让方式取得土地使用权，所需土地征用及迁移的补偿费或土地使用权出让金。目前建设用地费主要包括农用土地征用费和国有土地使用费两种		
	【C1-1】 农用土地 征用费	由土地补偿费、安置补助费、土地投资补偿费、青苗补偿费、地上建筑物补偿费、耕地占用税、征地和土地管理费以及土地开发费等组成，并按被征用土地的原用途给予补偿	
	【C1-2】 国有土地 使用费	取得国有土地使用费，包括土地使用权出让金、城市建设配套费、拆迁补偿与临时安置补助费等	
		【C1-2-1】土 地使用权出 让金	是建设项目通过出让方式取得有限期土地使用权所支付的费用，依照相关法规进行。城市土地的出让和转让可采用协议、招标、公开拍卖三种方式。 协议方式适用于市政工程、公益事业用地及特定产业用地，由用地单位和市政府洽谈；招标方式适用于一般工程建设用地，根据投标报价、规划方案和企业信誉选择；公开拍卖方式则完全由市场竞争决定，价高者得，适用于高盈利行业用地
		【C1-2-2】城市 建设配套费	是指因进行城市公共设施的建设而分摊的费用
		【C1-2-3】拆 迁补偿与临时 安置补助费	此费用包括拆迁补偿费和临时安置补助费。拆迁补偿费是拆迁人依法对被拆迁人进行补偿的费用，有产权调换和货币补偿两种方式。产权调换面积按被拆迁房屋建筑面积计算，货币补偿额是给被拆迁人或承租人的搬迁补助。在过渡期间，如被拆迁人或承租人自行安排住处，拆迁人应支付临时安置补助费
【C2】 与项目 建设有 关的其 他费用	**【C2-1】 建设单位 管理费**	建设单位管理费指建设项目从立项、筹建、建设、联合试运转到竣工验收交付使用及后评估等全过程建设管理所需的费用	
		【C2-1-1】建 设单位开办费	指新建项目为保证筹建和建设工作正常进行所需的办公设备生活家具、用具、交通工具等的购置费用
		【C2-1-2】建 设单位经费	涵盖建设单位员工的基本工资、补贴、现场津贴、福利费、劳动保护费、住房基金、保险费、办公费、差旅费、工会和教育经费、固定资产和工具使用费、技术图书资料费、生产人员招募、工程招标、审计、合同公证、质量监督检测、咨询、法律顾问、设计审查、业务招待、排污、竣工清理和验收、后评估费、印花税等管理性开支。但不包括设备材料的采购和保管费。若采用工程总承包，总承包管理费由建设单位和总承包单位协商，从建设管理费中列支

【C2】与项目建设有关的其他费用	【C2-2】建设单位临时设施费	指建设期间建设单位所需生产、生活用临时设施的搭设、维修、摊销费用或租赁费用。建设单位临时设施包括临时宿舍、文化福利及公用事业房屋与构筑物、仓库、办公室、加工厂以及规定范围内的道路、水、电、管线等临时设施和小型临时设施	
	【C2-3】勘察设计费	指为建设项目提供**项目建议书、可行性研究报告、设计文件**等所需的费用，具体包括： （1）编制项目建议书、可行性研究报告及投资估算、工程咨询、评价以及为编制上述文件所进行的工程勘察、设计、研究试验等所需费用。 （2）委托**勘察、设计单位**进行初步设计、技术设计、施工图设计、概预算编制，以及设计模型制作等所需的费用。【2023，2022（5），2019，2017】 （3）在规定的范围内由建设单位自行完成的勘察、设计工作所需的费用，此项费用应依据委托合同计划或国家规定计算	
	【C2-4】研究试验费	指为本建设项目**提供或验证设计参数**、数据资料等进行必要的研究试验，以及按照设计规定在施工中必须进行的试验、验证所需费用，包括自行或委托其他部门研究试验所需的人工费、材料费、试验设备及仪器使用费，支付的科技成果、先进技术的一次性技术转让费。【2021】 这项费用按照设计单位根据本工程项目的需要提出的研究试验内容和要求计算	
	【C2-5】工程监理费【2020】	指为委托监理单位实施工程监理所需的费用，根据监理工作范围和深度在监理合同中商议，具体收费标准遵循国家文件规定	
	【C2-6】工程保险费	指建设项目在建设期间，根据需要实施工程保险所需的费用。它包括以各种建筑工程及其在施工过程中的物料、机器设备为保险标的的**建筑工程一切险**，以安装工程中的各种机器、机械设备为保险标的的**安装工程一切险**，以及机器损坏保险等。这项费用是根据不同的工程类别，分别以其建筑安装工程费乘以建筑安装工程保险费率计算。不同工程项目可根据工程特点选择投保险种，并按投保合同计列保险费用	
	【C2-7】引进技术和进口设备其他费用	引进技术和进口设备其他费用，包括以下六项	
		【C2-7-1】出国人员费用	指为引进技术和进口设备派出人员到国外培训和进行设计联络，设备检验等的差旅费、制装费、生活费等。这项费用根据设计规定的出国培训和工作人数、时间及派往国家，按财政部、外交部规定的临时出国人员费用开支标准，以及中国民用航空公司现行国际航线票价等进行计算，其中使用外汇部分应计算银行财务费用
		【C2-7-2】外国工程技术人员来华费用	指为安装进口设备，引进国外技术等聘用外国工程技术人员进行技术指导工作所发生的费用，包括技术服务费、外国技术人员的在华工资、生活补贴、差旅费、医药费、住宿费、交通费、宴请费、参观游览等招待费用。这项费用按每人每月费用指标计算

【C2】 与项目 建设有 关的其 他费用	【C2-7】 引进技术和 进口设备其 他费用	【C2-7-3】 引进技术费	指为引进国外先进技术而支付的费用，包括专利费、专有技术费（技术保密费）、国外设计及技术资料费、计算机软件费等。这项费用根据合同或协议的价格计算
		【C2-7-4】 分期或延期 付款利息	指利用出口信贷引进技术或进口设备，采取分期或延期付款的办法所支付的利息
		【C2-7-5】 担保费	指国内金融机构为买方出具保函的担保费。这项费用按有关金融机构规定的担保费率计算
		【C2-7-6】 进口设备检 验鉴定费	指进口设备按规定付给商品检验部门的进口设备检验鉴定费
	【C2-8】 环境影响评 价费		指按照《中华人民共和国环境影响评价法》的规定，为全面、详细评价工程建设项目对环境可能产生的污染或造成的重大影响所需的费用，包括编制和评估环境影响报告书（含大纲）和环境影响报告表等费用。该费用可根据环境影响评价委托合同或国家有关部门规定进行计算
	【C2-9】 劳动安全卫 生评价费		指按照劳动部《建设工程项目（工程）劳动安全卫生监察规定》和《建设工程项目（工程）劳动安全卫生预评价管理办法》的规定，为预测和分析建设工程项目存在的职业危险、危害因素的种类和危险危害程度，并提出先进、科学、合理可行的劳动安全、卫生技术和管理对策所需的费用，包括编制建设工程项目劳动安全卫生预评价大纲和劳动安全卫生预评价报告书，以及为编制上述文件所进行的工程分析和环境现状调查等工作所需费用。此评价费应依据劳动安全卫生预评价委托合同计列，或按工程项目所在省（市、自治区）劳动行政部门规定的标准计算
	【C2-10】 工程质量监 督费		指工程质量监督检验部门检验工程质量而收取的费用，应由建设单位管理部门按照国家有关部门规定的费用标准进行计算和支出
	【C2-11】 特殊设备安 全监督检验 费		指在施工现场组装的锅炉及压力容器、压力管道、消防设备、燃气设备、电梯等特殊设备和设施，由安全监察部门按照有关安全监察条例和实施细则以及设计技术要求进行安全检验，应由建设工程项目支付而向安全监察部门缴纳的费用。此项费用应按项目所在省市、自治区安全监察部门的规定标准计算
	【C2-12】 市政公用设 施建设和绿 化补偿费		指使用市政公用设施的工程项目，按照项目所在省一级人民政府有关规定建设或缴纳的市政公用设施建设配套费用，以及绿化工程补偿费用，按工程所在地人民政府规定标准计列，如不发生或按规定免征的项目则不计取

【C3】 与未来企业生产经营有关的费用	【C3-1】 联合试运转费	指新建或扩建企业在竣工验收前，按照设计标准对整个车间、生产线或装置进行有负荷或无负荷联合试运转时，费用支出超过试运转收入的亏损部分。具体包括原料、燃料、油料和动力费、机械使用费、低值易耗品购置费、试运转和参与人员的工资及管理费。试运转收入仅来自试运转产品销售和其他收入，不包括单台设备的调试和试车费用，这些属于设备安装工程费的开支。 联合试运转费用一般根据不同性质的项目，按需要试运转车间的工艺设备购置费的百分比计算。公式为： **联合试运转费＝联合试运转费用支出－联合试运转收入**
	【C3-2】 生产准备费	生产准备费指为新建或新增生产能力的企业，在竣工交付使用前进行必要生产准备所产生的费用
		【C3-2-1】生产人员培训费，涵盖自行或委托培训所需的工资、补贴、福利费、差旅交通费、学习资料费、学习费和劳动保护费
		【C3-2-2】生产单位人员提前参与施工、设备安装、调试并熟悉工艺流程与设备性能所需的工资、补贴、福利费、差旅交通费和劳动保护费。 这项费用一般根据需要培训和提前进厂人员的人数及培训时间，按工程项目设计定员、生产准备费指标进行估算。计算公式为： **生产准备费＝设计定员×生产准备费指标（元/人）**
	【C3-3】 办公和生活家具购置费	指为确保新建、改建、扩建项目初期正常生产、使用和管理所需的办公和生活家具、用具的费用。改建、扩建项目的费用应低于新建项目，涵盖办公室、会议室、档案室、食堂、浴室、理发室、单身宿舍及设计规定的托儿所、卫生所、招待所、学校等家具购置费。本着勤俭节约原则，应严格控制购置范围，不包括微机、复印机及医疗设备的购置费。费用可按设计定员人数乘以综合指标计算，大约每人 600～800 元

 典型习题

2-11 ［2023-2］委托设计单位进行初步设计所需要的费用属于（　　）。

A. 预备费　　　　　　　　　　　　　B. 建筑安装工程费

C. 工程建设其他费　　　　　　　　　D. 建设单位管理费

答案：C

解析：委托设计单位进行初步设计所需要的费用【C2-3】属于工程建设其他费【C】。

2-12 ［2022（5）-1］设计单位编制建设项目初步设计文件收取的费用属于（　　）。

A. 建筑安装工作费　　　　　　　　　B. 预备费

C. 工程建设其他费用　　　　　　　　D. 建设单位管理费

答案：C

解析：参见考点 5 中"【C2】与项目建设有关的费用"相关规定，【C】工程建设其他费用-【C2】与项目建设有关的费用-【C2-3】勘察设计费。

考点 6：预备费【★★★】

费用构成 （图 2-6）	预备费是指在建设期内因各种不可预见因素的变化而预留的可能增加的费用，包括【D1】基本预备费和【D2】价差预备费（亦称涨价预备费） 图 2-6　预备费的费用构成
【D1】 基本 预备费	系指投资估算或工程概算阶段预留的，由于工程实施中不可预见的工程变更及治商一般自然灾害处理、地下障碍物处理、超规超限设备运输等而可能增加的费用，又称不可预见费，费用如下。 （1）在批准的初步设计范围内，技术设计、施工图设计及施工过程中所增加的工程费用，设计变更、局部地基处理等增加的费用。【2024，2023，2022(12)】 （2）一般自然灾害造成的损失和预防自然灾害所采取的措施费用。实行工程保险的工程项目费用应适当降低。 （3）竣工验收时为鉴定工程质量，对隐蔽工程进行必要的挖掘和修复费用【2020】
基本预备费计算	基本预备费是按设备及工器具购置费【A】、建筑安装工程费用【B】和工程建设其他费用【C】三部分费用之和为计算基础，乘以基本预备费率进行计算，如下式： 基本预备费＝（设备及工器具购置费＋建筑安装工程费用＋工程建设其他费用）×基本预备费率 建筑工程费、安装工程费、设备及工器具购置费属于工程费用，因此基本预备费也是以工程费用和工程建设其他费用之和为计算基础的： 基本预备费＝（工程费用＋工程建设其他费用）×基本预备费率 基本预备费率的取值应执行国家及部门的有关规定，约为 8%～15%
【D2】 价差 预备费	即涨价预备费，是指建设项目在建设期间内，由于人工、设备、材料、施工机械价格及费率、利率、汇率等变化，引起工程造价变化而需要增加的预留费用。内容包括人工设备、材料、施工机械价差费，建筑安装工程费及工程建设其他费用调整，利率、汇率税率的调整等增加的费用
价差预备费的估算	价差预备费是为应对项目从估算年到建成期间因利率、汇率或价格变动所引起的投资增加额而预留的费用。其估算通常基于国家规定的投资综合价格指数，以估算年份的投资额为基数，利用复利方法进行计算。根据不同的假设条件，价差预备费的计算公式会有所不同，本书采用了中国建设工程造价管理协会在《建设项目投资估算编审规程》（CECA/GC 1—2015）中提供的计算公式： $$P = \sum_{t=1}^{n} I_t \left[(1+f)^m (1+f)^{0.5} (1+f)^{t-1} - 1 \right]$$ 式中　P——价差预备费（元）； 　　　n——建设期（年）； 　　　I_t——第 t 年投入的静态投资计划额（元），包括工程费用、工程建设其他费用和基本预备费； 　　　f——年涨价率（%）； 　　　m——建设前期年限（从编制估算到开工建设）（年）。 式中的年度投入的静态投资计划额 I_t 可由建设项目资金来源与使用计划表得出，年涨价率可根据工程造价指数信息的累计分析得出。对于有条件的项目可以区分各类工程费用或不同年份，采用单项价格指数加权预测方法估算项目的价差预备费

2-13 [2024-2] 计算建设工程投资时，考虑到设计变更及施工过程中可能增加工作量，需要预先准备的费用，称为（　　）

A. 基本预备费 　　　　　　　　　　 B. 涨价预备费
C. 安全生产专项费用 　　　　　　　 D. 工程保险费

答案：A

解析：量的变化是基本预备费。

2-14 [2022 (12)-4] 在估算工程建设其他费时，考虑到实施中遇到的困难需要的支出，如：设计变更、局部地基处理等增加的工程费用，需要预留的是（　　）。

A. 基本预备费 　　　　　　　　　　 B. 价差预备费
C. 暂列金额 　　　　　　　　　　　 D. 暂估价

答案：A

解析：参见考点6中"基本预备费"相关规定，需预留的变更是基本预备费。

考点7：建设期利息

费用构成	建设期利息，是指建设项目使用投资贷款在建设期内应归还的贷款利息。贷款利息应以建设期工程造价扣除资本金后的分年度资金供应计划为基数，计算逐年应付利息。 具体地讲，项目建设期利息，可按照项目可行性研究报告中的项目建设资金筹措方案确定的初步贷款意向规定的利率、偿还方式和偿还期限计算。对于没有明确意向的贷款，可按项目适用的现行一般（非优惠）的贷款利率、期限和偿还方式计算
名义利率 有效利率	名义利率，又称表面利率，是指贷款或投资的合同或协议中明确规定的年利率。 有效利率，又称实际利率，是指考虑了通货膨胀、利息复利等因素后的实际收益率。 贷款利息计算中采用的利率，应为有效利率。有效利率与名义利率的换算公式为： $$有效年利率\ i_{有效}=(1+r/m)^m-1$$ 式中　r——名义年利率； 　　　　m——每年计息次数
复利计息	建设期利息实行复利计算。由于建设期借款利息是计入建设投资的利息，故亦称为资本化利息。 为简化计算，在编制投资估算时，通常假设项目总贷款是**分年均衡**发放的，建设期贷款利息的计算可按当年贷款在**年中支用**考虑，即为当年贷款按半年计算，上年贷款按全年计息；还款当年按年末还款，按全年计息。计算公式为：

复利计息	**国内贷款建设期利息＝各年应计利息之和** **本年应计利息＝（本年年初贷款本利和累计金额＋当年贷款额/2）×年有效利率** 当总贷款是分年均衡发放时，其复利利息计算公式为： $$q_j = (P_{j-1} + 1/2A_j) i$$ 式中　q_j——建设期第 j 年应付利息； 　　　P_{j-1}——建设期第 $j-1$ 年末贷款余额，它由第 $j-1$ 年末贷款累计加上此时贷款利息累计； 　　　A_j——建设期第 j 年支用贷款（全年总数）； 　　　i——年利率

 典型习题

2-15［2011-6］某新建项目建设期为 1 年，向银行贷款 500 万元，年利率为 10%，建设期内贷款分季度均衡发放，只计息不还款，则建设期贷款利息为（　　）。

A. 0 万元　　　　　　B. 25 万元　　　　　　C. 50 万元　　　　　　D. 100 万元

答案： B

解析： 参见考点 7 中"复利计息"相关规定，建设期贷款利息＝500×10%×1/2＝25（万元）。

考点 8：流动资金【★】

费用构成	铺底流动资金是确保项目初期正常运营所需的最低周转资金。作为项目总资金的一部分，在项目决策阶段需确保其实施。铺底流动资金的计算公式为： **铺底流动资金＝流动资金×30%** 流动资金是为维持建设项目投产后正常生产年份的经营，所必需的周转资金，用于购买原材料、燃料和支付工资等费用。它是与固定资产投资相伴随的永久性流动资产投资，计算方式为项目投产后所需的全部流动资产减去流动负债，主要涉及应收及预付账款、现金、存货以及应付及预收款。实际上，这一概念等同于财务中的营运资金。流动资金的估算通常采用扩大指标估算法和分项详细估算法两种方法
扩大指标估算法	扩大指标估算法是一种通过计算流动资金占特定基数的比率来估算流动资金的方法。常用的基数包括销售收入、经营成本、总成本费用和固定资产投资，具体选择应根据行业习惯。比率可根据经验、同类企业资料或行业参考值确定。此方法简便，但精度有限，适用于项目建议书阶段的估算 （1）**产值（或销售收入）**资金率估算法。 **流动资金额＝年产值（年销售收入额）×产值（销售收入）资金率** （2）**经营成本（或总成本）**资金率估算法。经营成本是一项反映物质、劳动消耗和技术水平、生产管理水平的综合指标。工业项目常用经营成本（或总成本）资金率估算流动资金。 **流动资金额＝年经营成本（年总成本）×经营成本资金率（总成本资金率）** （3）**固定资产投资**资金率估算法。固定资产投资资金率是流动资金与固定资产投资之比，以百分比表示。例如，化工项目的流动资金通常占固定资产投资的 15%～20%，而一般工业项目则为 5%～12%。

扩大指标估算法	流动资金额＝固定资产投资×固定资产投资资金率 （4）单位产量资金率估算法。单位产量资金率，即单位产量占用流动资金的数额。 流动资金额＝年生产能力×单位产量资金率
分项详细估算法	分项详细估算法，也称分项定额估算法。它是国际上通行的流动资金估算方法，应按照下列公式，分项详细估算。【2022（5）】 流动资金＝流动资产－流动负债 流动资产＝现金＋应收账款＋预付账款＋存货 流动负债＝应付账款＋预收账款 流动资金本年增加额＝本年流动资金－上年流动资金 流动资产和流动负债各项构成估算公式如下。 （1）**现金**的估算 $$现金=\frac{年工资及福利费+年其他费用}{周转次数}$$ 年其他费用＝制造费用＋管理费用＋销售费用－以上三项费用中所包含的 工资及福利费、折旧费、维简费、摊销费和修理费 $$周转次数=\frac{360天}{最低需要周转天数}$$ （2）**应收（预付）账款**的估算 $$应收账款=\frac{年销售收入}{周转次数}$$ （3）**存货**的估算 存货包括各种外购原材料、燃料、包装物、低值易耗品、在产品、外购商品、协作件、自制半成品和产成品等。在估算中的存货一般仅考虑外购原材料、燃料、在产品、产成品，也可考虑备品备件。 $$外购原材料燃料=\frac{年外购原材料燃料费用}{周转次数}$$ $$在产品=\frac{年外购原材料燃料及动力费+年工资及福利费+年修理费+年其他制造费用}{周转次数}$$ $$产成品=\frac{年经营成本}{周转次数}$$ （4）**应付（预收）账款**的估算 $$应付（预收）账款=\frac{年外购原材料燃料动力和商品备件费用}{周转次数}$$

 典型习题

2-16［2022（5）-4］某生产性项目，估算正常生产年份需流动资金1000万元，存货500万元，现金100万元，应收账款800万元，在不考虑其他因素的情况下，估算流动负债为（　　）。

　　A.1400万元　　　　　　B.1300万元　　　　　　C.800万元　　　　　　D.400万元

答案：D

解析：参见考点8中"分项详细估算法"相关规定，流动负债＝流动资产－流动资金＝（存货＋现金＋应收）－流动资金＝（500＋100＋800）－1000＝400（万元）。

第三章　策划阶段的投资控制

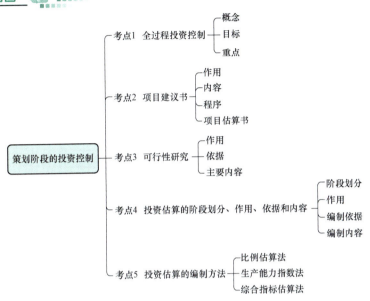

考情分析

考　点	近 5 年考试分值统计					
	2024 年	2023 年	2022 年 12 月	2022 年 5 月	2021 年	2020 年
考点 1　全过程投资控制	0	0	0	0	0	1
考点 2　项目建议书	0	0	0	0	0	0
考点 3　可行性研究	0	1	0	0	0	0
考点 4　投资估算的阶段划分、作用、依据和内容	1	1	0	1	1	0
考点 5　投资估算的编制方法	0	0	0	0	0	0
总　　计	1	2	0	1	1	1

考点 1：全过程投资控制【★】

概念	建设工程项目投资大、周期长、涉及面广且条件复杂，常受法规、方案、设计、价格、利率、不可抗力等不可预见因素影响，引发投资额变动。为满足投资限额控制和投资不确定性管理的要求，必须进行动态的投资跟踪与调整，强调投资控制的重要性。 　　建设工程项目投资控制旨在实现投资目标，将投资约束在预定范围内。该工作应贯穿工程建设的投资决策、设计、发包、施工及竣工等阶段，实施全过程投资控制。各阶段投资额须在批准限额内，及时纠正偏差，确保投资管理目标的实现，从而取得良好的社会效益和经济效益

目标	工程项目建设周期长、阶段多，投资控制目标需随建设深入分阶段设定。在项目建议书、可行性研究阶段编制的**投资估算**是设计阶段工程设计方案选择、进行初步设计的投资控制目标，初步设计阶段编制的**设计概算**是进行技术设计和施工图设计的投资控制目标；施工图阶段编制的**施工图预算**是发承包阶段的投资控制目标，发承包阶段的**招标控制价**是签订工程承包合同的投资控制目标，发承包阶段确定的工程承发包**合同价**是承包工程施工阶段的投资控制目标等。各阶段目标相互制约、补充，形成投资控制的目标系统
重点	建设工程项目投资控制在整个工程项目建设周期中占据核心地位，且各建设阶段对投资的影响呈现出差异性。投资控制策略的制定必须明确优先级和重心。经过系统研究及参考全球工程建设的最佳实践，尽管**投资决策和设计阶段**所涉及的投资在建设项目的总体投资中仅占据较小比例，但其在塑造整个建设项目投资格局方面具有决定性影响。因此，对于工程建设项目投资控制的战略部署，应着重关注施工前的投资决策和设计阶段。一旦建设项目投资决策得以确定，**设计阶段**便成为实现精细化项目投资控制的关键所在【2020】

 **典型习题**

3-1 [2020-6] 除了策划阶段，决定建筑造价的重要阶段的是(　　)。

A. 设计阶段
B. 施工图阶段
C. 招投标阶段
D. 竣工结算阶段

答案： A

解析： 工程建设项目投资控制的重点应在施工以前的**投资决策和设计阶段**。在作出建设项目投资决策之后，控制项目投资的关键就在于**设计阶段**的工作。

考点2：项目建议书

作用	项目建议书是项目建设单位向国家递交的一份正式文件，旨在提议建设一个特定的工程项目，并在投资决策前对项目的整体框架进行概念性描述。针对政府主导的投资项目，项目单位必须依次编制项目建议书、可行性研究报告及初步设计，并遵循政府的投资管理权限和既定程序，提交至投资主管部门或其他相关政府机构进行审批。项目建议书的主要职能在于推介拟建项目，阐述其建设的必要性、可行性及盈利潜力，以供政府相关部门进行筛选并决定是否推进后续工作。此外，一旦项目获得批复，项目建议书亦将作为编制项目可行性研究报告的重要依据
内容	项目建议书应对项目建设的必要性、核心内容、预定地点、预期规模、投资预算、资金来源以及预期的社会和经济效益进行初步的分析，并附上相关的支持文件。通常，这份建议书应涵盖以下要素： 　　(1) 项目建设的必要性和依据； 　　(2) 项目规划和设计方案、产品方案、拟建规模和拟建地点的初步设想； 　　(3) 资源情况、建设条件、协作关系和设备技术引进国别、厂商的初步分析； 　　(4) **投资估算、资金筹措及还贷方案设想；** 　　(5) 项目进度安排； 　　(6) 社会效益和经济效益的初步分析、环境影响的初步评价

程序	针对政府投资项目的项目建议书，一旦编制完毕，应根据既定的建设规模和限额制度，将其递送至相关部门进行审批。只有在项目建议书经过专业评估并获得正式批准后，方可继续推进后续的可行性研究工作。 根据政府投资项目审批制度改革的有关要求，对列入相关发展规划、专项规划和区域规划范围的政府投资项目，可以不再审批项目建议书；对改扩建项目和建设内容单一、投资规模较小、技术方案简单的项目，可以合并编制、审批项目建议书、可行性研究报告和初步设计。 对于企业不使用政府资金投资建设的项目，属于《政府核准的投资项目目录》内的项目，政府不再对项目建议书、可行性研究报告进行投资决策性质的审批，但需要向政府提交项目申请报告，政府有关部门从维护公共利益的角度进行核准。其他项目，除国家规定禁止投资的项目以外，无论规模大小，均改为备案制
项目总估算书	建设项目投资估算的编制深度应当与项目建议书和可行性研究报告的撰写深度保持相应的匹配度。具体而言： （1）在项目建议书阶段，应编制出项目总估算书，它包括工程费用的单项工程投资估算、工程建设其他费用估算、预备费的基本预备费和价差预备费、投资方向调节税及建设期贷款利息。 （2）进入可行性研究报告阶段后，应编制出项目总估算书、单项工程投资估算。主要工程项目应分别编制每个单位工程的投资估算；对于附属项目或次要项目，可选择简化方式，将多个单位工程的投资估算合并编制（涵盖土建、水、暖通、电等多个方面）；其他费用的估算同样需要按照单项费用进行编制；预备费应明确列出基本预备费和价差预备费；对于需要缴纳投资方向调节税的建设项目，还需额外计算投资方向调节税以及建设期贷款利息

考点 3：可行性研究【★】

作用	可行性研究的作用有以下几个方面： （1）**作为建设项目投资决策的依据。**【2023】可行性研究对建设项目的评价结果是项目投资的主要依据。对于政府投资的项目，可行性研究所得出的结论成为政府投资主管部门进行审批和决策的关键依据。对于企业投资的项目，可行性研究的结论不仅在企业内部投资决策中起到依据作用，同时，对于属于《政府核准的投资项目目录》内、并需经政府投资主管部门核准的投资项目，可行性研究还可以作为编制项目申请报告的重要参考。对于那些接受政府投资补助、贷款贴息等形式的企业投资项目，可行性研究则可作为编制资金申请报告的重要依据。 （2）**作为项目融资、筹措资金和申请贷款的依据。**银行和金融机构为了控制其贷款风险，通常会要求项目业主提交可行性研究报告。通过对这些报告的评估，金融机构可以对项目的产品竞争力、盈利能力、还款能力和项目风险进行全面分析，从而决定是否批准项目的贷款申请。 （3）**作为项目主管部门商谈合同、签订协议的依据。**根据可行性研究报告，项目主管部门可以与多个相关部门就项目所需的原材料、能源、基础设施等签订协议和合同。此外，在与国外厂商就技术和设备的引进进行谈判时，这些报告也可以作为重要的参考依据。 （4）**作为项目进行工程设计、设备订货、施工准备等建设前期工作的依据。**按照标准的项目建设程序，只有在可行性研究报告完成并获得批准后，才能进行后续的初步设计工作。初步设计的文件应根据已批准的可行性研究报告进行编制，并确保与其保持一致。此外，可行性研究中所做的投资估算应作为初步设计概算限额设计的主要依据。 （5）**作为项目采用的新技术、新设备的研制和进行地形、地质及工业性试验工作的依据。**只有经过技术经济论证并被认为是可行的新技术和新设备，才会被纳入项目的考虑范围，并制定相应的研发计划。 （6）**作为环保部门审查项目对环境影响的依据，**同时也是向项目建设所在地的政府和规划主管部门申请建设执照的必要文件。 （7）除了上述提到的应用场景，可行性研究还可以为建设方案的优化、建设条件的落实以及其他专项审批提供宝贵的基础资料和数据支持

依据	可行性研究的依据有以下几个方面： （1）项目建议书（初步可行性研究报告），对于政府投资项目还应具备项目建议书的批复文件。 （2）参考国家、地方的经济和社会发展规划、行业部门的发展规划、产业政策等。 （3）相关法律、法规和政策。 （4）相关工程建设的标准、规范、定额等。 （5）拟建厂（场）址的自然、经济、社会概况等基础资料。 （6）合资或合作项目，各方签订的协议书或意向书。 （7）与拟建项目有关的各种市场信息资料、社会公众的需求。 （8）与拟建项目有关的相关专题研究报告。如市场研究、竞争力分析、风险分析等专题研究报告
主要 内容	可行性研究的主要内容有以下几个方面： （1）进行详尽的需求分析与深入的市场研究，解决项目建设的必要性及建设规模、标准等问题。 （2）深入研究设计方案、工艺技术方案和建设方案，解决项目建设的技术可行性问题。 （3）进行严谨的财务分析和经济分析，解决项目建设的经济合理性问题。 （4）进行全面的社会评价、环境影响评价、风险分析，解决项目建设对社会、环境的影响以及项目建设的风险

 典型习题

3-2 ［2023-4］建设项目可行性研究的作用是（　　）。

A. 施工图的直接依据　　　　　　　　　B. 投资决策的依据

C. 施工招标的直接依据　　　　　　　　D. 寻找可能的投资机会

答案：B

解析：可行性研究对建设项目的评价结果是项目投资的主要依据。

考点4：投资估算的阶段划分、作用、依据和内容【★★】

阶段划分	投资估算是建设项目整个投资决策阶段中的一项重要工作，其主要任务是根据现有的资料和采用一定的方法，对建设项目的预计投资额度进行初步预估。由于投资决策流程可以细分为**规划**阶段、**项目建议书**阶段、**可行性研究**阶段、**评审**阶段，因此投资估算工作也需要相应地在这些阶段中进行。由于不同阶段所拥有的条件和可利用的资料有所差异，因此投资估算的精确度也会有所不同，进而在不同阶段中，投资估算所扮演的角色也会有所区别。然而，随着项目阶段的不断推进和研究工作的深入，所能掌握的资料会越来越丰富，从而使得投资估算逐渐变得更加准确，其在决策过程中的作用也会愈发重要。 投资估算阶段划分情况概括及其相应的投资估算误差率见表3-1。 表3-1　　　　投资估算的不同阶段对投资估算精度的要求

	投资估算阶段划分	允许误差率
投资决策过程	建设项目规划阶段	±30%以内
	项目建议书（投资机会研究）阶段	±30%以内
	初步可行性研究阶段	±20%以内
	可行性研究阶段	±10%以内

作用	根据现行项目建议书和可行性研究报告的编制和审批标准，一旦投资估算获得批准，其数值通常不得随意变动。因此，投资估算的准确性不仅对建设前期的投资决策具有重要影响，而且与后续阶段的设计概算、施工图预算以及项目建设期的造价管理与控制有着直接的关联。以下是投资估算在具体应用中的一些重要作用： （1）根据国家对拟建项目投资决策的规定，项目建议书和可行性研究报告中必须包含一份客观、实际的项目总投资估算。这份估算不仅是**投资决策和主管部门审批建设项目**的主要依据，也是**银行评估是否为拟建项目提供贷款**的重要依据。【2024】 （2）根据国家发展改革委、住房和城乡建设部联合颁布的《建设工程设计招标投标管理办法》，参与项目设计投标的单位必须在投标书中包含方案设计的图纸、说明、建设工期、工程投资估算和经济分析，以便评估设计方案的技术先进性、可靠性和经济合理性。因此，工程投资估算是**工程设计投标的重要组成部分**。【2023】 （3）在工程项目的初步设计阶段，为了确保不超出可行性研究报告所批准的投资估算范围，需要进行多方案的优化设计，并按专业进行投资控制。因此，编制准确的投资估算并选择技术先进、经济合理的设计方案，为施工图设计提供坚实可靠的基础，是确保项目总投资最高限额不被突破的关键。 （4）建设项目的投资估算是业主筹措资金、申请银行贷款以及进行项目建设期造价管理和控制的重要依据。 （5）项目投资估算的准确性也会直接影响到对项目生产期所需的流动资金和生产成本的估算，进而影响到项目未来的经济效益（如盈利、税金）以及偿还贷款的能力。因此，它不仅关乎项目投资决策的命运，也对**项目未来的持续生存和发展能力**具有重要影响
编制依据	投资估算的编制依据有以下几个方面： （1）**设计文件**：经过正式批准的项目建议书、可行性研究报告及其相应的批准文件，以及详尽的设计方案，包含文字说明和相关图纸。 （2）**估算与概算指标**：在工程建设领域内，各类投资估算指标、概算指标，以及类似工程的实际投资资料，同时包括技术经济的总指标和分项指标。 （3）**设备价格与费率**：当前有效的设备出厂价格，包括非标准设备的价格，以及相关的运杂费率。 （4）**工程与材料信息**：工程所在地的主要材料实际价格资料、工业和民用建筑的造价指标、土地征用的价格以及影响建设的外部条件因素。 （5）**引进技术与设备概览**：引进技术和设备的概要介绍，以及相关的询价和报价资料。 （6）**费用定额**：现行有效的建筑安装工程费用定额及其他相关费用的定额指标。 （7）**资金来源与建设时间**：项目的资金来源和预定的建设工期。 （8）**其他法律与协议文件**：与项目相关的其他重要文件、合同和协议书。 （9）**现场条件与参考资料**：工程所在地的地形、地貌和地质条件，水电气源和基础设施条件等现场情况，以及其他有助于进行投资估算编制的参考资料和同类工程的竣工决算资料
编制内容	投资估算是确定和控制建设项目**全过程**的各项投资总额，其估算范围涉及**建设投资前期、建设实施期**（施工建设期）和**竣工验收交付使用期**（生产经营期）**各个阶段**的费用支出。【2022（5）】 投资估算文件，一般应包括投资估算编制说明及投资估算表

3-3［2024-4］关于建设项目投资估算作用的说法，正确的是（   ）。

A. 项目可行性研究阶段的投资估算是项目投资决策的重要依据

B. 项目建议书阶段的投资估算是初步设计阶段限额设计的依据

C. 项目投资估算是进行工程施工招标的直接依据

D. 项目投资估算是进行施工图设计的直接依据

答案：A

解析：选项 B 应为可行性研究阶段的投资估算，选项 C 应为施工图预算，选项 D 应为设计概算。

3-4［2022（5）-5］作为确定和控制建设项目全过程各项投资总额的投资估算，应包括（   ）。

A. 设计费用、施工费用、试运行及竣工交付阶段的费用

B. 建筑工程实施、施工验收及交付使用和报废费用

C. 建设投资前期、施工建设、竣工验收交付使用期的费用支出

D. 施工建设、竣工验收、交付使用期和报废期的费用支出

答案：C

解析：投资估算总额是指从其建设前期、建设实施期和竣工验收交付使用期等各个阶段的全部投资。

考点 5：投资估算的编制方法

静态投资估算	根据国家发展和改革委员会对建设投资实施的**静态控制**与**动态管理**策略，建设投资被细分为静态投资和动态投资两个组成部分。**静态投资**主要指在排除物价上涨、建设期利息等动态因素干扰下计算得出的固定资产投资，其涵盖的费用包括**建筑安装工程费、设备及工器具购置费、工程建设其他费用及基本预备费**。相对而言，**动态投资**考虑了物价上涨、建设期利息等动态因素对固定资产投资的影响，其主要构成部分为**价差预备费**（亦称涨价预备费）、**固定资产投资方向调节税和建设期贷款利息**。建设项目的总投资不仅包含建设投资的静态部分，还加上了建设投资的动态部分以及铺底流动资金，这是反映完成整个建设项目预计所需投资的总和，因此，可以将建设项目的总投资看作是一个综合的动态投资。 静态投资估算是建设项目投资估算的基石。由于民用建筑和工业生产项目在静态投资估算的出发点和具体方法上存在差异，工业项目的投资估算大多以**设备费**为基础进行，而民用项目则以**建筑工程投资估算**为基础。根据静态投资费用项目内容的不同，投资估算采用的方法和深度也会有所不同，这需要在实际工作中根据项目特性、所掌握的项目组成部分的费用数据和有关技术资料，按照具体要求有针对性地选用各种适合的方法来估算。值得注意的是，尽管被称为静态投资，但它仍然具有时间性。为确保准确性，应当统一在某一确定的时间点进行计算，特别是对于那些编制时间与开工时间相隔较长的项目，必须以**开工前一年为基准年**，以这一年的价格为依据进行计算，并根据近年的价格指数对编制年的静态投资进行适当调整，以避免失去基准作用并影响投资估算的准确性

按设备费用的百分比估算法（比例估算法）	设备购置费用在静态投资中的占比颇重。在项目规划或可行性研究阶段，由于对工程情况的全面理解尚未达成，故难以列出所有设备的详细清单。然而，根据工业生产建设的经验和观察，辅助生产设备服务设施的装备水平与主体设备购置费用之间存在着一定的比例关系，同样，设备安装费与设备购置费用之间也呈现出一定的比例关系。因此，只要对主体设备或类似工程情况已有一定的了解，经验丰富的造价工程师便可以采用比例估算的方法来快速预测投资，而无需逐项进行详细计算。这种方法在实际工程项目中得到了广泛应用，以下介绍两种常用的具体计算方法： （1）以拟建项目或装置的设备费为基数，参考已建成的同类项目或装置的建筑安装工程费和其他费用等占设备价值的百分比，来计算相应的建筑安装及其他相关费用。这些费用的总和即构成了项目或装置的总投资。 （2）以拟建项目中的最主要、投资比重较大、并与生产能力直接相关的工艺设备的投资（包括运杂费及安装费）为基数，根据同类型的已建项目的有关统计资料，计算出拟建项目的各专业工程（如总图、土建、暖通、给水排水、管道、电气及电信、自控及其他费用等）占工艺设备投资的百分比。然后据此求出各专业的投资，并把各部分的投资费用（包括工艺设备费）相加求和，得出项目的总费用
资金周转率法	这是一种用资金周转率来推测投资额的简便方法，按下列公式： $$资金周转率=\frac{年销售总额}{总投资}=产品的年产量\times\frac{产品单价}{总投资}$$ $$投资额=产品的年产量\times\frac{产品单价}{资金周转率}$$ 拟建项目的资金周转率可以利用已建相似项目的相关数据进行预估。此后，基于拟建项目预计的年产品产量和单位价格，我们可以进一步估算拟建项目所需的投资额。这种方法具有简便、计算迅速的特点，但其精确性可能受到一定限制。因此，它主要适用于投资机会研究和项目建议书阶段的投资估算
朗格系数法	以设备费用为基础，乘以适当的系数来推算项目的建设费用。此法比较简单，但没有考虑设备规格和材质的差异，所以精确度不高

生产能力指数法	根据已建成的、性质类似的建设项目（或生产装置）的投资额和生产能力，以及拟建项目（或生产装置）的生产能力，估算建设项目的投资额。按下列公式：
	$$C_2=C_1\left(\frac{A_2}{A_1}\right)^n f$$
	式中 C_1，C_2——分别为已建类似项目（或装置）和拟建项目（或装置）的投资额；
	  A_1，A_2——分别为已建类似项目（或装置）和拟建项目（或装置）的生产能力；
	  f——为不同时期、不同地点的定额、单价、费用变更等的综合调整系数；
	  n——为生产能力指数，$0\leqslant n\leqslant1$。

生产能力 指数法	如果已存在的类似项目（或装置）与计划中的项目（或装置）在规模上相当接近，其生产规模比值落在 0.5～2 的范围内，指数 n 的值大约为 1。如果已存在的类似项目（或装置）与计划中的项目（或装置）在规模上的差异不超过 50 倍，且计划的项目的扩大仅通过增大设备规格来实现，那么 n 的值将在 0.6～0.7 之间。而如果扩大规模是通过增加相同规格设备的数量来达到的，那么 n 的取值范围则会在 0.8～0.9 之间。采用这种方法，**计算简单，速度快**；但**要求类似工程的资料可靠**，**条件基本相同，否则误差就会增大**
综合指标 投资估算法	在进行建筑物造价估算的过程中，通常采用综合指标投资估算法，也被称为指标估算法。这种方法需要先根据各种投资估算指标、取费标准以及设备材料价格进行单位工程投资估算。投资估算指标的形式有多种，例如元/m^2、元/m^3、元/kVA 等，可应用于不同工程的投资估算。通过将这些投资估算指标与所需的面积、体积、容量等相乘，可以计算出相应的土建工程、给水排水工程、照明工程、供暖工程、变配电工程等各单位工程的投资。在此基础之上，汇总每一单项工程的投资。此外，还需估算其他工程建设费用和预备费，从而得出建设项目的总投资。这种方法在**估算精度和精确度上相对较高**，具有一定的优势

第四章　设计阶段的投资控制

思维导图

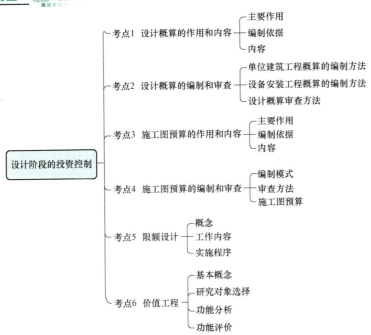

设计阶段的投资控制

- 考点1　设计概算的作用和内容
  - 主要作用
  - 编制依据
  - 内容
- 考点2　设计概算的编制和审查
  - 单位建筑工程概算的编制方法
  - 设备安装工程概算的编制方法
  - 设计概算审查方法
- 考点3　施工图预算的作用和内容
  - 主要作用
  - 编制依据
  - 内容
- 考点4　施工图预算的编制和审查
  - 编制模式
  - 审查方法
  - 施工图预算
- 考点5　限额设计
  - 概念
  - 工作内容
  - 实施程序
- 考点6　价值工程
  - 基本概念
  - 研究对象选择
  - 功能分析
  - 功能评价

考情分析

考点	近5年考试分值统计					
	2024年	2023年	2022年12月	2022年5月	2021年	2020年
考点1　设计概算的作用和内容	2	1	1	0	1	1
考点2　设计概算的编制和审查	0	1	1	1	1	0
考点3　施工图预算的作用和内容	1	0	0	0	0	0
考点4　施工图预算的编制和审查	0	0	1	0	0	0
考点5　限额设计	1	1	4	3	0	1
考点6　价值工程	0	1	1	1	2	1
总　计	4	4	8	5	4	4

考点1：设计概算的作用和内容【★★★★】

阶段设计	两阶段设计：**初步**设计+**施工图**设计。 三阶段设计：**初步**设计+**技术**设计+**施工图**设计。 采用两阶段设计的建设项目，**初步**设计阶段必须编制**设计**概算。【2020，2021】 采用三阶段设计的建设项目，**技术**设计阶段必须编制**修正**概算。【2022（12）】 **设计单位**编制建设项目设计概算并对其编制质量负责。【2024】

41

主要 作用	设计概算的主要作用有以下几个方面： (1) **控制建设投资的依据**。对于政府投资的建设项目，经批准的设计总概算的投资额，是该工程建设项目投资的**最高限额**，不得任意突破。若实际情况需要超出这一限制，必须向原审批部门提交申请并取得批准。在项目的建设过程中，各项经济活动，包括年度固定资产投资计划、银行资金拨付或贷款、施工图设计及其预算、竣工决算等，都需严格遵守这一最高资金限制，除非经过正规程序获得批准，以确保国家固定资产投资计划的严格执行和有效控制。 (2) **设计总概算是制定固定资产投资计划的基础。** (3) **银行贷款的决策依据为设计总概算。** (4) **在招标工程中，招标人编制的最高投标限价（或标底）以设计概算为依据，同时也是评标的重要依据之一。** (5) **工程总承包合同的签订以设计总概算为重要参考。** (6) **评估设计方案经济合理性的重要依据是设计总概算。** (7) **施工图设计和控制施工图预算的依据**。经批准的设计概算是建设项目投资的**最高限额**，设计单位必须按照批准的初步设计和总概算进行施工图设计，**施工图预算不得突破设计概算**。如果施工图预算需要突破设计概算，必须按照规定的程序向审批部门提交申请并取得批准。【2019】 (8) **设计总概算是项目实施全过程中进行造价控制管理、评估建设工程项目成本和投资效果的基础依据**
编制 依据	设计概算的编制依据有以下几个方面： (1) 经正式批准的可行性研究报告。 (2) 工程勘察与设计文件或设计工程量。 (3) 项目涉及的**概算指标或定额**，结合工程所在地同期的人工、材料、机械台班市场价格，以及由相应工程造价管理机构发布的概算定额（或指标）。【2021】 (4) 国家、行业和地方政府的相关法律、法规或规定，政府有关部门、金融机构等发布的价格指数、利率、汇率、税率，以及工程建设其他费用等。 (5) 资金筹措方式。 (6) 正常的施工组织设计或拟定的施工组织设计和施工方案。 (7) 项目的设备材料供应方式及价格。 (8) 项目的管理（含监理）、施工条件。 (9) 项目所在地区的气候、水文、地质地貌等自然条件。 (10) 项目所在地区的经济、人文等社会条件。 (11) 项目的技术复杂程度以及新技术、专利使用情况。 (12) 有关文件、合同、协议等。 (13) 委托单位提供的其他技术经济资料和其他相关资料
内容	设计概算可分**单位**工程概算、**单项**工程综合概算和建设**项目总概算**三级。 **建设项目总概算＝单项工程综合概算＋工程建设其他费用概算＋预备费概算＋ 建设期贷款利息概算＋铺底流动资金概算**

内容	**单项工程综合概算＝各单位建筑工程概算＋各单位设备及安装工程概算【2023】** 各级之间概算的相互关系如图 4-1 所示。 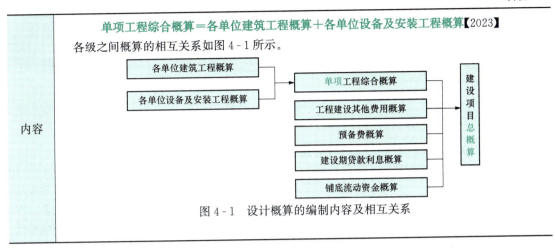 图 4-1　设计概算的编制内容及相互关系

4-1 [2024-7] 编制建设项目设计概算并对其编制质量负责的单位是（　　）。

A. 项目评审单位　　　　　　　　　　　B. 项目设计单位

C. 项目施工单位　　　　　　　　　　　D. 项目监理单位

答案： B

解析： 项目设计单位编制建设项目设计概算并对其编制质量负责。

4-2 [2024-8] 建设项目三级概算指的是（　　）。

A. 总概算、各单位建筑工程概算、设备及安装工程概算

B. 工程费用概算、工程建设其他费用概算、预备费和建设利息概算

C. 单项工程综合概算、工程建设其他费用概算、预备费和建设利息概算

D. 总概算、综合概算、单位工程概算

答案： D

解析： 设计概算由大到小可分为建设项目总概算、单项工程综合概算和单位工程概算三级。

4-3 [2023-10] 某新建工程由甲、乙、丙三个单项工程组成，其中甲的单位建筑工程概算为 1500 万元，设备及安装工程概算为 6500 万元，该项目的工程建设其他费用为 1000 万元，流动资金 3000 万元，甲工程的单项工程综合概算是（　　）。

A. 8000 万元　　　　B. 9000 万元　　　　C. 10 500 万元　　　　D. 12 000 万元

答案： A

解析： 单项工程＝各单位建筑工程＋各单位设备及安装工程＝1500＋6500＝8000（万元）。其他费和流动资金不计入单项工程综合概算，计入项目总概算。

4-4 [2022（12）-8] 需进行初步设计、技术设计和施工图设计三阶段设计的工程项目，在技术设计阶段应编制的工程造价文件是（　　）。

A. 工程总概算　　　　B. 修正总概算　　　　C. 施工图预算　　　　D. 最高投标限价

答案： B

解析：三阶段中，技术阶段编制修正概算。两阶段设计——初步设计（编制概算）＋施工图；三阶段设计——初步设计（编制概算）＋技术设计（修正概算）＋施工图设计。

4-5〔2021-4〕下列定额或指标中，可作为初步设计阶段编制概算依据的是（　　）。

A. 预算定额　　　　B. 概算定额　　　　C. 估算定额　　　　D. 基础定额

答案：B

解析：预算定额是施工图设计阶段，概算定额是初步设计或技术设计阶段采用的定额，它是在预算定额基础上加以综合而成的。

考点2：设计概算的编制和审查【★★★★】

单位建筑工程概算的编制方法	概算定额法（扩大单价法）	概算定额法又叫扩大单价法或扩大结构定额法，它是利用概算定额编制单位建筑工程概算的方法。当初步设计建设项目达到一定深度，建筑结构比较明确，基本上能按初步设计图纸计算出楼面、地面、墙体、门窗和屋面等分部工程的工程量时，可采用这种方法编制建筑工程概算。 在使用扩大单价法进行概算编制的过程中，首先要依据概算定额来制定扩大单位估价表，该表将作为概算定额的基准价格。接下来，计算得出的扩大分部分项工程的工程量，将其与单位估价相乘，从而进行详尽的计算。需要注意的是，概算定额是在特定的计量单位下，对扩大分部分项工程或扩大结构部分的劳动、材料和机械台班的消耗量所设定的标准
	概算指标法	概算指标法是利用概算指标编制单位工程概算的方法。当初步设计深度不够，不能准确地计算工程量，但工程设计采用的技术比较成熟，而又有类似概算指标可以利用时，可采用概算指标法来编制概算。【2022(12)】 概算指标是一种基于特定计量单位（通常为每100m² 建筑面积或1000m³ 建筑体积）的综合性标准，用于规定在建筑工程中人工、材料和施工机械台班的消耗量及其相应的价值表现。相较于概算定额，它提供了更为综合和扩大的分部工程或单位工程的劳动、材料和机械台班的消耗量标准和造价指标。在建筑工程的实际应用中，概算指标通常以完整的建筑物或构筑物为对象，采用"m²、m³"或"座"等作为计量单位。概算指标法是通过将拟建的厂房、住宅的建筑面积或体积与技术条件相同或基本相同的概算指标相乘，从而编制出相应的工程概算的方法
	类似工程预算法	类似工程预算法是利用技术条件与设计对象相类似的已完工程或在建工程的工程造价资料来编制拟建单位工程概算的方法。当建设工程对象尚无完整的初步设计方案，而建设单位又急需上报设计概算时，可采用此法。【2022(5)】 类似工程预算法是一种以先前相似工程的预算为基准的方法，通过运用编制概算指标的技术手段，推导出单位工程的概算指标。在此基础上，再运用概算指标法来制定建筑工程的概算。此方法主要适用于那些初步设计与已建工程或在建工程相似但又缺乏适用的概算指标的拟建工程。然而，在应用类似工程预算法时，我们必须考虑到建筑结构上的差异以及价格变动，并对其进行适当的调整

单位设备安装工程概算的编制方法	预算单价法	当初步设计**达到一定的深度，且具备详尽的设备清单**时，我们可以直接采用安装工程预算定额单价来编制设备安装单位工程的概算。具体而言，通过计算设备安装工程量，并将其与安装工程预算综合单价相乘，最后进行汇总，得出所需的结果。这种方法在进行概算编制时，能够提供相对具体和精确的计算结果，因此具有较高的精确性。【2023】
	扩大单价法	当**初步设计深度不够，设备清单不完备，只有主体设备或仅有成套设备的数量**时，可采用主体设备、成套设备或工艺线的综合扩大安装单价来编制概算
	概算指标法	当**初步设计的设备清单不完备**，或安装预算单价及扩大综合单价不全，无法采用预算单价法和扩大单价法时，可采用概算指标编制概算
设计概算审查方法	设计概算审查常用的五种方法如下所示： （1）**对比分析法**：该方法主要是通过对比工程建设的规模、标准和概算编制内容等因素，以识别和找出可能存在的偏差或问题。 （2）**查询核实法**：针对某些关键设备、重要装置以及因图纸不全而难以准确核算的大型投资，会采用查询核实法，进行多方面的查询和核对，确保逐项落实。对于复杂的建筑安装工程，会向同类工程的建设、承包、施工单位寻求专业意见。 （3）**主要问题复核法**：此方法主要针对审查过程中发现的重大问题、重大偏差、关键设备以及投资大的项目进行复核和复查，以确保其准确性和合规性。 （4）**分类整理法**：在审查过程中，将发现和确认的问题和偏差按照单项工程、单位工程等类别进行分类整理，并汇总计算出各类别的增减投资额。 （5）**联合会审法**：为了确保审查的全面性和准确性，组织相关单位和专家组成联合审查组，共同进行设计概算的审核工作	

 典型习题

4-6［2023-7］当初步设计有详细的设备清单时，编制设备安装工程概算最适宜采用的方法是：

A. 设备系数法　　　　　　　　　B. 扩大单价法
C. 预算单价法　　　　　　　　　D. 概算指标法

答案： C

解析： 当初步设计有详细设备清单时，采用预算单价法。

4-7［2022（12）-5］拟建设一栋多层宿舍，当初步设计深度不够，不能准确地计算工程量，但工程设计采用的技术比较成熟，而又有类似概算指标可以利用时，概算编制用的方法是（　　）。

A. 朗格系数法　　　　　　　　　B. 概算指标法
C. 概算定额法　　　　　　　　　D. 类似工程预算法

答案： B

解析： 建筑单位工程概算：概算定额法（达到深度）、概算指标法（深度不够，技术成熟，有类似概算指标）、类似工程预算法（无完整初设）。

4-8［2022（5）-6］某建设工程，既没有完整的初步设计方案也没有可以进行估算的指标，但是急需要进行设计概算，应采用（　　　）。

A. 综合单价法　　　　　　　　　　　B. 概算定额法

C. 概算指标法　　　　　　　　　　　D. 类似工程预算法

答案： D

解析： 没有完整资料的方案，采用类似工程预算法。

考点 3：施工图预算的作用和内容【★】

施工图预算的主要作用	施工图预算的主要作用有以下几个方面： （1）施工图预算在设计阶段起着至关重要的作用，是确保工程造价得到有效控制的关键环节。通过精确预算，可以确保施工图设计不会突破预定的设计概算，从而保持工程预算的稳定性和可控性。 （2）施工图预算为固定资产投资计划的制定或调整提供了重要依据。由于施工图预算比设计概算更具体、更贴近实际工程需求，因此可以根据施工图预算来落实或调整年度投资计划，确保资金的合理分配和有效利用。 （3）在工程委托承包的情境下，施工图预算构成了签订工程承包合同的基础。建设单位和施工单位双方以施工图预算为依据，共同签订工程承包合同，明确各自的经济责任和义务，确保工程的顺利进行。 （4）在委托承包的过程中，施工图预算也是处理财务拨款、工程贷款和工程结算的重要依据。建设单位会根据施工图预算和工程进度来办理工程款的预支和结算。当单项工程或整个建设项目竣工后，同样会以施工图预算作为主要依据来进行竣工结算。 （5）对于施工单位而言，施工图预算是编制施工计划的重要依据。通过施工图预算中的工料统计表，施工单位可以了解到单位工程所需各类人工和材料的数量，从而据此编制施工计划，有效控制工程成本，并做好施工前的准备工作。 （6）施工图预算在加强施工企业经济核算方面具有重要意义。施工图预算所确定的工程预算造价，构成了建筑安装企业产品的预算价格。建筑安装企业需要在施工图预算的框架内，加强经济核算，努力降低成本，提高盈利能力。 （7）施工图预算在工程招标、投标过程中具有重要地位。对于建设单位而言，它是确定"招标最高限价"或标底的基础；对于施工单位来说，它是参与投标时制定报价的重要依据，确保了招标、投标过程的公平性和准确性
施工图预算的编制依据	施工图预算的编制依据有以下几个方面： （1）施工图纸及说明书和标准图集。经批准审定的施工图纸、说明书和标准图集，它们全面而详细地描绘了工程的所有细节，包括但不限于各个部分的具体构造、尺寸、技术特点以及施工方法。这些文件为施工图预算的编制提供了不可或缺的依据。 （2）预算定额及单位估价表。国家和地区都颁发有现行建筑、安装工程预算定额及单位估价表，并有相应的工程量计算规则，这些文件详细规定了如何确定分项工程子目、计算工程量、选择单位估价表以及计算直接工程费用，是编制施工图预算时的核心参考。 （3）施工组织设计或施工方案。施工组织设计或施工方案中不仅描述了施工的整体策略，还包含了大量与施工图预算相关的信息。例如，它们可能详述了建设地点的地质条件、土石方的开挖和运输方法、施工机械的使用、结构件的预制和运输、重要结构部分的施工方案，以及特殊机械设备的安装方案等。

施工图预算的编制依据	（4）材料、人工、机械台班市场价格及工程造价指标和指数。材料、人工、机械台班价格是预算定额的三大主要组成部分，也是直接工程费用的主要决定因素。特别是材料费用，通常在工程成本中占比较大。在市场经济环境中，这些价格会随市场波动。为了确保预算造价接近实际情况，必须及时掌握工程所在地的最新市场价格信息。 （5）建筑安装工程费用定额和工程量计算规则。 （6）预算工作手册及有关工具书。预算工作手册和工具书是预算编制过程中不可或缺的参考资料。它们包含了各种结构件的面积和体积计算公式、材料的规格和用量数据、单位换算比例、特殊断面和结构件的工程量速算方法，以及金属材料重量表等实用信息。 （7）**经批准的设计概算文件**。它设定了工程拨款或贷款的最高限额，同时也是单位工程预算的主要控制依据。如果施工图预算的投资总额突破了设计概算，就需要对设计概算进行调整并经过重新批准
施工图预算的内容	施工图预算有**单位**工程预算、**单项**工程综合预算和建设**项目总预算**。根据施工图设计文件、现行预算定额、费用标准以及人工、材料、设备、机械台班等预算价格资料，以一定方法，编制单位工程的施工图预算；然后汇总所有各单位工程施工图预算，成为单项工程施工图预算，再汇总所有各单项工程施工图预算，便是一个建设项目建筑安装工程的**总预算**【2024】

 典型习题

4-9［2024-20］反映施工图设计阶段建设项目投资总额的造价文件是（　　　）。

A. 单位工程预算　　　　　　　　　　B. 单项工程综合预算

C. 建设项目总预算　　　　　　　　　D. 建筑项目工程总概算

答案：C

解析：施工图设计阶段对应预算，反映投资总额的应为建设项目总预算。

4-10［2019-7］编制施工图预算时，应依据的定额是（　　　）。

A. 预算定额　　　　　　　　　　　　B. 投资估算指标

C. 概算定额　　　　　　　　　　　　D. 有代表性的企业定额

答案：A

解析：施工图预算是根据施工图设计图纸，按照主管部门制定的现行预算定额、费用定额和其他取费文件。

考点4：施工图预算的编制和审查【★★】

施工图预算编制模式	从现有意义上讲，任何在工程实施前，依据施工图纸和各种计价依据所计算出的工程价格，都可以被定义为施工图预算价格。这种价格可以是通过遵循主管部门规定的预算单价、取费标准和计价程序得出的计划价格，也可以是基于企业自身的实力、市场供求和竞争状况而得出的市场价格。这实际上揭示了两种不同的计价模式。进一步地，根据预算造价的计算和管理方法的差异，可以将施工图预算划分为两种不同的计价模式：传统计价模式与工程量清单计价模式

施工图预算编制模式	**1. 传统计价模式** 传统计价模式，也称为定额计价模式，是一种基于国家、部门或地区统一规定的定额和取费标准进行工程造价计价的方法。这种模式是我国过去长时间内广泛采用的施工图预算编制方式。在此模式下，主管部门负责制定工程预算定额，并规定间接费的内容和取费标准。建设单位和施工单位则依据预算定额中规定的工程量计算规则和定额单价（包括消耗量标准和单位价格）来计算**直接工程费**。随后，按照规定的费率和取费程序来计算**间接费、利润和税金**，并最终汇总得出工程造价。 传统计价模式主要采用**工料单价法**作为计价方式。在这种方法中，分部分项工程的单价是直接工程费单价，通过将分部分项工程量与相应的分部分项工程单价相乘，得出单位工程的直接工程费。直接工程费汇总后，再加上措施费、间接费、利润和税金，即可得出工程承发包价。根据分部分项工程单价产生方法的不同，工料单价法可以进一步细分为预算**单价法**（简称单价法）和**实物法**。【2020】 **2. 工程量清单计价模式** 工程量清单计价模式是按照工程量清单规范规定的全国统一工程量计算规则，由**招标人**提供工程量清单和有关技术说明，投标人根据企业自身的定额水平和市场价格进行计价。工程量清单计价的方式是采用**综合单价法**，目前施工图预算最适宜的方法是**综合单价法**。【2022(12)】
单价法	单价法编制施工图预算，就是将各分项工程综合单价，乘以相应的各分项工程的工程量，并汇总相加，得到单位工程的人工费、材料费和机械使用费用之和；再加上措施费、企业管理费、利润、规费和税金，即可得到单位工程的施工图预算。用单价法编制施工图预算的计算公式为： $$单位工程施工图预算造价＝\sum（分项工程量×分项工料单价）＋$$ $$措施费＋企业管理费＋利润＋规费＋税金$$ 用单价法编制施工图预算的完整步骤如图 4-2 所示 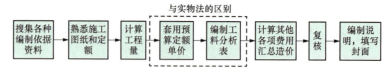 图 4-2　单价法编制施工图预算步骤
实物法	实物法是一种基于实际工程量和消耗指标计算工程造价的方法。首先，根据施工图纸，计算出各分项工程的实物工程量。接着，通过应用相应的预算人工、材料和机械台班的定额用量和消耗指标，确定人工、材料和机械台班的总消耗量。此后，将这些总消耗量分别乘以工程所在地当时的实际单价，从而计算出单位工程的人工费、材料费和施工机械使用费，并对这些费用进行汇总，以得出直接工程费。最后，根据当地建筑市场的实时供求状况，按照既定规定计取措施费、企业管理费、利润、规费和税金等各项费用，并最终汇总这些费用，以确定单位工程施工图预算造价。实物法编制施工图预算的主要公式为：

<table>
<tr><td rowspan="2">实物法</td><td>

单位工程预算直接工程费＝
［Σ（分部分项工程量×人工预算定额用量×当时当地人工工资单价）＋
Σ（分部分项工程量×材料预算定额用量×当时当地材料预算价格）＋
Σ（分部分项工程量×施工机械台班预算定额用量×当时当地机械台班单价）］
单位工程预算造价＝直接工程费＋措施费＋企业管理费＋利润＋规费＋税金

</td></tr>
<tr><td>

实物法编制施工图预算的步骤如图 4-3 所示。

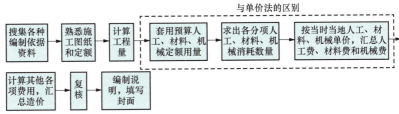

图 4-3　实物法编制施工图预算步骤

从图 4-3 可以看出，实物法编制施工图预算的首尾步骤与单价法相似，但在具体内容上有一些区别。另外，实物法和单价法在编制步骤中最大的区别在于中间的步骤，用虚线框表示，也就是计算人工费、材料费和施工机械使用费及汇总三者费用之和的方法不同。

总结而言，实物法在编制施工图预算中的应用，因采用了当地实时的人工、材料和机械台班单价，使得所编制的预算能够**更为精确地反映实际水平，从而减少了误差**。这种方法特别适用于市场经济环境中，价格波动较为显著的情况。然而，使用实物法进行施工预算编制时，需要统计人工、材料和机械台班的消耗量，并收集相应的实际价格信息，这**增加了工作量和计算的复杂性**

</td></tr>
<tr><td rowspan="2">综合单价法</td><td>

综合单价是指分部分项工程单价综合了除直接工程费以外的多项费用内容。按照单价综合内容的不同，综合单价可分为全费用综合单价和部分费用综合单价。

（1）**全费用综合单价。**

全费用综合单价即单价中综合了人、材、机费用，措施费，企业管理费，利润，规费和税金等。以各分项工程量乘以综合单价的合价汇总后，就生成工程承发包价。

（2）**部分费用综合单价。**

我国目前实行的工程量清单计价采用的综合单价是部分费用综合单价，分部分项工程、措施项目、其他项目单价中综合了**人、材、机费用，企业管理费，利润**，并考虑了一定范围内的**风险**费用，单价中**未包括规费和税金**，是**不完全**费用综合单价，以各分项工程量乘以部分费用综合单价的合价汇总，再加上措施项目费、其他项目费、规费和税金后，生成工程承发包价

</td></tr>
</table>

施工图预算常用的七种审查方法	（1）**全面审查法**。 全面审查法是一种详尽无遗的审查方法，它依据完整的施工图纸和预算定额工程子目，逐项进行全面审查。此方法优势在于审查的全面性和高质量，但由于其全面性，导致工作量较大。 （2）**标准预算审查法**。 标准预算审查法是一种以标准图纸或通用图纸工程的预算作为基准，对施工图预算进行比对的审查方法。其优点在于审查效率高、效果好，然而其应用范围相对较小。 （3）**分组计算审查法**。 分组计算审查法是一种将具有内在联系的项目分为一组，通过审查其中某一分量并利用不同量之间的相互关系来推断同组内其他分项工程量的准确性的方法。这种方法审查迅速，工作量小，但可能牺牲一定的审查精度。 （4）**对比审查法**。 对比审查法是一种利用类似工程的已完成预算或已修正预算来对比和审查拟建工程预算的方法。此方法的优点在于审查速度快，但前提是需要有相关的类似工程资料。 （5）**筛选审查法**。 筛选审查法本质上也是一种对比审查法，该方法首先计算和整理出类似建筑物的分部分项工程单位面积的工程量、造价和用工等基本数据，然后用这些数据来筛选和审查拟建工程中相应的分部分项工程，对不在基本数据范围内的部分进行更详细的审查。此方法的优点在于其易用性和速度，但其应用具有一定的局限性，通常更适用于住宅建筑。 （6）**重点审查法**。 重点审查法是一种侧重于对预算中影响工程造价大、易出错的部分进行详细审查的方法。其优点在于审查速度快，但要求审查人员具有丰富的经验。 （7）**分解对比法**。 分解对比法是一种将单位工程的费用分解为其各个组成部分，然后将拟审定的工程预算与已审定的类似工程的标准预算进行对比和分析，以找出差异较大部分的方法

典型习题

4-11［2022（12）-23］关于施工图预算编制，正确的是（　　）。

A. 施工图预算编制不需要考虑具体施工方案

B. 施工图预算编制最适宜的方法是工料单价法

C. 所有工程均需编制三级施工预算

D. 经批准的设计概算是控制施工图预算编制的主要依据

答案：D

解析：施工图预算最适宜的方法是综合单价法。经批准的设计概算是控制施工图预算编制的主要依据。

4-12［2020-4］编制施工图预算时采用的实物法从性质上属于（　　）。

A. 预算单价法　　　　　　　　　B. 全费用综合单价法

C. 工料单价法　　　　　　　　　D. 指标法

答案：C

解析：实物法从性质上属于工料单价法。

考点5：限额设计 【★★★★★】

限额设计的概念	《工程造价术语标准》（GB/T 50875—2013）相关规定。 2.1.24　限额设计：按照投资或造价的限额开展满足技术要求的设计工作。即：按照**可行性研究报告批准的投资限额**进行**初步设计**，按照**批准的初步设计概算**进行**施工图设计**，按照**施工图预算**对**施工图设计中各专业设计文件作出决策**的设计工作程序。 2.1.24条文说明：限额设计是在投资限额不变的情况下，通过优化设计和设计方案比选，对各种方案的造价进行核算，为设计人员提供有用信息和合理建议，以达到动态控制投资的目的。限额设计包括两方面内容，一方面是**下一阶段设计工作按照上一阶段**的投资或造价限额达到设计技术要求，即按照可行性研究报告批准的投资限额进行初步设计，按照批准的初步设计概算进行施工图设计，按照施工图预算对施工图设计中各专业设计文件作出决策的设计工作程序；另一方面是**项目局部按设定投资或造价限额达到设计技术要求**
	对于采用限额设计的建设项目、单位工程或分部分项工程，**工程造价人员**应配合设计人员确定合理的建设标准，进行投资分解和投资分析，确保限额的合理可行。【2022（12）】 采用限额设计，首先应保证设计的技术标准、使用功能符合国家和行业标准以及合同要求，建设规模应满足可行性研究和合同的要求。 **限额设计首先要合理确定限额设计总值。**可行性研究报告中的投资估算是确定总投资额的重要依据，**经过批准的投资估算**应作为限额设计总值。 限额设计作为我国工程建设领域控制投资支出、保证投资资金有效使用的一项有力措施，是设计阶段工程造价控制工作的关键。同时限额设计也是促进设计单位改善管理、优化结构、提高设计水平的有效途径
限额设计的工作内容	在实施限额设计的过程中，需要从纵向和横向两个维度实施和控制。 （1）**纵向控制**要求在项目的**各个阶段**，包括可行性研究、初步勘察、初步设计、详细勘察、技术设计以及施工图设计和设计变更，都要贯彻限额设计的原则。这要求我们在每个阶段、每个专业中，根据已批准的可行性研究报告中的投资估算对初步设计及概算进行控制，再根据已批准的初步设计及总概算对施工图设计及预算进行控制。在确保工程功能需求满足的前提下，我们需按照各专业分配的造价限额进行设计，以确保估算和概算在各个阶段都能起到应有的控制作用，不突破预设的造价限额，从而最终保证限额设计目标的实现。 （2）**横向控制**则是通过合同约定的方式，明确**建设单位和设计单位**的责任、权利和义务。同时，还需要加强设计单位内部的经济责任制，明确设计单位内部**各专业、各参与项目的设计人员**具体负责的事项、承担的责任、权利和义务，以强化设计单位内部的协作关系，实现技术与经济的统一。这种控制方式旨在通过明确各方责任和义务，以及强化内部协作，确保限额设计得以顺利实施
	（1）**合理确定设计限额目标。**【2020】 **经批准的投资估算**应作为工程造价的最高限额，在初步设计阶段，限额设计应严格以这一批准的投资估算为总设计限额，并避免任何非正当的超出。进入施工图阶段，限额设计需根据已批准的初步设计及总概算来控制施工图设计及预算。为确保设计限额目标值的合理性，关键在于提高可行性研究中投资估算的编制精确性和可靠性。

限额设计的工作内容	**（2）选择合理的初步设计方案。** 在初步设计阶段，我们应根据可行性研究方案和投资估算，对各种初步设计方案进行技术经济比较和选择，从而确定一个既技术上可行又经济上合理的方案，这是实现限额设计目标的基石。 **（3）科学、合理地分配限额设计值。【2022(12)】** 限额设计有两个维度：一是按专业将<u>上一阶段</u>确定的投资额进行细分，并分配给各个专业设计部门；二是将投资限额进一步分配到各个单项工程、单位工程以及分部分项工程。鉴于工程项目设计中涉及的多重影响因素，<u>单纯依赖类似工程的经验来分配限额往往与真实情境存在较大偏差</u>。仅仅参考类似工程的投资比例可能无法准确反映工程造价各组成部分之间的合理关联。因此，建议在充分掌握类似工程的技术经济资料的基础上，结合<u>价值工程</u>等方法对传统配额分配策略进行优化。在确定限额总值后，利用价值工程的原理进行限额的细致分配。 **（4）依据限额设计分配额进行初步设计。** 明确初步设计方案和限额设计值的分配后，各专业便应依据所设定的设计限额进行初步设计，并随之编制设计概算。此阶段所确定的各专业、单项工程、单位工程的造价均应符合限额设计的标准。 **（5）在设计概算范围内进行施工图设计。** 当初步设计获得批准后，我们应依据已批准的初步设计方案和设计概算来进行施工图的限额设计，并根据实际需求编制施工图预算
限额设计实施程序【2024】	**（1）目标制定。** 初步设计阶段限额设计应以<u>批准的投资估算</u>作为设计的总限额；施工图设计阶段应以<u>批准的设计概算</u>作为限额设计的总限额。在综合考虑设计方案满足工程项目的功能要求、技术标准、工程质量、进度、安全等的基础上，确定合理的限额设计目标。 **（2）目标分解。【2022(5)】** 首先，将上一阶段确定的投资额分解到建筑、结构、电气、给排水和暖通等设计部门的<u>各个专业</u>。 其次，将投资限额再分解到各个<u>单项工程、单位工程、分部工程及分项工程</u>。 最后，将各细化的目标明确到相应<u>设计人员</u>，制订明确的限额设计方案。 通过层层目标分解和限额设计，实现对投资限额的有效控制，如图 4-4 所示。 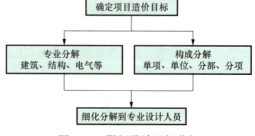 图 4-4　限额设计目标分解

限额设计 实施程序 【2024】	**(3) 目标推进。**【2022(12)，2022(5)】 包括限额**初步设计**和限额**施工图设计**两个阶段。 通过目标确定和分解，有了具体的限额设计目标，各专业设计部门、设计人员按设定的目标进行设计工作。初步设计阶段进行工程项目的初步设计、编制设计概算，并控制设计概算不超过投资估算的限额，施工图阶段按经批准的初步设计和概算进行施工图设计、编制施工图预算。实施过程中应进行有效的追踪和监控，及时发现问题和采取调整措施，对于没有达到限额目标要求的应修改设计，**严格控制设计变更**，控制施工图预算不超过设计概算的限额，以保证限额目标的实现。 对于政府投资项目，初步设计提出的投资概算超过经批准的可行性研究报告提出的投资估算10%的，项目单位应当向投资主管部门或者其他有关部门报告，投资主管部门或者其他有关部门可以要求项目单位重新报送可行性研究报告。 **(4) 成果评价。** 通过对设计成果的评价，总结经验教训，及时调整并进行下一阶段的工作
限额设计 工作中应 注意的一 些问题	(1) 在确定限额值的分配时，应追求**科学性和合理性**。传统的限额设计方法主要参考类似工程的技术经济资料，根据类似工程的投资比例来分配投资估算到各个单项工程和单位工程。然而，由于工程建设涉及的因素众多，并且受到时间、地点和技术条件的影响，工程造价可能会出现差异。因此，限额值的分配有时可能与实际情况存在较大的出入，只是一种近似的估计。仅仅依赖类似工程的投资比例作为参考可能无法准确反映工程造价各组成部分之间的合理关系。 (2) 在限额设计中，应**融入价值工程的理念**。过分强调设计限额的重要性可能导致某些工程在设计过程中忽略了工程功能水平与成本之间的匹配性，从而违背了价值工程的原理。同时，设计人员的创造力可能会受到限额设计传统观念的束缚，导致一些新型材料和高新技术无法在工程中得到充分应用。因此，在限额设计中，应注重平衡工程的功能需求与成本之间的关系，鼓励设计创新和新技术的应用。 (3) 在限额设计中，需要**充分考虑工程的全寿命周期**。【2022(5)】限额中的投资估算、设计概算和施工图预算等限额值通常只关注项目建设过程的一次性造价，即工程的实际建造成本，而对项目的运营维护成本缺乏充分考虑。这可能导致建设成本较低但运营成本偏高的情况出现，从而使得工程项目的全寿命周期成本并不一定经济合理。因此，在进行限额设计时，应该综合考虑工程项目的长期经济效益，将建设成本和运营维护成本纳入考虑范畴。 限额设计应当被视为基于建筑工程全寿命周期的优化策略。在实施限额设计的过程中，应注意避免简单地按照类似工程的投资比例来分配资金到各专业、各单项工程和各单位工程中。相反，应该充分考虑拟建工程的独特性、各部分功能水平与成本之间的匹配度，以及新技术和新材料的应用潜力。不能仅仅聚焦在建筑工程的建造成本上，而应更加关注设计方案的全寿命周期成本。为此，应将价值工程和全寿命周期成本分析等先进理论和方法融入限额设计中，以科学、合理的方式进行限额的分配。在投资限额的范围内，使工程项目达到最佳的功能水平，同时综合考量工程项目的全寿命周期成本，以实现全面的经济效益。为了不断改进限额设计方法，需保持创新和灵活性，确保限额设计不仅能满足工程项目的基本需求，还能适应不断变化的技术和经济环境

4-13[2024-6]关于限额设计目标及实施的说法，正确的是（　　）。

A. 限额设计目标由工程造价目标、质量目标两个部分组成

B. 投资估算仅作为限额初步设计阶段的一个参考指标

C. 建筑设计人员进行限额设计时，应只考虑工程建造费用，不必考虑运行费用

D. 分解工程造价目标是实施限额设计的一个有效途径和方法

答案：D

解析：限额设计实施步骤：①目标制定；②目标分解；③目标推进；④成果评价。目标分解是实施限额设计的一个有效途径和方法。

4-14[2022（12）-3]采用限额设计的建设项目，在初步设计阶段，配合设计人员确定合理的建设，确保限额合理可行的是（　　）。

A. 投资咨询工程师　　B. 建设单位负责人　　C. 施工项目经理　　D. 工程造价人员

答案：D

解析：根据《建设项目投资估算编审规程》（CECA/GC 1—2015）3.1.7，对于采用限额设计的建设项目、单位工程或分部分项工程，工程造价人员应配合设计人员确定合理的建设标准，进行投资分解和投资分析，确保限额的合理可行。

4-15[2022（12）-9]关于限额设计目标推进的说法，正确的是（　　）。

A. 通常包括限额初步设计和限额施工图设计两个阶段

B. 在规定的时间内完成限额投资要求

C. 基于建设工程全寿命期，对工程造价目标的静态管理过程

D. 在施工图设计阶段对于造价目标的优先推进

答案：A

解析：目标推进通常包括限额初步设计和限额施工图设计两个阶段。

4-16[2022（12）-10]概算限额各专业下达配额正确的是（　　）。

A. 方案设计下达各专业的限额就是各专业全过程的限额

B. 各专业限额在方案确定后才可下达

C. 业主获得审核通过概算后才可下达各专业限额

D. 根据各阶段及深化需求调整下达各专业的限额

答案：D

解析：根据各阶段及深化需求调整下达各专业的限额。

考点6：价值工程【★★★★★】

价值工程的基本概念	《工程造价术语标准》（GB/T 50875—2013）。 2.1.25　价值工程：以提高产品或作业的价值为目的，通过有组织的创造性工作，用最低的寿命周期成本，实现使用者所需功能的一种管理技术。 2.1.25条文说明：价值工程涉及价值、功能和寿命周期成本等三个基本要素，是一门工程技术理论，其基本思想是以最少的费用换取所需要的功能

	（1）**功能**（*F*）：功能是指产品或作业的功用和效能。它实质上也是产品或作业的使用价值。 （2）**寿命周期成本**（*C*）：寿命周期成本是指产品或服务在寿命期内所花费的全部费用。其费用不仅包括产品生产工程中的费用，也包括使用过程中的费用和残值。 （3）**价值**（*V*）：价值工程中的"价值"，是指产品或作业的功能与实现其功能的总成本的比值。它是对所研究的对象的功能和成本的综合评价。其表达式为： $$价值（V）= \frac{功能（F）}{成本（C）}$$
价值工程的基本概念	价值工程，也可称为价值分析，是指以产品或作业的**功能分析**为核心，以**提高产品或作业的价值**为目的【2021】，力求以最低寿命周期成本实现产品或作业使用所要求的必要功能的一项有组织的创造性活动。价值工程是一种以提高产品和作业价值为目标的管理技术。其主要特点如下： （1）价值工程着眼于寿命周期成本，把研究的重点放在对产品的功能研究上，**核心是功能分析**。【2023】 （2）价值工程将保证产品功能和降低成本作为一个整体考虑。 （3）价值工程强调创新。 （4）价值工程要求将功能定量化。 （5）价值工程是一种有计划、有组织的活动
	从上面价值的表达式可知，在成本不变的情况下，**价值与功能成正比**；功能不变的情况下，**价值与成本成反比**。由此可以得出提高产品或作业价值的五种主要途径。 （1）成本不变，提高功能。 （2）功能不变，降低成本。【2022（5）】 （3）成本略有增加，功能较大幅度提高。 （4）功能略有下降，成本大幅度降低。 （5）成本降低，功能提高，则价值更高
价值工程研究对象选择	（1）**ABC 分析法**：应用数理统计分析的方法选择对象。按产品零部件成本大小由高到低排列，绘出费用累计曲线。一般规律如下： 　A 类部件：占部件的 10%～20%，占总成本的 70%～80%。【2021】 　B 类部件：占部件的 20% 左右，占总成本的 20% 左右。 　C 类部件：占部件的 60%～80%，占总成本的 5%～10%。 　A 类部件数量较少，但占总成本比重较大；C 类部件数量较多，但占总成本比例不大；B 类部件介于 A 类部件和 B 类部件之间。通常把**A 类部件**作为分析对象 。 （2）**强制确定法**：强制确定法是根据功能重要程度选择价值工程研究对象的一种方法。具体做法是采用打分法计算零件或部位的功能系数、计算成本系数，然后计算价值系数，根据价值系数判断分析对象的功能与成本是否相符。根据价值系数的大小，确定重点改进对象。计算结果存在的三种情况如下： 　1）价值系数**小于 1**，表明该零件相对不重要且费用偏高，应**作为价值工程研究的对象**。 　2）价值系数大于 1，即功能系数大于成本系数，表明该零件较重要而成本偏低，是否需要提高费用视具体情况而定。 　3）价值系数接近或等于 1，表明该零件重要性与成本适应，较为合理

功能分析	**功能分析**是价值工程的核心。【2023，2022（12），2019】功能是某个产品或零件在整体中所担负的职能或所起的作用。功能分析的目的是用最少的成本实现同一功能分析。一般有功能定义、功能整理和功能评价三个步骤
功能评价 【2020】	价值工程的成本有两种：一种是目前的实际成本，称为功能的现实成本；另一种是实现功能的最低费用，称为功能的目标成本（功能评价值）。将功能目标成本 F 与功能现实成本 C 比较，求出两者的比值（功能价值 V）和两者的差异值（改善期望值 ΔC），然后选择功能价值低、改善期望值大的功能作为价值工程的重点对象如图 4-5。 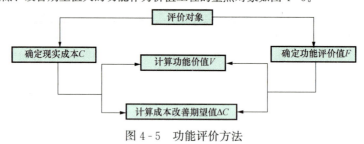 图 4-5 功能评价方法 **（1）功能评价值 F 的计算。** 对象的功能评价值（目标成本），是指可靠地实现用户要求功能的最低成本，可以看成是用户期望的成本目标值。 确定功能评价值的一种方法是功能重要系数法，这种方法将功能划分为几个功能区然后确定各功能在总功能中的比重，即功能重要性系数，将产品的目标成本按功能重要性系数分配到各功能区作为该功能区的目标成本（功能评价值）。 **（2）功能现实成本 C 的计算。** 功能现实成本应当按功能计算成本，即需要将产品或零部件的现实成本换算成功能的现实成本。 **（3）功能价值 V 的计算。** 按功能成本法计算的功能价值表达式为： 第 i 个评价对象的**价值系数 V ＝功能评价值 F /功能现实成本 C** 功能的价值系数计算结果有以下三种情况： 1）$V=1$，即功能评价值 F 等于功能现实成本 C。说明评价对象的功能现实成本与实现功能所必需的最低成本大致相当，**较为理想**。 2）$V<1$，即功能现实成本 C 大于实现功能所必需的最低成本（功能评价值 F）。说明评价对象的现实成本过高或有过剩的功能现象。此时应**将此功能作为价值工程分析的对象**，通过改进降低成本或剔除过剩功能。 3）$V>1$，即功能现实成本小于功能评价值。表明该部件功能比较重要，但分配的成本较少。此时，是否需要提高成本或减少不必要的功能，应进行具体分析。 对于 V 小于 1 的功能区域，尤其是小于 1 较多的，即改善期望值 ΔC（$C-F$）较大的功能区域，应作为价值工程分析对象，通过改进，使 V 等于或接近 1

4-17 [2023-8] 关于在初步设计中应用价值工程的说法正确的是（   ）。

A. 价值工程，强调投资最小，不考虑质量与功能

B. 价值工程，强调价值最大化，忽略环保和节能

C. 价值工程的核心是对设计对象进行功能分析

D. 价值工程的应用，只在建设阶段考虑，在运营阶段不考虑

答案：C

解析：价值工程，是指以产品或作业的功能分析为核心，以提高产品或作业的价值为目的，力求以最低寿命周期成本实现产品或作业使用所要求的必要功能的一项有组织的创造性活动。

4-18 [2022（12）-14] 采用价值工程原理进行设计方案优化时，核心工作是（   ）。

A. 环境影响分析   B. 降低造价   C. 功能分析   D. 优化工期

答案：C

解析：价值工程的核心工作是功能分析。

4-19 [2022（5）-8] 关于价值工程质量，在工程设计阶段，说法正确的是（   ）。

A. 价值工程目标，最大限度提高产品价值

B. 价值工程，以功能定性

C. 注重结构功能，新技术材料为核心

D. 在功能不变或改善情况下，优化设计，降低成本

答案：D

解析：价值工程在功能不变或改善情况下，优化设计，降低成本。

第五章 招标投标阶段的投资控制

考 点	近5年考试分值统计					
	2024 年	2023 年	2022 年 12 月	2022 年 5 月	2021 年	2020 年
考点 1 建设项目的招标投标	0	0	0	0	0	0
考点 2 工程量清单计价	1	1	0	0	2	1
考点 3 工程量清单的编制	1	1	2	0	0	0
考点 4 最高投标限价和投标报价的编制	1	0	0	1	0	0
考点 5 《建设工程工程量清单计价规范》（GB 50500—2013）相关规定	0	1	0	0	2	0
总 计	3	3	2	1	4	1

考点 1：建设项目的招标投标

招标范围及其有关规定	(1) 招标范围。 1) 全部或者部分使用**国有**资金投资或者国家融资的项目。包括： ①使用预算资金**200 万元**人民币以上，并且该资金占投资额**10%**以上的项目； ②使用国有企业事业单位资金，并且该资金占**控股**或者**主导**地位的项目。 2) 使用**国际组织**或者**外国政府**贷款、援助资金的项目。包括： ①使用世界银行、亚洲开发银行等国际组织贷款、援助资金的项目； ②使用外国政府及其机构贷款、援助资金的项目。 3) 大型基础设施、公用事业等关系社会公共利益、公众安全的项目。 4) 必须招标的具体范围由有关部门制订，报国务院批准。

招标范围及其有关规定	(2) 必须招标的规模标准。 上述招标范围内的工程建设项目，包括项目的勘察、设计、施工、监理以及与工程建设有关的重要设备、材料等的采购，达到下列标准之一的，必须进行招标： 1) 施工单项合同估算价在400万元人民币以上； 2) 重要设备、材料等货物的采购，单项合同估算价在200万元人民币以上； 3) 勘察、设计、监理等服务的采购，单项合同估算价在100万元人民币以上
招标工作内容和程序	招标人在进行招标活动时，必须遵循一系列严格的工作内容和程序。这些程序大致可分为三个阶段： **(1) 招标准备阶段。** 在此阶段，招标人的主要任务包括向相关部门提交并等待审批工程建设项目的招标申请书、建立一个专门的招标组织、策划详细的招标方案、通过适当的渠道发布招标公告或投标邀请、撰写全面的招标文件，以及根据工程项目的预算和市场情况设定招标控制价或编制标底。 **(2) 招标实施阶段。** 这一阶段的主要工作涉及发售资格预审文件，对潜在投标人进行资格预审，向通过预审的投标人发售招标文件，组织进行现场踏勘和标前会议以解答投标人的疑问，并在规定的时间内接收并妥善保管投标人的投标文件。 **(3) 决标与成交阶段。** 在此阶段，招标人需按照既定程序进行开标，由评标委员会负责评标工作并推荐中标候选人。随后，根据评标结果和招标文件规定进行决标，确定中标人。最后，与中标人签订详细的施工合同，其中应明确工程的具体范围、工期、质量标准和价格等条款。签订合同后，中标人将按照合同条款进行工程施工

考点2：工程量清单计价【★★★★】

工程量清单计价的基本概念	(1) 工程量清单是建设工程的**分部分项工程项目**、**措施项目**、**其他项目**、**规费项目**和**税金项目**的名称和相应数量的明细清单。 工程量清单可分为**招标**工程量清单和**已标价**工程量清单。 1) 招标工程量清单是招标人依据国家标准、招标文件、设计文件以及施工现场实际情况编制的，随招标文件发布、供投标报价的工程量清单，包括说明和表格。招标工程量清单是工程量清单计价的基础，是编制最高投标限价、投标报价、计算或调整工程量、索赔等的依据之一。 2) 已标价工程量清单是构成合同文件组成部分，投标文件中已标明价格，经算术性错误修正（如有）且承包人已确认的工程量清单，包括说明和表格。 (2) 招标工程量清单必须作为招标文件的组成部分，其准确性和完整性应由**招标人**负责。但从**设计人员**的角度来说，为提高工程量清单编制质量，设计时应尽量**减少图纸中的错误**。【2024，2021，2020】 采用工程量清单方式招标发包，招标人必须将工程量清单作为招标文件的组成部分连同招标文件一并发（或卖）给投标人。招标工程量清单反映了拟建工程应完成的全部工程内容和相应工作，招标人对编制的招标工程量清单的准确性和完整性负责，投标人依据招标工程量清单进行投标报价。 (3) 工程量清单计价是建设工程招标投标活动中，**招标人**按照国家统一的工程量计算规则提供工程量清单，由**投标人**依据招标工程量清单并结合建筑企业自身情况进行自主报价的工程造价计价方式。工程量清单的编制阶段是在**施工图完成后，施工招标前**进行

工程量清单的作用	工程量清单计价在建设工程的发承包和实施阶段起着至关重要的作用，目前已成为我国施工阶段公开招标投标的主要计价方式。这种计价方式涵盖了多个方面，如编制招标最高投标限价、投标报价、合同价款约定、工程计量、合同价款调整、合同价款期中支付、竣工结算与支付、合同价款争议的解决以及工程造价鉴定等。 工程量清单的主要作用体现在以下几个方面： （1）工程量清单为投标人的投标竞争提供了一个**公开、公正和公平的共同基础**。通过提供拟建工程的基本内容、实体数量和质量要求等信息，工程量清单确保了所有投标人在相同的工程内容和工程量基础上进行竞争。 （2）工程量清单是**建设工程计价的依据**。在招标投标过程中，招标人会根据工程量清单编制招标工程的最高投标限价，而投标人则会依据企业定额计算投标报价，并自主填报工程量清单所列项目的单价和合价。 （3）工程量清单还是**工程付款和结算的依据**。发包人会根据承包人在施工阶段是否完成工程量清单规定的内容和投标所报的综合单价，作为支付工程进度款和工程结算的依据。 （4）当发生工程变更、索赔、工程量偏差等情况时，工程量清单可以作为**调整工程价款、处理索赔等的依据**。在这种情况下，可以参照已标价工程量清单中的合同单价来确定相应项目的单价及相关费用
合同类型的选择	施工合同中，计价方式可分为：总价方式、单价方式和成本加酬金方式三种。合同类型不同，合同双方的义务和责任不同，各自承担的风险也不尽相同。建设单位应根据不同情况选择适合的合同类型，见表5-1。

表5-1　　　　　　　　　　合同类型的选择

情况	选用的计价方式
建设规模大且技术复杂的项目	有把握的部分：采用总价合同。 估算不准的部分：采用单价合同或成本加酬金合同
已完成图纸设计，工程量清单详细**明确**的项目	**总价合同**【2023】
实际工程量与预计工程量有较大出入的项目	单价合同
只有初步设计，工程量清单不够明确的项目	单价合同或成本加酬金合同
采用新技术且缺乏经验的项目	成本加酬金合同
紧急工程且没有施工图纸的项目	成本加酬金合同

 典型习题

5-1［2024-10］采用工程清单计价的建设工程，招标人委托第三方咨询机构编制招标工程量清单，应对其准确性和完整性负责的是（　　）。

A. 第三方咨询机构 　　　　　　　　B. 招标人

C. 招标人的上级管理机构 　　　　　D. 投标人

答案：B

解析：招标工程量清单应由有具编制能力的招标人或受委托有资质的工程造价咨询人编制。必须作为招标文件组成部分，准确性和完整性由招标人负责。

5-2［2023-13］采用固定合同的工程通常具备的条件是（　　）。

A. 工程范围明确，工程图纸完整齐全　　　B. 工程范围明确，工程数量不明确

C. 工程范围不清晰，施工技术复杂　　　D. 工程技术、结构方案不能预先确定

答案：A

解析：已完成图纸设计，工程量清单详细明确的项目适宜采用总价合同。

5-3［2021-22］工程量清单的准确性由招标人负责，但从设计人员的角度，设计时有助于提高工程量清单编制准确性的做法是（　　）。

A. 尽量选用当地原材料　　　B. 尽量考虑业主的建设成本

C. 减少设计图纸中的错误　　　D. 尽量考虑施工的难易程度

答案：C

解析：设计人员的角度来说就是避免图纸的错误，提高工程量计算的准确性。

考点3：工程量清单的编制【★★★】

分部分项工程量清单的编制	（1）分部分项工程量清单为不可调整闭口清单。投标人必须按照招标工程量清单填报价格。项目编码、项目名称、项目特征、计量单位、工程量必须与招标工程量清单一致。投标人不得更改分部分项工程量清单所列内容，如果投标人认为清单内容不妥或有遗漏只能通过质疑方式由招标人统一修改更正。 （2）分部分项工程量清单按照《建筑工程工程量清单计划规范》（GB 50500—2013，以下简称《计价规范》）和《房屋建筑与装饰工程工程量计算标准》（GB/T 50854—2024，以下简称《计量标准》）规定的项目编码、项目名称、项目特征、计量单位和工程量计算规则进行编制。 　1）项目编码。分部分项工程量清单项目编码以五级编码设置，用12位阿拉伯数字表示，前9位应按《计价规范》统一编码，后3位由编制人根据设置的清单项目编制。 　2）项目名称。应按《计量标准》附录的项目名称结合拟建工程的实际确定。 　3）项目特征。【2023】是指构成分部分项工程项目自身价值的本质特征，包括其自身特征工艺特征等。应按《计量标准》附录规定的项目特征，结合拟建工程项目的实际情况予以描述。 　4）计量单位。应采用基本单位，按照《计量标准》中各项目规定的单位确定。【2022（12）】 　5）工程数量。除另有说明外，清单项目的工程量以实体工程量为准，并以完成后的净值计算。投标人报价时，应在单价中考虑施工中的损耗和增加的工程量。工程量应按《计量标准》中规定的工程量计算规则计算
措施项目清单的编制	措施项目是指为完成工程项目施工，发生于该工程施工准备和施工过程中的技术、生活、安全、环境保护等方面的项目。措施项目不构成拟建工程实体，属于非实体项目。 房屋建筑与装饰工程的措施项目应根据《计量标准》的规定编制。根据《计量标准》，房屋建筑与装饰工程的措施项目包括以下几项： （1）脚手架工程； （2）混凝土模板及支架； （3）垂直运输； （4）超高施工增加； （5）大型机械设备进出场及安拆；

措施项目 清单的 编制	（6）安全文明施工（包括环境保护、文明施工、安全施工和临时设施项目）； （7）其他措施项目（包括夜间施工，非夜间施工照明，二次搬运，冬雨期施工，地下设施和建筑物的临时保护设施，已完工程及设备保护） 措施项目清单为可调整清单，应根据拟建工程的实际情况列项，因工程情况不同，规范中未列出的措施项目，可根据工程的具体情况对措施项目清单作补充。【2024】 措施项目分为两类：一类是不能计算工程量的项目，如文明施工、安全施工、临时设施等，以"项"计价，称为"总价"项目，另一类是可以计算工程量的项目，如脚手架、降水工程等，以"量"计价，称为"单价"项目
其他项目 清单的 编制	其他项目清单是指分部分项工程量清单、措施项目清单所包含的内容以外，因招标人的特殊要求而发生的与拟建工程有关的其他费用项目和相应数量的清单。其他项目清单应根据拟建工程的具体情况列项。《计价规范》列举了四项内容，拟建工程出现规范未列的项目，应根据工程实际情况补充。编制竣工结算时，索赔与现场签订总的调整在暂列金额中处理，暂列金额的余额归招标人。 （1）暂列金额。是指招标人在工程量清单中暂定并包括在合同价款中的一笔款项。用于工程合同签订时尚未确定或者不可预见的所需材料、工程设备、服务的采购，施工中可能发生的工程变更、合同约定调整因素出现时的合同价款调整以及发生的索赔、现场签证确认等的费用。暂列金额应根据工程特点按有关计价规定估算。 （2）暂估价。是指招标人在工程量清单中提供的用于支付必然发生但暂时不能确定价格的材料、工程设备的单价以及专业工程的金额。暂估价中的材料、工程设备暂估单价应根据工程造价信息或参照市场价格估算，列出明细表；专业工程暂估价应分不同专业，按有关计价规定估算，列出明细表。 （3）计日工。是指在施工过程中，承包人完成发包人提出的工程合同范围以外的零星项目或工作，按合同中约定的单价计价的一种方式。计日工应列出项目名称、计量单位和暂估数量。 （4）总承包服务费。是指总承包人为配合协调发包人进行的专业工程发包，对发包人自行采购的材料、工程设备等进行保管以及施工现场管理、竣工资料汇总整理等服务所需的费用。总承包服务费应列出服务项目及其内容等
规费项目 清单的 编制	规费是指根据国家法律、法规的规定，由省级政府或省级有关部门规定，施工企业必须缴纳的，应计入建筑安装工程造价的费用。 规费项目清单应按照下列内容列项： （1）社会保险费（包括养老保险费、失业保险费、医疗保险费、工伤保险费、生育保险费）。 （2）住房公积金。 出现上述未列的项目，应根据省级政府或省级有关部门的规定列项
税金项目 清单的 编制	税金是指国家税法规定的应计入建筑安装工程造价内的增值税销项税额。出现上述未列项目，应根据税务部门的规定列项

典型习题

5-4 [2024-9] 采用工程清单计价的建设工程，投标人可以根据自身特点做适当的增减，调整（　　）。

A. 分部分项工程量清单　　B. 措施项目清单　C. 规费项目清单　　　D. 税金项目清单

答案：B

解析：措施项目清单为可调整清单，投标人对招标文件中所列项目，可根据企业自身特点作适当的变更增减。

5-5 [2023-12] 采用工程量清单计价形式的项目工程，招标人提供的工程量清单是投标人填写分部分项工程清单综合单价的重要依据，因此招标人应当在工程量清单中明确（　　）。

A. 项目特征　　　　　B. 工作流程　　　　　C. 施工组织　　　　　D. 清单计价规则

答案：A

解析：项目特征是确定综合单价不可缺少的重要依据。

5-6 [2022（12）-6] 下列关于工程量清单，说法正确的是（　　）。

A. 投标人可以按照项目实际情况调整项目特征

B. 项目编码以三级编码设置

C. 材料损失按同类工程的工程量计算

D. 计量单位采用基本单位

答案：D

解析：投标人应按招标工程量清单填报价格，项目编码、项目名称、项目特征、计量单位、工程量必须与招标工程量清单一致。分部分项工程量清单项目编码以五级编码设置，用十二位阿拉伯数字表示。材料的损耗是考虑在综合单价内的。工程量计算不能计算损耗。工程量必须按照相关工程现行国家计量规范规定的工程量计算规则计算。

考点4：最高投标限价和投标报价的编制【★】

最高投标限价的编制	最高投标限价是招标人在招标过程中设定的一个关键价格参数。这一价格是基于国家或省级、行业建设主管部门的计价依据和办法，结合具体的招标文件、招标工程量清单以及工程的实际情况来确定的。其实质是招标人所能接受的最高投标价格，并**在招标文件中明确公开**。国有资金投资的建设工程招标，招标人必须编制最高投标限价。最高投标限价应由具有编制能力的招标人或受其委托具有相应资质的工程造价咨询人编制和复核。 　制定最高投标限价时应严格遵循相关依据，**不应上调和下浮**。若最高投标限价突破了原先批准的概算，招标人需及时上报给原概算审批部门进行审核，以确保其合规性。招标文件的发布时，最高投标限价应同步公开，同时招标人还需将与此相关的详细资料提交给工程所在地或具有该工程管辖权的行业管理部门工程造价管理机构进行备案，以接受监管和查验
	招标标底，简称标底，是招标人在工程发包前根据工程计价规定和市场价格信息所预估的一个价格。招标人在编制标底时有自主权，但每个招标项目只能有一个标底。**开标前标底必须保密**，招标人应当在**开标时公布**标底。需要注意的是，标底仅作为评标的参考，不能作为决定是否中标的唯一条件，也不能因投标报价与标底有所偏离而否决投标。

最高投标限价的编制	最高投标限价和标底存在一些共同点。两者都需要根据招标文件明确的内容和范围进行编制，并且要参考与投标报价相同的工程量清单。无论是最高投标限价还是标底，编制过程中都存在风险，任何失误都可能对评标和中标结果产生影响，特别是对于最高投标限价而言，一旦编制出现失误，可能会导致整个招标的失败或者带来损失。 不过，两者在功能和性质上也有所区别。 首先，关于公开与保密的问题，最高投标限价必须在招标文件中明确公布，以确保所有潜在投标人都清楚了解。而标底在开标前则是严格保密的，只有在开标时才会公开。 其次，从约束力的角度来看，最高投标限价代表了招标人可以接受的最高价格，它对投标报价具有**强制约束力**。简单来说，任何超过这一价格的投标都会被视为废标。相对而言，标底则是招标人对预期市场价格的预估，它对投标报价并没有强制约束力，**只是作为评标的一个参考**。因此，投标报价可以在招标文件规定的范围内高于或低于标底价
投标报价的编制	投标报价应由**投标人**或受其委托具有相应资质的工程**造价咨询人**编制。投标报价由投标人自主确定，但不得低于工程成本。投标人必须按招标工程量清单填报价格。项目编码、项目名称、项目特征、计量单位、工程量必须与招标工程量清单一致。投标人的投标报价高于最高投标限价的应予废标。 投标报价应根据下列依据编制和复核：①《计价规范》；②国家或省级、行业建设主管部门颁发的计价办法；③**企业定额**，国家或省级、行业建设主管部门颁发的计价定额和计价办法；④招标文件、招标工程量清单及其补充通知、答疑纪要；⑤建设工程设计文件及相关资料；⑥施工现场情况、工程特点及投标时拟定的施工组织设计或施工方案；⑦与建设项目相关的标准、规范等技术资料；⑧市场价格信息或工程造价管理机构发布的工程造价信息；⑨其他的相关资料。 （1）**分部分项工程费**。《计价规范》规定，工程量清单应采用综合单价计价编制投标报价的关键问题是确定分部分项工程的**综合单价**。分部分项工程中的单价项目应根据招标文件和招标工程量清单项目中的特征描述确定**综合单价**计算。【2024】 综合单价是指完成一个规定清单项目所需的**人工费、材料和工程设备费、施工机具使用费和企业管理费、利润以及一定范围内的风险**费用。其中一定范围内的风险费用是指招标文件中划分的应由投标人承担的风险范围及其费用。这种综合单价不属于全费用综合单价，属于不包括规费和税金等不可竞争性费用的**不完全综合单价**。 （2）**措施项目费**。措施项目中的单价项目，应根据招标文件和招标工程量清单项目中的特征描述确定综合单价计算。措施项目中的总价项目，应根据招标文件及投标时拟定的施工组织设计或施工方案，自主确定。 措施项目中的**安全文明施工费**必须按国家或省级、行业建设主管部门的规定计算，**不得作为竞争性费用**。安全文明施工费包括文明施工费、环境保护费、临时设施费、安全施工费【2022（5）】

投标报价的编制	**（3）其他项目费。** 其他项目应按下列规定报价： 1）暂列金额应按招标工程量清单中列出的金额填写。 2）材料、工程设备暂估价应按招标工程量清单中列出的单价计入综合单价。 3）专业工程暂估价应按招标工程量清单中列出的金额填写。 4）计日工应按招标工程量清单中列出的项目和数量，自主确定综合单价并计算计日工金额。 5）总承包服务费应根据招标工程量清单中列出的内容和提出的要求自主确定。其他项目费按下式计算： **其他项目费＝暂列金额＋专业工程暂估价＋计日工费＋总承包服务费** **（4）规费。** 规费中社会保险费和住房公积金以定额人工费为计算基础，根据工程所在地省、自治区直辖市或行业建设行政主管部门规定费率计算，**不得作为竞争性费用**。 **（5）税金。** 税金必须按国家或省级、行业建设主管部门的规定计算，**不得作为竞争性费用**。 **（6）工程项目的投标报价** **单位工程报价＝分部分项工程费＋措施项目费＋其他项目费＋规费＋税金** **单项工程报价＝∑单位工程报价** **工程项目总报价＝∑单项工程报价**

典型习题

5-7 ［2024-11］采用工程量清单单价合同计价的建设工程，编制投标报价的关键问题是确定分部分项工程的（   ）。

A. 项目编码　　　　B. 工程数量　　　　C. 项目特征　　　　D. 综合单价

答案：D

解析：编制投标报价的关键问题是确定分部分项工程的综合单价，分部分项工程项目清单中的项目编码、项目名称、项目特征、计量单位和工程量是招标工程量清单共同的，不可调整。

5-8 ［2022（5）-7］对于采用工程量清单计价的建设工程，施工单位组织投标报价以下可以作为竞争费用的是：

A. 文明施工费　　　B. 安全施工费　　　C. 分部分项工程费　　D. 规费

答案：C

解析：安全文明施工费（文明施工费、环境保护费、临时设施费、安全施工费）、规费和税金不得作为竞争性费用。

考点 5：《建设工程工程量清单计价规范》（GB 50500—2013）相关规定【★★】

总则、术语	1.0.3　建设工程发承包及实施阶段的工程造价应由**分部分项工程费**、**措施项目费**、**其他项目费**、**规费**和**税金**组成。 2.0.8　综合单价：完成一个规定清单项目所需的**人工费**、**材料和工程设备费**、**施工机具使用费**和**企业管理费**、**利润**以及一定范围内的**风险**费用。【2021】

计价方式	3.1.1　使用**国有**资金投资的建设工程发承包，**必须**采用工程量清单计价。【2021】 3.1.2　**非国有**资金投资的建设工程，**宜**采用工程量清单计价。 3.1.4　工程量清单应采用**综合单价**计价。 3.1.5　措施项目中的**安全文明施工费**必须按国家或省级、行业建设主管部门的规定计算，**不得作为竞争性费用**。 3.1.6　**规费和税金**必须按国家或省级、行业建设主管部门的规定计算，**不得作为竞争性费用**
工程量清单编制	4.1.2　招标工程量清单必须作为招标文件的组成部分，其准确性和完整性应由**招标人**负责。 4.1.3　**招标工程量清单**是工程量清单计价的基础，应作为编制招标控制价、投标报价、计算或调整工程量、索赔等的依据之一。 4.1.4　招标工程量清单应以单位（项）工程为单位编制，应由**分部分项工程项目清单、措施项目清单、其他项目清单、规费和税金项目清单**组成。【2023】 4.2.1　分部分项工程项目清单必须载明**项目编码、项目名称、项目特征、计量单位和工程量**
招标控制价	5.1.1　**国有**资金投资的建设工程招标，招标人必须编制**招标控制价**。 5.1.2　招标控制价应由具有编制能力的招标人或受其委托具有相应资质的工程**造价咨询人**编制和复核。 5.1.6　招标人应在**发布招标文件时**公布招标控制价，同时应将招标控制价及有关资料报送工程所在地或有该工程管辖权的行业管理部门工程造价管理机构备查
投标报价	6.1.3　投标报价**不得低于**工程成本。 6.1.4　投标人必须按招标工程量清单填报价格。**项目编码、项目名称、项目特征、计量单位、工程量**必须与招标工程量清单一致。 6.1.5　投标人的投标报价**高于招标控制价的应予废标**
合同价款调整	9.1.1　下列事项（但不限于）发生，发承包双方应当按照合同约定调整合同价款： 1　法律法规变化；　　2　**工程变更**；　　3　项目特征不符； 4　工程量清单缺项；　5　工程量偏差；　6　**计日工**； 7　**物价变化**；　　　8　暂估价；　　　9　不可抗力； 10　提前竣工（赶工补偿）；11　误期赔偿；　12　索赔； 13　现场签证；　　　14　暂列金额；　　15　发承包双方约定的其他调整事项。 9.3.1　因工程变更引起已标价工程量清单项目或其工程数量发生变化时，应按照下列规定调整： 1　已标价工程量清单中有适用于变更工程项目的，**应采用该项目的单价**；但当工程变更导致该清单项目的工程数量发生变化，且工程量偏差超过15％时，该项目单价应按照本规范第9.6.2条的规定调整。 2　已标价工程量清单中没有适用但有类似于变更工程项目的，可**在合理范围内参照**类似项目的单价。

合同价款调整	3　已标价工程量清单中没有适用也没有类似于变更工程项目的，应由**承包人**根据变更工程资料、计量规则和计价办法、工程造价管理机构发布的信息价格和承包人报价浮动率提出变更工程项目的单价，并应报**发包人**确认后调整。承包人报价浮动率可按下列公式计算： 招标工程： $$承包人报价浮动率\ L＝（1-中标价/招标控制价）×100\%$$ 非招标工程： $$承包人报价浮动率\ L＝（1-报价/施工图预算）×100\%$$ 4　已标价工程量清单中没有适用也没有类似于变更工程项目，且工程造价管理机构发布的信息价格缺价的，应由**承包人**根据变更工程资料、计量规则、计价办法和通过市场调查等取得有合法依据的市场价格提出变更工程项目的单价，并应报**发包人**确认后调整。 9.6.2　对于任一招标工程量清单项目，如果因本条规定的工程量偏差和第9.3条规定的工程变更等原因导致工程量偏差超过15%，调整的原则为：当工程量增加15%以上时，其增加部分的工程量的综合单价应予**调低**；当工程量减少15%以上时，减少后剩余部分的工程量的综合单价应予**调高**。此时，按下列公式调整结算分部分项工程费： 1. 当 $Q_1>1.15Q_0$ 时，$S=1.15Q_0×P_0+（Q_1-1.15Q_0）×P_1$ 2. 当 $Q_1<0.85Q_0$ 时，$S=Q_1×P_1$ 式中　S——调整后的某一分部分项工程费结算价； 　　　　Q_1——最终完成的工程量； 　　　　Q_0——招标工程量清单中列出的工程量； 　　　　P_1——按照最终完成工程量重新调整后的综合单价； 　　　　P_0——承包人在工程量清单中填报的综合单价。 9.7.2　采用计日工计价的任何一项变更工作，在该项变更的实施过程中，承包人应按合同约定提交下列报表和有关凭证送发包人复核： 1　工作名称、内容和数量； 2　投入该工作所有人员的**姓名、工种、级别**和**耗用工时**； 3　投入该工作的材料名称、类别和数量； 4　投入该工作的施工设备型号、台数和耗用台时； 5　发包人要求提交的其他资料和凭证。 9.11.1　招标人应依据相关工程的工期定额合理计算工期，压缩的工期天数不得超过定额工期的**20%**，超过者，应在招标文件中明示增加赶工费用
合同价款期中支付	10.1.2　包工包料工程的预付款的支付比例不得低于签约合同价（扣除暂列金额）的**10%**，不宜高于签约合同价（扣除暂列金额）的30%。 10.2.2　发包人应在工程开工后的**28天内**预付不低于当年施工进度计划的安全文明施工费总额的**60%**，其余部分应按照提前安排的原则进行分解，并应与进度款同期支付

5-9　[2023-11] 采用工程量计价的建设工程，清单包括分部分项工程量清单、措施项

目清单、其他项目清单以及（　　）。

    A. 规费、税金项目清单　　　　　　B. 风险费清单
    C. 建设单位管理费　　　　　　　　D. 总承包服务费

答案：A

解析：招标工程量清单由分部分项工程项目清单、措施项目清单、其他项目清单、规费和税金项目清单组成。

5-10［2021-6］根据《建设工程工程量清单计价规范》，关于工程量清单计价的说法，正确的是（　　）。

    A. 非国有资金投资的建设工程，不宜采用工程量清单计价
    B. 全部使用国有资金投资的建设工程发承包，必须采用工程量清单计价
    C. 组成工程量清单的项目，除规费和税金外，其余所有项目均应采用竞争性费用计价
    D. 工程量清单应采用工料单价计价

答案：B

解析：选项 A 非国有资金为鼓励采用工程量清单计价；选项 C 中安全文明施工费也不应作为竞争性费用竞价；选项 D 应为综合单价法。

5-11［2021-13］根据《建设工程工程量清单计价规范》，土建部分分项工程的综合单价除了包含人工费、材料和施工机具使用费以外，还应包括（　　）。

    A. 企业管理费，利润、风险费用　　B. 规费、风险费用、税金
    C. 规费、税金、利润　　　　　　　D. 企业管理费、规费、税金

答案：A

解析：分部分项工程费采用综合单价计价，指完成一个规定清单项目所需的人工费、材料费和工程设备费、施工机具使用费和企业管理费、利润以及一定范围内的风险费用。

第六章　施工阶段的投资控制

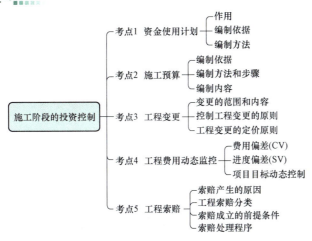

- 考点1　资金使用计划
  - 作用
  - 编制依据
  - 编制方法
- 考点2　施工预算
  - 编制依据
  - 编制方法和步骤
  - 编制内容
- 施工阶段的投资控制 —— 考点3　工程变更
  - 变更的范围和内容
  - 控制工程变更的原则
  - 工程变更的定价原则
- 考点4　工程费用动态监控
  - 费用偏差(CV)
  - 进度偏差(SV)
  - 项目目标动态控制
- 考点5　工程索赔
  - 索赔产生的原因
  - 工程索赔分类
  - 索赔成立的前提条件
  - 索赔处理程序

考　点	近 5 年考试分值统计					
	2024 年	2023 年	2022 年 12 月	2022 年 5 月	2021 年	2020 年
考点 1　资金使用计划	0	0	0	0	0	0
考点 2　施工预算	0	0	0	0	0	0
考点 3　工程变更	2	1	0	0	0	0
考点 4　工程费用动态监控	1	1	0	0	1	0
考点 5　工程索赔	1	0	0	0	0	0
总　计	4	2	0	0	1	0

考点 1：资金使用计划

	资金使用计划的编制和执行在工程项目施工阶段具有重要的作用。 （1）通过合理确定施工阶段工程造价的总目标值和各阶段的目标值，使得工程造价的控制有所依据。这不仅为项目资金的筹集和协调提供了基础，还确保了项目的经济可行性。 （2）科学地编制资金使用计划能够对未来工程项目的资金使用和进度进行预测，有助于减少资金的浪费，并最大限度地利用现有资金。这种预测功能使得项目管理者可以更好地把握项目的经济脉搏，避免不必要的资金损失。 （3）资金使用计划可以有效地控制工程造价，实现节约投资，从而提高投资效益。通过严格按照计划使用资金，可以减少不必要的支出，确保每一分钱都用在刀刃上，从而实现项目的经济效益最大化。 　　总的来说，资金使用计划是施工阶段投资控制的标准和考核的依据，为工程项目提供了一个明确、合理的投资控制目标值，是确保施工阶段有效控制投资的基础。这不仅有助于项目的顺利进行，还为项目的成功实施提供了经济保障

作用

编制依据	资金使用计划的编制依据主要有以下几个方面： （1）工程建设相关的法律、法规、规定和文件； （2）工程施工承包合同、银行贷款合同； （3）施工组织设计，包括施工方案、施工进度计划和资源配置计划； （4）经批准的施工概算、施工图预算等技术经济文件； （5）其他相关资料
编制方法	资金使用计划是确保施工阶段投资有效控制的基础，常见的编制方法有按投资构成分解、按项目分解和按工程进度分解三种。在实践中，为了满足管理的需要，往往需要结合使用上述几种编制方法。 （1）**按投资构成分解**。 按照投资的构成，可以将投资分为建筑工程费、安装工程费、设备及工器具购置费、工程建设其他费、预备费和建设期贷款利息等部分。进一步对这些投资进行分解，可以为每一部分编制相应的资金使用计划。这种方法有助于管理者清晰地了解资金是如何在不同投资类别之间分配的。 （2）**按建设项目组成分解**。 一个建设项目通常由多个单项工程、单位工程和分部分项工程组成。这种方法是将建设投资的各项费用，如建筑工程费、安装工程费等，分解到各个对应的分项工程中，并为每个分项工程编制资金使用计划。这样做的好处是能让管理者具体到每个小项目或分项工程的资金需求和使用情况。 （3）**按工程进度编制**。 施工阶段的建设投资是随着工程的进展而陆续投入的。资金的合理使用与工程进度紧密相连。按工程进度编制资金使用计划意味着根据工程的实际进度来预测和计划资金的投入。这不仅可以帮助管理者合理筹集资金，还可以减少不必要的利息支出和资金占用，从而提高资金的使用效率

考点2：施工预算【★】

编制依据	（1）图纸会审后的施工图纸、设计说明书和有关标准图； （2）施工组织设计或施工方案； （3）现行的**施工定额**(包括劳动定额、材料消耗定额、机械台班使用定额)、人工工资标准、材料价格和机械台班费用、工程造价指数及有关文件； （4）施工图预算书； （5）工程现场勘察、测量资料； （6）建筑材料、预算手册等资料
编制方法和步骤	施工预算的编制方法有实物法和实物金额法两种。按下列步骤编制施工预算： （1）熟悉图纸、施工组织设计、现场资料、施工预算和有关规定； （2）列出工程项目； （3）计算工程量； （4）套用施工定额，进行人工、材料、机械台班消耗量分析； （5）单位工程人工、材料和机械台班消耗量汇总； （6）**"两算"（施工图预算与施工预算）**对比分析； （7）编写编制说明

编制内容	施工预算是建筑工程施工前的重要技术经济文件，它基于施工企业的内部施工定额，详细描述了完成某一建筑安装单位工程所需的人工、材料、施工机械台班的数量和费用标准。这种预算为施工企业提供了关于工程成本的详细估算，有助于企业在施工前进行经济分析和决策。 　　施工预算的主要内容包括工程量、人工、材料和机械台班四个方面，通常以**单位工程**为研究对象。其组成结构一般由编制说明和计算表格两部分组成。其中，编制说明简要描述了工程的概况、编制依据、会审记录、设计图纸的修改内容、工程范围、尚未确定或暂时估计的项目以及存在的问题和处理方法。为了方便使用和避免重复计算，施工预算经常采用表格形式进行表达。主要的计算表格包括： 　　（1）工程量计算汇总表：汇总了工程中所有的工程量。 　　（2）工料分析表：根据工程量汇总表，按照分层、分段、分部位的方式，详细分析了所需的人工和材料。 　　（3）人工汇总表：汇总了所有工程部分所需的人工数量。 　　（4）材料消耗量汇总表：详细列出了各种构件、门窗加工表和各种材料的需求表。 　　（5）机械台班使用量汇总表：汇总了所有工程部分所需的机械台班数量。 　　（6）施工预算汇总表：计算并汇总了人工、材料、机械台班的费用。 　　（7）"两算"对比表：将**施工预算与施工图预算进行对比**，可以采用实物量对比法或实物金额对比法。【2019】"两算"对比是一个重要环节，它可以帮助企业发现预算中可能存在的问题和不足，并及时进行调整。通过对比，企业还可以评估其内部定额的准确性和合理性，进一步提高预算的编制质量

 典型习题

6-1［2019-23］反映工程项目造价控制效果的"两算对比"指的是哪两个指标的对比？
A. 设计概算和投资估算　　　　　　　　B. 施工图预算和设计概算
C. 竣工结算和投资估算　　　　　　　　D. 施工图预算和施工预算
答案：D
解析：两算对比是指施工预算和施工图预算的对比。它是建筑施工企业加强经营管理的手段。通过对比分析，找出节约、超支的原因，研究解决措施，避免企业亏损。

考点3：工程变更【★】

变更的范围和内容	工程变更是指合同实施过程中，由发包人提出或承包人提出经发包人批准的合同工程任何一项**工作的增减、取消**或**施工工艺、顺序、时间的改变，设计图纸的修改，施工条件的改变，合同条件的改变**或**工程量的增减变化**【2024】 　　《标准施工招标文件》（2007版）和《建设工程施工合同（示范文本）》（GF—2017—0201）中均有关于工程变更范围的条款，内容基本一致，根据《建设工程施工合同（示范文本）》中的工程变更条款，工程变更包括下列情形： 　　（1）增加或减少合同中任何工作，或追加额外的工作； 　　（2）取消合同中任何工作，但转由他人实施的工作除外； 　　（3）改变合同中任何工作的质量标准或其他特性； 　　（4）改变工程的基线、标高、位置和尺寸； 　　（5）改变工程的时间安排或实施顺序

控制工程变更的原则	工程索赔通常是由工程变更引发的，因此，加强对工程变更的管理至关重要，以减小其对质量、工期和投资的不良影响。以下是控制工程变更时应遵循的原则： （1）三方确认与监理工程师的授权：任何变更都应获得建设单位、监理单位和承建单位的三方书面确认。所有的工程变更指令都应由监理工程师发出，确保其权威性和准确性。 （2）实际需求与规范标准：工程变更必须符合工程的实际需要，同时还应遵循相关的工程标准和规范，确保其合法性和合规性。 （3）变更审批与风险评估：应建立一个严格的工程变更审批制度，对变更带来的风险和效果进行全面评估，从而确保投资控制在预设的合理范围内。 （4）及时响应：对于提交的变更申请，应迅速作出响应，避免由于处理延误而对项目的进度、质量或成本造成不利影响。 （5）设计文件的稳定性与变更分级：经审批的设计文件不能随意更改。如果确实需要变更，必须根据预设的变更分级制度逐级上报，并在获得批准后方可实施。所有的设计修改和变更都应得到设计单位的书面确认，并进行相应的工程量及造价增减分析。如果变更导致总概算被突破，那么还必须获得相关部门的特别审批。 遵循上述原则可以有效地管理工程变更，降低不必要的风险，并确保项目的顺利进行
工程变更的定价原则	因工程变更引起已标价工程量清单项目或其工程数量发生变化时，应按下列规定调整。 （1）已标价工程量清单中**有适用**于变更工程项目的，**应采用该项目的单价**。但当工程变更导致该清单项目的工程数量发生变化，且工程量偏差超过 15% 时可进行调整。当工程量增加 15% 以上时，增加部分的工程量的综合单价应予调低，当工程量减少 15% 以上时，减少后剩余部分的工程量的综合单价应予调高。 （2）已标价工程量清单中**没有适用**，**但有类似**于变更工程项目的，可**在合理范围内参照类似项目的单价**。【2024，2023】 （3）已标价工程量清单中**没有适用**，**也没有类似**于变更工程项目的，应由**承包**人根据变更工程资料、计量规则和计价办法、工程造价管理机构发布的信息价格和承包人报价浮动率，提出变更工程项目的单价，报**发包**人确认后调整。承包人报价浮动率可按下列公式计算。 招标工程： $$承包人报价浮动率 L = （1 - 中标价/最高投标限价）\times 100\%$$ 非招标工程： $$承包人报价浮动率 L = （1 - 报价/施工图预算）\times 100\%$$ （4）标价工程量清单中**没有适用**，**也没有类似**于变更工程项目，且工程造价管理机构发布的信息价格**缺价**的，由**承包**人根据变更工程资料、计量规则、计价办法和通过市场调查等取得有合法依据的市场价格提出变更工程项目的单价，报**发包**人确认后调整。工程变更引起施工方案改变，导致措施项目发生变化时，承包人提出调整措施项目费的，应事先将拟实施的方案提交发包人确认，并详细说明与原方案措施项目相比的变化情况。拟实施的方案经发承包双方确认后执行并按《计价规范》调整措施项目费

 典型习题

6-2 ［2024-13］采用工程量清单计价的建设工程，在实际实施过程中发生的下列情形可导致变更的是（　　）。

A. 主要材料供应方式改变　　　　　　B. 施工单位变更

C. 合同计价方式改变　　　　　　　　D. 设计图纸修改

答案：D

解析：设计图纸修改可能会带来工程项目或工程量的变化，导致工程变更。

6-3 ［2024-14］采用工程量清单计价的建设工程，当工程变更导致清单项目发生变化，且已标价中没有适用的，但有类似变更项目的，变更项目的综合单价确定方式是（　　）。

A. 采用变更前的综合单价   B. 直接采用类似项目单价

C. 在合理范围内参照类似项目的单价 D. 采用承包人自行确定的综合单价

答案：C

解析：变更定价原则：①有适用项目，采用该项目的单价；②没有适用，但有类似，可在合理范围内参照类似项目的单价；③没有适用，也没有类似，承包人提出，报发包人确认；④没有适用，也没有类似，且信息价格缺价的，承包人提出，报发包人确认。

考点4：工程费用动态监控【★★】

指标	在工程施工阶段，需要进行实际费用（实际投资或成本）与计划费用（计划投资或成本）的动态比较，分析费用偏差产生的原因，并采取有效措施控制费用偏差。 已完工程计划费用（BCWP）=∑已完工程量（实际工程量）×计划单价 已完工程实际费用（ACWP）=∑已完工程量（实际工程量）×实际单价 拟完工程计划费用（BCWS）=∑拟完工程量（计划工程量）×计划单价
费用偏差	费用偏差（CV）=已完工程计划费用（BCWP）－已完工程实际费用（ACWP） 当CV＞0时，说明工程费用节约；当CV＜0时，说明工程费用超支【2023】
进度偏差	进度偏差（SV）=已完工程计划费用（BCWP）－拟完工程计划费用（BCWS） 当SV＞0时，说明工程进度超前；当SV＜0时，说明工程进度拖后【2024】
费用绩效指数	费用绩效指数（CPI）=已完工程计划费用（BCWP）/已完工程实际费用（ACWP） 当CPI＞1时，表示实际费用节约；当CPI＜1时，表示实际费用超支
进度绩效指数	进度绩效指数（SPI）=已完工程计划费用（BCWP）/拟完工程计划费用（BCWS） 当SPI＞1时，表示实际进度超前；当SPI＜1时，表示实际进度拖后
项目目标动态控制	建造中关于项目目标动态控制的工作程序： （1）第一步，项目目标动态控制的准备工作：将项目的目标进行分解，以确定用于目标控制的计划值。 （2）第二步，在项目实施过程中项目目标的动态控制。 1）收集项目目标的实际值，如实际投资、实际进度等； 2）定期（如每两周或每月）进行项目目标的计划值和实际值比较； 3）通过项目目标的计划值和实际值的比较，如有偏差，则采取纠偏措施进行纠偏。 （3）第三步，如有必要，则进行目标的调整，目标调整后再回复到第一步。 **阶段顺序：目标制订、目标分解、目标控制、目标调整【2021】**

 典型习题

6-4 ［2024-12］某工程施工到2023年12月底时，采用赢得值法分析得出的数据如下，已完成工作预算投资的为240万元，已完成工作实际投资为300万元，计划工作预算投资为280万元，则该工程此时的投资和进度情况是（　　）。

A. 投资超支，进度延误   B. 投资超支，进度提前

C. 投资节省，进度提前   D. 投资节省，进度延误

答案： A

解析： 费用偏差(CV)＝已完工程计划费用(BCWP)－已完工程实际费用(ACWP)＝240－300＝－60(万元)；CV＜0 时，说明工程费用超支。

进度偏差(SV)＝已完工程计划费用(BCWP)－拟完工程计划费用(BCWS)＝240－280＝－40(万元)；SV＜0 时，说明工程进度拖后。

6-5 [2021-9] 下列选项中，工程项目目标动态控制的阶段顺序正确的是（　　）。

A. 目标分解、目标制定、目标控制、目标调整

B. 目标制订、目标分解、目标控制、目标调整

C. 目标制订、目标分解、目标调整、目标控制

D. 目标制订、目标调整、目标分解、目标控制

答案： B

解析： 项目目标动态控制的顺序为：制定、分解、控制、调整。

考点 5：工程索赔

索赔产生的原因	工程索赔是指工程承包合同履行中，当事人一方因非己方的原因而遭受经济损失或工期延误，按照合同约定或法律规定，应由**对方承担责任**，而向对方提出**工期（或）费用补偿要求**的行为【2024】 工程索赔主要是由于施工过程中出现了难以预见的干扰事件，导致合同无法按原计划执行，从而造成工期延长和费用增加。这些索赔产生的原因可以分为以下几点： （1）**业主方违约**：当业主方没有按照合同规定及时交付施工场地、提供现场水电，或者没有按时提供设计资料和图纸，或者未能及时供应应由建设单位提供的材料和设备，以及未按时支付工程款等，都可能导致承包商提出索赔。 （2）**合同缺陷**：合同文件如果存在规定不明确、条款遗漏或错误，以及设计图纸错误等问题，也可能在施工过程中引发索赔。 （3）**工程变更**：在工程项目中，工程变更是常见的情况。当建设单位指令增减工程量、提高设计标准或质量标准，或者要求施工承包单位加快施工进度、完成合同规定以外的工作时，都可能导致索赔的产生。 （4）**工程环境的变化**：工程项目通常受到多种环境因素的影响，如材料价格和人工工日单价的大幅上涨，以及外汇汇率变化等。这些变化如果超出了承包商的预期，就可能引发索赔。 （5）**不可抗力或不利的物质条件**：在施工过程中，如果发生不能克服的自然灾害，如地震、海啸、瘟疫、水灾等，或者遇到国家政策、法律、法令的变更，承包商有权提出索赔。此外，不利的物质条件，如有经验的承包人在施工现场遇到的不可预见的自然物质条件、非自然的物质障碍和污染物，也可能成为索赔的原因
工程索赔分类	工程索赔按不同的划分标准可分为不同类型。 （1）**按索赔的目的分类**，工程索赔分为工期索赔和费用索赔两种。 1）工期索赔。由于非承包人的原因导致施工进度拖延，要求批准延长合同工期的索赔，称为工期索赔。 2）费用索赔。费用索赔是指承包人要求发包人补偿其经济损失。 （2）**按索赔事件的性质分类**，工程索赔可分为工程延期索赔、工程变更索赔、合同被迫终止索赔、工程加速索赔、意外风险和不可预见因素索赔和其他索赔。 （3）**按索赔的合同依据分类**，工程索赔可分为合同中明示的索赔和合同中默示的索赔。合同中明示的索赔在合同文件中有文字规定的合同条款，称为明示条款；合同中默示的索赔在合同条款中没有明示的条款，但可根据该合同中某些条款的含义，推断出承包人有索赔权

索赔成立的前提条件	索赔的成立需满足以下三个前提条件： （1）与合同对照，事件已造成了承包人工程项目成本的额外支出，或直接工期损失。 （2）造成费用增加或工期损失的原因，按合同约定不属于承包人的行为责任或风险责任。 （3）承包人按合同规定的程序和时间提交索赔意向通知和索赔报告。 以上三个前提条件具有严格的逻辑性和必要性，缺少其中任何一个，都将导致索赔无法成立
索赔处理程序	在施工过程中，若出现索赔事件，应根据合同约定按下列程序处理： （1）**承包人递交索赔意向书。** 在索赔事件发生后 28d 内，承包商应通过正式书面方式，向监理工程师（或业主）提交索赔意向声明，并根据合同规定，将相关文件抄送或报送至有关单位。在此过程中，承包商原则上应维持正常施工活动，同时进行详细记录并准备相关索赔材料。 （2）**承包人递交索赔报告。** 在提交索赔意向声明后的 28d 内，承包商应向监理人正式提交索赔报告。该报告应全面阐述索赔的理由，明确提出额外的支付金额和（或）工期延长的要求，并附上必要的记录和证明材料。 （3）**监理工程师审查索赔报告。** 监理人在收到索赔报告后的 14d 内，应完成对报告的审核并将其报送给发包人。 （4）**发包人签认索赔处理结果。** 发包人应在监理人收到索赔报告或相关进一步证明材料的 28d 内，通过监理人向承包商发送经发包人确认的索赔处理结果。若承包商接受该处理结果，索赔款项将在当期进度款中支付；若承包商不接受，则应按照合同中的争议解决条款进行处理

6-6〔2024-15〕在合同履行过程中，对于并非自己的过错而是应由对方承担责任的情况造成的实际损失向对方提出经济补偿和（或）时间补偿的要求属于（　　）。

A. 补充协议　　　　　　　　　　B. 索赔

C. 工程变更　　　　　　　　　　D. 合同变更

答案： B

解析： 索赔是指在合同履行过程中，对于并非自己的过错，而是应由对方承担责任的情况造成的实际损失向对方提出经济补偿和（或）时间补偿的要求。

第七章 竣工、运营阶段的投资控制

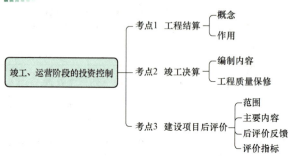

考点1 工程结算 ┬ 概念
　　　　　　　 └ 作用

竣工、运营阶段的投资控制 ─ 考点2 竣工决算 ┬ 编制内容
　　　　　　　　　　　　　　　　　　　　　　└ 工程质量保修

考点3 建设项目后评价 ┬ 范围
　　　　　　　　　　 ├ 主要内容
　　　　　　　　　　 ├ 后评价反馈
　　　　　　　　　　 └ 评价指标

考情分析

考 点	近5年考试分值统计					
	2024年	2023年	2022年 12月	2022年 5月	2021年	2020年
考点1 工程结算	0	0	0	0	0	0
考点2 竣工决算	1	1				
考点3 建设项目后评价	1	1				
总 计	2	2	新大纲新增考点			

考点1：工程结算

<table>
<tr><td rowspan="1">工程结算
的概念</td><td>

建筑工程具有投资巨大、建设周期长的特点，因此其经济结算活动并不是一次性完成的，而是随着工程的进展，在不同的阶段和进度中进行。具体而言，工程结算涵盖了工程预付款、进度款、竣工结算和最终结清等多个环节。

　　工程预付款是工程开工前，发包人依据合同约定预先支付给承包人的款项，用于购买工程所需的材料、设备，以及组织施工机械和人员进场等。发包人和承包人须在合同中明确预付款的支付和扣回方式。

　　期中结算是根据工程进度来支付的款项，也就是工程进度款。双方需按照合同的时间、程序和法律规定，根据工程的实际完成量来进行结算。进度款的支付周期应当与合同规定的工程计量周期保持一致。

　　竣工结算是承包人完成合同约定的全部工作后，发包人和承包人根据国家的法律、法规和合同约定，对工程的最终价款进行调整和确定。可以说，竣工结算是期中结算的总结。竣工结算可以细分为单位工程竣工结算、单项工程竣工结算和建设项目竣工结算。其中，单项工程竣工结算是由多个单位工程竣工结算组成的，而建设项目竣工结算则是由多个单项工程竣工结算组成的。在竣工结算时，发包人通常会预留一部分**质量保证金**（总预留比例不得高于工程价款结算总额的3%），这部分资金是为了确保承包人在缺陷责任期内能够对建设工程出现的缺陷进行维修。**最终结清**则是在合同约定的缺陷责任期结束后，承包人按照合同规定完成了所有剩余工作并且质量达标时，发包人与承包人对所有剩余款项进行结清的活动。

　　竣工结算价是发包人和承包人根据国家法律、法规和标准规定，以及合同约定来确定的。它包括了合同履行过程中根据合同约定进行的合同价款调整，是承包人完成全部承包工程

</td></tr>
</table>

工程结算的概念	后，发包人应当支付的合同总金额。这个金额是根据已签约的合同价、合同价款调整（如工程变更、索赔和现场签证等）等事项来确定的，代表了该施工合同工程的**最终工程造价**。工程结算确定的工程结算价是该结算工程的实际建造价格，竣工结算确定的竣工结算价是该施工承包合同工程的实际建造价格。工程结算文件通常由承包单位来编制，并由发包单位或其委托的工程造价咨询机构来进行审查
工程结算的作用	在施工阶段工程造价管理中，工程结算占据着举足轻重的地位。它不仅作为一个重要的指标来衡量工程的进度，而且通过对已完成的工程进行细致的统计和精确的计价，能够真实地反映出工程进度的实际情况。通过对比已完成工程的资金投入与整个工程的总资金投入，可以准确地评估整个工程的施工进度和完成情况，从而有利于全面把握工程的施工进度，及时发现资金使用中的问题，并根据实际情况作出科学合理的调整。此外，工程结算在施工企业的成本核算和资金周转中也发挥着至关重要的作用。通过工程结算，施工企业能够获得货币收入，从而精确地确定已完工程的实际成本和企业经济效益，这成为评估企业经济效益的重要指标。同时，对于建设单位而言，工程结算更是一个不可或缺的工具，可以加强其对资金使用的精细控制，从而确保资金能够得到合理和有效的利用。 竣工结算的意义主要体现在以下几个方面： （1）竣工结算是**建设单位编制竣工决算的依据**。 （2）竣工结算为统计建设单位完成建设投资任务以及施工企业完成生产计划提供了不可或缺的依据。 （3）竣工结算是施工企业完成合同工程的总货币收入，为企业评估工程成本、进行经济核算以及确定经济效益时的关键依据。 （4）竣工结算是确定承包工程最终造价以及建设单位与施工企业进行工程价款结算时的依据。 （5）竣工结算为**概算定额和概算指标的编制提供了基础性的依据**

考点 2：竣工决算【★】

编制内容	建设项目竣工决算应包括从**项目筹建到竣工交付使用全过程**的全部实际费用，包括建筑工程费、安装工程费、设备器具购置费用、工程建设其他费用、建设期利息和预备费等费用。竣工决算由**竣工财务决算说明书、竣工财务决算报表、工程竣工图和工程竣工造价对比分析**四部分组成
	竣工决算的核心内容是**基本建设竣工财务决算**，主要包括竣工财务决算**说明书**和竣工财务决算**报表**。竣工财务决算是正确核定项目资产价值、反映竣工项目建设成果的文件，是办理资产移交和产权登记的依据。对于建设周期长、建设内容多的大型项目，单项工程竣工并具备交付使用条件的，单项工程竣工财务决算可单独编制、报批，单项工程结余资金在整个项目竣工财务决算中一并处理
工程质量保修	工程质量保修期起算日： （1）正常竣工验收时，保修期**自竣工验收合格之日**起计算；【2023】 （2）如果承包人已经提交竣工验收报告，发包人拖延验收的，以**承包人提交验收报告之日**为竣工日期，保修期从该日起算； （3）如果建设工程未经竣工验收，发包人擅自使用的，以**转移占有建设工程之日**为竣工日期，保修期从该日起算；【2024】 （4）如果因为承包人的原因导致建设工程无法完成竣工验收的，则保修期**不能**起算

工程质量保修	工程最低保修年限： （1）基础设施工程、房屋建筑的地基基础工程和主体结构工程，为设计文件规定的该工程的合理使用年限； （2）屋面防水工程、有防水要求的卫生间、房间和外墙面的防渗漏，为**5年**； （3）供热与供冷系统，为**2个**采暖期、供冷期； （4）电气管线、给排水管道、设备安装和装修工程，为**2年**

 典型习题

7-1 ［2024-17］发包人尚未竣工验收擅自使用工程的，工程保修期起算时间是（　　）。

A. 竣工验收合格之日　B. 转移占有之日　C. 结算之日　D. 工程施工完工之日

答案： B

解析： 如果建设工程未经竣工验收，发包人擅自使用的，以转移占有建设工程之日为竣工日期，保修期从转移占有之日起算。

7-2 ［2023-17］工程保修期起算日一般是（　　）。

A. 竣工验收之日　B. 交付使用之日　C. 工程完工之日　D. 提交工程质量保修金之日

答案： A

解析： 保修期自竣工验收合格之日起计算。

考点3：建设项目后评价【★】

建设项目后评价及其范围	建设项目后评价是指在项目竣工验收并投入使用或运营一定时间后，运用规范、科学、系统的评价方法与指标，对项目从策划决策到竣工投产、生产运营全过程以及建成后所达到的实际效果进行评价的技术经济活动。 对于国家发展改革委审批可行性研究报告的中央政府投资项目，主要从以下项目中选择并列入后评价年度计划： （1）对行业和地区发展、产业结构调整有**重大**指导和示范意义的项目； （2）对节约资源、保护生态环境、促进社会发展、维护国家安全有**重大**影响的项目； （3）对优化资源配置、调整投资方向、优化**重大**布局有重要借鉴作用的项目； （4）采用**新技术、新工艺、新设备、新材料、新型**投融资和运营模式，以及其他具有特殊示范意义的项目； （5）**跨地区、跨流域、工期长、投资大、建设条件复杂**，以及项目建设过程中发生**重大**方案调整的项目； （6）征地拆迁、移民安置规模较大，可能对贫困地区、贫困人口及其他弱势群体**影响较大**的项目，特别是在项目实施过程中发生过社会稳定事件的； （7）使用**中央预算内投资数额较大**且比例较高的项目； （8）**重大**社会民生项目； （9）社会舆论普遍**关注**的项目
建设项目后评价的主要内容	（1）项目概况； （2）项目全过程总结与评价； （3）项目效果和效益评价； （4）项目目标和可持续性评价； （5）项目后评价结论； （6）对策建议

后评价反馈	后评价的最大特点是信息的**反馈**。也就是说，后评价的最终目标是将评价结果反馈到**决策部门**，作为新项目立项和评估的基础，作为调整投资规划和政策的依据。因此，评价的反馈机制便成了评价成败的关键环节之一。这点更适用于对使用财政资金的项目的公众监督。 后评价成果反馈的目的，是将后评价总结的经验教训以及提出的对策建议，反馈到**投资决策和主管部门、项目出资人以及项目执行单位**，【2023】为项目投资决策，规划编制与调整，以及相关政策制定提供依据；使**经验得到推广，教训得以吸取，错误不再重复**；使项目更加完善，提高项目可持续发展能力以及市场竞争力。 作为建设项目投资决策部门，也应敢于正视工作中的失误和教训，将后评价的成果和结论反馈到起作用的部门和领导
后评价方法	建设项目后评价有很多评价方法，**对比法**是最基本的评价方法之一，即将工程项目**建成投产后所取得的实际效果与策划决策阶段、设计阶段文件的内容进行对比**，从中发现问题，总结经验教训，提出相应对策建议
评价指标	不同类型项目的后评价应选用不同的评价指标。通常选用的指标有： （1）**工程技术**评价指标：如设计能力；技术或工艺的合理性、可靠性、先进性、适用性；设备性能；工期、进度、质量等。 （2）**财务和经济**评价指标：如项目投资指标，包括总投资、资本金比例等；运营期财务指标，包括产品成本与收入、利润、资产负债率等；项目经济评价指标，包括内部收益率、投资回收期、总投资收益率等。 （3）**项目生态与环境**评价指标：如物种、植被、水土保持等生态指标；环境容量环境控制、环境治理与双碳以及资源合理利用和能效指标等。 （4）**项目社会效益**评价指标：如**移民和拆迁**、最低生活保障线等。【2024】 （5）**管理效能**评价指标：如前期工作相关程序、采购招标、施工组织与管理、合同管理、组织机构与规章制度等。 （6）**项目目标和可持续性**评价指标：如项目目标评价指标，包括项目投入、项目产出、项目宏观影响等；项目可持续性评价指标，包括财务可持续性指标、环境保护可持续性指标、项目技术可持续性指标、管理可持续性指标、需要的外部支持条件和政策环境等。

 典型习题

7-3 [2024-16] 下列项目后评价指标中，属于社会效益评价指标的是（　　）。

A. 环境容量　　B. 节能减排指标　　C. 移民和拆迁　　D. 内部收益率

答案：C

解析：移民和拆迁属于社会效益评价指标，环境容量、节能减排属于生态与环境评价指标，内部收益率属于经济评价指标。

7-4 [2023-16] 项目后评价成果反馈的说法，正确的是（　　）。

A. 项目后评价结果不能反馈给项目执行单位

B. 项目后评价不需要反馈成功经验

C. 项目后评价可反馈给投资决策和主管部门

D. 后评价信息反馈及时可避免投资决策部门的失误

答案：C

解析：后评价结果需要反馈给项目执行单位，成功经验和失败教训都需要反馈。反馈可以避免错误不再重复，但不能避免已经发生的失误。

第八章　建设工程技术经济分析

 思维导图

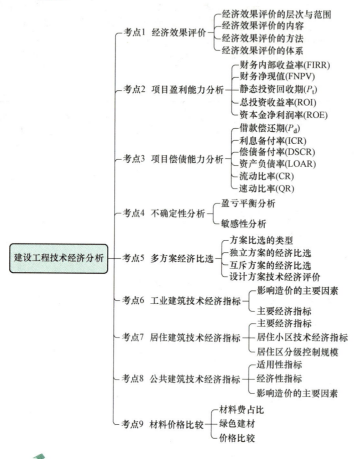

建设工程技术经济分析
- 考点1　经济效果评价
  - 经济效果评价的层次与范围
  - 经济效果评价的内容
  - 经济效果评价的方法
  - 经济效果评价的体系
- 考点2　项目盈利能力分析
  - 财务内部收益率(FIRR)
  - 财务净现值(FNPV)
  - 静态投资回收期(P_t)
  - 总投资收益率(ROI)
  - 资本金净利润率(ROE)
- 考点3　项目偿债能力分析
  - 借款偿还期(P_d)
  - 利息备付率(ICR)
  - 偿债备付率(DSCR)
  - 资产负债率(LOAR)
  - 流动比率(CR)
  - 速动比率(QR)
- 考点4　不确定性分析
  - 盈亏平衡分析
  - 敏感性分析
- 考点5　多方案经济比选
  - 方案比选的类型
  - 独立方案的经济比选
  - 互斥方案的经济比选
  - 设计方案技术经济评价
- 考点6　工业建筑技术经济指标
  - 影响造价的主要因素
  - 主要经济指标
- 考点7　居住建筑技术经济指标
  - 主要经济指标
  - 居住小区技术经济指标
  - 居住区分级控制规模
- 考点8　公共建筑技术经济指标
  - 适用性指标
  - 经济性指标
  - 影响造价的主要因素
- 考点9　材料价格比较
  - 材料费占比
  - 绿色建材
  - 价格比较

考情分析

考　点	近5年考试分值统计					
	2024年	2023年	2022年12月	2022年5月	2021年	2020年
考点1　经济效果评价	0	0	2	1	0	1
考点2　项目盈利能力分析	1	1	2	1	0	1
考点3　项目偿债能力分析	0	0	1	0	1	0
考点4　不确定性分析	0	0	0	0	0	2
考点5　多方案经济比选	0	0	0	0	3	1
考点6　工业建筑技术经济指标	0	0	2	1	0	0
考点7　居住建筑技术经济指标	0	0	0	0	1	0
考点8　公共建筑技术经济指标	0	0	1	2	1	2
考点9　材料价格比较	0	0	0	2	2	3
总　计	1	1	8	7	8	11

考点 1：经济效果评价【★★★】

经济效果评价的层次与范围	在工程建设项目中，经济评价通常包含两个主要层次：**财务评价**和**国民经济评价**。其中，财务评价，亦称为财务分析，主要关注项目的微观经济层面，为**微观**评价的一种。相对而言，国民经济评价，也被称为经济分析，则聚焦于更广泛的国家或地区经济背景，因此被归类为**宏观**评价
	财务评价是基于国民经济与社会发展以及行业、地区发展规划的需求，利用科学分析方法对拟定的工程建设方案的财务可行性和经济合理性进行深入的分析和论证。这种评价主要在工程建设方案、财务效益与费用估算的基础上进行，旨在为项目的科学决策提供有力依据。从不同的评价视角来看，财务评价可以进一步细分为**企业**财务评价（也称为商业评价）和**国家**财务评价（也称为财政评价）。前者主要聚焦于企业在面临投资风险和不确定性时，项目能为其带来的货币化财务效益（例如净收入或利润），这种评价更适用于私人或企业投资的建设项目。而后者则主要从政府的财政预算视角出发，深入剖析项目对国家财政的潜在影响，更适用于由国家财政预算拨款或贷款支持的建设项目。在常规实践中，当提及工程建设项目的财务评价时，往往指的是企业财务评价，同时还会利用投资利税率和资金报酬率等评价指标来评估国家的财政收入效益
	国民经济评价立足于国民经济的宏观视角，以资源的合理配置为原则，运用货物**影子价格**、影子汇率、影子工资率以及社会折现率等国民经济评价参数，全面衡量建设项目所消耗的社会资源（即经济费用）和其对国民经济的净贡献（即经济效益），从而深入评估建设项目的经济合理性和可行性。这种评价方式主要适用于如交通运输项目、大型水利水电项目、国家战略性资源开发项目等具有重大国民经济意义的建设项目。 所谓的**影子价格**【2022（12）】，也被称为最优计划价格或计算价格，它是基于特定原则而确定的，能够真实反映投入物和产出物的经济价值、揭示市场供求状况、体现资源的稀缺性，并推动资源实现最优配置的价格。影子价格实际上揭示了社会经济在达到某种最优状态时，资源的稀缺程度和对最终产品的需求状况，为资源的最优配置提供了有力的指导。 **外部不经济**是一个经济学术语，用于描述某些企业或个人因其他企业或个人的经济活动而遭受的不利影响，且无法从造成这些影响的企业或个人那里获得相应的补偿。例如，上游的造纸厂排放的污水可能导致下游的农作物收成受损和农业减产。这种现象的根源在于环境资源的不可分割性，使得其产权界定成本非常高或几乎无法界定，从而使环境资源具有全部或部分公共性。这进一步意味着人们可以共同且不受限制地使用这些自然生态环境资源，而无需考虑其公正性和社会的整体意愿【2022（5），2020】

经济效果评价的内容	（1）方案的**盈利**能力。 方案的盈利能力是指项目投资方案在计算期的盈利水平。主要评价指标包括方案的财务净现值、财务内部收益率、资本金财务内部收益率等**动态**评价指标和静态投资回收期、总投资收益率、项目资本金净利润率等**静态**指标。 （2）方案的**偿债**能力。 方案的偿债能力是指项目投资方案按期偿还到期债务的能力。主要评价指标包括利息备付率、偿债备付率和资产负债率等指标。 （3）方案的**财务生存**能力。 方案的财务生存能力是指在项目的生产运营期间，项目（或企业）具备从各项经济活动中获取充足净现金流量（或净收益）的能力，以确保其持续运营的条件得以满足。为此，在项目财务评价的过程中，应根据项目**财务计划现金流量表**进行深入分析。【2022(12)】具体而言，对项目计算期内各年投资活动、融资活动和经营活动所引发的现金流入和流出进行详尽考察，进而计算出净现金流量和累计盈余资金。通过这一步骤，能够评估项目是否拥有足够的净现金流量来维持其正常运营，从而确保财务的可持续性。在项目运营过程中，各年累计盈余资金均不应出现负值。一旦出现这种情况，就需要考虑进行短期融资借款，并对这种短期借款的可靠性进行深入分析。此外，短期借款应在财务计划现金流量表中得到明确体现，其产生的利息应纳入财务费用进行计算。 （4）项目的**抗风险**能力。 通过**不确定性分析**(如盈亏平衡分析、敏感性分析）和**风险分析**，预测分析客观因素变动对项目盈利能力的影响，检验不确定性因素的变动对项目收益、收益率和投资借款偿还期等评价指标的影响程度，考察建设项目投资承受各种投资风险的能力，提高项目投资的可靠性和营利性
经济效果评价的方法	经济效果评价主要基于两大基本方法：**确定性分析**和**不确定性分析**。这些评价方法还可以根据评价性质、资金时间价值因素的考虑以及融资因素的考虑进行更详细的分类。从评价性质的角度出发，我们可以将其分为定性分析和定量分析；根据是否考虑资金时间价值因素，可以分为静态分析和动态分析；在考虑融资因素的情况下，分析方法则可分为融资前分析和融资后分析 项目决策可细化为两个关键层次：投资决策与融资决策。通常的顺序是**先进行投资决策，随后再进行融资决策**。鉴于此，为满足不同决策层次的需求，财务评价也相应地划分为融资前分析评价与融资后分析评价两个阶段。若融资前的财务分析结果符合要求，初步设计融资方案，进而开展融资后的财务分析。特别在项目建议书的阶段，通常只需进行融资前的财务分析。

经济效果 评价的方法	在经济效果评价中，秉持以**定量分析为主、定性分析为辅**的原则，并坚持动态分析优先、静态分析为补充的原则。每一个建设项目都会经历多个不同的阶段。在进行经济评价时，会选择一个特定的计算期项目。所谓的"计算期"是指在经济评价中为了进行动态分析而设定的一个时间范围，这个范围涵盖了**建设期和运营期**。其中，"建设期"是从项目资金正式投入到项目建成投产的这段时间，一般是根据合理的工期或预定的建设进度来确定。而"运营期"则进一步细分为**"投产期"和"达产期"**。在"投产期"，项目已开始生产，但其生产能力尚未达到设计标准，这是一个过渡阶段；而在"达产期"，项目的生产运营已经达到了设计的预期水平
经济效果 评价的体系	进行经济效果评价，需要根据不同财务报表中的数据，计算一系列评价指标，分析项目的盈利能力、偿债能力和财务生存能力，对方案进行经济性评价。项目**财务评价的基本报表**有：财务计划现金流量表、项目投资现金流量表、项目资本金财务现金流量表、投资各方财务现金流量表、利润与利润分配表、借款还本付息计划表和资产负债表等。经济效果评价的指标体系如图 8-1 所示，见表 8-1。 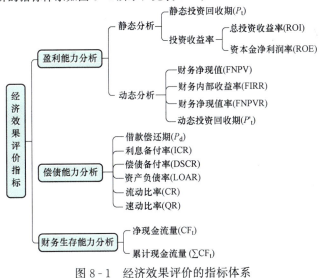 图 8-1　经济效果评价的指标体系

表 8-1　　　　　　　　　　　　财务报表与评价指标

序号	评价内容	财务基本报表	财务评价指标	
			静态指标	动态指标
1	盈利能力分析	项目投资现金流量表	项目静态投资回收期（P_t） 财务净现金流量	项目投资财务内部收益率（FIRR） 财务净现值（FNPV）
		项目资本金现金流量表	—	项目资本金财务内部收益率（FIRR）
		投资各方现金流量表	—	投资各方财务内部收益率（FIRR）
		利润和利润分配表	总投资收益率（ROI） 资本金净利润率（ROE）	—

序号	评价内容	财务基本报表	财务评价指标	
			静态指标	动态指标
2	偿债能力分析	借款还本付息计划表	借款偿还期（P_d） 利息备付率（ICR） 偿债备付率（DSCR）	—
		资产负债表	资产负债率（LOAR） 流动比率（CR） 速动比率（QR）	—
3	财务生存能力分析	财务计划现金流量表	净现金流量（CF_t） 累计现金流量（$\sum CF_t$）	—

（经济效果评价的体系）

典型习题

8-1〔2022（12）-19〕下列关于财务生存能力，说法正确的是（   ）。

A. 应依据财务计划现金流量表进行分析

B. 主要依据项目财务内部收益率指标进行判断

C. 主要依据利润表进行分析

D. 主要判别指标是投资利润和资金净利润率

答案： A

解析： 财务生存能力分析主要根据财务计划现金流量表进行。

8-2〔2022（12）-25〕项目国民经济评价时，经济效益和经济费用计算采用的价格是（   ）。

A. 政府定价   B. 企业定价   C. 影子价格   D. 虚拟价格

答案： C

解析： 项目国民经济效益评估的概念又称经济评价，是根据国民经济长远发展目标和社会需要，采用费用与效益分析的方法，运用影子价格。

8-3〔2022（5）-21〕某工业项目设计和生产给业主带来经济效益，但对周围湿地水土和多样性造成破坏，这种破坏性质上是（   ）。

A. 内部经济性   B. 建设成本   C. 外部不经济   D. 资源不平均

答案： C

解析： 外部不经济是指某些企业或个人因其他企业和个人的经济活动而受到不利影响，又不能从造成这些影响的企业和个人那里得到补偿的经济现象，如工业项目设计和生产给业主带来经济效益，但对周围湿地水土和多样性造成破坏。

考点 2：项目盈利能力分析【★★★★】

财务内部收益率（FIRR）	财务内部收益率是指在项目整个计算期内，各年净现金流量现值累计等于零时的折现率。它反映项目整个寿命期内（即计算期内）总投资支出所能获得的实际最大投资收益率，即为项目内部潜在的最大盈利能力。它是评价项目盈利能力的主要**动态指标【2022（5）】** 按下式计算： $$\sum_{t=1}^{n}(CI-CO)_t(1+FIRR)^{-t}=0$$ 式中　CI——现金流入量； 　　　CO——现金流出量； 　　$(CI-CO)_t$——第 t 年的净现金流量； 　　　n——计算期年数
	内部收益率的经济含义可以理解为：当资金投入到项目中后，项目各年的净收益被用来回收投资，而尚未回收的资金则以内部收益率为利率进行增值。这样，到项目寿命期末（即计算期末）时，投资资金得以全部回收。内部收益率衡量了**项目投资中尚未回收资金的获利能力**，这种获利能力取决于项目内部的多个因素，包括项目的投资额、各年的净收益以及被占用资金的增值率等。因此，内部收益率反映了**项目内部潜在的最大获利能力**，是项目投资决策的重要依据
	当采用财务内部收益率（FIRR）作为项目方案的评价标准时，其判定原则是：项目的财务内部收益率应当大于或等于由相关部门（或行业）发布的规定或由评估人员所设定的**财务基准收益率（i_c）**，即 $FIRR \geqslant i_c$。若满足此条件，则该项目方案在经济效果上视为可行，否则不可行。利用财务内部收益率指标的优势在于**无需提前确定基准收益率**（或基准折现率），因为财务内部收益率能够揭示投资过程中的收益状况，且**不受外部参数的影响**
财务净现值（FNPV）	财务净现值是一个**动态**评价指标，旨在反映项目在整个计算期内的总体盈利能力。具体而言，它通过将项目计算期内各年的净现金流量，按照行业基准收益率或设定的折现率，**折现至建设期初的现值**来得出。这种折现率也被称为基准折现率，代表了企业、行业或投资者从动态视角所确定的，**对于投资项目可接受的最低收益水平**。因此，财务净现值为我们提供了一个量化、动态的方法来评估项目的整体盈利能力和经济价值。 财务净现值的计算公式为： $$FNPV=\sum_{t=0}^{n}(CI-CO)_t(1+i_c)^{-t}$$ 式中　FNPV——净现值； 　　　CI——现金流入量； 　　　CO——现金流出量； 　　$(CI-CO)_t$——第 t 年的净现金流量； 　　　n——项目计算期； 　　　i_c——基准收益率（折现率）

财务净现值（FNPV）	在确定基准收益率时，需要综合考虑多个因素，包括但不限于**年资金费用率（或资金成本）、机会成本、投资风险以及通货膨胀**等。这些因素都对项目的投资回报有直接影响。当利用财务净现值指标进行项目评估时，**首先要明确一个基准收益率 i_c。**接下来，选择计算现值的基准年，将项目各年产生的净现金流量按照该基准年进行等值换算。最终，基于这些计算结果来做出评价。 根据财务净现值的计算结果，当 FNPV（财务净现值）大于或等于零，即 **FNPV$\geqslant$0** 时，这意味着从财务角度来看，该项目**投资方案是可以接受的。**反之，若 FNPV$<$0，则该方案在财务上被视为不可接受。【2022（12）】值得注意的是，对于独立方案或单一方案而言，采用财务内部收益率指标和财务净现值指标所得出的评价**结论应该是一致的**
静态投资回收期（P_t）	静态投资回收期指在不考虑资金时间价值的条件下，以项目的净收益（包括利润和折旧）回收全部投资所需要的时间。投资回收期通常以"年"为单位，一般从建设年开始计算。通常按下式计算： $$P_t=（累计净现金流量开始出现正值的年份数-1）+\frac{上年累计净现金流量的绝对值}{当年净现金流量}$$ 计算出静态投资回收期 P_t 后，应与部门或行业的基准投资回收期 P_c 进行比较，当静态投资回收期 P_t 小于或等于基准投资回收期 P_c 时，即 $P_t \leqslant P_c$ 时，**表明项目投资在规定的时间内可以回收，该项目在投资回收能力上是可以接受的**
总投资收益率（ROI）	总投资收益率表示总投资的盈利水平，是指项目达到设计能力后，**正常年份的年息税前利润**或运营期内年平均息税前利润（EBIT）与项目总投资（TI）的比率。总投资收益率是考察单位投资盈利能力的**静态指标**，表示总投资的盈利水平。【2024，2022（12）】 可按下式计算： $$总投资收益率（ROI）=\frac{正常年份的年息税前利润或运营期内年平均息税前利润（EBIT）}{项目总投资（TI）}\times100\%$$ 式中　息税前利润＝利润总额＋利息 息税前利润是指企业支付利息和缴纳所得税之前的利润。 **当总投资收益率大于或等于同行业的平均投资收益率参考值（或基准投资收益率 i_c）时，说明用总投资收益率表示的盈利能力满足要求，在财务上可以接受**
资本金净利润率（ROE）	项目资本金净利润率是用以表示项目资本金的盈利能力的**静态评价指标**，是指项目达到设计能力后，正常年份的年净利润或运营期内年平均净利润与项目资本金的比率。按下式计算： $$资本金净利润率（ROE）=\frac{正常年份的年净利润或运营期内年平均净利润}{项目资本金}\times100\%$$ 如果**项目资本金净利润率高于同行业的资本金净利润率参考值，说明用项目资本金净利润率表示的盈利能力满足要求**

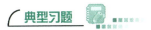

8-4 [2024-5] 下列财务分析指标中，属于评价项目盈利能力的静态指标是（   ）。

A. 投资收益率　　　　B. 净年值　　　　　　C. 净现值　　　　　　D. 内部收益率

答案： A

解析： 投资收益率属于盈利能力的静态指标，其他三个属于盈利能力的动态指标。

8-5 [2022（12）-21] 下列选项中，投资属于静态投资的是（   ）。

A. 总投资收益率　　　　　　　　　　B. 投资各方财务净现值

C. 投资资本金内部收益率　　　　　　D. 投资各方内部收益率

答案： A

解析： 静态投资不考虑资金的时间价值。动态投资包括财务内部收益率（≥基本收益率）、财务净现值（≥0）；静态投资包括投资回收期（≤基准投资回报期）、总投资收益率、项目资本金净利润率、投资报酬率。

8-6 [2022（12）-22] 下列哪个指标不用其他参数可以证明项目可以运行？（   ）

A. 投资回收期　　　B. 投资利润率　　　C. 贷款偿还期　　　D. 财务净现值

答案： D

解析： 财务净现值≥0，证明项目可以运行，不需要其他参数辅助判断。

8-7 [2022（5）-23] 下列建设项目财务评价指标中，反映盈利能力的动态指标是（   ）。

A. 总投资收益率　　　　　　　　　　B. 投资报酬率

C. 财务内部收益率　　　　　　　　　D. 利息备付率

答案： C

解析： 内部收益率是反映盈利能力的动态指标，考虑了资金的时间价值。

考点 3：项目偿债能力分析【★★】

借款偿还期（P_d）	借款偿还期（P_d）是指在国家财政及项目具体财务条件下，以项目投产后获得的可用于还本付息的资金（涵盖：利润、折旧费、摊销费及其他项目收益）来完全偿还贷款本金和利息所需的时间长度（以年为单位）。这一指标综合地衡量了工程项目在偿还贷款及经济效益方面的能力。借款偿还期主要侧重于评估最大的偿还能力，因此<u>适用于追求快速还款的项目</u>，而<u>不适用于已经明确设定了借款偿还期限的项目</u>。对于后者，更推荐使用利息备付率和偿债备付率这两个指标来分析项目的偿债能力
利息备付率（ICR）	利息备付率（ICR）是指项目在借款偿还期内，各年可用于支付利息的息税前利润（EBIT）与当期应付利息费用（PI）的比值。该指标从付息资金来源的充裕性角度，反映偿付债务利息的保障程度和支付能力。计算公式为： $$利息备付率（ICR）=\frac{息税前利润（EBIT）}{当期应付利息费用（PI）}$$ $$息税前利润=利润总额+计入总成本费用的利息费用$$ 利息备付率应分年计算。利息备付率表示以项目息税前利润偿付利息的保障程度，利息备付率越高，利息偿付的保障程度越高。利息备付率<u>应大于1，一般不宜低于2</u>，并结合债权人的要求确定

偿债备付率（DSCR）	偿债备付率（DSCR）是指在借款偿还期内，各年可用于还本付息的资金与当期应还本付息金额之比。该指标从还本付息资金来源的充裕性角度，反映偿付债务本息的保障程度和支付能力。计算公式为： $$偿债备付率（DSCR）=\frac{可用于还本付息的资金}{当期应还本付息金额}$$ 可用于还本付息的资金＝息税前利润＋折旧和摊销－所得税 偿债备付率应分年计算。偿债备付率越高，可用于还本付息的资金保障程度越高。偿债备付率**应大于1，一般不宜低于1.3**，并结合债权人的要求确定
资产负债率（LOAR）	资产负债率（LOAR）是指各期末负债总额（TL）与资产总额（TA）的比率，它反映了总资产中有多大比例是通过借债来筹集的，按下式计算： $$资产负债率（LOAR）=\frac{期末负债总额（TL）}{期末资产总额（TA）}×100\%$$ 从债权人的视角来看，**资产负债率较低意味着企业的偿债能力较强**，进而为借款的回收提供了更大的保障。然而，从企业所有者和经营者的立场出发，他们通常期望资产负债率维持在一个较高的水平，因为这样可以利用财务杠杆效应来增强企业的盈利能力。当资产负债率适中时，这反映出企业在经营上较为稳健，具备较强的筹资能力，同时也意味着企业和债权人所面临的风险都相对较小
流动比率（CR）	流动比率（CR）是流动资产与流动负债的比值，是反映项目偿还流动负债能力的评价指标，按下式计算： $$流动比率（CR）=\frac{流动资产}{流动负债}$$ $$流动资产＝应收账款＋预付账款＋存货＋库存现金$$ $$流动负债＝应付账款＋预收账款$$ 这一指标显示出每一单位货币的流动负债（即短期借款）需要有多少企业流动资产来做偿债担保，由于流动资金＝流动资产－流动负债，若流动比率小于1，说明流动资金不足以偿还流动负债。一般流动比率可取1.2～2.0较为适宜
速动比率（QR）	速动比率（QR）是指速动资产与流动负债的比率，是**反映项目快速偿付流动负债能力的指标**。【2022（12），2021】按下式计算： $$速动比率（QR）=\frac{速动资产}{流动负债}$$ $$速动资产＝流动资产－存货$$ 速动资产是指可以快速变现的流动资产。速动比率最好在1.0～1.2之间较为合适，低于1则说明企业偿债能力不强。速动比率和流动比率都是反映企业偿还短期债务能力的指标

 典型习题

8-8［2022（12）-24］下列财务分析指标中，属于偿债能力分析指标的是（　　）。

A. 财务净现值　　　　B. 投资回收期　　　　C. 投资报酬率　　　　D. 速动比率

答案： D

解析： 偿债能力分析指标：借款偿还期、利息备付率、偿债备付率、资产负债率、流动比率、速动比率。

8-9 [2021-20] 下列经济指标中，反映企业短期偿债能力的指标是（　　）。

A. 总投资收益率　　　　B. 速动比率　　　　C. 投资回收期　　　　D. 内部收益率

答案： B

解析： 速动比率是企业速动资产与流动负债的比率。其中，速动资产，是指流动资产减去变现能力较差且不稳定的存货、预付账款、待摊费用等后的余额。反映企业当期偿付短期负债的能力。

考点4：不确定性分析【★★】

盈亏平衡分析	通过深入剖析产品产量、成本和盈利之间的内在联系，我们可以精确地识别出项目方案在产量、单价以及成本等多个方面的临界节点，这就是所谓的盈亏平衡点（BEP）。【2020】这一平衡点标志着企业在经济上的盈利与亏损的交界点。具体来说，当企业在该点上的销售收入（已扣除销售税金及附加）与其总成本费用完全相等时，即达到了盈亏平衡。而盈亏平衡分析的核心任务就是通过精确计算项目达到设计生产能力那一年的盈亏平衡点，深入探究项目收入与成本费用之间的平衡状态，从而准确评估项目对于产品数量变动的适应能力及其抵御各种风险的能力
	盈亏平衡分析只用于财务分析领域，并可以进一步细分为线性盈亏平衡分析和非线性盈亏平衡分析。在建设项目的评价中，我们主要进行线性盈亏平衡分析。进行线性盈亏平衡分析时，需要基于以下基本假设： （1）假设产量与销售量完全相等； （2）当产量发生变化时，单位可变成本保持不变，从而使得总成本费用成为产量的线性函数； （3）当产量发生变化时，产品的售价保持不变，从而使得销售收入成为销售量的线性函数； （4）对于生产多种产品的情况，需要将其转换为等效的单一产品进行计算，并确保不同产品在生产负荷率变化上保持一致。此外，如果营业收入和成本费用都是按照含税价格进行计算的，还需要额外减去增值税的部分
	为了更有效地进行盈亏平衡分析，我们通常会将项目投产后的总成本费用划分为两个主要部分：固定成本和可变成本（也称为变动成本）。"固定成本"是指在一定的生产规模范围内，不会随产品产量的变化而变化的费用；而"可变成本"则会随着产品产量的变动而发生相应的变动。总的成本费用就是这两部分成本的总和。在进行线性盈亏平衡分析时，我们可以在同一个坐标图上直观地展示出销售收入与销售量、成本费用与销售量之间的关系，这种图形展示被称为盈亏平衡分析图，如图8-2所示。

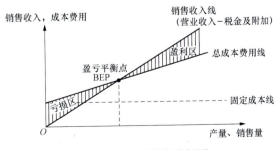

图8-2　盈亏平衡分析图

盈亏平 衡分析	图中纵坐标为**销售收入和成本费用**，横坐标为**产品产量或销售量**。销售收入线与总成本费用线的交点称作盈亏平衡点（BEP），该点是项目**盈利与亏损的临界点**。在盈亏平衡点（BEP）右边，销售收入大于总成本费用，项目盈利；在盈亏平衡点（BEP）左边，销售收入小于总成本费用，项目亏损；在盈亏平衡点（BEP）上，销售收入等于总成本费用，项目不盈不亏。盈亏平衡点对应的产量称为盈亏平衡产量。盈亏平衡点可以用生产能力利用率、产量或单位产品售价等表示。生产能力利用率是盈亏平衡产量与设计生产能力的比率，盈亏平衡点**越低**，项目**盈利可能性越大，抗风险能力越强**【2021，2020】
敏感性 分析	敏感性分析旨在通过量化一个或多个**不确定因素的变化**对财务或经济评价指标产生的影响程度，深入探究各种因素变动对实现既定目标的可能影响。这种方法有助于评估项目投资方案在外部因素发生变动时的稳健性。在进行单因素敏感性分析时，假设只有一个因素在变动，而其他因素则保持恒定。通常只进行单因素敏感性分析 单因素敏感性分析遵循以下步骤： （1）**识别并筛选需要进行分析的不确定性因素，并为这些因素设定合理的变动范围。** 　　在常见的工业投资项目中，通常会选择以下因素作为敏感性分析的对象：投资额（包括固定资产投资和流动资金占用）、项目建设与投产的期限、产品产量和销售量、产品价格、经营成本（特别是变动成本）、项目寿命期、项目结束时的资产残值、折现率以及外汇汇率。在选择不确定性因素时，应根据实际情境来设定其可能的变动范围，常用的变动百分率为±5％、±10％、±15％、±20％等。 （2）**选择合适的分析指标。** 　　进行敏感性分析时，可以选择如**内部收益率、净现值、投资回收期**等作为评价指标。通常，敏感性分析所选用的指标应与确定性分析中采用的指标保持一致，而在财务分析与评价中，项目投资的财务内部收益率是常用的指标。 （3）**量化各不确定性因素在不同变动幅度下对评价指标的影响。** 　　通过建立一一对应的关系，可以用图表形式直观地展示各因素变动对评价指标的影响。 （4）**鉴别敏感因素，评估方案的风险水平。** 　　通过计算敏感度系数和确定临界点，可以识别出哪些因素对方案的经济效果有显著影响，从而粗略地预测项目可能面临的风险。在这里，"敏感因素"是指**其数值变动能显著影响方案经济效果的因素** 图8-3是单因素敏感性分析的一个例子，该例选取的分析指标为内部收益率（FIRR），考虑投资额、经营成本、销售收入的变动（按一定百分比变动）对内部收益率指标的影响。 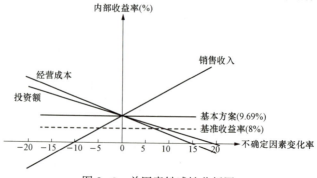 图8-3　单因素敏感性分析图

敏感性分析	由图 8-3 可以看出，本方案的内部收益率对销售收入最敏感，不确定性因素销售收入的临界点约为 -10% 左右，即销售收入降低 10% 左右，内部收益率将为 0，项目对三个不确定性因素的敏感程度由高到低依次为**销售收入、经营成本、投资额**。斜率越大越敏感

 典型习题

8-10 ［2021-21］某项目有四个设计方案，具体信息见下表，则应选择的最佳方案是（ ）。

项目	甲	乙	丙	丁
设计生产能力/（t/年）	2000	1800	1800	1600
盈亏平衡点/t	1000	1080	1260	1200
盈亏平衡时生产能力利用率	50.00%	60.00%	70.00%	75.00%

A. 甲   B. 乙   C. 丙   D. 丁

答案： A

解析： 盈亏平衡点越低，且盈利平衡时的生产能力利用率越低，则盈利的可能性及空间越大。

8-11 ［2020-20］建设项目产品产量、产品生产、销售和价格等因素会对项目盈利或亏损产生影响。投资方案对这种不确定的承受能力，通常要计算（ ）。

A. 资产负债率   B. 投资收益率
C. 偿债备付率   D. 盈亏平衡点

答案： D

解析： 盈亏平衡分析是研究产品产量、生产成本、销售收入等因素的变化对项目盈亏的影响，它是反映项目对市场需求变化的适应能力进行分析的方法。一般根据建设项目正常生产年份的产品产量（或销售量）、成本、价格、销售收入和税金等数据计算项目的盈亏平衡点。它是项目盈利与亏损的分界点，也称盈亏临界点，在这临界点上销售收入扣除销售税金及附加等于生产成本。根据收入、成本与产量存在着的不同函数关系，盈亏平衡分析又可分为线性与非线性盈亏分析。

8-12 ［2020-21］下列关于盈亏平衡点，说法正确的是（ ）。

A. 盈亏平衡点越高，适应市场变化的能力越强
B. 线性分析，盈亏平衡点用销售产量来表示与销售价格成正比
C. 线性分析，盈亏平衡点用销售量来表示与总固定成本成反比
D. 盈亏平衡点越低，方案抗风险能力也越强

答案： D

解析： 盈亏平衡点通常用产量或最低生产能力利用率表示，也可用最低销售收入、生产成本或保本价格来表示。盈亏平衡点越低，表示项目适应市场变化的能力越强，项目的抗风险能力也越强。

考点 5：多方案经济比选【★★★★】

方案比选的类型	方案比选的类型主要有以下几种： （1）**独立型**方案：在此类型中，各方案之间的现金流量是相互独立的，不存在相关性。某一方案的决策不会受到其他方案是否采用的影响。独立型方案具有可加性特点，即各方案的经济效益可以简单相加。方案的采用与否主要取决于其自身的经济合理性。 （2）**互斥型**方案：互斥型方案具有排他性，即在多个方案中只能选择其中一个，其他方案将被排除。例如，在同一地域的土地利用方案、厂址选择方案、建设规模方案中，只能选择其中一个方案实施。这种情况下，方案之间是相互排斥的。 （3）**混合型**方案：混合型方案是指独立型方案和互斥型方案混合存在的情况。在实际决策中，可能会遇到既有独立型方案又有互斥型方案的复杂情况，需要综合考虑各类型方案的特点进行比选分析
独立方案的经济比选	（1）应用内部收益率 FIRR 指标进行评价。 1）计算内部收益率 FIRR； 2）判断：当内部收益率 FIRR 大于或等于基准收益率 i_c 时，即**FIRR$\geq i_c$**，方案在经济上可行。 （2）应用净现值 NPV 指标进行评价。【2021】 1）选取行业或投资者可接受的基准收益率 i_c，并计算方案的净现值 NPV； 2）判断：当净现值 **NPV$\geq$0** 时，方案在经济上可行。 （3）应用净年值 NAV 指标进行评价。 净年值 NAV 是指按给定的折现率，通过等值换算将方案计算期内不同时点的净现金流量分摊到计算期内各年的等额年值。 1）选取行业或投资者可接受的基准收益率 i_c，并计算方案的净年值 NAV； 2）判断：当净年值 **NAV$\geq$0** 时，方案在经济上可行。 （4）应用投资回收期指标进行评价。 投资回收期分为静态投资回收期和动态投资回收期，静态投资回收期不考虑资金的时间价值，动态投资回收期则考虑了资金的时间价值。 1）计算投资回收期； 2）判断：当**投资回收期$\leq$基准投资回收期**时，方案在经济上可行。 （5）应用总投资收益率指标进行评价。 1）计算方案的总投资收益率； 2）判断：当方案的**总投资收益率$\geq$基准投资收益率**时，方案在经济上可行。 上述方案比选的评价指标中，内部收益率 IRR、净现值 NPV、净年值 NAV、动态投资回收期都属于**动态**评价指标，总投资收益率、静态投资回收期属于**静态**评价指标

| 互斥方案的经济比选 | 计算期相等 | 1）**效益比选法**。

效益比选法主要是通过对比不同备选方案的效益，选择出最佳方案。以下是几种常用的效益比选方法：

①**净现值法**（Net Present Value，NPV）：通过计算每个方案的净现值，即方案未来现金流的折现值减去初始投资，选择净现值最大的方案为优。

②**净年值法**（Net Annual Value，NAV）：净年值法是比较各方案净收益的等额年值，选择净年值最大的方案为优。这种方法可以消除投资规模和时间对方案比较的影响，便于不同方案之间的比较。

③**差额投资内部收益率法**（Differential Internal Rate of Return，ΔIRR）：对于多个互斥方案，可以两两比较，计算两个方案（假设 A 方案投资额大于 B 方案投资额）的差额投资内部收益率（也称增量投资内部收益率）ΔIRR_{A-B}。如果差额投资内部收益率 ΔIRR_{A-B} 大于基准收益率 i_c，则投资大的方案较优；如果 $\Delta IRR_{A-B} < i_c$，则投资小的方案较优；如果 $\Delta IRR_{A-B} = i_c$，则可选择任一个方案。需要注意的是，差额内部收益率只反映两方案增量现金流的经济性（相对经济性），不能反映各方案自身的经济效果。因此，互斥方案的比较不能直接用内部收益率 FIRR 进行比较。

如果选取相同的基准收益率 i_c，对于计算期相同的互斥方案，采用净现值法、净年值法或差额内部收益率法，其评价结果是一致的。

2）**费用比选法**。

费用比选法是通过对比不同备选方案的费用现值或年值，选择出最佳方案。这种方法主要应用于各年收益相同的项目、非盈利项目或效益难以用货币计量的项目。以下是几种常用的费用比选方法：

①**费用现值法**。通过计算备选方案的费用现值，即方案未来费用的折现值，并进行比较，选择费用现值较低的方案为优。

②**费用年值法**。通过计算备选方案的费用年值，即方案每年平均费用，并进行比较，选择费用年值较低的方案为优。这种方法可以消除投资规模和时间对方案比较的影响，便于不同方案之间的比较。

③**费用效果分析**。是一种经济效果分析方法，其中费用以货币计量，而效果则采用非货币计量。费用指的是为实现项目预定目标所付出的财务代价或经济代价，而效果则是项目结果所起到的作用、效应和效能，即项目目标的实现程度。这种方法特别适用于一些公共项目或非盈利项目，其效益难以用货币计量。费用效果分析既可用于财务分析，也可用于经济分析，具体分析方法包括最小费用法（固定效果法）和最大效果法（固定费用法）。其中，最小费用法是在效果相同的条件下选择费用最小的方案，而最大效果法则是在费用固定的条件下选择效果最大的方案。费用效果分析的指标是效果费用比，即单位费用达到的效果。这种方法有助于决策者在不同方案之间做出选择，以实现项目预定目标并最大化效益。按下式计算：

$$效果费用比 = \frac{项目效果}{项目费用}$$

习惯上也可以采用费用效果比（效果费用比的倒数）指标进行评价，即单位效果所花费的费用 |

互斥方案的经济比选	计算期不相等	**1）净年值法。** 计算备选方案的净年值。以净年值不小于 0 且等额年值最大者为最优方案。净年值法的应用并不仅限于计算期相等的方案比较，它同样可以被用于计算期不等的方案比较，展示了其在处理复杂投资决策问题时的灵活性。 **2）最小公倍数法。** 该方法的操作步骤为先确定两个方案计算期的最小公倍数，然后将这个最小公倍数设定为方案比较的计算期（或寿命期）。这种方法假设方案可以重复实施，从而将计算期不等的方案转化为计算期相等的方案。一旦转换完成，就可以采用常规的计算期相等方案的比较方法进行指标计算，从而确定最优方案。 **3）研究期法。** 通过选择一个适当的计算期作为备选方案共同的计算期，来直接比较各方案优劣的方法。在这个选定的计算期内，计算每个方案的净现值，并选择净现值最大的方案作为优选方案。通常，为了保持比较的公平性，会选择各方案中最短的计算期作为共同的计算期
设计方案技术经济评价		建筑工程设计方案技术经济评价的基本流程包括：首先，罗列出所有可能的备选方案；其次，明确比较的基础和评估的准则；接着，构建一个能够体现经济效应的指标系统并选择适当的计算方法；然后，根据选定的计算方法，计算出各个方案的技术经济指标值；最后，通过综合对比、深入剖析和评估，从所有方案中选出最优方案。【2021，2020】 在评价过程中，设计方案的可比性是一个重要的考量因素，它涵盖了建筑功能的可比性、费用的消耗、价格的可比性以及时间的可比性等多个方面
		（1）综合费用法 综合费用法是一种静态评价方法，其特点是不考虑资金的时间价值。在此方法中，费用包括方案的建设投资以及投产后的年度使用费等，评价的依据是综合费用的最小化，即**综合费用最小的方案被视为最佳方案**。然而，这种方法仅适用于建设周期较短的工程项目。 **（2）全寿命期费用法** 相较于综合费用法，全寿命期费用法是一种动态评价方法，充分考虑了资金的时间价值。它采用动态分析方法计算费用，可以计算费用现值，也可以计算年度费用。在应用上，费用现值法主要适用于寿命期相等的方案比较，以费用现值最小的方案为最优方案；而年度费用法则具有更广泛的应用范围，既可以用于寿命期相等的方案比较，也可以用于寿命期不等的方案比较，**年度费用最小的方案被视为最优方案**。 **（3）价值工程法** 价值工程法是一种将功能与成本综合考虑的评价方法。其基本原理是在保证建筑工程功能基本不变的条件下力求节约成本，或者在成本基本不变的条件下尽量改善功能。在工程设计阶段，应用价值工程原理对设计方案进行评价的具体步骤如下：首先进行功能分析，分析工程项目满足社会和生产需要的各种主要功能；其次进行功能评价，比较各项功能的重要程度、确定各项功能的重要性系数；然后计算功能评价系数、成本系数、价值系数；最后根据价值系数对方案进行评价，**价值系数最大的方案被视为最优方案**

8-13 [2021-19] 某项目有四个可选方案，初始投资均相同，项目计算期为15年，财务净现值和投资回收期见下表：

方案指标	甲	乙	丙	丁
财务净现值/万元	130	150	120	110
静态投资回收期（行业均值为7年）	5.4	5.2	4.8	6.1
动态投资回收期/年	6.8	6.5	6.1	7.6

则应选择的最佳方案是（　　）。

A. 甲　　　　　　　B. 乙　　　　　　　C. 丙　　　　　　　D. 丁

答案：B

解析：投资回收期均小于行业均值，项目均可行。选择净现值最大的。

8-14 [2021-24] 设计院就同一项目给出四个设计方案（具体信息见下表）功能均满足业主要求，不考虑其他因素，应选择的最优方案是（　　）。

方案	甲	乙	丙	丁
设计概算/万元	8000	9000	9200	8600
建筑面积/m²	13 000	15 000	14 500	14 800

A. 甲　　　　　　　B. 乙　　　　　　　C. 丙　　　　　　　D. 丁

答案：A

解析：功能均满足的前提下，选择设计概算最少的，成本更低。

8-15 [2020-19] 四个互斥方案，初始投资一样，不考虑其他因素，应选哪个方案（　　）。

方案	甲	乙	丙	丁
财务净现值/万元	2400	2000	1600	2100
投资回收期（行业均值为8年）	7.6	6	8.5	7.4

A. 甲　　　　　　　B. 乙　　　　　　　C. 丙　　　　　　　D. 丁

答案：A

解析：甲方案，净现值2400万元最多，盈利能力最强。投资回收期7.6年又小于行业均值8年。

考点 6：工业建筑技术经济指标【★★★★】

影响造价的主要因素	平面形状	一般情况下，建设物的**平面越简单**，建筑工程量越小，能源消耗越少，施工工艺越简单，因而工程造价越低
	流通空间	在满足建筑功能的前提下，**流通空间越小越经济**，因为多余的流通空间会增加采光供暖、装饰、维护等方面的费用
	厂房高度和层高	工业厂房的高度与其单位建筑面积造价成正比，即高度增加则造价相应增加。针对车间内生产设备的重量差异，经济合理的选择也会有所不同：重型设备的车间更宜采用单层工业厂房，而轻型车间则推荐采用多层设计。多层厂房设计可以优化交通线路、降低外部传热面积、减少能源消耗、减轻基础和屋面的工程负担，从而大大减少厂区的总占地面积，实现经济效益最大化。在建筑面积恒定的情况下，层高的增加会导致墙体、装饰、楼梯、电梯、水暖管线等材料和施工费用的增长。因此，在满足生产工艺和车间内部物流需求的前提下，应尽可能降低工业厂房的高度和层高，以控制成本
	层数	多层厂房的层数变化会对其占地面积、结构构造、基础类型、楼梯和电梯设计以及供暖系统产生显著影响，这些因素的综合作用会对工程造价产生复杂的影响，需要进行具体的分析
	室内外高差	如果室内外高差过大，会增加工程施工中的土方量，进而推高工程造价；反之，如果高差过小，可能会影响建筑物的使用功能和防洪能力
	建筑物的体积和面积	通过合理配置设备，可以有效地减少单位设备所需的占地面积，同时，适当设定道路宽度。在保证车间生产工艺需求的前提下，应力求减小车间的面积和体积，这样做不仅可以减少建筑安装的工程量，提高单位面积的产量，降低能源消耗，还能实现降低工程造价的目标
	建筑结构	工业建筑的结构选型主要依据工厂的生产工艺需求，并在实际应用中考虑经济性和合理性
	跨度和柱距	对于单跨厂房，当柱距保持不变时，单位建筑面积的造价**随着跨度的增加而降低**；对于多跨厂房，当**中跨数量增加**时，经济效益更为显著。合理地调整柱距有助于优化设备的布置，从而节约车间使用面积
主要经济指标	指标要求	控制指标包括**规范性**指标和**推荐性**指标。 规范性指标包括**容积率、建筑系数、行政办公及生活服务设施用地所占比重**。 推荐性指标包括**固定资产投资强度、土地产出率、土地税收**。 工业园区、工业项目集聚区要根据国土空间规划统筹安排绿化用地。工业项目用地内部一般不得安排非安全生产必需的绿地，**严禁**建设脱离工业生产需要的**花园式工厂**
	容积率	容积率是指项目用地范围内总建筑面积与项目总用地面积的比值。按下式计算： $$容积率 = \frac{总建筑面积}{总用地面积}$$ 建筑物层高超过**8m**的，在计算容积率时该层建筑面积**加倍**计算。容积率反映了项目对土地的空间利用情况，**是衡量土地利用强度**的重要尺度之一。按行业不同，容积率应不低于规定的控制值

主要经济指标	建筑系数	建筑系数是指项目用地范围内各种建筑物、用于生产和直接为生产服务的构筑物的占地面积总和占总用地面积的比例。建筑系数反映了项目对土地在平面上的利用情况，是衡量<u>土地利用强度</u>及合理性的尺度之一。按下式计算：【2022（12），2020】 $建筑系数=\dfrac{建筑物占地面积+构筑物占地面积+堆场用地面积}{项目总用地面积}\times100\%$ 按行业不同，建筑系数应不低于规定的控制值，工业项目的建筑系数一般不低于30%
	行政办公及生活服务设施用地所占比重	行政办公及生活服务设施用地所占比重是指项目用地范围内行政办公、生活服务设施占用土地面积（或分摊土地面积）占总用地面积的比例。该指标反映项目中非生产配套设施使用土地的情况，是反映企业内部用地结构合理性的重要尺度之一。按下式计算： $\dfrac{行政办公及生活服务}{设施用地所占比重}=\dfrac{行政办公、生活服务设施占用土地面积}{项目总用地面积}\times100\%$ 工业项目所需行政办公及生活服务设施用地面积≤工业项目总用地面积的7%，且建筑面积≤工业项目总建筑面积的15%。 当无法单独计算行政办公及生活服务设施占用土地面积时，可以采用行政办公和生活服务设施建筑面积占总建筑面积的比重计算得出的分摊土地面积代替
	固定资产投资强度	固定资产投资强度是指项目用地范围内单位面积固定资产投资额。固定资产投资强度反映了单位土地上项目固定资产投资情况，是衡量工业用地投入水平的重要尺度。按下式计算： $固定资产投资强度=\dfrac{项目固定资产总投资}{项目总用地面积}$ 其中：项目固定资产总投资包括建筑安装工程、设备工器具购置以及固定资产建造和购置过程中发生的其他费用
	绿地率	绿地率是指规划建设用地范围内的绿地面积与规划建设用地面积之比。按下式计算： $绿地率=\dfrac{规划建设用地范围内的绿地面积}{项目总用地面积}\times100\%$ 绿地率所指绿地面积包括厂区内公共绿地、建（构）筑物周边绿地等。工业企业内部一般不得安排绿地。但因生产工艺等特殊要求需要安排一定比例绿地，绿地率不得超过20%
	土地利用系数	土地利用系数是指厂区的建筑物、构筑物、各种堆场、铁路、道路、管线等的占地面积之和与厂区总用地面积之比。土地利用系数全面反映了厂区用地是否经济合理。【2022(12)，2022(5)】 按下式计算： $土地利用系数=\dfrac{建筑物占地面积+构筑物占地面积+堆场用地面积+铁路、道路、管线用地面积}{项目总用地面积}\times100\%$

 典型习题

8-16〔2022（12）-13〕在下列技术经济指标中，在工业产区设计方案中能反映规划用地经济合理性的指标是（   ）。

　　A. 绿地系数　　　　B. 建筑密度　　　　C. 土地利用系数　　　D. 容积率

　　答案：C

解析： 土地利用系数能全面反映土地利用合理经济性的指标。土地利用系数＝（建筑物和构筑物占地面积＋堆场占地面积＋铁路道路管线占地面积）／厂区占地面积，反映用地是否经济合理。

8-17［2022（12）-12］在厂区设计中，厂房和办公楼的建筑面积为 10 000m²，原料和材料堆场面积为 5000m²，厂区道路面积为 2000m²，其他面积为 3000m²，建筑密度指标是（　　）。

A. 50％　　　　　　　B. 75％　　　　　　　C. 85％　　　　　　　D. 90％

答案： B

解析： 建筑系数＝（建筑物和构筑物占地面积＋堆场占地面积）／厂区占地面积×100％＝（10 000＋5000）／（10 000＋5000＋2000＋3000）×100％＝75％。

注：根据《工业项目建设用地控制指标》（自然资发〔2023〕72 号），工业建筑一般不计算建筑密度，题目的本意是考查建筑系数。

8-18［2020-14］某厂区的建筑方案中包括了厂房、办公楼、露天堆场、铁路、道路、管线和绿化等面积，若厂区面积不变，提高建筑系数的可行做法是（　　）。

A. 减少厂房的占地面积　　　　　　　B. 增加绿化面积

C. 增加露天堆场的面积　　　　　　　D. 减少管线的占地面积

答案： C

解析： 建筑系数＝（建筑物和构筑物的占地面积＋堆场的占地面积）／厂区占地面积。

考点 7：居住建筑技术经济指标【★★】

主要经济指标	（1）**居住面积系数**(K) $$K=\frac{标准层的居住面积}{建筑面积}\times100\%$$ 居住面积系数反映居住面积占建筑面积的比例，$K>50\%$为佳
	（2）**辅助面积系数**(K_1) $$K_1=\frac{标准层的辅助面积}{使用面积}\times100\%$$ 使用面积也称作有效面积，它等于居住面积加上辅助面积。辅助面积系数 K_1 一般在 20％～27％之间
	（3）**结构面积系数**K_2【2021】 $$K_2=\frac{墙体等结构所占面积}{建筑面积}\times100\%$$ 结构面积系数反映结构面积与建筑面积之比，一般在 20％左右
	（4）建筑周长系数 (K') $$K'=\frac{建筑周长}{建筑占地面积}\quad(m/m^2)$$ 建筑周长系数反映建筑物外墙周长与建筑占地面积之比
	（5）每户面宽 $$每户面宽=\frac{建筑总长}{总户数}\quad(m/户)$$
	（6）平均每户建筑面积 $$平均每户建筑面积=\frac{建筑总面积}{总户数}\quad(m^2/户)$$

主要经济指标	(7) 平均每户居住面积 $$平均每户居住面积 = \frac{居住总面积}{总户数}（m^2/户）$$ (8) 平均每人居住面积 $$平均每人居住面积 = \frac{居住总面积}{总人数}（m^2/人）$$ (9) 平均每户居室数及户型比 $$平均每户居室数 = \frac{总居室数}{总户数}户型比 = \frac{某户型的户数}{总户数}$$ (10) 通风：主要以自然通风组织的通畅程度为基准。其中，通风线路短直且流畅被视为最佳状态；对角通风效果稍次；若通风路线曲折或存在明显的通风受阻情况，则评价为差 (11) 保温隔热：基于建筑外围护结构的热工性能指标来进行的 (12) 采光：居住建筑的采光面积应确保居室能够获得适宜的阳光和照度。如果采光面积过小，这不仅会违反卫生规定，还会给居民带来视觉和感官上的不适；然而，过大的窗口面积也可能对隔声、隔热和保温性能造成不利影响
居住小区技术经济指标	(1) 居住用地：居住区用地是城市居住区的住宅用地、配套设施用地、公共绿地以及城市道路用地的总称 (2) 居住总人口：居住总人口是指居住区内常住人口的总人数 (3) 人口密度 1) **人口毛密度** $$人口毛密度 = \frac{居住总人口}{居住区用地面积}（人/hm^2）$$ 2) **人口净密度**【2019】 $$人口净密度 = \frac{居住总人口}{住宅用地面积}（人/hm^2）$$ (4) 住宅建筑套密度 1) **住宅建筑套毛密度** $$住宅建筑套毛密度 = \frac{住宅建筑套数}{居住区用地面积}（套/hm^2）$$ 2) **住宅建筑套净密度** $$住宅建筑套净密度 = \frac{住宅建筑套数}{住宅用地面积}（套/hm^2）$$ (5) 住宅面积密度 1) **住宅面积毛密度** $$住宅面积毛密度 = \frac{住宅建筑面积}{居住区用地面积}（m^2/hm^2）$$ 2) **住宅面积净密度** $$住宅面积净密度 = \frac{住宅建筑面积}{住宅用地面积}（m^2/hm^2）$$ 住宅面积净密度也称住宅容积率

居住小区技术经济指标	**（6）建筑面积毛密度** $$建筑面积毛密度=\frac{各类建筑的建筑面积之和}{居住区用地面积}\ (m^2/hm^2)$$ 建筑面积毛密度也称**容积率**，反映了民用建筑的节地指标【2022（5），2021】 **（7）住宅建筑净度** $$住宅建筑净密度=\frac{住宅建筑基底面积}{住宅用地面积}\times100\%$$ 式中，住宅建筑基底面积＝住宅建筑的占地面积总和 **（8）建筑密度**【2022（12）】 $$建筑密度=\frac{各类建筑的基底（即占地）面积之和}{居住区用地面积}\times100\%$$ （9）绿地率 $$绿地率=\frac{各类绿地面积之和}{居住区用地面积}\times100\%$$
居住区分级控制规模	居住区按照居民在合理的步行距离内满足基本生活需求的原则，可分为十五分钟生活圈居住区、十分钟生活圈居住区、五分钟生活圈居住区及居住街坊四级，其分级控制规模应符合表 8-2 的规定。 表 8-2　居住区分级控制规模 （见下表）

表 8-2　居住区分级控制规模

距离与规模	十五分钟生活圈居住区	十分钟生活圈居住区	五分钟生活圈居住区	居住街坊
步行距离/m	800~1000	500	300	—
居住人口/人	50 000~100 000	15 000~25 000	5000~12 000	1000~3000
住宅数量/套	17 000~32 000	5000~8000	1500~4000	300~1000

典型习题

8-19［2022（12）-20］关于居住区主要技术经济指标，正确的是（　　　）。

A. 建筑密度为建筑基底面积的总和/居住区用地面积

B. 人口毛密度等于居住区总人口除以住宅建筑基底面积

C. 住宅建筑净密度等于住宅建筑面积除以居住区用地面积

D. 容积率等于住宅建筑面积之和除以住宅用地面积

答案： A

解析： 建筑密度＝各类建筑的基底（即占地）面积之和/居住区用地面积，人口毛密度＝居住总人口/居住区用地面积，住宅建筑净密度＝住宅建筑基底面积/住宅用地面积，建筑面积毛密度（容积率）＝各类建筑的建筑面积之和/居住区用地面积。

8-20［2022（5）-13］下列选项中，属于民用建筑节地指标的是（　　　）。

A. 体型系数　　　　　B. 使用系数　　　　　C. 容积率　　　　　D. 结构系数

答案： C

解析： 容积率＝各类建筑的建筑面积之和/用地面积，反映了民用建筑的节地指标。

8-21 [2021-14] 住宅用地占小区用地的 60%，住宅基地面积 15 000m²，住宅净密度 12%，绿化率是 10%，总建筑面积 320 000m²，容积率是（　　）。

A. 0.79　　　　　　　B. 1.39　　　　　　　C. 1.54　　　　　　　D. 1.67

答案： C

解析： 住宅用地面积＝15 000/12%＝125 000m²，小区用地面积＝125 000/60%＝208 333.33m²。

容积率＝总建筑面积/小区用地面积＝320 000/[（15 000/12%）/60%]＝1.54。

8-22 [2021-15] 某住宅小区设计方案，居住面积系数为 60%，墙体等结构所占面积 4200m²，标准层的居住面积 12 000m²，标准层的辅助面积 4000m²，则该建筑设计方案的结构面积系数为（　　）。

A. 20.00%　　　　　　B. 21.00%　　　　　　C. 33.33%　　　　　　D. 35.00%

答案： B

解析： 居住面积系数＝标准层的居住面积/建筑面积，求得：建筑面积＝12 000/60%＝20 000m²。

结构面积系数＝墙体等结构所占面积/建筑面积＝4200/20 000＝21%。

考点 8：公共建筑技术经济指标【★★★★★】

适用性指标	(1) 建筑平面系数 $$建筑平面系数＝\frac{使用面积}{建筑面积}×100\%【2020】$$ $$使用面积＝使用房间面积＋辅助房间面积$$ 平面系数越大，说明方案的**平面有效利用率越高**【2020】
	(2) 辅助面积系数 $$辅助面积系数＝\frac{辅助面积}{使用面积}×100\%$$ 若辅助面积系数较小，则说明该方案在辅助面积上的利用效率较高，浪费情况得以减少，进而反映出该方案具有较高的平面有效利用率
	(3) 结构面积系数 $$结构面积系数＝\frac{结构面积}{建筑面积}×100\%$$ 结构面积系数降低则意味着有效使用面积增加，这是评价采用新材料和新结构方案效果的一项重要指标
经济性指标	(1) 反映**建设期**经济性的指标：反映建设期经济性的指标主要有**工程工期、工程造价、单位造价、主要工程材料耗用量、劳动消耗量**等指标。 (2) 反映**使用期**经济性的指标【2022（5）】：反映使用期经济性的指标主要有**土地占用量、年度经常使用费、能源耗用量**等指标。 (3) 经济效果指标。 1) 对于生产性项目可采用**内部投资收益率、投资回收期**等指标。 2) 对于非生产性项目可采用**效益费用比**的指标

影响造价的主要因素	平面形状	一般来说，建筑物平面形状越简单，单方造价就越低。当建筑的平面形态复杂时，工程复杂度和施工难度都会相应增加，从而导致工程费用的增长。在建筑面积恒定的条件下，对于L形、T形、矩形、正方形和圆形等不同的平面形态，其外墙工程量、墙身装修面积、墙身基础以及能源消耗都呈现逐渐减小的趋势，也即建筑周长系数 K' 逐渐降低。理论上，建筑的周长系数越小，其经济效益越高。然而，尽管圆形的建筑周长系数最小，但由于其构造和施工工艺的复杂性，使得工程费用难以降低。相对而言，正方形和矩形的平面形态简洁，施工难度低，因此在工程造价上更为经济合理。通常认为长宽比为2：1的矩形平面布局较为优越。在住宅建筑中，一般以3~4个住宅单元、房屋长度60~80m为较经济的配置。在满足住宅的基本功能和居住质量、建筑面积和楼层数一定的条件下，适度增加住宅的进深有助于减小外墙周长、节约墙体工程量，从而降低工程造价
	层高和净高	住宅的层高和净高，直接影响工程造价。据测算住宅层高每降低10cm，可降低造价1.2%~1.5%，【2022（5），2021】同时还可以节省材料、节约能源、节约用地，并利于抗震
	住宅的层数	影响住宅层数经济性的因素主要有两个方面。一是，住宅建筑费用，这其中包括了一次性的建设费用和日常的使用费用。二是，居住区建设其他费用，涵盖了工程设施和公共建筑费用（同样包括日常使用费）以及土地费用。值得注意的是，住宅建筑费用会随着层数的增加而增加，而且高层住宅相较于多层住宅，由于层数的增加，其建筑费用的增长幅度会更大。然而，随着住宅层数和居住密度的提高，居住区建设的其他费用会相应减少。在民用建筑的范畴内，住宅层数在一定幅度内的增加，有利于降低单位造价和使用费用，同时还有节约用地的优势。在砖混多层住宅（6层以内）中，随着层数的增加，单方造价会降低，也就是说，在一定范围内，砖混多层住宅的层数越多，其经济性越优
	住宅单元组成、户型和住户面积	结构面积系数是评价单元构成和户型设计的重要指标之一。较小的结构面积系数意味着有效使用面积的增加，显示出设计方案具有较高的经济性。该系数受到房屋的结构形式、平面形态、房间平均面积以及户型组合等多个因素的影响。随着房屋平均面积的增大，内墙和隔墙在总建筑面积中所占的比例会相应减小。根据一般规律，三居室住宅的单位造价通常低于两居室住宅，而四居室住宅的单位造价则进一步低于三居室住宅
	住宅建筑结构	不同结构形式的住宅会导致其工程造价的差异。例如，在多层住宅中，钢筋混凝土结构的单方造价通常高于砖混结构；而在高层住宅中，装配式结构的建造成本往往高于现浇钢筋混凝土结构。尽管如此，装配式结构住宅具有节约资源、缩短工期、适应工业化生产以及减少施工环境污染等显著优势。钢结构装配式住宅还具备出色的抗震性能、自重轻和结构面积小等额外优点。因此，政府已经出台了一系列政策，以大力推动装配式住宅的发展。随着社会经济的不断进步，装配式住宅有望展现出其良好的综合经济效益。在选择具体的住宅结构形式时，应综合考虑城市规模、规划要求、地区经济发展、抗震设防要求和工程造价等多个因素，以采用经济且合理的结构形式。 在土建工程中，建筑与结构造价之间存在一定的比例关系。对于砖混结构，建筑与结构的造价比通常为3.5：6.5；而对于框架结构，这一比例则为4：6。这些比例反映了不同结构类型在工程造价方面的特点

8-23 [2022（5）-15] 某六层建筑，若将层高 3.0m 提高至 3.2m，土建造价很有可能增加（　　）。

A.2%～3%　　　　B.4%～5%　　　　C.5%～6%　　　　D.8%～9%

答案：A

解析：每±10cm 层高约增减造价 1.2%～1.50%。层高 3.0m 提高至 3.2m，提高 20cm，造价增加 2.4%～3.0%，A 选项最合适。

8-24 [2022（5）-25] 下列选项中，属于公共建筑使用期内经济性指标的是（　　）。

A. 单方造价　　　　　　　　　　B. 能源耗用量

C. 用钢量　　　　　　　　　　　D. 使用面积指标

答案：B

解析：①反映建设期经济性的指标主要有：工程工期、工程造价、单位造价、主要工程材料耗用量、劳动消耗量等指标。②反映使用期内经济性的指标主要有：土地占用量、年度经常使用费、能源耗用量等指标。

8-25 [2021-23] 某砖混结构的六层住宅楼。若将每一层层高由 2.8m 提高到 3.0m，其他条件不变，则该住宅楼造价可能发生的变化是（　　）。

A. 下降　　　　　B. 上升　　　　　C. 保持不变　　　　D. 不确定

答案：B

解析：每±10cm 层高约增减造价 1.2%～1.5%。

考点9：材料价格比较【★★★★★】

材料费占比	在民用住宅的设计过程中，建筑材料的选择是否恰当不仅会对房屋的工程质量和耐久性产生显著影响，同时也会在很大程度上决定工程造价的高低。通常，建筑材料在人工费、材料费和机械使用费的总和中所占比例约为70%。因此，通过合理地选择建筑材料并控制其单价或工程量，可以有效地控制工程造价。鉴于建筑材料的种类繁多且其质量和价格存在较大的差异，需要结合功能需求、工程造价信息以及市场状况等多方面因素来全面了解其价格信息，并在此基础上作出合理选择
基础材料	（1）对于条形基础，其单价从高到低排序为：钢筋混凝土＞素混凝土＞毛石混凝土＞砖、毛石基础＞无圈梁砖基础。 （2）对于钢筋混凝土基础，其单价从高到低排序为：满堂红基础（筏形基础、平板基础）＞条形基础；筏形基础＞平板基础；有梁基础＞无梁基础。 （3）对于桩基础，其单价从高到低排序为：钢筋混凝土桩＞混凝土桩＞CFG 桩＞砂石桩。【2022（5），2020】 总之，结构越复杂的越贵，混凝土强度等级高的基础单价高等

结构材料	一般对于同样功能的构件来说，构件的单价从高到低排序为：**钢结构**构件＞**钢筋混凝土**构件；**预制**钢筋混凝土构件＞**现浇**钢筋混凝土构件 **墙体** 砖运用在外墙略高于内墙，承重墙＞框架间墙 隔墙中:铝合金＞硬木半玻璃＞硬木＞石膏板 加气保温块比加气块贵，单价(元/m³)尺寸小的比尺寸大的贵
装饰材料	（1）对于饰面材料，一般**天然石材**的单价＞**人造石材**的单价；同样是天然石材，采用**干挂法**施工的单价＞采用**挂贴法**施工的单价。 （2）对于吊顶材料，采用**铝合金方板**吊顶的综合单价较高，**胶合板、纤维板、纸面石膏板**的综合单价较低 **饰面装修** 外墙面层中:金属板＞花岗岩＞大理石＞水泥砂浆 干挂＞湿贴，天然＞人造 保温材料中:泡沫玻璃板＞挤塑聚苯板=岩棉保温板＞酚醛树脂板 绒面软包＞弹性丙烯酸涂料＞装饰壁布＞防霉涂料 豆石混凝土＞水泥聚苯板＞聚乙烯泡沫塑料＞水泥砂浆 地面材料，采用**天然磨光大理石或花岗石**的地面综合单价较高，采用**预制水磨石、玻化砖、陶瓷锦砖、PVC 塑料块材**地面的综合单价较低。 **楼地层** 花岗岩地坪＞地砖地坪＞普通水磨石＞环氧树脂地坪 抛光通体砖＞白锦砖＞预制白水泥水磨石＞水泥花砖 钛合金不锈钢＞拼贴大理石面层＞石塑防滑地面＞陶瓷锦砖 钢结构＞混凝土 混凝土有梁板的＞平板的，C标号越高的越贵 吊顶面层:铝合金＞胶合板＞石膏板＞纤维板 铝合金龙骨价格＞轻钢龙骨价格，面积越小单价越高 **台阶做法：花岗石面＞地砖面＞剁斧石面＞水泥面**
其他材料	对于防水材料，**SBS 改性卷材**的价格较高，三毡四油、聚氨酯喷涂、氯丁橡胶卷材的价格较低 **门窗** 木窗工艺越简单价格越便宜 硬木镶板门＞半截玻璃木门＞多玻璃木门＞纤维板门 平开窗＞推拉窗，中空玻璃＞双层玻璃 同一种材料自由门＞平开门＞推拉门，平开窗＞固定窗 聚硫胶(气密性比较好，不易进空气)＞不干胶。厚的比薄的贵 **其他** 同口径管材单价无缝钢管最高 高强混凝土＞抗渗混凝土＞普通混凝土＞陶粒混凝土 玻璃钢水箱容积越大，单价越便宜

绿色建材	(1) 可**再循环**材料：钢材、铜材、铝合金型材、玻璃、石膏制品、木材。 (2) 可**再利用**材料：砌块、砖石、管材、板材、木地板、木制品、钢材、钢筋。 (3) **利废**材料：再生骨料工业废弃物、农作物秸秆、建筑垃圾、淤泥、制作的混凝土砌块、水泥制品和再生混凝土；脱硫石膏。利用废弃物，可以替代不可再生的天然资源，低能耗、无污染制造生产。 (4) 宜选用轻质混凝土、木结构、轻钢以及金属幕墙等**轻量化**建材。 (5) 使用**当地**生产材料，减少运输成本，500km 以内生产的建筑材料占比大【2020】

典型习题

8-26［2022（5）-22］柱径相同，按长度计价单价最高的是（   ）。

A. 灰土基础桩

B. 水泥粉煤灰碎石桩（CFG 桩）

C. 碎石灌注桩

D. 机械成孔 C40 钢筋混凝土灌注桩

答案：D

解析：机械成孔 C40 钢筋混凝土灌注桩单价最高。

8-27［2020-10］下列选项中，哪个材料价格更高？（   ）

A. 三毡四油

B. 聚氨酯喷涂

C. I 型 SBS 改性卷材

D. 氯丁橡胶卷材

答案：C

解析：SBS 改性卷材性能最好，价格最高。

8-28［2020-23］下列选项中，能体现可持续发展的是（   ）。

A. 选用高档材料

B. 使用当地大量出产的经济耐用材料

C. 选用业主喜欢的材料

D. 种植名贵树木

答案：B

解析：使用当地大量出产的经济耐用材料体现可持续发展。

第九章　工程项目投融资

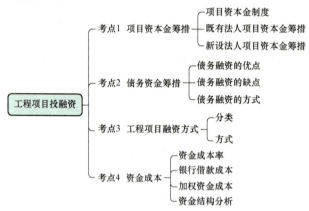

```
                                        ┌ 项目资本金制度
                    ┌ 考点1  项目资本金筹措 ┼ 既有法人项目资本金筹措
                    │                     └ 新设法人项目资本金筹措
                    │                     ┌ 债务融资的优点
                    │ 考点2  债务资金筹措 ┼ 债务融资的缺点
  ┌─────────────┐  │                     └ 债务融资的方式
  │ 工程项目投融资 ├──┤                     ┌ 分类
  └─────────────┘  │ 考点3  工程项目融资方式┤ 方式
                    │                     └
                    │                     ┌ 资金成本率
                    └ 考点4  资金成本      ┼ 银行借款成本
                                          ┤ 加权资金成本
                                          └ 资金结构分析
```

考　点	近5年考试分值统计					
	2024年	2023年	2022年 12月	2022年 5月	2021年	2020年
考点1　项目资本金筹措	1	2	0	0	0	0
考点2　债务资金筹措	0	0				
考点3　工程项目融资方式	0	0				
考点4　资金成本	1	0				
总　计	2	2	新大纲新增考点			

考点1：项目资本金筹措【★★】

项目资本金制度	项目建设的实施，需借助融资手段来筹集必要的建设资金。所谓的资金筹措方式，是指项目获取所需资金的具体途径和方法。 　　按照融资**主体**不同，项目的融资可分为**既有法人**融资和**新设法人**融资两种融资方式。【2023】 　　按照融资**性质**不同，项目的融资可分为**权益**融资和**债务**融资。权益融资形成项目的资本金，债务融资形成项目的债务资金。 　　按照融资**结构**不同，项目的融资可分为**传统**融资方式和**项目**融资方式
	项目资本金是指在建设项目所需的总投资中，由**投资者认缴**的出资额。【2023】 　　这笔资金**并非项目的债务资金**，投资者依据其出资比例享有合法权益，**有权转让**其出资份额，但**无权进行抽回**。【2024】 　　项目法人不必承担与资本金相关的任何利息或债务，因此没有按期偿还本金和支付利息的压力。股利的分配取决于项目投产后的运营状况，因此**项目法人的财务压力相对较小**。然而，由于股利是在税后利润中支付，不具备税收抵扣效应，并且发行费用较高，因此**资金成本相对较高**

106

项目资本金制度	对于投资项目资本金的出资形式，投资者可以选择**货币**出资，也可以选择**实物、工业产权、非专利技术、土地使用权**等作为出资。而投资者以货币形式认缴的资本金，其来源主要有以下几个方面： （1）各级政府的财政预算内资金、国家专项建设基金、基本建设基金的回收本息、土地批租收入、国有企业产权转让收入、地方政府的各类规费和其他预算外资金； （2）国家授权的投资机构及企业法人的所有者权益（如资本金、资本公积金、盈余公积金、未分配利润、股票上市收益等）、企业折旧资金以及投资者从资金市场上筹集的资金； （3）社会个人的合法资金； （4）国家规定的其他可用作投资项目资本金的资金
	凡资本金不落实的投资项目，一律不得开工建设。项目资本金（也称为项目权益资金）的来源和筹措方式会因融资主体的特性而有所不同。对于**既有法人**融资项目的新增资本金，可以通过原股东增资扩股、吸引新股东投资、发行股票、政府投资等方式进行筹措。而对于**新设法人**融资项目的资本金，则可以通过股东直接投资、发行股票、政府投资等方式进行筹措
内部资金来源	**（1）企业的现金。** 在企业的现金流中，有一部分资金可以被用于项目投资，这是企业资金运营的一个重要方面。 **（2）未来生产经营中获得的可用于项目的资金。** 在项目的建设阶段，企业通过其日常的生产经营活动会产生新的现金流。在扣除了生产经营相关的费用和其他必要的支出后，剩余的现金流可以被用于项目的投资活动。 **（3）企业资产变现。** 既有法人可以通过将其流动资产、长期投资或固定资产转化为现金的方式来获取资金，这些资金可以被用于新的项目投资。 **（4）企业产权转让。** 企业可以选择将其全部或部分产权转让给其他实体，以换取用于新项目投资的资本金
既有法人项目资本金筹措	**（1）企业增资扩股。** 企业可以通过两种方式实现增资扩股：一是原有股东增加资本投入，二是吸纳新的股东以增加资本投入。 **（2）发行优先股。** 优先股是一种混合了权益资金和债务资金特性的融资工具。它的特性在于，与普通股一样，它没有固定的偿还期限，也就是说，发行优先股无需偿还本金，但需要定期支付固定的股息，这个股息通常高于银行的贷款利率。在受偿顺序上，优先股通常排在其他债务之后。对于项目公司的其他债权人来说，优先股可以被视为项目资本金的一部分。然而，对于普通股股东来说，优先股具有优先受偿权，因此它在某种意义上可以被视为一种负债。优先股股东通常不参与公司的日常运营和决策，因此他们不拥有公司的控制权，这避免了普通股股东的控股权被稀释。由于优先股只需支付固定股息而无需偿还本金，这使得公司面临的偿债压力和风险得以降低。但是，优先股的融资成本相对较高，而且其支付的股息无法像债券利息那样在税前扣除。从不同的角度来看，优先股的性质也有所不同：对于普通股股东来说，它可以被看作是一种负债；而对于债权人来说，它可以被视为一种资本金。 **（3）国家预算内投资。** 利用国家预算资金对已经存在的法人企业进行固定资产投资的活动。这种投资方式是国家财政支持企业发展的重要手段之一

新设法人项目资本金筹措	新设法人项目资本金的筹措责任由新设法人承担。其形成方式主要有两种：一种方式在新法人成立之初，由发起人和投资人根据项目资本金的需求提供足额的资金，这通常以注册资本的形式进行注入；另一种方式则是新设法人通过资本市场进行融资以形成项目资本金。若在项目初期，最初的投资人或项目发起人设立的项目法人的资本金未能满足资本金比例的要求，该初期设立的项目法人需要进一步筹措资本金。主要的筹措方式如下： **（1）在资本市场募集股本资金。** 可以利用私募或公开募集的方式，在资本市场上进行股本资金的募集。 **（2）寻求合资合作伙伴。** 在资本投资市场上寻找新的投资者，由初期设立的项目法人与新的投资者通过合资、合作等多种形式，共同重新组建新的法人实体，以确保新设立的法人所拥有的资本能够满足项目资本金的投资额度要求。在此过程中，新设法人可能需要重新进行公司注册或进行变更登记

 典型习题

9-1 ［2024-18］资本金制度的规定，项目资本金（　　）。

A. 应以货币形式出资　　　　　　　　B. 先于负债受偿

C. 可以合理的方式抽回　　　　　　　D. 属于非债务性资金

答案：D

解析：项目资本金属于非债务性资金，股利从税后利润中支付，可以用货币出资，也可以用实物、工业产权、非专利技术、土地使用权作价出资，不得抽回。

9-2 ［2023-14］根据项目资本金筹措主体的不同，筹措方式可以分为（　　）。

A. 内部融资和外部融资　　　　　　　B. 既有法人和新设法人融资

C. 企业自由资金和企业债券　　　　　D. 公募资金和私募资金

答案：B

解析：按照融资主体不同，项目的融资可分为既有法人融资和新设法人融资两种融资方式。

9-3 ［2023-15］关于项目资本金的说法，正确的是（　　）。

A. 项目资本金是在项目总投资中由投资者认缴的权益资金出资额

B. 对项目来说，项目资本金是债务性资金

C. 项目法人需承担项目资本金的利息

D. 投资者在任何时间都可以抽回项目资本金

答案：A

解析：项目资本金是指在建设项目总投资中，由投资者认缴的出资额。项目资本金对项目来说是非债务资金，投资者按出资比例依法享有所有者权益，可转让其出资，但不得抽回。项目法人不承担资本金的任何利息和债务，没有按期还本付息的压力。

考点2：债务资金筹措

债务融资的优点	**（1）筹资速度快。** 与其他融资方式相较，债务融资的过程较为简洁，资金的迅速到位也是其显著特点。 **（2）可降低融资的加权平均资金成本。** 债务融资的资本成本通常低于权益资本融资，同时，通过债务融资，企业实际负担的债务利息往往低于其向投资者支付的股息，从而有助于降低整体的资本成本。

债务融资的优点		(3) **给投资者"财务杠杆效应"。** 当投资项目的资产总收益率大于债务融资的利率时，债务融资能提升投资者的收益率。由于债权人只收取固定的利息，当企业的盈利水平较高时，更多的收益可以分配给股东或用于企业的进一步扩展。 (4) **有利于保障投资者对企业的控制权。** 债务融资并不具有股权稀释的效果，通常债务人无法参与企业的日常管理和决策，既无表决权，也不享有企业的利润和留存收益，这在一定程度上有利于现有股东维持对企业的掌控
债务融资的缺点		(1) **可能产生财务杠杆负效应，加大企业的支付风险。** 债券持有者有权按期收回本金和利息，这就要求企业进行债务融资的项目必须能产生足够的收益以覆盖资金成本，否则，企业可能面临无法按时偿还债务的风险，即所谓的财务杠杆负效应。 (2) **增加企业的经营成本，影响资金的周转。** 债务融资产生的利息增加了企业的经营成本，如果债务集中到期，企业可能需要筹集大量资金进行偿还，这在短期内可能会影响企业的资金流动性和正常运营。 (3) **过度负债会降低企业的再筹资能力，甚至会危及企业的生存能力。** 过高的债务水平会使企业面临巨大的偿还压力，任何经营上的风吹草动都可能导致企业资金链的断裂，甚至引发破产。此外，企业财务风险和破产风险的上升也可能推高其债务成本和权益资本成本，进而增加整体的资本成本。 (4) **经营灵活性降低。** 为了保障贷款的安全性，银行通常会在贷款合同中设置一些限制性条款，这些条款可能会对企业的资金使用和调配产生一定的约束，从而影响其经营的灵活性
债务融资的方式	**信贷方式融资**	与其他形式的长期负债融资相比，长期信贷融资具有**更迅速的筹资速度和更简洁的手续**。其融资**成本相对适中**，通常低于融资租赁的成本，虽然略高于发行债券的利率（但政策性银行和外国政府贷款的利率较低），并且附加费用较少。银行贷款的**来源也相当可靠**，违约和停止放贷的风险较小。在目前我国的资本融资市场中，**银行贷款**是项目融资的主要资金来源
		以下是几种主要的长期信贷融资方式： (1) **商业银行贷款。** 商业银行贷款可根据贷款期限分为短期（1年以内）、中期（1～3年）和长期（3年以上）贷款。通常，商业银行的贷款期限不会超过10年，超过此期限则需要向中央人民银行进行备案。在国内，商业银行的贷款利率受到人民银行的调控，可以在基准利率的基础上进行一定幅度的上下浮动。由于手续相对简单和成本较低，商业银行贷款适用于有偿债能力的项目。 (2) **政策性银行贷款。** 国家政策性银行针对某些特定的生产、基础设施建设项目提供贷款。这些贷款通常具有较长的期限和较低的利率。 (3) **外国政府贷款。** 外国政府贷款在经济上具有援助性质，通常期限长、利率低。但是，它们通常带有一些限制性条件，例如必须购买贷款国的设备（可能价格较高）。

债务融资的方式	信贷方式融资	**(4) 国际金融组织贷款。** 国际金融组织，如国际货币基金组织、世界银行、亚洲开发银行等，提供贷款给符合其贷款政策的项目。这些组织有自己的贷款政策和条件，只有他们认为应当支持的项目才能获得贷款。 **(5) 出口信贷。** 出口信贷是设备出口国政府为了促进本国设备的出口，鼓励本国银行向本国出口商或外国进口商（或进口方银行）提供的贷款。这种贷款的使用条件是需要购买贷款国的设备，其利率通常低于国际商业银行的利率，但需要支付一定的附加费用（如管理费、承诺费、信贷保险费等）。 **(6) 银团贷款。** 银团贷款涉及多家银行组成的集团，其中一家或几家银行牵头，采用同一贷款协议，按照共同约定的贷款计划向借款人提供贷款。这种方式主要适用于需要大量资金且偿债能力较强的项目
	债券方式融资	债券融资是项目法人依据自身的资信状况和财务状况，通过发行企业债券来筹集资金的一种方式。债券是债务人为了筹集资金而发行的一种约定在一定期限内偿还本金并支付利息的有价证券。这构成了一种直接融资方式，可以从资金市场直接获取资金，而且其资金成本通常应低于通过银行借款的成本。除了常规的企业债券融资，还存在可转换债券融资这一形式
		(1) 企业债券。 企业债券融资是一种直接从资本市场获取资金的融资方式，其资金成本（即利率）通常应低于从银行借款的成本。为了发行企业债券，一般需要获取债券资信等级的评级，并经过相关监管机构的批准。 **(2) 可转换债券。** 可转换债券是企业发行的一种具有债券和股票特性的特殊类型债券。它兼具债权性、股权性和可转换性三个特性。在特定的期限内，可转换债的持有人有权选择将债券转换为公司的股权，或者选择兑换本金和利息。与一般的企业债券相比，可转换债券的发行条件类似，但由于附加了可以转换为股权的权利，其利率通常较低。对于债权人来说，可转换债券并不能视为公司的资本金融资。在项目评估中，应将优先股视为项目资本金，而可转换债券则视为项目债务资金。同时，可转换债券和优先股都属于准股本资金，这是一种既具有资本金性质又具有债务资金性质的资金
	租赁方式融资	租赁主要可分为融资租赁与经营租赁两大类。当租赁被作为一种融资手段时，所指的主要是融资租赁。融资租赁，又称金融租赁或资本租赁，是一种融资信用业务，其中出租人根据承租人的要求出资购买设备，并在一段较长的合同期内将其提供给承租人使用。这种租赁的主要目的是融资。 在出租人按承租人的要求购买设备后，出租人通过租赁方式将租赁物租给承租人。承租人通过支付租金获得租赁物的使用权，并负责在试用期间进行维护和保养。在租赁期间，租赁物的所有权仍归出租人所有。当租赁期满时，承租人有权选择将租赁物退还给出租人，或者选择续租，或者以一定价格购买租赁物。 融资租赁的主要特点包括租赁期限较长（按照国际惯例，期限通常超过设备经济寿命的 75% ）以及承租人的主要目的是融资

考点 3：工程项目融资方式

项目融资	根据融资结构的不同，融资方式可以被归类为**传统**融资方式和**项目**融资方式两大类。前述考点所述的融资方式属于传统融资方式的范畴，它是投资项目的企业利用其自身的资信能力为主体安排的融资，投资者将企业与该项目作为整体，根据其盈利前景、资产负债等情况决定是否进行投资。**项目融资**的偿还债务的资金来源主要依赖于项目本身良好的经营状况和投入使用后的现金流量，而不是以企业信用和项目资产作为担保获得贷款，也不是以企业的其他资产作为借款的抵押。 对于诸多投资巨大的**公共基础设施、市政设施、提供公共产品和服务的设施**等通常由政府投资的项目，一些创新性的项目融资方式能够通过引入社会资本，扩展工程项目的资金来源、提高政府投资效益以及降低投资风险
BOT 方式	BOT（Build‐Operate‐Transfer，即**建设‐运营‐移交**）是政府吸引社会资本参与基础设施建设的一种融资方式，主要应用于**具有稳定收入的公共基础设施项目**。政府部门通过为项目建设和经营提供一种特许权协议，在规定的期限内，将项目特许权授予该项目设立的项目公司。项目公司作为项目的投资者和经营者负责融资、建设、经营和维护，并通过经营项目获取商业利润。特许期满后，项目将根据协议转让给政府部门。BOT 是一类项目融资方式的总称，主要包括标准 BOT、BOOT（建设‐拥有‐经营‐移交）和 BOO（建设‐拥有‐经营）三种基本形式
ABS 方式	ABS（Asset‐Backed Security，即**资产证券化**）是一种以拟建项目资产为基础、以项目未来收益为保证的融资方式，通过在资本市场发行债券来筹集资金
TOT 方式	TOT（Transfer‐Operate‐Transfer，即**转让‐运营‐移交**）是指政府将有偿转让存量资产所有权给社会资本或项目公司，并由其负责运营、维护和用户服务。合同期满后，资产及其所有权等将移交给政府。这种方式是用社会资本购买项目资产的经营权，购买者在约定的时间内通过经营该资产收回投资并获得合理的利润后，再将项目无偿移交给原产权所有人的一种融资方式
PFI 方式	PFI（Private Finance Initiative，即**私人主动融资**）是一种由私营企业进行项目的建设运营，并从政府方或接受服务方收取费用的融资方式，以回收成本。运营期满后，所运营的项目将归还给政府。与 BOT 相比，这种融资方式的适用范围更广泛，能够缓解政府的资金压力并提高项目投资建设效率
PPP 方式	PPP（Public‐Private Partnership，即**政府和社会资本合作**模式）泛指公共部门与私营部门为提供公共产品或服务而建立的长期合作关系。可以将 PPP 认定为政府与企业长期合作的一系列方式的统称，包含 BOT、BOO、TOT 等多种方式。这种模式适用于投资规模较大、需求长期稳定、价格调整机制灵活、市场化程度较高的基础设施及公共服务类项目。政府和社会资本合作项目可以由政府或社会资本发起，以政府发起为主

考点 4：资金成本

资金成本率	资金成本是工程项目建设在**筹集**和**使用**资金过程中所产生的成本，由**资金筹集费用**和**资金占用费用**两部分构成。【2024】 具体地说，资金成本等于这两部分费用之和。资金筹集费用主要涵盖了在筹集资金阶段所产生的各项费用，例如律师咨询费、证券印刷费、发行手续费、资信评估费、公证费和担保费等。这些费用通常是在筹集资金时**一次性产生的**。另外，资金占用费用则是指在使用资金的过程中，需要向资金提供者支付的费用，包括但不限于借款利息、债券利息、优先股股息和普通股股息等 为了便于分析比较，资金成本通常用百分数表示，即资金成本率。

资金成本率	若不考虑资金的时间价值，资金成本可按下式计算：$$K = \frac{D}{I-C} = \frac{D}{I(1-f)}$$ 式中 K——资金成本率； 　　D——资金占用费； 　　I——筹集资金总额； 　　C——筹集费； 　　f——筹资费率
银行借款成本	借贷及债券等融资方式所涉及的融资费用和利息支出均在税前扣除，这为股权投资者带来了所得税抵扣的益处，通过所得税调整后资金成本可通过下式进行计算： **所得税后资金成本＝所得税前资金成本×（1－所得税税率）** 　　借款成本主要由利息支出构成，尽管在筹资过程中可能产生一些其他费用，但这些费用通常较少，在进行财务评估时可以选择忽略。由于利息在所得税前支付，这可以减少一部分所得税。借款资金成本的具体计算公式为：$$K_e = R_e(1-T)$$ 式中 K_e——借款成本； 　　R_e——借款利率； 　　T——所得税税率
加权资金成本	项目的资金来源众多，各种资金成本往往存在差异。在进行项目评价时，为了全面考量融资方案的资金成本，需要计算一个综合资金成本。这通常通过各种资金在总资金的占比为权重，对各个资金成本进行加权计算，即加权平均资金成本。其计算公式为：$$K_w = \sum_{t=1}^{n} K_t W_t$$ 式中 K_w——加权平均资金成本； 　　K_t——第 t 种融资的资金成本； 　　W_t——第 t 种融资金额占总融资金额的比重，有 $\sum W_t = 1$
资金结构分析	在融资方案设计的优化过程中，项目资金结构的分析占据重要地位。所谓的资金结构，也被称为资本结构，是指项目融资方案中各类资金来源的构成及其之间的比例关系。项目的资金结构涵盖了资本金的形式、债务资金的形式、各类资金所占的比例、各类资金来源、资本金的结构以及债务资金的结构。特别值得注意的是，项目资本金与债务资金之间的比例被视为一个基础比例。 　　在项目的总投资和投资风险保持一定的情况下，如果资本金的占比较高，那就意味着权益投资人投入的资金较多，他们承担的风险也相对较高，而提供债务资金的债权人则承担较低的风险。相反，如果资本金的占比较低，权益投资人就能以较少的资本金获得更多的债务资金，这对他们是有利的。但是这也意味着提供债务资金的债权人承担的风险增大，权益投资人获得债务资金的难度也随之增加。因此，一个合理的资金结构应当是由各参与方在利益之间取得平衡后所决定的

 典型习题

9-4［2024-19］资金成本一般包括资金筹集成本和（　　）。

A. 资金使用成本　　　　B. 资信评估费用　　　　C. 规费　　　　D. 担保费

答案： A

解析： 资金成本一般包括资金筹集成本和资金使用成本。

B 施工质量验收

第十章 施工质量验收标准

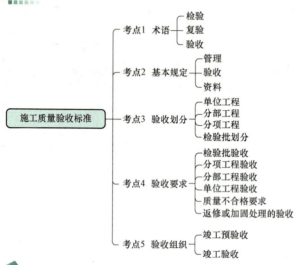

考 点	近 5 年考试分值统计					
	2024 年	2023 年	2022 年 12 月	2022 年 5 月	2021 年	2020 年
考点 1　术语	0	0	0	0	0	0
考点 2　基本规定	2	3				
考点 3　验收划分	1	1				
考点 4　验收要求	0	1				
考点 5　验收组织	3	1				
总　计	6	6	新大纲新增考点			

注：1. 本节所列标准如无特殊说明，均出自《建筑工程施工质量验收统一标准》（GB 50300—2013），因《建筑与市政工程施工质量控制通用规范》（GB 55032—2022）在 2023 年 3 月 1 日实施，相关强制性条文废止。

2. 近几年的题目偏向实用性与灵活性，考生在复习时切不可死记硬背。

3. 本节为新大纲新增考点，虽然只有 2023～2024 年少量真题，但非常重要。

考点 1：术语

检验	2.0.2　对被检验项目的特征、性能进行量测、检查、试验等，并将结果与标准规定的要求进行比较，以确定项目每项性能是否合格的活动
进场检验	2.0.3　对进入施工现场的**建筑材料、构配件、设备及器具**，按相关标准的要求进行检验，并对其质量、规格及型号等是否符合要求作出确认的活动
见证检验	2.0.4　**施工单位**在工程**监理单位或建设单位**的见证下，按照有关规定从施工现场随机抽取试样，送至具备相应资质的检测机构进行检验的活动
复验	2.0.5　建筑材料、设备等进入施工现场后，**在外观质量检查**和**质量证明文件**核查符合要求的基础上，按照有关规定从施工现场抽取试样送至试验室进行检验的活动
检验批	2.0.6　按相同的生产条件或按规定的方式汇总起来供抽样检验用的，由一定数量样本组成的检验体

114

验收	2.0.7　建筑工程质量在施工单位自行检查合格的基础上，由工程质量验收责任方组织，工程建设相关单位参加，对**检验批、分项、分部、单位工程及其隐蔽工程**的质量进行抽样检验，对技术文件进行审核，并根据**设计文件**和**相关标准**以书面形式对工程质量是否达到合格作出确认
主控项目	2.0.8　建筑工程中对**安全、节能、环境保护和主要使用功能**起决定性作用的检验项目
一般项目	2.0.9　除主控项目以外的检验项目
观感质量	2.0.15　通过观察和必要的测试所反映的工程外在质量和功能状态

考点 2：基本规定【★★★★】

质量管理	3.0.1　施工现场应具有**健全的质量管理体系**、相应的**施工技术标准、施工质量检验制度**和**综合施工质量水平评定考核制度**【2023】
监理职责	《建筑与市政工程施工质量控制通用规范》（GB 55032—2022）相关规定。 2.0.8　实行监理的工程项目，施工前应编制**监理规划**和**监理实施细则**，并应按规定程序审批，当需变更时应按原审批程序办理变更手续。 2.0.9　未实行监理的工程项目，**建设单位**应成立专门机构或委托具备相应质量管理能力的单位独立履行监理职责
质量控制	3.0.3　建筑工程的施工质量控制应符合下列规定：【2024】 1 建筑工程采用的主要材料、半成品、成品、建筑构配件、器具和设备应进行进场检验。凡涉及**安全、节能、环境保护和主要使用功能**的重要材料、产品，应按各专业工程**施工规范、验收规范和设计文件**等规定进行复验，并应经**监理工程师**检查认可； 2 各施工工序应按施工技术标准进行质量控制，每道施工工序完成后，经**施工单位自检**符合规定后，才能进行下道工序施工。各专业工种之间的相关工序应进行**交接检验**，并应记录； 3 对于监理单位提出检查要求的**重要工序**，应经**监理工程师**检查认可，才能进行下道工序施工
调整抽样数量	3.0.4　符合下列条件之一时，可按相关专业验收规范的规定适当调整抽样复验、试验数量，调整后的抽样复验、试验方案应由施工单位编制，并报监理单位审核确认。 1 同一项目中由相同施工单位施工的多个单位工程，使用**同一生产厂家**的同品种、同规格、同批次的材料、构配件、设备； 2 同一施工单位在**现场加工**的成品、半成品、构配件用于同一项目中的多个单位工程； 3 在同一项目中，针对同一抽样对象已有检验成果**可以重复利用**
建设单位责任	3.0.5　当专业验收规范对工程中的验收项目未作出相应规定时，应由**建设单位**组织**监理、设计、施工**等相关单位制定专项验收要求。涉及安全、节能、环境保护等项目的专项验收要求应由建设单位组织专家论证
质量验收	3.0.6　建筑工程施工质量应按下列要求进行验收：【2023】 1 工程质量验收均应在施工单位**自检合格**的基础上进行； 2 参加工程施工质量验收的各方人员应具备相应的资格； 3 检验批的质量应按**主控**项目和**一般**项目验收； 4 对涉及结构安全、节能、环境保护和主要使用功能的试块、试件及材料，应在进场时或施工中按规定进行**见证检验**； 5 **隐蔽工程**在隐蔽前应由施工单位通知监理单位进行验收，并应形成验收文件，验收合格后方可继续施工； 6 对涉及结构安全、节能、环境保护和使用功能的重要分部工程，应在验收前按规定进行**抽样检验**； 7 工程的观感质量应由验收人员**现场检查**，并应共同确认

验收合格	3.0.7 建筑工程施工质量验收合格应符合下列规定： 1 符合**工程勘察、设计文件**的要求； 2 符合**本标准**和相关专业**验收规范**的规定
抽样方案	3.0.8 检验批的质量检验，可根据检验项目的特点在下列抽样方案中选取：【2024，2023】 1 **计量、计数**或**计量—计数**的抽样方案； 2 一次、二次或多次抽样方案； 3 对重要的检验项目，当有**简易快速**的检验方法时，选用**全数**检验方案； 4 根据生产连续性和生产控制稳定性情况，采用**调整型**抽样方案； 5 经**实践**证明有效的抽样方案
信息公示	《建筑与市政工程施工质量控制通用规范》(GB 55032—2022) 4.1.3 应建立工程质量信息公示制度。工程竣工验收合格后，**建设单位**应在建（构）筑物的明显位置设置有关工程质量责任主体的永久性标牌
资料形成	《建筑与市政工程施工质量控制通用规范》(GB 55032—2022) 4.1.4 工程资料文件的形成和积累应纳入工程建设管理的各个环节和有关人员的职责范围，全面反映工程建设活动和工程实际情况。工程资料文件应随工程建设进度**同步**形成
工程资料归档	《建筑与市政工程施工质量控制通用规范》(GB 55032—2022) 4.1.5 工程资料归档应符合下列规定： 1 **勘察、设计、施工、监理**等单位应将本单位形成的工程文件立卷后向**建设单位**移交； 2 工程竣工验收备案前，**建设单位**应根据工程类别和当地城建档案管理机构的要求，将全部工程文件收集齐全、整理立卷，向**城建档案管理机构**移交

 典型习题

10-1 [2024-21] 关于建筑工程施工质量控制的说法，正确的是（　　）。

A. 采用的原材料应进行进场检验合格，并应经建设单位负责人检查认可

B. 涉及节能的重要材料，应按有关规定进行复验，并经监理工程师检查认可

C. 每道施工工序完成后，经施工单位自检合格，并经监理工程师检查认可

D. 对于重要工序，经监理工程师检查合格，并应报请工程质量监督机构检查认可

答案： B

解析： 参见考点2中"质量控制"相关规定，凡涉及安全、节能、环境保护和主要使用功能的重要材料、产品，应按各专业工程施工规范、验收规范和设计文件等规定进行复验，并应经监理工程师检查认可。

10-2 [2024-23] 工程质量检验的抽样采用计量-计数的抽样方案时，适用于（　　）。

A. 分部工程　　　　B. 分项工程　　　　C. 检验批　　　　D. 零星工程

答案： C

解析： 参见考点2中"抽样方案"相关规定，检验批的质量检验，可根据检验项目的特点选择计量-计数的抽样方案。

10-3 [2023-21] 针对建设工程施工现场质量管理的要求不包括（　　）。

A. 相应的施工技术标准　　　　　　B. 施工质量检验制度

C. 健全的质量管理体系　　　　　　D. 设计质量评审制度

答案：D

解析：参见考点 2 中"质量管理"相关规定，施工现场应具有健全的质量管理体系、相应的施工技术标准、施工质量检验制度和综合施工质量水平评定考核制度。

10-4［2023-22］关于检验质量抽样方案正确的是（　　）。

A. 可采用计量、计数或计量-计数的抽样方案

B. 可采用经过理论研究证明有效的抽样方案

C. 对重要的检验项目的，应采用全数抽样检验

D. 不得采用调整型抽样方案

答案：A

解析：参见考点 2 中"抽样方案"相关规定，经实践证明有效的抽样方案，选项 B 错误；对重要的检验项目，当有简易快速的检验方法时，选用全数检验方案，选项 C 错误；根据生产连续性和生产控制稳定性情况，采用调整型抽样方案，选项 D 错误。

10-5［2023-24］关于建筑工程质量验收要求说法正确的是（　　）。

A. 对建设单位参加验收的人员无相应资格要求

B. 检验批质量验收应按主控项目和允许偏差项目验收

C. 验收应在施工单位自检合格基础上进行

D. 工程的观感质量应由验收人员检查并由设计单位确认

答案：C

解析：参见考点 2 中"质量验收"相关规定，参加工程施工质量验收的各方人员应具备相应的资格，选项 A 错误；检验批的质量应按主控项目和一般项目验收，选项 B 错误；工程的观感质量应由验收人员现场检查并应共同确认，选项 D 错误。

考点 3：验收划分【★★】

划分	《建筑与市政工程施工质量控制通用规范》（GB 55032—2022）4.1.1　施工质量验收应包括**单位**工程、**分部**工程、**分项**工程和**检验批**施工质量验收，并应符合下列规定：【2024，2023】 　　1 检验批应根据施工组织、质量控制和专业验收需要，按**工程量**、**楼层**、**施工段**划分，检验批抽样数量应符合有关专业验收标准的规定； 　　2 分项工程应根据**工种**、**材料**、**施工工艺**、**设备类别**划分； 　　3 分部工程应根据**专业性质**、**工程部位**划分； 　　4 单位工程应为具备**独立使用功能**的建筑物或构筑物；对市政道路、桥梁、管道、轨道交通、综合管廊等，应根据合同段，并结合使用功能划分单位工程
单位工程划分	4.0.2　单位工程应按下列原则划分： 　　1 具备**独立施工条件**并能形成**独立使用功能**的建筑物或构筑物为一个单位工程； 　　2 对于规模较大的单位工程，可将其能形成独立使用功能的部分划分为一个子单位工程
分部工程划分	4.0.3　分部工程应按下列原则划分： 　　1 可按**专业性质**、**工程部位**确定； 　　2 当分部工程较大或较复杂时，可按**材料种类**、**施工特点**、**施工程序**、**专业系统**及类别将分部工程划分为若干子分部工程
分项工程划分	4.0.4　分项工程可按**主要工种**、**材料**、**施工工艺**、**设备类别**进行划分

检验批划分	4.0.5　检验批可根据施工、质量控制和专业验收的需要，按**工程量、楼层、施工段、变形缝**进行划分
划分方案	《建筑与市政工程施工质量控制通用规范》（GB 55032—2022）4.1.2　施工前，应由**施工单位**制定单位工程、分部工程、分项工程和检验批的划分方案，并应由**监理单位**审核通过后实施。施工现场情况与附录不同时，应按实际情况进行分部工程、分项工程和检验批划分，**由建设单位**组织监理单位、施工单位共同确定
建筑工程的划分	建筑工程的分部工程、分项工程划分见表 10 - 1。

表 10 - 1　　　　建筑工程的分部工程、分项工程划分

序号	分部工程	子分部工程	分项工程
1	地基与基础	地基	素土、灰土地基，砂和砂石地基，土工合成材料地基，粉煤灰地基，强夯地基，注浆地基，预压地基，砂石桩复合地基，高压旋喷注浆地基，水泥土搅拌桩地基，土和灰土挤密桩复合地基，水泥粉煤灰碎石桩复合地基，夯实水泥土桩复合地基
		基础	无筋扩展基础，钢筋混凝土扩展基础，筏形与箱形基础，钢结构基础，钢管混凝土结构基础，型钢混凝土结构基础，钢筋混凝土预制桩基础，泥浆护壁成孔灌注桩基础，干作业成孔桩基础，长螺旋钻孔压灌桩基础，沉管灌注桩基础，钢桩基础，锚杆静压桩基础，岩石锚杆基础，沉井与沉箱基础
		基坑支护	灌注桩排桩围护墙，板桩围护墙，咬合桩围护墙，型钢水泥土搅拌墙，土钉墙，地下连续墙，水泥土重力式挡墙，内支撑，锚杆，与主体结构相结合的基坑支护
		地下水控制	降水与排水，回灌
		土方	土方开挖，土方回填，场地平整
		边坡	喷锚支护，挡土墙，边坡开挖
		地下防水	**主体结构防水，细部构造防水，特殊施工法结构防水，排水，注浆**
2	主体结构	**混凝土结构**	**模板，钢筋，混凝土，预应力，现浇结构，装配式结构**
		砌体结构	**砖砌体，混凝土小型空心砌块砌体，石砌体，配筋砌体，填充墙砌体**
		钢结构	钢结构焊接，紧固件连接，钢零部件加工，钢构件组装及预拼装，单层钢结构安装，多层及高层钢结构安装，钢管结构安装，预应力钢索和膜结构，压型金属板，防腐涂料涂装，防火涂料涂装
		钢管混凝土结构	构件现场拼装，构件安装，钢管焊接，构件连接，钢管内钢筋骨架，混凝土
		型钢混凝土结构	型钢焊接，紧固件连接，型钢与钢筋连接，型钢构件组装及预拼装，型钢安装，模板，混凝土
		铝合金结构	铝合金焊接，紧固件连接，铝合金零部件加工，铝合金构件组装，铝合金构件预拼装，铝合金框架结构安装，铝合金空间网格结构安装，铝合金面板，铝合金幕墙结构安装，防腐处理
		木结构	方木与原木结构，胶合木结构，轻型木结构，木结构的防护

	序号	分部工程	子分部工程	分项工程
建筑工程的划分	3	建筑装饰装修	建筑地面	基层铺设，整体面层铺设，板块面层铺设，木、竹面层铺设
			抹灰	一般抹灰，保温层薄抹灰，装饰抹灰，清水砌体勾缝
			外墙防水	外墙砂浆防水，涂膜防水，透气膜防水
			门窗	木门窗安装，金属门窗安装，塑料门窗安装，特种门安装，门窗玻璃安装
			吊顶	整体面层吊顶，板块面层吊顶，格栅吊顶
			轻质隔墙	板材隔墙，骨架隔墙，活动隔墙，玻璃隔墙
			饰面板	石板安装，陶瓷板安装，木板安装，金属板安装，塑料板安装
			饰面砖	外墙饰面砖粘贴，内墙饰面砖粘贴
			幕墙	玻璃幕墙安装，金属幕墙安装，石材幕墙安装，陶板幕墙安装
			涂饰	水性涂料涂饰，溶剂型涂料涂饰，美术涂饰
			裱糊与软包	裱糊，软包
			细部	橱柜制作与安装。窗帘盒和窗台板制作与安装，门窗套制作与安装，护栏和扶手制作与安装，花饰制作与安装
	4	屋面	基层与保护	找坡层和找平层，隔汽层，隔离层，保护层
			保温与隔热	板状材料保温层，纤维材料保温层，喷涂硬泡聚氨酯保温层，现浇泡沫混凝土保温层，种植隔热层，架空隔热层，蓄水隔热层
			防水与密封	**卷材防水层，涂膜防水层，复合防水层，接缝密封防水**
			瓦面与板面	烧结瓦和混凝土瓦铺装，沥青瓦铺装，金属板铺装，玻璃采光顶铺装
			细部构造	檐口，檐沟和天沟，女儿墙和山墙，水落口，变形缝，伸出屋面管道，屋面出入口，反梁过水孔，设施基座，屋脊，屋顶窗

室外工程的划分

室外工程的单位工程、子单位工程和分部工程划分见表 10-2。

表 10-2　室外工程的单位工程、子单位工程和分部工程划分

单位工程	子单位工程	分部工程
室外设施	道路	路基，基层，面层，广场与停车场，人行道，人行室外设施地道，挡土墙，附属构筑物
	边坡	土石方，挡土墙，支护
附属建筑及室外环境	附属建筑	车棚，围墙，大门，挡土墙
	室外环境	建筑小品，亭台，水景，连廊，花坛，场坪绿化，景观桥

 典型习题

10-6［2024-22］建筑工程分项工程划分的主要依据是（　　　）。

A. 主要工种　　　　B. 工程量　　　　C. 工程部位　　　　D. 施工段

答案：A

解析：参见考点 3 中"分项工程划分"相关规定，分项工程可按主要工种、材料、施工工艺、设备类别进行划分。

10-7 [2023-23] 建筑工程质量验收划分方式不包括（   ）。

A. 单位工程　　　　　　B. 分部工程　　　　　　C. 分项工程　　　　　　D. 分段工程

答案： D

解析： 参见考点 3 中"划分"相关规定，包括单位工程、分部工程、分项工程和检验批。

考点 4：验收要求【★★】

检验批 验收	《建筑与市政工程施工质量控制通用规范》（GB 55032—2022）相关规定。 4.2.2　检验批质量应按**主控**项目和**一般**项目验收，并应符合下列规定： 　1 **主控**项目和**一般**项目的确定应符合国家现行强制性工程建设规范和现行相关标准的规定； 　2 **主控**项目的质量经抽样检验应全部合格； 　3 **一般**项目的质量应符合国家现行相关标准的规定； 　4 应具有完整的施工操作依据和质量验收记录。 4.2.3　当检验批施工质量不符合验收标准时，应按下列规定进行处理： 　1 经**返工或返修**的检验批，应**重新**进行验收； 　2 经**有资质**的检测机构检测能够**达到**设计要求的检验批，应**予以**验收； 　3 经**有资质**的检测机构检测**达不到**设计要求，但经**原设计单位核算认可**能够满足安全和使用功能的检验批，应**予以**验收
分项工程 验收	《建筑与市政工程施工质量控制通用规范》（GB 55032—2022）4.2.4　分项工程质量验收合格应符合下列规定： 　1 所含检验批的质量应**验收合格**； 　2 所含检验批的质量验收记录应**完整、真实**
分部工程 验收	《建筑与市政工程施工质量控制通用规范》（GB 55032—2022）4.2.5　分部工程质量验收合格应符合下列规定： 　1 所含分项工程的质量应**验收合格**； 　2 质量控制资料应完整、**真实**； 　3 有关安全、节能、环境保护和主要使用功能的**抽样**检验结果应符合要求； 　4 **观感质量**应符合要求
单位工程 验收	《建筑与市政工程施工质量控制通用规范》（GB 55032—2022）4.2.6　单位工程质量验收合格应符合下列规定： 　1 所含分部工程的质量应**全部**验收合格； 　2 质量控制资料应完整、**真实**； 　3 所含分部工程中有关安全、节能、环境保护和主要使用功能的检验资料应完整； 　4 主要使用功能的抽查结果应符合国家现行强制性工程建设规范的规定； 　5 观感质量应符合要求
质量不符合 要求	5.0.6　当建筑工程施工质量不符合要求时，应按下列规定进行处理： 　1 经返工或返修的检验批，应**重新**进行验收； 　2 经有资质的检测机构检测鉴定能够达到设计要求的检验批，应**予以**验收； 　3 经有资质的检测机构检测鉴定达不到设计要求、但经原设计单位核算认可能够满足安全和使用功能的检验批，**可予以**验收； 　4 经返修或加固处理的分项、分部工程，满足安全及使用功能要求时，可按技术处理方案和协商文件的要求**予以**验收

资料缺失	5.0.7　工程质量控制资料应齐全完整。当部分资料缺失时，应委托有资质的检测机构按有关标准进行相应的**实体检验**或**抽样试验**【2023】
返修或加固处理的验收	《建筑与市政工程施工质量控制通用规范》（GB 55032—2022）相关规定。 4.2.7　当经返修或加固处理的分项工程、分部工程，确认能够满足安全及使用功能要求时，应按技术处理方案和协商文件的要求予以验收。 4.2.8　经返修或加固处理仍不能满足安全或重要使用功能要求的分部工程及单位工程，严禁验收

 **典型习题**

10 - 8［2023 - 25］关于建筑工程中单位工程施工质量验收的说法，正确的是（　　　）。

A. 所含分部工程的质量可抽样检查

B. 主要使用功能应全数检查

C. 检测达不到设计要求，经设计单位确认认可，仍不得验收

D. 工程质量控制资料有缺失时，应有相应资格的检测单位进行实体检验

答案：D

解析：参见考点 4 中"单位工程验收""质量不符合要求""资料缺失"相关规定，所含分项工程的质量均应验收合格，选项 A 错误；主要使用功能的抽查结果应符合相关专业验收规范的规定，选项 B 错误；经有资质的检测机构检测鉴定达不到设计要求、但经原设计单位核算认可能够满足安全和使用功能的检验批，可予以验收，选项 C 错误。

考点 5：验收组织【★★】

检验批验收	《建筑与市政工程施工质量控制通用规范》（GB 55032—2022）4.3.1　检验批应由**专业监理工程师**组织施工单位项目**专业质量检查员、专业工长**等进行验收
分项工程验收	《建筑与市政工程施工质量控制通用规范》（GB 55032—2022）4.3.2　分项工程应由**专业监理工程师**组织施工单位项目**专业技术负责人**等进行验收
分部工程验收	《建筑与市政工程施工质量控制通用规范》（GB 55032—2022）4.3.3　分部工程应由**总监理工程师**组织施工单位**项目负责人**和**项目技术负责人**等进行验收。**勘察、设计**单位项目负责人和**施工**单位技术、质量部门负责人应参加**地基与基础**分部工程的验收，**设计**单位项目负责人和**施工**单位技术、质量部门负责人应参加**主体结构、节能**分部工程的验收【2024】
分包工程验收	6.0.4　单位工程中的分包工程完工后，分包单位应对所承包的工程项目进行自检，并应按本标准规定的程序进行验收。验收时，**总包单位**应派人参加。分包单位应将所分包工程的质量控制资料整理完整，并移交给总包单位【2024】

竣工预验收	6.0.5　单位工程完工后，施工单位应组织有关人员进行自检。**总监理工程师**应组织各专业监理工程师对工程质量进行**竣工预验收**。存在施工质量问题时，应由施工单位整改。整改完毕后，由**施工**单位向**建设**单位提交工程竣工报告，申请工程竣工验收【2024】
竣工验收	《建筑与市政工程施工质量控制通用规范》（GB 55032—2022）4.3.4　单位工程完工后，各相关单位应按下列要求进行工程竣工验收： 1 **勘察**单位应编制勘察工程质量检查报告，按规定程序审批后向建设单位提交； 2 **设计**单位应对设计文件及施工过程的设计变更进行检查，并应编制设计工程质量检查报告，按规定程序审批后向建设单位提交； 3 **施工**单位应自检合格，并应编制工程竣工报告，按规定程序审批后向建设单位提交； 4 **监理**单位应在自检合格后组织工程竣工预验收，预验收合格后应编制工程质量评估报告，按规定程序审批后向建设单位提交； 5 **建设**单位应在竣工预验收合格后组织**监理、施工、设计、勘察**单位等相关单位**项目负责人**进行工程竣工验收【2023】

典型习题

10-9［2024-24］下列分部工程验收中，设计单位项目负责人可不参加的是（　　）。

A. 地基与基础工程　　B. 主体结构工程　　　C. 建筑电气工程　　　D. 建筑节能工程

答案：C

解析：参见考点 5 中"分部工程验收"相关规定，勘察、设计单位项目负责人和施工单位技术、质量部门负责人应参加地基与基础分部工程的验收。设计单位项目负责人和施工单位技术、质量部门负责人应参加主体结构、节能分部工程的验收。

10-10［2024-25］针对由分包单位完成的分部工程验收的组织者是（　　）。

A. 总包单位负责人　　B. 分包单位负责人　　C. 建筑单位负责人　　D. 总监理工程师

答案：D

解析：参见考点 5 中"分包工程验收"相关规定，单位工程中的分包工程完工后，分包单位应对所承包的工程项目进行自检，并应按本标准规定的程序进行验收。参见考点 5 中"分部工程验收"相关规定，分部工程应由总监理工程师组织施工单位项目负责人和项目技术负责人等进行验收。

10-11［2024-26］单位工程具备竣工验收条件后，施工单位应向哪个单位提交竣工报告申请竣工验收？（　　）。

A. 监理单位　　　　　B. 建设单位　　　　　C. 工程质量监督机构　D. 设计单位

答案：B

解析：参见考点 5 中"竣工预验收"相关规定，由施工单位向建设单位提交工程竣工报告，申请工程竣工验收。

10-12［2023-26］关于建筑工程施工质量验收的说法正确的是（　　）。

A. 检验批验收由专业监理工程师组织施工单位负责人进行

B. 分项工程验收由专业监理工程师组织施工单位负责人进行

C. 设计单位项目负责人应参加单位工程验收

D. 项目采用分包方式的，由分包单位组织总包单位进行验收

答案： C

解析： 参见考点5中"检验批验收""分项工程验收""单位工程验收""分包工程验收"相关规定，检验批应由专业监理工程师组织施工单位项目专业质量检查员、专业工长等进行验收，选项A错误；分项工程应由专业监理工程师组织施工单位项目专业技术负责人等进行验收，选项B错误；单位工程中的分包工程完工后，分包单位应对所承包的工程项目进行自检，并应按本标准规定的程序进行验收。验收时，总包单位应派人参加，选项D错误。

相似知识点总结

	单位工程	分部工程	分项工程	检验批
划分	具备独立使用功能	专业性质、工程部位	工种、材料、施工工艺、设备类别	工程量、楼层、施工段
要求	1 所含分部工程的质量应全部验收合格；2 质量控制资料应完整、真实；3 所含分部工程中有关安全、节能、环境保护和主要使用功能的检验资料应完整；4 主要使用功能的抽查结果应符合国家现行强制性工程建设规范的规定；5 观感质量应符合要求	1 所含分项工程的质量应验收合格；2 质量控制资料应完整、真实；3 有关安全、节能、环境保护和主要使用功能的抽样检验结果应符合要求；4 观感质量应符合要求	1 所含检验批的质量应验收合格；2 所含检验批的质量验收记录应完整、真实	1 主控项目和一般项目的确定应符合国家现行强制性工程建设规范和现行相关标准的规定；2 主控项目的质量经抽样检验应全部合格；3 一般项目的质量应符合国家现行相关标准的规定；4 应具有完整的施工操作依据和质量验收记录
组织	建设单位应在竣工预验收合格后组织	总监理工程师组织	专业监理工程师组织	专业监理工程师组织
参加	监理、施工、设计、勘察单位等相关单位项目负责人	施工单位项目负责人和项目技术负责人	施工单位项目专业技术负责人	施工单位项目专业质量检查员、专业工长
	竣工预验收：总监理工程师组织各专业监理工程师	地基与基础分部工程的验收	勘察、设计单位项目负责人，施工单位技术、质量部门负责人	
		主体结构、节能分部工程的验收	设计单位项目负责人，施工单位技术、质量部门负责人	

第十一章 砌 体 工 程

 思维导图

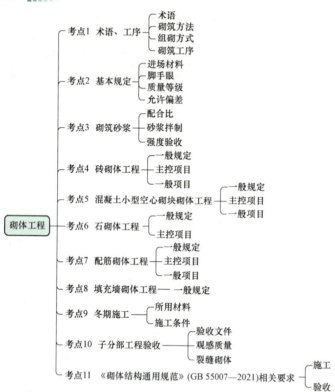

考情分析

考 点	近5年考试分值统计					
	2024年	2023年	2022年12月	2022年5月	2021年	2020年
考点1　术语、工序	0	0	0	0	1	0
考点2　基本规定	1	1	2	0	2	0
考点3　砌筑砂浆	0	2	2	0	1	0
考点4　砖砌体工程	0	0	1	2	1	1
考点5　混凝土小型空心砌块砌体工程	0	0	1	1	0	1
考点6　石砌体工程	0	0	0	0	0	0
考点7　配筋砌体工程	0	0	0	2	0	1
考点8　填充墙砌体工程	1	1	0	1	1	1
考点9　冬期施工	1	0	1	0	0	0
考点10　子分部工程验收	1	0	1	0	0	0
考点11　《砌体结构通用规范》（GB 55007—2021）相关要求	0	0	0	1	0	0
总　　计	4	4	8	7	6	5

注：1. 本节所列标准如无特殊说明，均出自《砌体结构工程施工质量验收规范》（GB 50203—2011），因《砌体结构通用规范》（GB 55007—2021）在2022年7月1日实施，相关强制性条文废止。为了方便考生理解，在一些条文后绘制了相应图示。

2. 近几年的题目偏向实用性与灵活性，考生在复习时切不可死记硬背。

2.0.4 小型砌块：块体主规格的高度大于 115mm 而又小于 380mm 的砌块，包括普通混凝土小型空心砌块、轻骨料混凝土小型空心砌块、蒸压加气混凝土砌块等。简称小砌块。

2.0.9 瞎缝：砌体中相邻块体间无砌筑砂浆，又彼此接触的水平缝或竖向缝。

2.0.10 假缝：为掩盖砌体灰缝内在质量缺陷，砌筑砌体时仅在靠近砌体表面处抹有砂浆，而内部无砂浆的竖向灰缝。

2.0.11 通缝：砌体中上下皮块体搭接长度小于规定数值的竖向灰缝

术语

《砌体结构工程施工规范》（GB 50924—2014）相关规定。

2.0.1 砌体结构工程：由块体和砂浆砌筑而成的墙、柱作为建筑物主要受力构件及其他构件的结构工程。

2.0.2 配筋砌体工程：由配置钢筋的砌体作为建筑物主要受力构件的结构工程。配筋砌体工程包括配筋砖砌体、砖砌体和钢筋混凝土面层或钢筋砂浆面层的组合砌体、砖砌体和钢筋混凝土构造柱组合墙、配筋砌块砌体工程等。

2.0.3 顺砖：砌筑时，条面朝外的砖；也称条砖。

2.0.4 丁砖：砌筑时，端面朝外的砖。

2.0.5 斜槎：墙体砌筑过程中，在临时间断部位所采用的一种斜坡状留槎形式。（图 11-1）

2.0.6 直槎：墙体砌筑过程中，在临时间断处的上下层块体间进退尺寸不小于 1/4 块长的竖直留槎形式。（图 11-2）

2.0.7 马牙槎：砌体结构构造柱部位墙体的一种砌筑形式，每一进退的水平尺寸为 60mm，沿高度方向的尺寸不超过 300mm。（图 11-3）

2.0.8 皮数杆：用于控制每皮块体砌筑时的竖向尺寸以及各构件标高的标志杆。

2.0.9 钢筋砖过梁：用普通砖和砂浆砌成，底部配有钢筋的过梁。

2.0.10 芯柱：在小砌块墙体的孔洞内浇筑混凝土形成的柱，分为素混凝土芯柱和钢筋混凝土芯柱

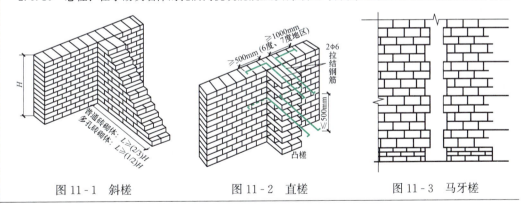

图 11-1 斜槎　　　　　图 11-2 直槎　　　　　图 11-3 马牙槎

砌筑方法

砌筑方法有"三一"砌筑法、挤浆法（铺浆法）、刮浆法和满口灰法四种。

通常宜采用"三一"砌筑法，即一铲灰、一块砖、一揉压的砌筑方法。（图 11-4）

图 11-4 "三一"砌筑法

组砌方式	《砌体结构工程施工规范》（GB 50924—2014）6.2.6 砌体组砌应上下错缝，内外搭砌；组砌方式宜采用**一顺一丁、梅花丁、三顺一丁**（图 6.2.6，即图 11-5）。 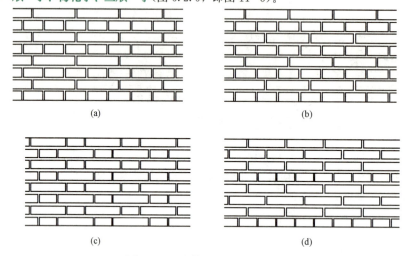 (a) (b) (c) (d) 图 11-5　砌体组砌方式示意图 （a）一顺一丁的十字缝砌法；（b）一顺一丁的骑马缝砌法；（c）梅花丁砌法；（d）三顺一丁砌法
砌筑工序	砌筑砖墙的工序：**抄平、放线、摆砖（脚）、立皮数杆挂准线、铺灰砌砖、勾缝**。 （1）**抄平**。砌筑砖墙前，先在基础防潮层或楼面上按标准的水准点或指定的水准点定出各层标高，并用水泥砂浆或 C10 细石混凝土找平。 （2）**放线**。底层墙身可按标志板（即龙门板）上轴线定位钉为准拉麻线，沿麻线挂下线锤，将墙身中心轴线放到基础面上，并据此墙身中心轴线为准弹出纵横墙边线，并定出门洞口位置。为保证各楼层墙身轴线的重合，并与基础定位轴线一致，可利用早已引测在外墙面上的墙身中心轴线，借助经纬仪把墙身中心轴线引测到楼层上去；或用线锤挂下来，对准外墙面上的墙身中心轴线，从而引测上去。轴线的引测是放线的关键，必须按图纸要求尺寸用钢皮尺进行校核。同样，按楼层墙身中心线，弹出各墙边线，划出门窗洞口位置。 （3）**立皮数杆、挂准线**。砖砌体施工应设置皮数杆。皮数杆上按设计规定的层高、施工规定的灰缝大小和施工现场砖的规格，计算出灰缝厚度，并标明砖的皮数，以及门窗洞口、过梁、楼板等的标高，以保证铺灰厚度和砖皮水平。它立于墙的转角处，其标高用水准仪校正。如墙的长度很长，可每隔 10~12m 再立一根。挂准线的方法之一是在皮数杆之间拉麻线，另一种方法是按皮数杆上砖皮进行盘留（一般盘五皮砖），然后将准线挂在墙身上。每砌一皮砖准线向上移动一次，沿着挂线砌筑，以保证砖墙的垂直平整。 （4）**铺灰砌砖**。实心砖砌体大都采用一顺一丁、三顺一丁、梅花丁（在同一皮内，丁顺间砌）的砌筑形式；采用"三一"砌砖法（即使用大铲、一铲灰、一块砖、一挤揉的操作方法）砌筑。 （5）**勾缝**。清水外墙面勾缝应采用加浆勾缝，采用 1:1.5 水泥浆进行勾缝。内墙面可以采用原浆勾缝，但须随砌随勾，并使灰缝光滑密实

 典型习题

11-1 [2021-25] 通常情况下，砌体结构的主要材料不包括（　　）。

A. 砖块　　　　　B. 钢筋　　　　　C. 木块　　　　　D. 砂浆

答案：C

解析：参见考点1中"术语"相关规定，砌体结构工程是由块体和砂浆砌筑而成的墙、柱作为建筑物主要受力构件及其他构件的结构工程。配筋砌体工程是由配置钢筋的砌体作为建筑物主要受力构件的结构工程。

考点2：基本规定【★★★★★】

进场材料	3.0.1 砌体结构工程所用的材料应有**产品合格证书、产品性能型式检验报告**，质量应符合国家现行有关标准的要求。**块体、水泥、钢筋、外加剂**尚应有材料**主要性能**的进场复验报告，并应符合设计要求。严禁使用国家明令淘汰的材料
基本要求	3.0.2 砌体结构工程施工**前**，应编制砌体结构工程施工方案。 3.0.3 砌体结构的标高、轴线，应引自**基准控制点**
放线允许偏差	3.0.4 砌筑基础**前**，应校核放线尺寸，允许偏差应符合表3.0.4（表11-1）的规定。【2024】 表11-1　　放线尺寸的允许偏差 {{TABLE1}}

表11-1　　放线尺寸的允许偏差

长度L、宽度B/m	允许偏差/mm	长度L、宽度B/m	允许偏差/mm
L（或B）≤30	±5	60<L（或B）≤90	±15
30<L（或B）≤60	±10	L（或B）>90	±20

砌筑顺序	3.0.6 砌筑顺序应符合下列规定：【2021，2019】 1 基底标高不同时，应从**低处**砌起，并应由**高处**向**低处**搭砌。当设计无要求时，搭接长度L**不应小于**基础底的高差H，搭接长度范围内下层基础应**扩大砌筑**（图3.0.6，即图11-6）； 2 砌体的转角处和交接处应**同时砌筑**，当不能同时砌筑时，应按规定留槎、接槎

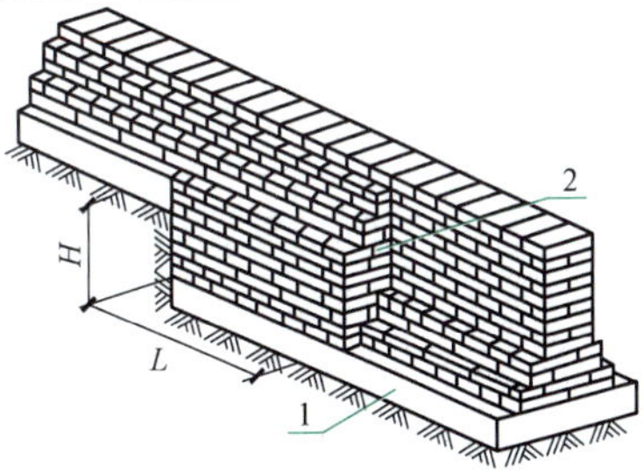

图11-6　基底标高不同时的搭砌示意图（条形基础）
1—混凝土垫层；2—基础扩大部分

皮数杆	3.0.7 砌筑墙体应设置皮数杆。 3.0.7条文说明：使用皮数杆对**保证砌体灰缝的厚度均匀、平直**和**控制砌体高度及高度变化部位的位置**十分重要
临时洞口	3.0.8 在墙上留置临时施工洞口，其侧边离交接处墙面**不应小于500mm**，洞口净宽度**不应超过1m**。抗震设防烈度为**9度**地区建筑物的临时施工洞口位置，应会同**设计单位**确定。临时施工洞口应做好补砌【2023】
脚手眼	3.0.9 不得在下列墙体或部位设置脚手眼：【2021】 1 120mm厚墙、清水墙、料石墙、独立柱和附墙柱； 2 过梁上与过梁成**60°角**的三角形范围**及过梁净跨度1/2的高度**范围内；（图11-7） 3 宽度**小于1m的窗间墙**； 4 门窗洞口两侧石砌体300mm，其他砌体200mm范围内；转角处石砌体600mm，其他砌体450mm范围内； 5 梁或梁垫下及其左右500mm范围内； 6 设计不允许设置脚手眼的部位； 7 轻质墙体； 8 夹心复合墙外叶墙。（图11-8）

脚手眼	 图 11-7　不得设脚手眼位置示意图　　图 11-8　夹心复合墙外叶墙
洞口	3.0.11　设计要求的洞口、沟槽、管道应于砌筑时正确留出或预埋，未经设计同意，**不得**打凿墙体和在墙体上开凿水平沟槽。 宽度超过**300mm**的洞口上部，应设置钢筋混凝土**过梁**。 **不应**在截面长边小于**500mm**的承重墙体、独立柱内**埋设管线**【2022（12）】
校正	3.0.13　砌筑完基础或每一楼层后，应校核砌体的轴线和标高。在允许偏差范围内，轴线偏差可在基础顶面或楼面上校正，标高偏差宜通过调整上部砌体灰缝厚度校正

3.0.15　砌体施工质量控制等级分为**三级**，并应按表 3.0.15（表 11-2）划分。

表 11-2　　　　　　　　施工质量控制等级

项目	施工质量控制等级		
	A	B	C
现场质量管理	监督检查制度健全，并严格执行；施工方有在岗专业技术管理人员，人员齐全，并持证上岗	监督检查制度基本健全，并能执行施工方有在岗专业技术管理人员，人员齐全，并持证上岗	有监督检查制度；施工方有在岗专业技术管理人员
砂浆、混凝土强度	试块按规定制作，强度满足验收规定，离散性小	试块按规定制作，强度满足验收规定，离散性较小	试块按规定制作，强度满足验收规定，离散性大
砂浆拌合	机械拌和；配合比计量控制严格	机械拌和；配合比计量控制一般	机械或人工拌和；配合比计量控制较差
砌筑工人	中级工以上，其中，高级工不少于30%	高、中级工不少于70%	初级工以上

注：1. 砂浆、混凝土强度离散性大小根据强度标准差确定；
　　2. 配筋砌体不得为 C 级施工

《砌体结构通用规范》（GB 55007—2021）2.0.7　砌体结构施工质量控制等级应根据**现场质量管理水平**、**砂浆与混凝土质量控制**、**砂浆拌和工艺**、**砌筑工人技术等级**四个要素从高到低分为**A、B、C 三级**，设计工作年限为 50 年及以上的砌体结构工程，应为**A 级或 B 级**

雨后砌筑	3.0.17 雨天不宜在露天砌筑墙体，对下雨当日砌筑的墙体应进行遮盖。继续施工时，应复核墙体的垂直度，如果垂直度超过允许偏差，应拆除重新砌筑
砌筑高度	3.0.19 正常施工条件下，砖砌体、小砌块砌体每日砌筑高度宜控制在**1.5m**或**一步脚手架**高度内；石砌体不宜超过**1.2m**。【2023，2022(12)】（图 11-9） 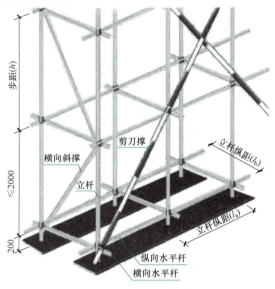 图 11-9 一步脚手架高度
检验批划分	3.0.20 砌体结构工程检验批的划分应同时符合下列规定： 1 所用材料类型及同类型材料的强度等级相同； 2 不超过 250m³ 砌体； 3 主体结构砌体一个楼层（基础砌体可按一个楼层计）；填充墙砌体量少时可多个楼层合并
允许偏差	3.0.21 砌体结构工程检验批验收时，其**主控**项目应**全部**符合本规范的规定；**一般**项目应有**80%**及以上的抽检处符合本规范的规定；有允许偏差的项目，最大超差值为允许偏差值的**1.5倍**

 典型习题

11-2［2024-27］关于砌体结构工程施工，错误的是（　　）。

A. 所用的块体材料应有主要性能的复验报告

B. 砌体结构工程施工前，应编制砌体结构工程施工方案

C. 砌体结构的标高、轴线，应引自基准控制点

D. 砌筑基础后，应及时校核放线尺寸

答案：D

解析：参见考点2中"放线允许偏差"相关规定，砌筑基础前，应校核放线尺寸。

11-3［2023-27］关于砌体结构工程施工的说法，正确的是（   ）。

A. 使用的所有材料都应进行进场复验

B. 正常施工条件下，每日砌筑高度宜控制在1.5m高度内

C. 砌体施工质量控制等级分为A、B、C、D四级

D. 过梁上部墙体均不得设置脚手眼

答案：B

解析：参见考点2中"进场材料""脚手眼""质量等级""砌筑高度"相关规定，应有材料主要性能的进场复验报告，选项A错误；砌体施工质量控制等级分为A、B、C三级，选项C错误；过梁上与过梁成60°的三角形范围及过梁净跨度1/2的高度范围内不得设置脚手眼，选项D错误。

11-4［2023-30］关于砌体结构工程施工的说法，正确的是（   ）。

A. 砌体的转角处和交接处不应同时砌筑

B. 在墙上留置临时施工洞口，其洞口宽度不应超过1m

C. 正常施工条件下，石砌体每日最大砌筑高度不宜超过1.8m

D. 最小宽度超过150mm的洞口上部应设置钢筋混凝土过梁

答案：B

解析：参见考点2中"砌筑顺序""临时洞口""洞口""砌筑高度"相关规定，砌体的转角处和交接处应同时砌筑，选项A错误；每日砌筑高度石砌体不宜超过1.2m，选项C错误；宽度超过300mm的洞口上部，应设置钢筋混凝土过梁，选项D错误。

11-5［2022（12）-26］下列关于砌体工程的说法，错误的是（   ）。

A. 宽度小于1m窗间墙不设脚手眼

B. 砌体每完成一层楼，需校核砌体轴线与标高

C. 截面长边小于500mm承重墙内可以埋设管线

D. 雨后砌筑时先复核墙体垂直度

答案：C

解析：参见考点2中"洞口"相关规定，不应在截面长边小于500mm的承重墙体、独立柱内埋设管线。

11-6［2021-26］当同一砌筑墙体中不同部位的基底标高不同时，当设计无要求时，正确的砌筑方法是（   ）。

A. 由高处砌起，从高处一侧往低处一侧搭砌

B. 由低处砌起，从低处一侧向高处一侧搭砌

C. 最小搭接长度应不小于基底高差的一半

D. 搭接长度范围内下层基础应扩大砌筑

答案：D

解析：参见考点2中"砌筑顺序"相关规定，基底标高不同时，应从低处砌起。并应由高处向低处搭接。当设计无要求时，搭接长度L不应小于基础底的高差H，搭接长度范围内下层基础应扩大砌筑。

考点 3：砌筑砂浆【★★★★★】

水泥	4.0.1　水泥使用应符合下列规定： 1▲　水泥进场时应对其品种、等级、包装或散装仓号、出厂日期等进行检查，并应对其**强度、安定性**进行复验，其质量必须符合现行国家标准《通用硅酸盐水泥》（GB 175）的有关规定。 2▲　当在使用中对水泥质量有怀疑或水泥出厂超过**3个月**（快硬硅酸盐水泥超过 1 个月）时，应复查试验，并按复验结果使用。 3　不同品种的水泥，**不得混合**使用。 抽检数量：按同一生产厂家、同品种、同等级、同批号连续进场的水泥，袋装水泥不超过 200t 为一批，散装水泥不超过 500t 为一批，每批抽样不少于一次。检验方法：检查产品合格证、出厂检验报告和进场复验报告 《砌体结构工程施工规范》（GB 50924—2014）相关规定。 4.2.1　砌筑砂浆所用水泥宜采用通用硅酸盐水泥或砌筑水泥，且应符合现行国家标准《通用硅酸盐水泥》（GB 175）和《砌筑水泥》（GB/T 3183）的规定。水泥强度等级应根据砂浆品种及强度等级的要求进行选择，M15 及以下强度等级的砌筑砂浆宜选用 32.5 级的通用硅酸盐水泥或砌筑水泥；M15 以上强度等级的砌筑砂浆宜选用 42.5 级普通硅酸盐水泥。 4.2.2▲　当在使用中对水泥质量受不利环境影响或水泥出厂超过 3 个月、快硬硅酸盐水泥超过 1 个月时。应进行复验。并应按复验结果使用。 4.2.3　不同品种、不同强度等级的水泥不得混合使用。 4.2.4　水泥应按品种、强度等级、出厂日期分别堆放，应设防潮垫层，并应保持干燥
砂	4.0.2　砂浆用砂宜采用**过筛中砂**，并应满足下列要求： 1 不应混有草根、树叶、树枝、塑料、煤块、炉渣等杂物； 2 砂中含泥量、泥块含量、石粉含量、云母、轻物质、有机物、硫化物、硫酸盐及氯盐含量（配筋砌体砌筑用砂）等应符合现行行业标准《普通混凝土用砂、石质量及检验方法标准》（JGJ 52）的有关规定； 3 人工砂、山砂及特细砂，应经试配能满足砌筑砂浆技术条件要求 《砌体结构工程施工规范》（GB 50924—2014）相关规定。 4.3.2　砌筑砂浆用砂宜选用**过筛中砂**，毛石砌体宜选用粗砂。 4.3.3　水泥砂浆和强度等级不小于 M5 的水泥混合砂浆，砂中含泥量不应超过**5%**；强度等级小于 M5 的水泥混合砂浆，砂中含泥量不应超过**10%**
石灰膏	4.0.3　拌制水泥混合砂浆的粉煤灰、建筑生石灰、建筑生石灰粉及石灰膏应符合下列规定： 2 建筑**生石灰**、建筑**生石灰粉**熟化为石灰膏，其熟化时间分别不得少于**7d** 和**2d**；沉淀池中储存的石灰膏，应防止干燥、冻结和污染，严禁采用脱水硬化的石灰膏；建筑生石灰粉、消石灰粉**不得替代石灰膏**配制水泥石灰砂浆； 3 石灰膏的用量，应按**稠度**120mm±5mm 计量【2023】

配合比	4.0.5　砌筑砂浆应进行配合比设计。当砌筑砂浆的组成材料有变更时，其配合比应**重新确定**。砌筑砂浆的稠度宜按表 4.0.5（表 11-3）的规定采用。 表 11-3　　　　　　　　　　　　**砌筑砂浆的稠度** | 砌体种类	砂浆稠度/mm
烧结普通砖砌体 蒸压粉煤灰砖砌体	70～90
混凝土实心砖、混凝土多孔砖砌体 普通混凝土小型空心砌块砌体 蒸压灰砂砖砌体	50～70
烧结多孔砖、空心砖砌体 轻骨料小型空心砌块砌体 蒸压加气混凝土砌块砌体	60～80
石砌体	30～50 | 注：1.　采用薄灰砌筑法砌筑蒸压加气混凝土砌块砌体时，加气混凝土粘结砂浆的加水量按照其产品说明书控制； 　　2.　当砌筑其他块体时，其砌筑砂浆的稠度可根据块体吸水特性及气候条件确定
砂浆替代	4.0.6　施工中**不应**采用强度等级小于 M5 **水泥砂浆**替代同强度等级**水泥混合砂浆**，如需替代，应将水泥砂浆**提高一个强度等级**
允许偏差	4.0.8　配制砌筑砂浆时，各组分材料应采用**质量**计量，水泥及各种外加剂配料的允许偏差为**±2%**；砂、粉煤灰、石灰膏等配料的允许偏差为**±5%**【2022(12)】
搅拌时间	4.0.9　砌筑砂浆应采用机械搅拌，搅拌时间自**投料完**起算应符合下列规定： 　1　水泥砂浆和水泥混合砂浆不得少于**120s**； 　2　水泥粉煤灰砂浆和掺用外加剂的砂浆不得少于**180s**
使用时间	4.0.10　现场拌制的砂浆应随拌随用，拌制的砂浆应在**3h**内使用完毕；当施工期间最高气温超过 30℃时，应在**2h**内使用完毕
湿拌砂浆	4.0.11　砌体结构工程使用的湿拌砂浆，除直接使用外必须储存在**不吸水**的专用容器内，并根据气候条件采取遮阳、保温、防雨雪等措施，砂浆在储存过程中**严禁随意加水**【2021】
强度验收	4.0.12　砌筑砂浆试块强度验收时其强度合格标准应符合下列规定：【2022(12)】 　1　同一验收批砂浆试块强度**平均值**应大于或等于设计强度等级值的**1.10 倍**； 　2　同一验收批砂浆试块抗压强度的**最小一组平均值**应大于或等于设计强度等级值的 85%。 　注：1　砌筑砂浆的验收批，同一类型、强度等级的砂浆试块不应少于**3 组**；同一验收批砂浆只有 1 组或 2 组试块时，每组试块抗压强度平均值应大于或等于设计强度等级值的 1.10 倍；对于建筑结构的安全等级为一级或设计使用年限为 50 年及以上的房屋，同一验收批砂浆试块的数量不得少于 3 组； 　　2　砂浆强度应以标准养护，28d 龄期的试块抗压强度为准； 　　3　制作砂浆试块的砂浆稠度应与配合比设计**一致**

11-7 ［2023-28］关于砌体结构工程砌筑砂浆的说法，正确的是（　　）。

A. 砂浆用砂应采用细砂

B. 水泥石灰砂浆可用消石灰粉

C. 石灰膏的用量，应按稠度进行计量

D. 配制时各组成材料应采用体积比计量

答案：C

解析：参见考点 3 中"砂""石灰膏""允许偏差"相关规定，砂浆用砂宜采用过筛中砂，选项 A 错误；建筑生石灰粉、消石灰粉不得替代石灰膏配制水泥石灰砂浆，选项 B 错误；配制砌筑砂浆时，各组分材料应采用质量计量，选项 D 错误。

11-8 ［2022（12）-27］下列关于砌筑砂浆说法，正确的是（　　）。

A. 砂浆组成改变时，配合比不变　　　　B. 各组成成分配比以体积计量

C. 水泥及外加剂不允许偏差　　　　　　D. 采用过筛中砂

答案：D

解析：参见考点 3 中"砂""配合比""允许偏差"相关规定，砂浆用砂宜采用过筛中砂（选项 D 正确）。当砌筑砂浆的组成材料有变更时，其配合比应重新确定（选项 A 错误）。配制砌筑砂浆时，各组分材料应采用质量计量（选项 B 错误），水泥及各种外加剂配料的允许偏差为±2%（选项 C 错误）；砂、粉煤灰、石灰膏等配料的允许偏差为±5%。

11-9 ［2021-28］下列关于砌体结构工程湿拌砂浆的说法，错误的是（　　）。

A. 可现场直接使用　　　　　　　　　B. 按气候条件采取遮阳措施

C. 必须储存的不吸水的专用容器内　　　D. 在储存过程中应随时补水

答案：D

解析：参见考点 3 中"湿拌砂浆"相关规定，除直接使用外必须储存在不吸水的专用容器内，并根据气候条件采取遮阳、保温、防雨雪等措施，砂浆在储存过程中严禁随意加水。

考点 4：砖砌体工程【★★★★】

一般规定	
适用范围	5.1.1　本章适用于烧结普通砖、烧结多孔砖、混凝土多孔砖、混凝土实心砖、蒸压灰砂砖、蒸压粉煤灰砖等砌体工程
产品龄期	5.1.3　砌体砌筑时，混凝土多孔砖、混凝土实心砖、蒸压灰砂砖、蒸压粉煤灰砖等块体的产品龄期不应小于28d
冻胀潮湿	5.1.4　有冻胀环境和条件的地区，地面以下或防潮层以下的砌体，不应采用多孔砖
不得混砌	5.1.5　不同品种的砖不得在同一楼层混砌

含水率	5.1.6 砌筑烧结普通砖、烧结多孔砖、蒸压灰砂砖、蒸压粉煤灰砖砌体时，砖应提前**1～2d适度湿润**，**严禁**采用**干砖**或处于**吸水饱**和状态的砖砌筑，块体湿润程度宜符合下列规定： 　　1 烧结类块体的相对含水率**60％～70％**； 　　2 混凝土多孔砖及混凝土实心砖不需浇水湿润，但在气候干燥炎热的情况下，宜在砌筑前对其**喷水湿润**。其他非烧结类块体的相对含水率**40％～50％**【2022（5），2021】
铺浆长度	5.1.7 采用铺浆法砌筑砌体，铺浆长度不得超过**750mm**；当施工期间气温超过 30℃时，铺浆长度不得超过**500mm**【2020】
最上皮砖	5.1.8 240mm 厚承重墙的每层墙的最上一皮砖，砖砌体的阶台水平面上及挑出层的外皮砖，应**整砖丁砌**
灰缝	5.1.9 弧拱式及平拱式过梁的灰缝应砌成**楔形缝**，拱底灰缝宽度不宜小于 5mm，拱顶灰缝宽度不应大于 15mm，拱体的纵向及横向灰缝应填实砂浆；平拱式过梁拱脚下面应伸入墙内不小于 20mm；砖砌平拱过梁底应有 1％的起拱
砂浆强度	5.1.10 砖过梁底部的模板及其支架拆除时，灰缝砂浆强度不应低于设计强度的**75％**
多孔砖	5.1.11 多孔砖的孔洞应**垂直于受压面**砌筑。半盲孔多孔砖的封底面应**朝上**砌筑
竖向灰缝	5.1.12 竖向灰缝**不应**出现瞎缝、透明缝和假缝
临断补砌	5.1.13 砖砌体施工临时间断处补砌时，必须将接槎处表面清理干净，**洒水湿润**，并填实砂浆，保持灰缝平直【2022(5)】
主控项目	
强度等级	5.2.1▲ 砖和砂浆的强度等级必须符合设计要求。 　　抽检数量：每一生产厂家，烧结普通砖、混凝土实心砖每 15 万块，烧结多孔砖、混凝土多孔砖、蒸压灰砂砖及蒸压粉煤灰砖每 10 万块各为一验收批，不足上述数量时按 1 批计，抽检数量为 1 组。砂浆试块的抽检数量执行本规范第 4.0.12 条的有关规定。 　　检验方法：查砖和砂浆试块试验报告
灰缝饱满度	5.2.2 砌体灰缝砂浆应密实饱满，砖墙水平灰缝的砂浆饱满度不得低于**80％**；砖柱水平灰缝和竖向灰缝饱满度不得低于**90％**
留槎要求	5.2.3 砖砌体的转角处和交接处应同时砌筑，严禁无可靠措施的内外墙分砌施工。在抗震设防烈度为 8 度及 8 度以上地区，对不能同时砌筑而又必须留置的临时间断处应砌成斜槎，普通砖砌体斜槎水平投影长度不应小于高度的2/3，多孔砖砌体的斜槎长高比不应小于1/2。斜槎高度不得超过一步脚手架的高度【2022(12)】

| 拉结钢筋 | 5.2.4 非抗震设防及抗震设防烈度为6度、7度地区的临时间断处，当不能留斜槎时，除转角处外，可留直槎，但直槎必须做成凸槎，且应加设拉结钢筋，拉结钢筋应符合下列规定：
1 每120mm墙厚放置1Φ6拉结钢筋（120mm厚墙应放置2Φ6拉结钢筋）；
2 间距沿墙高不应超过500mm，且竖向间距偏差不应超过100mm；
3 埋入长度从留槎处算起每边均不应小于500mm，对抗震设防烈度6度、7度的地区，不应小于1000mm；
4 末端应有90°弯钩（图5.2.4，即图11-10） | 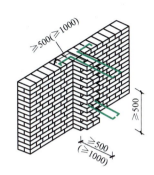
图11-10 直槎处拉结钢筋示意图 |

一般项目

| 灰缝宽度 | 5.3.2 砖砌体的灰缝应横平竖直，厚薄均匀，水平灰缝厚度及竖向灰缝宽度宜为**10mm**，但不应小于**8mm**，也不应大于**12mm** |

5.3.3 砖砌体尺寸、位置的允许偏差及检验应符合表5.3.3（表11-4）的规定。

表11-4　　　　砖砌体尺寸、位置的允许偏差及检验

项次	项目			允许偏差 /mm	检验方法	抽检数量
1	轴线位移（图11-11）			10	用经纬仪和尺或用其他测量仪器检查	承重墙、柱全数检查
2	基础、墙、柱顶面标高			±15	用水准仪和尺检查	不应少于5处
3	墙面垂直度（图11-12）	每层		5	用2m托线板检查	不应少于5处
		全高	≤10m	10	用经纬仪、吊线和尺或用其他测量仪器检查	外墙全部阳角
			>10m	20		
4	表面平整度（图11-13）	清水墙、柱		5	用2m靠尺和楔形塞尺检查	不应少于5处
		混水墙、柱		8		
5	水平灰缝平直度	清水墙		7	拉5m线和尺检查	不应少于5处
		混水墙		10		
6	门窗洞口高、宽（后塞口）			±10	用尺检查	不应少于5处
7	外墙上下窗口偏移			20	以底层窗口为准，用经纬仪或吊线检查	不应少于5处
8	清水墙游丁走缝			20	以每层第一皮砖为准，用吊线和尺检查	不应少于5处

砌体允许偏差

砌体允许偏差	 图 11-11 轴线位移	 图 11-12 墙面垂直度	 图 11-13 表面平整度

典型习题

11-10 ［2022（5）-32］下列烧结多孔砖做法，正确的是（　　）。

A. 多孔砖孔洞水平摆放
B. 半盲孔砖的封底面应朝下
C. 竖向灰缝存在假缝
D. 临断补砌，接槎处应洒水湿润

答案：D

解析：参见考点 4 中"多孔砖""竖向灰缝""临断补砌"相关规定，多孔砖的孔洞应垂直于受压面砌筑（选项 A 错误）。半盲孔多孔砖的封底面应朝上砌筑（选项 B 错误）。竖向灰缝不应出现瞎缝、透明缝和假缝（选项 C 错误）。砖砌体施工临时间断处补砌时，必须将接槎处表面清理干净，洒水湿润，并填实砂浆，保持灰缝平直（选项 D 错误）。

11-11 ［2020-26］下列有关砌体结构说法，正确的是（　　）。

A. 同一规格不同品种可以在同一层砌筑
B. 冻胀土和防潮层下宜采用多孔砖
C. 铺浆法铺砌长度不得超过 750mm
D. 灰缝强度没有达到设计标准值不得拆梁的模板

答案：C

解析：参见考点 4 中"冻胀潮湿""不得混砌""铺浆长度""临断补砌"相关规定，有冻胀环境和条件的地区，地面以下或防潮层以下的砌体，不应采用多孔砖（选项 B 错误）。

不同品种的砖不得在同一楼层混砌（选项 A 错误）。采用铺浆法砌筑砌体，铺浆长度不得超过 750mm（选项 C 正确）。砖过梁底部的模板及其支架拆除时，灰缝砂浆强度不应低于设计强度的 75%（选项 D 错误）。

考点 5：混凝土小型空心砌块砌体工程【★★】

	一般规定
产品龄期	6.1.3　施工采用的小砌块的产品龄期不应小于28d。 6.1.3 条文说明：小砌块龄期达到 28d 之前，自身收缩速度较快，其后收缩速度减慢，且强度趋于稳定。为有效**控制砌体收缩裂缝**，检验小砌块的强度，规定砌体施工时所用的小砌块，产品龄期不应小于 28d

防潮层以下	6.1.6 底层室内地面以下或防潮层以下的砌体,应采用强度等级不低于C20(或Cb20)的混凝土灌实小砌块的孔洞
含水率	6.1.7 砌筑普通混凝土小型空心砌块砌体,不需对小砌块浇水湿润,如遇天气干燥炎热,宜在砌筑前对其喷水湿润;对轻骨料混凝土小砌块,应提前浇水湿润,块体的相对含水率宜为40%~50%。雨天及小砌块表面有浮水时,不得施工
砌块要求	6.1.8▲ 承重墙体使用的小砌块应完整、无破损、无裂缝【2020】
搭接长度	6.1.9 小砌块墙体应孔对孔、肋对肋错缝搭砌。单排孔小砌块的搭接长度应为块体长度的1/2;多排孔小砌块的搭接长度可适当调整,但不宜小于小砌块长度的1/3,且不应小于90mm。墙体的个别部位不能满足上述要求时,应在灰缝中设置拉结钢筋或钢筋网片,但竖向通缝仍不得超过两皮小砌块【2022(12)】
底面朝上反砌	6.1.10▲ 小砌块应将生产时的底面朝上反砌于墙上
坐浆砌筑	6.1.11 小砌块墙体宜逐块坐(铺)浆砌筑
芯柱【2022(5)】	6.1.14 芯柱处小砌块墙体砌筑应符合下列规定: 1 每一楼层芯柱处第一皮砌块应采用开口小砌块; 2 砌筑时应随砌随清除小砌块孔内的毛边,并将灰缝中挤出的砂浆刮净。 6.1.15 芯柱混凝土宜选用专用小砌块灌孔混凝土。浇筑芯柱混凝土应符合下列规定: 1 每次连续浇筑的高度宜为半个楼层,但不应大于1.8m; 2 浇筑芯柱混凝土时,砌筑砂浆强度应大于1MPa; 3 清除孔内掉落的砂浆等杂物,并用水冲淋孔壁; 4 浇筑芯柱混凝土前。应先注入适量与芯柱混凝土成分相同的去石砂浆; 5 每浇筑400~500mm高度捣实一次,或边浇筑边捣实
主控项目	
砂浆饱满度	6.2.2 砌体水平灰缝和竖向灰缝的砂浆饱满度,按净面积计算不得低于90%
斜槎	6.2.3▲ 墙体转角处和纵横交接处应同时砌筑。临时间断处应砌成斜槎,斜槎水平投影长度不应小于斜槎高度。施工洞口可预留直槎,但在洞口砌筑和补砌时,应在直槎上下搭砌的小砌块孔洞内用强度等级不低于C20(或Cb20)的混凝土灌实。 抽检数量:每检验批抽查不应少于5处。 检验方法:观察检查
芯柱	6.2.4 小砌块砌体的芯柱在楼盖处应贯通,不得削弱芯柱截面尺寸;芯柱混凝土不得漏灌
一般项目	
灰缝宽度	6.3.1 砌体的水平灰缝厚度和竖向灰缝宽度宜为10mm,但不应小于8mm,也不应大于12mm

11-12［2022（12）-31］下列关于小型空心砌块的搭砌的说法，正确的是（　　）。

A. 小砌块墙体不应对孔搭砌

B. 单排孔小砌块搭接长度最小值应为块体长度的1/3

C. 多排孔小砌块搭接长度不宜小于1/4块体长度

D. 块体个别部位搭接不够，应在灰缝中设拉结钢筋形成钢筋网片

答案：D

解析：参见考点5中"搭接长度"相关规定，小砌块墙体应孔对孔、肋对肋错缝搭砌（选项A错误）。单排孔小砌块的搭接长度应为块体长度的1/2（选项B错误）；多排孔小砌块的搭接长度可适当调整，但不宜小于小砌块长度的1/3（选项C错误），且不应小于90mm。墙体的个别部位不能满足上述要求时，应在灰缝中设置拉结钢筋或钢筋网片（选项D正确），但竖向通缝仍不得超过两皮小砌块。

11-13［2022（5）-31］下列有关砌体芯柱的做法，错误的是（　　）。

A. 砖筑芯柱部位的墙体，应采用不封底通孔小砌块

B. 砖筑芯柱砌块时，应随砌随刮砌块孔内凸出的水泥砂浆

C. 浇筑芯柱混凝土前，先注入与芯柱混凝土使用同配比的去石水泥砂浆

D. 芯柱在预制楼盖处断开，在预制楼板处上下连接

答案：D

解析：参见考点5中"芯柱"相关规定，小砌块砌体的芯柱在楼盖处应贯通。

11-14［2020-27］下列有关混凝土小型空心砌块工程，正确的是（　　）。

A. 施工中的砌块无龄期要求

B. 承重墙的小型空心砌块完整、无破损、无裂缝

C. 顶面朝上正砌墙上

D. 严禁逐块坐（铺）浆砌筑

答案：B

解析：参见考点5中"龄期""坐浆砌筑"相关规定，施工采用的小砌块的产品龄期不应小于28d（选项A错误）。承重墙体使用的小砌块应完整、无破损、无裂缝（选项B正确）。小砌块应将生产时的底面朝上反砌于墙上（选项C错误）。小砌块墙体宜逐块坐（铺）浆砌筑（选项D错误）。

考点6：石砌体工程

一般规定	
第一皮石	7.1.4　砌筑毛石基础的第一皮石块应坐浆，并将**大面向下**；砌筑料石基础的第一皮石块应用**丁砌**层坐浆砌筑
分层高度砌筑	7.1.7　砌筑毛石挡土墙应按分层高度砌筑，并应符合下列规定： 　1 每砌3～4皮为一个分层高度，每个分层高度应将顶层石块砌平； 　2 两个分层高度间分层处的错缝不得小于80mm

灰缝厚度	7.1.9 毛石、毛料石、粗料石、细料石砌体灰缝厚度应均匀，灰缝厚度应符合下列规定： 1 毛石砌体外露面的灰缝厚度不宜大于 40mm； 2 毛料石和粗料石的灰缝厚度不宜大于 20mm； 3 细料石的灰缝厚度不宜大于 5mm
泄水孔	7.1.10 挡土墙的泄水孔当设计无规定时，施工应符合下列规定： 1 泄水孔应均匀设置，在每米高度上间隔 2m 左右设置一个泄水孔； 2 泄水孔与土体间铺设长宽各为 300mm、厚 200mm 的卵石或碎石作疏水层
挡土墙内侧回填土	7.1.11 挡土墙内侧回填土必须分层夯填，分层松土厚度宜为 300mm。墙顶土面应有适当坡度使流水流向挡土墙外侧面。 7.1.11 条文说明：挡土墙内侧回填土的质量是保证挡土墙可靠性的重要因素之一；挡土墙顶部坡面便于排水，不会导致挡土墙内侧土含水量和墙的侧向土压力明显变化，以确保挡土墙的安全
主控项目	
砂浆饱满度	7.2.2 砌体灰缝的砂浆饱满度不应小于 80%

考点 7：配筋砌体工程 【★★】

一般规定	
钢筋居中	8.1.3 设置在灰缝内的钢筋，应居中置于灰缝内，水平灰缝厚度应大于钢筋直径 4mm 以上。 8.1.3 条文说明：砌体水平灰缝中钢筋居中放置有两个目的：一是对钢筋有较好的保护；二是有利于钢筋的锚固
主控项目	
构造柱	8.2.3 构造柱与墙体的连接应符合下列规定：【2022（5），2020】 1 墙体应砌成马牙槎，马牙槎凹凸尺寸不宜小于 60mm，高度不应超过 300mm，马牙槎应先退后进，对称砌筑；马牙槎尺寸偏差每一构造柱不应超过 2 处。 2 预留拉结钢筋的规格、尺寸、数量及位置应正确，拉结钢筋应沿墙高每隔 500mm 设 2Φ6，伸入墙内不宜小于 600mm，钢筋的竖向移位不应超过 100mm，且竖向移位每一构造柱不得超过 2 处。（图 11-14） 3 施工中不得任意弯折拉结钢筋

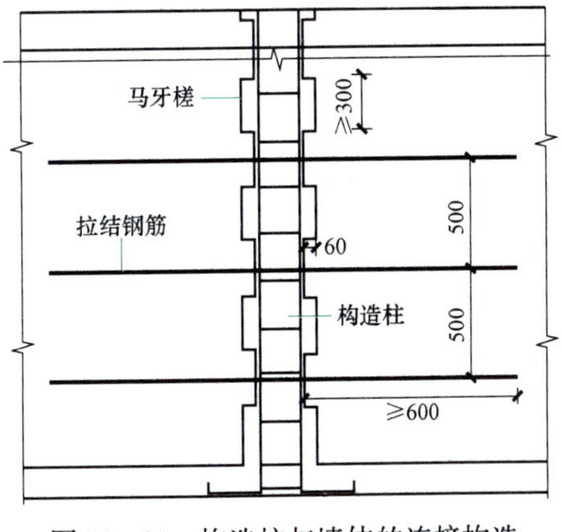

图 11-14 构造柱与墙体的连接构造

一般项目				

8.3.1 构造柱一般尺寸允许偏差及检验方法应符合表8.3.1（表11-5）的规定。

表11-5 构造柱一般尺寸允许偏差及检验方法

项次	项目		允许偏差/mm	检验方法
1	中心线位置		10	用经纬仪和尺检查或用其他测量仪器检查
2	层间错位		8	用经纬仪和尺检查或用其他测量仪器检查
3	垂直度	每层	10	用2m托线板检查
		全高 ≤10m	15	用经纬仪、吊线和尺检查或用其他测量仪器检查
		>10m	20	

尺寸允许偏差

灰缝钢筋防腐
8.3.2 设置在砌体灰缝中钢筋的防腐保护应符合本规范第3.0.16条的规定，且钢筋防护层完好，不应有肉眼可见裂纹、剥落和擦痕等缺陷

钢筋网
8.3.3 网状配筋砖砌体中，钢筋网规格及放置间距应符合设计规定。每一构件钢筋网沿砌体高度位置超过设计规定一皮砖厚不得多于一处

8.3.4 钢筋安装位置的允许偏差及检验方法应符合表8.3.4（表11-6）的规定。

表11-6 钢筋安装位置的允许偏差和检验方法

项目		允许偏差/mm	检验方法
受力钢筋保护层厚度	网状配筋砌体	±10	检查钢筋网成品，钢筋网放置位置局部剔缝观察，或用探针刺入灰缝内检查，或用钢筋位置测定仪测定
	组合砖砌体	±5	支模前观察与尺量检查
	配筋小砌块砌体	±10	浇筑灌孔混凝土前观察与尺量检查
配筋小砌块砌体墙凹槽中水平钢筋间距		±10	钢尺量连续三档，取最大值

抽检数量：每检验批抽查不应少于5处

钢筋安装位置

典型习题

11-15［2022（5）-29］下列配筋砌体工程施工质量检查项目中，属于主控项目的是（　　）。
A. 构造柱垂直度　　B. 马牙槎尺寸
C. 灰缝钢筋防腐　　D. 钢筋保护层厚度
答案：B
解析：参见考点7中"主控项目""一般项目"相关规定，马牙槎尺寸属于主控项目。

11-16［2020-28］下列关于砌筑马牙槎的说法，正确的是（　　）。
A. 两侧对称砌筑　　B. 先进后退
C. 凹凸越小越好　　D. 每段高差越大越好
答案：A

解析：参见考点 7 中"构造柱"相关规定，马牙槎凹凸尺寸不宜小于 60mm（选项 C 错误），高度不应超过 300mm（选项 D 错误），马牙槎应先退后进（选项 B 错误），对称砌筑（选项 A 正确）。

考点 8：填充墙砌体工程【★★★★】

一般规定	
产品龄期	9.1.2 砌筑填充墙时，轻骨料混凝土小型空心砌块和蒸压加气混凝土砌块的产品龄期不应小于 28d，蒸压加气混凝土砌块的含水率宜小于 30％。【2021】 9.1.2 条文说明：轻骨料混凝土小型空心砌块，为水泥胶凝增强的块体，以 28d 强度为标准设计强度，且龄期达到 28d 之前，自身收缩较快；蒸压加气混凝土砌块出釜虽然强度已达到要求，但出釜时含水率大多在 35％～40％，根据有关实验和资料介绍，在短期（10～30d）制品的含水率下降一般不会超过 10％，特别是在大气湿度较高地区。为有效控制蒸压加气混凝土块上墙时的含水率和墙体收缩裂缝，对砌筑时的产品龄期进行了规定
堆置高度	9.1.3 烧结空心砖、蒸压加气混凝土砌块、轻骨料混凝土小型空心砌块等的运输、装卸过程中，严禁抛掷和倾倒；进场后应按品种、规格堆放整齐，堆置高度不宜超过 2m。蒸压加气混凝土砌块在运输及堆放中应防止雨淋
湿润程度	9.1.4 吸水率较小的轻骨料混凝土小型空心砌块及采用薄灰砌筑法施工的蒸压加气混凝土砌块，砌筑前不应对其浇（喷）水湿润；在气候干燥炎热的情况下，对吸水率较小的轻骨料混凝土小型空心砌块宜在砌筑前喷水湿润
含水率	9.1.5 采用普通砌筑砂浆砌筑填充墙时，烧结空心砖、吸水率较大的轻骨料混凝土小型空心砌块应提前 1～2d 浇（喷）水湿润。蒸压加气混凝土砌块采用蒸压加气混凝土砌块砌筑砂浆或普通砌筑砂浆砌筑时，应在砌筑当天对砌块砌筑面喷水湿润。【2024】 块体湿润程度宜符合下列规定： 1 烧结空心砖的相对含水率 60％～70％； 2 吸水率较大的轻骨料混凝土小型空心砌块、蒸压加气混凝土砌块的相对含水率 40％～50％
卫浴坎台	9.1.6 在厨房、卫生间、浴室等处采用轻骨料混凝土小型空心砌块、蒸压加气混凝土砌块砌筑墙体时，墙底部宜现浇混凝土坎台，其高度宜为 150mm【2020】
不应混砌	9.1.8 蒸压加气混凝土砌块、轻骨料混凝土小型空心砌块不应与其他块体混砌，不同强度等级的同类块体也不得混砌
砌筑时间	9.1.9 填充墙砌体砌筑，应待承重主体结构检验批验收合格后进行。填充墙与承重主体结构间的空（缝）隙部位施工，应在填充墙砌筑 14d 后进行【2023，2022（5）】
特殊环境	《砌体结构通用规范》（GB 55007—2021）3.2.9 下列部位或环境中的填充墙不应使用轻骨料混凝土小型空心砌块或蒸压加气混凝土块砌体：【2022（5）】 1 建（构）筑物防潮层以下墙体； 2 长期浸水或化学侵蚀环境； 3 砌体表面温度高于 80℃的部位； 4 长期处于有振动源环境的墙体

实例	混凝土坎台如图 11 - 15 所示；工人正在喷水湿润如图 11 - 16 所示  图 11 - 15　混凝土坎台　　　图 11 - 16　喷水湿润

典型习题

11 - 17 ［2024 - 28］除特别炎热干燥情况外，不需要浇水湿润的砌块是（　　　）。

A. 烧结多孔砖　　　　　　　　　B. 普通混凝土小型空心砌块

C. 轻骨料混凝土砌块　　　　　　D. 蒸压加气混凝土砌块

答案： B

解析： 参见考点 4、考点 5 和考点 8 中"含水率"相关规定，烧结多孔砖应提前 1～2d 适度湿润，吸水率较大的轻骨料混凝土小型空心砌块应提前 1～2d 浇（喷）水湿润，蒸压加气混凝土砌块应在砌筑当天对砌块砌筑面喷水湿润。普通混凝土小型空心砌块不需对小砌块浇水湿润。

11 - 18 ［2023 - 29］关于砌体结构工程施工的说法，正确的是（　　　）。

A. 多孔砖的孔洞应平行于受压面砌筑

B. 小砌块墙体不宜逐块坐（铺）浆砌筑

C. 砌筑料石基础的第一皮石块可不坐浆

D. 填充墙砌体砌筑应待承重主体结构验收合格后进行

答案： D

解析： 参见考点 4 中"多孔砖"、考点 5 中"坐浆砌筑"、考点 6 中"第一皮石"和考点 8 中"砌筑时间"相关规定，多孔砖的孔洞应垂直于受压面砌筑，选项 A 错误；小砌块墙体宜逐块坐（铺）浆砌筑，选项 B 错误；砌筑毛石基础的第一皮石块应坐浆，选项 C 错误。

11 - 19 ［2022（5）- 27］下列关于蒸压加气混凝土砌块填充墙砌体的做法，正确的是（　　　）。

A. 砌筑时砌块产品临期应小于 28d

B. 砌筑时可以和其他砌体混砌

C. 采用薄灰法砌筑应对砌块喷水湿润

D. 应待主体结构检验批验收合格后进行砌筑

答案： D

解析： 参见考点8中"产品龄期""湿润程度""不应混砌""砌筑时间"相关规定。

11-20 ［2022（5）-30］没有采取一定措施，不能采用轻骨料小型空心砌块的是（　　）。

A. 普通填充墙

B. 外围护墙

C. 墙体表面温度60℃的部位

D. 长期处于持续振动环境的墙体

答案： D

解析： 参见考点8中"特殊环境"相关规定。

11-21 ［2021-30］蒸压加气混凝土砌块在砌筑时，其产品龄期应超过28d，其目的是控制（　　）。

A. 砌块的形状尺寸

B. 砌块与砂浆的粘结强度

C. 砌体的整体变形

D. 砌体的收缩裂缝

答案： D

解析： 参见考点8中"产品龄期"相关规定，为有效控制蒸压加气混凝土砌块上墙时的含水率和墙体收缩裂缝，对砌筑时的产品龄期进行了规定。

考点9：冬期施工【★★】

气温	10.0.1　当室外日平均气温**连续5d稳定低于5℃**时，砌体工程应采取冬期施工措施。 注：1　气温根据当地气象资料确定； 　　2　冬期施工期限以外，**当日最低气温低于0℃**时，也应按本章的规定执行
冬季施工材料	10.0.4▲　冬期施工所用材料应符合下列规定：【2024，2020】 1　石灰膏、电石膏等应防止受冻，如遭冻结，应经**融化后使用**； 2　拌制砂浆用砂，**不得含有冰块**和大于10mm的冻结块； 3　砌体用块体**不得遭水浸冻**
地基	10.0.6　地基土有冻胀性时，应在**未冻**的地基上砌筑，并应防止在施工期间和回填土前地基受冻
浇水湿润	10.0.7　冬期施工中砖、小砌块浇（喷）水湿润应符合下列规定： 1　烧结普通砖、烧结多孔砖、蒸压灰砂砖、蒸压粉煤灰砖、烧结空心砖、吸水率较大的轻骨料混凝土小型空心砌块在气温高于0℃条件下砌筑时，**应浇水湿润**；在气温低于、等于0℃条件下砌筑时，**可不浇水，但必须增大砂浆稠度**；【2022（12）】 2　普通混凝土小型空心砌块、混凝土多孔砖、混凝土实心砖及采用薄灰砌筑法的蒸压加气混凝土砌块施工时，不应对其浇（喷）水湿润； 3　抗震设防烈度为9度的建筑物，当烧结普通砖、烧结多孔砖、蒸压粉煤灰砖、烧结空心砖无法浇水湿润时，如无特殊措施，不得砌筑
使用温度	10.0.8　拌和砂浆时水的温度不得超过80℃，砂的温度不得超过40℃。 10.0.9　采用砂浆掺外加剂法、暖棚法施工时，砂浆使用温度**不应低于5℃**。 10.0.12　采用外加剂法配制的砌筑砂浆，当设计无要求，且最低气温等于或低于−15℃时，砂浆强度等级应较常温施工提高一级。 10.0.13　配筋砌体**不得采用掺氯盐**的砂浆施工

所用材料	《砌体结构工程施工规范》（GB 50924—2014）11.1.1　冬期施工所用材料应符合下列规定： 1 砌筑前，应清除块材表面污物和冰霜，遇水浸冻后的砖或砌块不得使用； 2 石灰膏应防止受冻，当遇冻结，应经<u>融化后方可使用</u>； 3 拌制砂浆所用砂，<u>不得含有冰块</u>和直径大于10mm的冻结块； 4 砂浆宜采用普通硅酸盐水泥拌制，冬期砌筑不得使用无水泥拌制的砂浆； 5 拌和砂浆宜采用两步投料法，水的温度不得超过80℃，砂的温度不得超过40℃，砂浆稠度宜较常温适当增大； 6 砌筑时砂浆温度不应低于5℃； 7 砌筑砂浆试块的留置，除应按常温规定要求外，尚应增设一组与砌体同条件养护的试块

典型习题

11-22〔2024-29〕关于砌体结构冬期施工的说法，正确的是（　　）。

A. 室外温度低于8℃，应采取冬期施工措施

B. 拌制砂浆用砂，不得含有冰块和大于10mm冻砂块

C. 砂浆拌和水温不小于80℃

D. 配筋砌体宜采用掺氯盐的砂浆施工

答案： B

解析： 参见考点9中"气温""冬季施工材料""使用温度"相关规定，拌制砂浆用砂，不得含有冰块和大于10mm的冻结块。

11-23〔2022（12）-29〕下列关于冬期施工说法，正确的是（　　）。

A. 室外平均气温连续3d低于5℃应能采取冬季砌筑措施

B. 烧结普通砖气温高于0℃，应浇水湿润后砌筑

C. 拌和砂浆用水的温度不得超过60℃，砂的温度不得超过20℃

D. 砂浆掺外加剂，砂浆温度不大于5℃

答案： B

解析： 参见考点9中"气温""浇水湿润""使用温度"相关规定。

考点10：子分部工程验收【★】

验收文件	11.0.1　砌体工程验收前，应提供下列文件和记录： 1 设计变更文件； 2 施工执行的技术标准； 3 原材料出厂合格证书、产品性能检测报告和进场复验报告； 4 混凝土及砂浆配合比通知单； 5 混凝土及砂浆试件抗压强度试验报告单； 6 砌体工程施工记录； 7 隐蔽工程验收记录； 8 分项工程检验批的主控项目、一般项目验收记录； 9 <u>填充墙砌体植筋锚固力检测记录</u>；

验收文件	10 重大技术问题的处理方案和验收记录； 11 其他必要的文件和记录
观感质量	11.0.2 砌体子分部工程验收时，应对砌体工程的观感质量作出**总体评价**【2022（12）】
裂缝砌体	11.0.4 有裂缝的砌体应按下列情况进行验收：【2024】 1 对不影响结构安全性的砌体裂缝，**应予以验收**，对明显影响使用功能和观感质量的裂缝，**应进行处理**； 2 对有可能影响结构安全性的砌体裂缝，应由有资质的检测单位**检测鉴定**，需返修或加固处理的，待返修或加固处理满足使用要求后进行**二次验收**

典型习题

11 - 24 [2022 - 30] 对有裂缝情况的砌体进行验收的说法，错误的是（   ）。

A. 对可能影响结构安全性的砌体裂缝，应进行检测鉴定

B. 对影响结构安全性的砌体裂缝，应返修并满足使用要求后进行二次验收

C. 对有裂缝情况的所有砌体，均不予验收

D. 对明显影响使用功能和观感质量的裂缝，应进行处理

答案：C

解析：参见考点 10 中"裂缝砌体"相关规定，对不影响结构安全性的砌体裂缝，应予以验收。

11 - 25 [2022（12）- 33] 下列关于砌体工程验收要求，说法正确的是（   ）。

A. 验收前不需要提供填充墙砌体植筋锚固力检测记录

B. 对不影响结构安全性的砌体裂缝，不应直接予以验收

C. 对有可能影响结构安全性的砌体裂缝，应立即进行返修处理

D. 子分部工程验收时应对砌体工程观感质量做出整体评价

答案：D

解析：参见考点 10 中"验收文件""观感质量""裂缝砌体"相关规定。

考点 11：《砌体结构通用规范》（GB 55007—2021）相关要求【★】

施工	5.1.1 非烧结块材砌筑时，应满足块材砌筑上墙后的**收缩性**控制要求。 5.1.2 砌筑前需要湿润的块材应对其进行适当浇（喷）水，**不得**采用**干砖**或**吸水饱和**状态的砖砌筑。 5.1.3 砌体砌筑时，墙体转角处和纵横交接处应同时**咬槎**砌筑；砖柱**不得**采用**包心**砌法；带壁柱墙的壁柱应与墙身同时**咬槎**砌筑；临时间断处应**留槎**砌筑；块材应内外搭砌、上下错缝砌筑。 5.1.3 条文说明：为了不降低砖砌体转角处、交接处墙体的整体性和抵抗水平荷载的能力，确保砌体结构房屋的安全，对砖砌体在转角处和交接处的砌筑方式进行了规定，应在施工过程中严格执行。砌筑方法不正确将对墙、柱构件的承载力以及正常使用性能造成影响，甚至可能造成安全事故（普通砖砌体斜槎砌筑示意图见图 11 - 17） 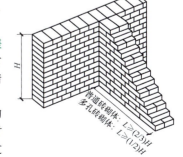 图 11 - 17　普通砖砌体 斜槎砌筑示意图

施工	5.1.4 砌体中的洞口、沟槽和管道等应按照设计要求**留出和预埋**。 5.1.5 砌筑砂浆应进行配合比设计和试配。当砌筑砂浆的组成材料有变更时，其配合比应**重新确定**。 5.1.6 砌筑砂浆用水泥、预拌砂浆及其他专用砂浆，应考虑其**储存期限**对材料强度的影响。 5.1.6 条文说明：由于普通预拌砂浆大多是以水泥为胶凝材料，其强度随储存期的延长会有所下降，因此要求储存超过**3个月**的预拌砂浆使用前应重新检验，满足设计强度要求后方可使用。 5.1.7 现场拌制砂浆时，各组分材料应采用**质量**计量。砌筑砂浆拌制后在使用中不得随意掺入其他粘结剂、骨料、混合物。 5.1.8 冬期施工所用的石灰膏、电石膏、砂、砂浆、块材等应**防止冻结**。【2020】 5.1.9 砌体与构造柱的连接处以及砌体抗震墙与框架柱的连接处均应采用**先砌墙后浇柱**的施工顺序，并应按要求设置**拉结钢筋**；砖砌体与构造柱的连接处应砌成**马牙槎**。 5.1.10 承重墙体使用的小砌块应**完整、无破损、无裂缝**。 5.1.11 采用小砌块砌筑时，应将小砌块生产时的**底面朝上**反砌于墙上。施工洞口预留直槎时，应对直槎上下搭砌的小砌块孔洞采用**混凝土**灌实。 5.1.11 条文说明：小砌块生产时的底面朝上砌筑于墙上，**易于铺放砂浆**和保证水平灰缝砂浆的**饱满度**，这也是确定砌体强度指标的试件的基本砌法。同时，为保证墙体结构整体性，要求墙体转角处和纵横墙交接处应同时砌筑。在施工洞口处预留直槎时，为保证接槎质量，要求在直槎处的两侧小砌块孔洞中灌实混凝土。 5.1.12 砌体结构的芯柱混凝土应**分段浇筑**并振捣密实。并应对芯柱混凝土浇灌的密实程度进行检测，检测结果应满足设计要求。 5.1.13 砌体挡土墙泄水孔应满足泄排水要求。 5.1.14 填充墙的连接构造施工应符合设计要求
验收	5.3.1 单位工程的砌体结构质量验收资料应满足工程**整体验收**的要求。当单位工程的砌体结构质量验收部分资料缺失时，应进行相应的**实体检验**或**抽样试验**。 5.3.2 砌体结构工程施工质量应满足设计要求，施工质量验收尚应包括以下内容： 　1 水泥的强度及安定性评定； 　2 块材、砂浆、混凝土的强度评定； 　3 钢筋的品种、规格、数量和设置部位； 　4 砌体水平灰缝和竖向灰缝的砂浆饱满度； 　5 砌体的转角处、交界处、构造柱马牙槎砌筑质量； 　6 挡土墙泄水孔质量； 　7 与主体结构连接的后植钢筋轴向受拉承载力。 5.3.3 对有可能影响结构安全性的砌体裂缝，应进行**检测鉴定**，需返修或加固处理的，待返修或加固处理满足使用要求后进行**二次验收**

砌体工程灰缝砂浆饱满度与含水率总结			
灰缝 砂浆饱满度	砖砌体	砖墙80%(5.2.2)	砖柱90%(5.2.2)
	混凝土小型空心砌块	90%(6.2.2)	
	石砌体	80%(7.2.2)	
含水率	提前1~2d适度湿润	烧结普通砖、烧结多孔砖、蒸压灰砂砖、蒸压粉煤灰砖（5.1.6）	
		烧结空心砖、吸水率较大的轻骨料混凝土小型空心砌块（9.1.5）	
	砌筑当天喷水湿润	蒸压加气混凝土砌块（9.1.5）	
	不需浇水湿润（气候干燥炎热喷水湿润）	混凝土多孔砖、混凝土实心砖（5.1.6）	
		普通混凝土小型空心砌块（6.1.7）	
		吸水率较小的轻骨料混凝土小型空心砌块、薄灰砌筑法施工的蒸压加气混凝土砌块（9.1.4）	
	烧结类块体的相对含水率60%~70%		
	其他非烧结类块体的相对含水率40%~50%		

第十二章　混凝土结构工程

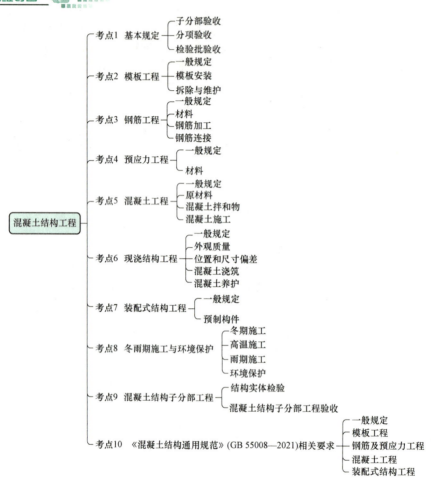

考　点	近5年考试分值统计					
	2024年	2023年	2022年12月	2022年5月	2021年	2020年
考点1　基本规定	2	1	0	0	1	1
考点2　模板工程	1	1	1	0	1	1
考点3　钢筋工程	0	1	2	1	1	0
考点4　预应力工程	0	1	1	0	0	1
考点5　混凝土工程	0	0	3	2	0	0
考点6　现浇结构工程	1	0	1	2	1	0
考点7　装配式结构工程	0	0	0	0	2	0
考点8　冬雨期施工与环境保护	0	0	0	2	0	0

考　点	近5年考试分值统计					
	2024年	2023年	2022年12月	2022年5月	2021年	2020年
考点9　混凝土结构子分部工程	1	0	0	1	0	1
考点10　《混凝土结构通用规范》（GB 55008—2021）相关要求	0	0	0	0	0	0
总　　计	5	4	8	8	6	4

注：1. 本节所列标准如无特殊说明，均出自《混凝土结构工程施工质量验收规范》（GB 50204—2015），因《混凝土结构通用规范》（GB 55008—2021）在2022年4月1日实施，相关强制性条文废止。

　　2. 近几年的题目偏向实用性与灵活性，考生在复习时切不可死记硬背。

考点1：基本规定【★★★】

子分部验收	3.0.1　混凝土结构子分部工程可划分为**模板、钢筋、预应力、混凝土、现浇结构和装配式**结构等分项工程。【2023】各分项工程可根据与生产和施工方式相一致且便于控制施工质量的原则，按进场批次、工作班、楼层、结构缝或施工段划分为若干检验批。 3.0.2　混凝土结构子分部工程的质量验收，应在钢筋、预应力、混凝土、现浇结构和装配式结构等相关分项工程验收合格的基础上，进行**质量控制资料检查、观感质量验收**及本规范第10.1节规定的**结构实体检验**
分项验收	3.0.3　分项工程的质量验收应在所含**检验批**验收合格的基础上，进行质量验收记录检查【2021】
检验批验收	3.0.4　检验批的质量验收应包括**实物检查**和**资料检查**，并应符合下列规定：【2024】 1　主控项目的质量经抽样检验应合格； 2　一般项目的质量经抽样检验应合格；一般项目当采用**计数**抽样检验时，除本规范各章有专门规定外，其合格点率应达到**80%**及以上，且**不得有严重缺陷**； 3　应具有完整的质量检验记录，重要工序应具有完整的施工操作记录
样本抽取	3.0.5　检验批抽样样本应随机抽取，并应满足分布均匀、具有代表性的要求
不合格处理	3.0.6　不合格检验批的处理应符合下列规定： 1　材料、构配件、器具及半成品检验批不合格时**不得使用**； 2　混凝土浇筑前施工质量不合格的检验批，应返工、返修，并应重新验收； 3　混凝土浇筑后施工质量不合格的检验批，应按本规范有关规定进行处理
检验批容量扩大	3.0.7　**获得认证**的产品或**来源稳定**且**连续三批均一次检验合格**的产品，进场验收时检验批的容量可按本规范的有关规定扩大一倍，且**检验批容量仅可扩大一倍**。扩大检验批后的检验中，出现不合格情况时，应按扩大前的检验批容量重新验收，且该产品**不得再次扩大**检验批容量【2024，2020】

 典型习题

12-1 [2024-31] 下列关于混凝土结构中检验批质量验收，错误的是（　　）。

A. 主控项目抽样检验应100%合格

B. 一般项目不宜采用计量方案

C. 一般项目采用计数方案，应无严重缺陷

D. 材料、构配件，器具不合格时不得使用

答案： B

解析： 参见考点 1 中"检验批验收"相关规定，一般项目当采用计数抽样检验时，其合格点率应达到 80％及以上，且不得有严重缺陷。

12-2 [2024-33] 下列关于扩大检验批容量的说法，错误的是（ ）。

A. 获得认证的产品　　　　　　　　　B. 来源稳定

C. 多年使用经验　　　　　　　　　　D. 连续三批均一次检验合格

答案： C

解析： 参见考点 1 中"检验批容量扩大"相关规定，获得认证的产品或来源稳定且连续 3 批均一次检验合格的产品，进场验收时检验批的容量可按本规范的有关规定扩大 1 倍。

12-3 [2023-31] 下列分项工程中不属于混凝土工程子分部工程的是（ ）。

A. 预应力　　　　　B. 现浇结构　　　　　C. 填充墙砌体　　　　　D. 装配式结构

答案： C

解析： 参见考点 1 中"子分部验收"相关规定，选项 C 填充墙砌体不属于混凝土子分部。

考点 2：模板工程【★★★★】

	一般规定
施工方案要求	4.1.1　模板工程应编制施工方案。爬升式模板工程、工具式模板工程及高大模板支架工程的施工方案，应按有关规定进行技术论证
	4.1.2▲　模板及支架应根据安装、使用和拆除工况进行设计，并应满足承载力、刚度和整体稳固性要求【2021】
	模板安装
材料进场检验	4.2.1　模板及支架用材料的技术指标应符合国家现行有关标准的规定。进场时应抽样检验模板和支架材料的外观、规格和尺寸。 检查数量：按国家现行相关标准的规定确定。 检验方法：检查质量证明文件，观察，尺量【2022（12）】
安装质量	4.2.5　模板安装质量应符合下列规定：【2020】 1 模板的接缝应严密； 2 模板内不应有杂物、积水或冰雪等； 3 模板与混凝土的接触面应平整、清洁； 4 用作模板的地坪、胎膜等应平整、清洁，不应有影响构件质量的下沉、裂缝、起砂或起鼓； 5 对清水混凝土及装饰混凝土构件，应使用能达到设计效果的模板。 检查数量：全数检查。 检验方法：观察
隔离剂	4.2.6　隔离剂的品种和涂刷方法应符合施工方案的要求。隔离剂不得影响结构性能及装饰施工；不得沾污钢筋、预应力筋、预埋件和混凝土接槎处；不得对环境造成污染。 检查数量：全数检查。 检验方法：检查质量证明文件；观察
预埋件和预留孔洞允许偏差	4.2.9　固定在模板上的预埋件和预留孔洞不得遗漏，且应安装牢固。有抗渗要求的混凝土结构中的预埋件，应按设计及施工方案的要求采取防渗措施。 预埋件和预留孔洞的位置应满足设计和施工方案的要求。当设计无具体要求时，其位置偏差应符合表 4.2.9（表 12-1）的规定。

预埋件和 预留孔洞 允许偏差	检查数量：在同一检验批内，对梁、柱和独立基础，应抽查构件数量的 10%，且不应少于 3 件；对墙和板，应按有代表性的自然间抽查 10%，且不应少于 3 间；对大空间结构墙可按相邻轴线间高度 5m 左右划分检查面，板可按纵、横轴线划分检查面，抽查 10%，且均不应少于 3 面。 检验方法：观察，尺量

表 12-1　　　　　预埋件和预留孔洞的安装允许偏差【2023】

项目		允许偏差/mm
预埋板中心线位置		3
预埋管、预留孔中心线位置		3
插筋	中心线位置	5
	外露长度	+10，0
预埋螺栓	中心线位置	2
	外露长度	+10，0
预留洞	中心线位置	10
	尺寸	+10，0

注：检查中心线位置时，沿纵、横两个方向量测，并取其中偏差的较大值

现浇结构 模板偏差	4.2.10　现浇结构模板安装的尺寸偏差及检验方法应符合表 4.2.10（表 12-2）的规定。 　　检查数量：在同一检验批内，对梁、柱和独立基础，应抽查构件数量的 10%，且不应少于 3 件；对墙和板，应按有代表性的自然间抽查 10%，且不应少于 3 间；对大空间结构，墙可按相邻轴线间高度 5m 左右划分检查面，板可按纵、横轴线划分检查面，抽查 10%，且均不应少于 3 面。

表 12-2　　　　　现浇结构模板安装的允许偏差及检验方法

项目		允许偏差/mm	检验方法
轴线位置		5	尺量
底模上表面标高		±5	水准仪或拉线、钢尺尺量
模板内部尺寸	基础	±10	尺量
	柱、墙、梁	±5	尺量
	楼梯相邻踏步高差	5	尺量
柱、墙垂直度	层高≤6m	8	经纬仪或吊线、尺量
	层高>6m	10	经纬仪或吊线、尺量
相邻模板表面高低差		2	尺量
表面平整度		5	2m 靠尺和塞尺量测

注：检查轴线位置当有纵横两个方向时，沿纵、横两个方向量测，并取其中偏差的较大值

预制构件 模板偏差	4.2.11　预制构件模板安装的偏差及检验方法应符合表 4.2.11（表 12-3）的规定。 　　检查数量：首次使用及大修后的模板应全数检查；使用中的模板应抽查 10%，且不应少于 5 件，不足 5 件的应全数检查。

表 12-3　　　　　预制构件模板安装的允许偏差及检验方法

项目		允许偏差/mm	检验方法
长度	板、梁	±4	尺量两侧边，取其中较大值
	薄腹梁、桁架	±8	
	柱	0，−10	
	墙板	0，−5	
宽度	板、墙板	0，−5	尺量两端及中部，取其中较大值
	梁、薄腹梁、桁架	+2，−5	

	项目		允许偏差/mm	检验方法
预制构件模板偏差	高（厚）度	板	+2，−3	尺量两端及中部，取其中较大值
		墙板	0，−5	
		梁、薄腹梁、桁架、柱	+2，−5	
	侧向弯曲	梁、板、柱	$L/1000$ 且≤15	拉线，尺量最大弯曲处
		墙板、薄腹梁、桁架	$L/1500$ 且≤15	
	板的表面平整度		3	2m靠尺和塞尺量测
	相邻两板表面高低差		1	尺量
	对角线差	板	7	尺量两个对角线
		墙板	5	
	翘曲	板、墙板	$L/1500$	水平尺在两端量测
	设计起拱	薄腹梁、桁架、梁	±3	拉线、尺量跨中

注：L 为构件长度（mm）

起拱	《混凝土结构工程施工规范》（GB 50666—2011）4.4.6 对跨度不小于4m的梁、板，其模板施工起拱高度宜为梁、板跨度的1/1000～3/1000。起拱不得减少构件的截面高度
	4.2.7 模板的起拱应符合现行国家标准《混凝土结构工程施工规范》（GB 50666）的规定，并应符合设计及施工方案的要求。 检查数量：在同一检验批内，对梁，跨度大于18m时应全数检查，跨度不大于18m时应抽查构件数量的10%，且不应少于3件；对板，应按有代表性的自然间抽查10%，且不应少于3间；对大空间结构，板可按纵、横轴线划分检查面，抽查10%，且不应少于3面。【2024】 检验方法：水准仪或尺量

拆除与维护 ［《混凝土结构工程施工规范》（GB 50666—2011）相关规定］

拆除顺序	4.5.1 模板拆除时，可采取先支的后拆、后支的先拆，先拆非承重模板、后拆承重模板的顺序，并应从上而下进行拆除
拆除强度	4.5.2 底模及支架应在混凝土强度达到设计要求后再拆除；当设计无具体要求时，同条件养护的混凝土立方体试件抗压强度应符合表4.5.2（表12-4）的规定。

表 12-4　　　　　　　　　　　底模拆除时的混凝土强度要求

构件类型	构件跨度/m	达到设计混凝土强度等级值的百分率/（%）
板	≤2	≥50
	>2，≤8	≥75
	>8	≥100
梁、拱、壳	≤8	≥75
	>8	≥100
悬臂结构		≥100

152

拆模	4.5.3 当混凝土强度能保证其**表面及棱角不受损伤**时,方可拆除**侧模**
快拆体系	4.5.5 快拆支架体系的支架立杆间距不应大于**2m**。拆模时,应保留立杆并顶托支承楼板,拆模时的混凝土强度可按本规范表 4.5.2 中构件跨度为 2m 的规定确定
预应力构件	4.5.6 后张预应力混凝土结构构件,**侧模**宜在预应力筋张拉**前**拆除;**底模**及支架不应在结构构件建立预应力前拆除
实例	现浇梁板支模如图 12-1 所示,支模现场如图 12-2 所示。 图 12-1　现浇梁板支模　　　图 12-2　支模现场

典型习题

12-4 [2024-32] 混凝土结构模板同一检验批内,必须全数检查的是(　　　)。

A. 梁跨度 18m 的梁起拱　　　　　　　B. 模板柱尺寸偏差

C. 模板梁上的孔洞,预埋件　　　　　　D. 模板独立基础的尺寸偏差

答案: A

解析: 参见考点 2 中"现浇结构模板偏差""起拱"相关规定,在同一检验批内,对梁,跨度大于 18m 时应全数检查。

12-5 [2023-32] 混凝土结构工程施工中,模板上安装预埋件和预留孔洞的位置偏差,不允许有负偏差的是(　　　)。

A. 预埋件的中心线　　　　　　　　　　B. 插筋中心线

C. 插筋外露长度　　　　　　　　　　　D. 预留洞位置

答案: C

解析: 参见考点 2 中"预埋件和预留孔洞允许偏差"相关规定,插筋外露长度允许偏差是 [+10,0]。

12-6 [2022(12)-39] 模板及支架材料进场时,应抽样检验其外观、规格和尺寸,通常不采用的方式为(　　　)。

A. 材料质量证明文件　B. 专家论证　　　　C. 观察　　　　　　D. 尺量

答案: B

解析: 参见考点 2 中"材料进场检验"相关规定,检验方法:检查质量证明文件,观察,尺量。

考点3：钢筋工程【★★★★】

	一般规定
隐蔽工程验收	5.1.1　浇筑混凝土之前，应进行钢筋隐蔽工程验收。隐蔽工程验收应包括下列主要内容：【2021】 　　1　**纵向受力钢筋**的牌号、规格、数量、位置； 　　2　**钢筋**的连接方式、接头位置、接头质量、接头面积百分率、搭接长度、锚固方式及锚固长度； 　　3　**箍筋、横向钢筋**的牌号、规格、数量、间距、位置，箍筋弯钩的弯折角度及平直段长度； 　　4　**预埋件**的规格、数量和位置
检验批容量扩大	5.1.2　钢筋、成型钢筋进场检验，当满足下列条件之一时，其检验批容量可扩大一倍： 　　1　获得认证的钢筋、成型钢筋； 　　2　同一厂家、同一牌号、同一规格的钢筋，连续三批均一次检验合格； 　　3　同一厂家、同一类型、同一钢筋来源的成型钢筋，连续三批均一次检验合格
	材料
钢筋	5.2.1▲　钢筋进场时，应按国家现行标准的规定抽取试件作**屈服强度、抗拉强度、伸长率、弯曲性能和重量偏差**检验，检验结果应符合相应标准的规定。【2022（5）】 检查数量：按进场批次和产品的抽样检验方案确定。 检验方法：检查质量证明文件和抽样检验报告
成型钢筋	5.2.2　成型钢筋进场时，应抽取试件作**屈服强度、抗拉强度、伸长率和重量偏差**检验，检验结果应符合国家现行相关标准的规定。 　　对由热轧钢筋制成的成型钢筋，当有施工单位或监理单位的代表驻厂监督生产过程，并提供原材钢筋力学性能第三方检验报告时，可仅进行**重量偏差**检验。 检查数量：同一厂家、同一类型、同一钢筋来源的成型钢筋，不超过30t为一批，每批中每种钢筋牌号、规格均应至少抽取1个钢筋试件，总数不应少于3个。 检验方法：检查质量证明文件和抽样检验报告
强度比	5.2.3▲　对按一、二、三级抗震等级设计的框架和斜撑构件（含梯段）中的纵向受力普通钢筋应采用HRB335E、HRB400E、HRB500E、HRBF335E、HRBF400E或HRBF500E钢筋，其强度和最大力下总伸长率的实测值应符合下列规定： 　　1　抗拉强度实测值与屈服强度实测值的比值不应小于1.25； 　　2　屈服强度实测值与屈服强度标准值的比值不应大于1.30； 　　3　最大力下总伸长率不应小于9%。 检查数量：按进场的批次和产品的抽样检验方案确定。 检验方法：检查抽样检验报告

	钢筋加工
弯弧内直径	5.3.1 钢筋弯折的弯弧内直径应符合下列规定：【2023】 1 光圆钢筋，不应小于钢筋直径的**2.5 倍**； 2 335MPa 级、400MPa 级带肋钢筋，不应小于钢筋直径的**4 倍**； 3 500MPa 级带肋钢筋，当直径为 28mm 以下时不应小于钢筋直径的**6 倍**，当直径为 28mm 及以上时不应小于钢筋直径的**7 倍**； 4 箍筋弯折处尚不应小于**纵向受力钢筋的直径。** 检查数量：同一设备加工的同一类型钢筋，每工作班抽查不应少于 3 件。 检验方法：尺量
平直段长度	5.3.2 纵向受力钢筋的弯折后平直段长度应符合设计要求。光圆钢筋末端做 180°弯钩时，弯钩的平直段长度不应小于钢筋直径的**3 倍**。 检查数量：同一设备加工的同一类型钢筋，每工作班抽查不应少于 3 件。 检验方法：尺量
箍筋弯钩	5.3.3 箍筋、拉筋的末端应按设计要求作弯钩，并应符合下列规定：（图 12-3，图 12-4） 1 对一般结构构件，箍筋弯钩的弯折角度不应小于 90°，弯折后平直段长度不应小于箍筋直径的 5 倍；对有抗震设防要求或设计有专门要求的结构构件，箍筋弯钩的弯折角度不应小于 135°，弯折后平直段长度不应小于箍筋直径的 10 倍； 2 圆形箍筋的搭接长度**不应小于其受拉锚固长度**，且两末端弯钩的弯折角度不应小于 **135°**，弯折后平直段长度对一般结构构件不应小于箍筋直径的**5 倍**，对有抗震设防要求的结构构件不应小于箍筋直径的**10 倍**；【2022（12）】 3 梁、柱复合箍筋中的单肢箍筋两端弯钩的弯折角度均不应小于 135°，弯折后平直段长度应符合本条第 1 款对箍筋的有关规定。 检查数量：同一设备加工的同一类型钢筋，每工作班抽查不应少于 3 件。 检验方法：尺量 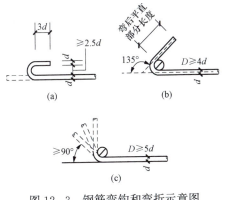 图 12-3 钢筋弯钩和弯折示意图 （a）180°钢筋弯钩；（b）135°钢筋弯钩； （c）不小于 90°钢筋弯钩

图 12-4 钢筋加工现场

钢筋连接【2022（12）】	
机械连接或焊接接头	5.4.6 当纵向受力钢筋采用**机械连接接头或焊接接头**时，同一连接区段内纵向受力钢筋的接头面积百分率应符合设计要求；当设计无具体要求时，应符合下列规定： 　1 **受拉**接头，不宜大于**50%**；受压接头，可不受限制； 　2 直接承受动力荷载的结构构件中，**不宜采用焊接**；当采用机械连接时，不应超过**50%**。 检查数量：在同一检验批内，对梁、柱和独立基础，应抽查构件数量的 10%，且不应少于 3 件；对墙和板，应按有代表性的自然间抽查 10%，且不应少于 3 间；对大空间结构，墙可按相邻轴线间高度 5m 左右划分检查面，板可纵横轴线划分检查面，抽查 10%，且均不应少于 3 面。 检验方法：观察，尺量。 注：1 接头连接区段是指长度为 35d 且不小于 500mm 的区段，d 为相互连接两根钢筋的直径较小值。 　　2 同一连接区段内纵向受力钢筋接头面积百分率为接头中点位于该连接区段内的纵向受力钢筋截面面积与全部纵向受力钢筋截面面积的比值
绑扎搭接接头	5.4.7 当纵向受力钢筋采用绑扎搭接接头时，接头的设置应符合下列规定： 　1 接头的横向净间距不应小于钢筋直径，且不应小于 **25mm**； 　2 同一连接区段内，纵向受拉钢筋的接头面积百分率应符合设计要求；当设计无具体要求时，应符合下列规定： 梁类、板类及墙类构件，不宜超过 25%；基础筏板，不宜超过 50%。 柱类构件，不宜超过 50%。 当工程中确有必要增大接头面积百分率时，对梁类构件，不应大于 50%。 检查数量：在同一检验批内，对梁、柱和独立基础，应抽查构件数量的 10%，且不应少于 3 件；对墙和板，应按有代表性的自然间抽查 10%，且不应少于 3 间；对大空间结构，墙可按相邻轴线间高度 5m 左右划分检查面，板可纵横轴线划分检查面，抽查 10%，且均不应少于 3 面。 检验方法：观察，尺量。 注：1 接头连接区段是指长度为 1.3 倍搭接长度的区段。搭接长度取相互连接两根钢筋中较小直径计算。 　　2 同一连接区段内纵向受力钢筋接头面积百分率为接头中点位于该连接区段长度内的纵向受力钢筋截面面积与全部纵向受力钢筋截面面积的比值

 典型习题

12-7［2023-33］混凝土结构工程施工中，关于钢筋弯折的弯弧内直径的说法，正确的是（　　）。

　A. 同直径的光圆钢筋比带肋钢筋弯弧内直径大

　B. 同直径的高强度钢筋比低强度的弯弧内直径大

　C. 500MPa 级带肋钢筋小直径比大直径的弯弧内直径大

D. 箍筋弯折处应小于纵向受力钢筋直径

答案：B

解析：参见考点 3 中"弯弧内直径"相关规定，光圆钢筋 2.5 倍；400MPa 级带肋钢筋 4 倍；（选项 A 错误）500MPa 级带肋钢筋，直径为 28mm 以下时 6 倍，直径为 28mm 及以上时 7 倍；（选项 C 错误）箍筋弯折处尚不应小于纵向受力钢筋的直径（选项 D 错误）。

12-8［2022（12）-34］下列关于混凝土结构中圆形箍筋的施工要求，说法错误的是（　　）。

A. 箍筋末端弯折角度应为 90°

B. 箍筋的搭接长度不小于受拉锚固长度

C. 一般结构构件中，弯折后平直段长度不小于箍筋直径的 5 倍

D. 有抗震要求的结构构件中，弯折后平直段长度不应小于箍筋直径的 10 倍和 75mm 两者之中较大值

答案：A

解析：参见考点 3 中"箍筋弯钩"相关规定，圆形箍筋的搭接长度不应小于其受拉锚固长度，且两末端弯钩的弯折角度不应小于 135°。

12-9［2021-33］在混凝土浇筑之前进行钢筋隐蔽验收时，无需对钢筋牌号进行隐蔽验收的是（　　）。

A. 纵向受力钢筋　　　　　　　　　　B. 箍筋

C. 横向钢筋　　　　　　　　　　　　D. 马凳筋

答案：D

解析：参见考点 3 中"隐蔽工程验收"相关规定，需对纵向受力钢筋、箍筋、横向钢筋的牌号进行隐蔽验收。

考点 4：预应力工程【★★★】

一般规定	
隐蔽工程验收	6.1.1　浇筑混凝土之前，应进行预应力隐蔽工程验收。隐蔽工程验收应包括下列主要内容： 　1　预应力筋的品种、规格、级别、数量和位置；【2022(12)】 　2　成孔管道的规格、数量、位置、形状、连接以及灌浆孔、排气兼泌水孔； 　3　局部加强钢筋的牌号、规格、数量和位置； 　4　预应力筋锚具和连接器及锚垫板的品种、规格、数量和位置
检验批容量扩大	6.1.2　预应力筋、锚具、夹具、连接器、成孔管道的进场检验，当满足下列条件之一时，其检验批容量可扩大一倍： 　1　获得认证的产品； 　2　同一厂家、同一品种、同一规格的产品，连续三批均一次检验合格
维护标定	6.1.3　预应力筋张拉机具及压力表应定期维护。张拉设备和压力表应配套标定和使用，标定期限不应超过半年

材料	
预应力筋	6.2.1▲ 预应力筋进场时，应按国家现行标准的规定抽取试件作**抗拉强度、伸长率**检验，其检验结果应符合相应标准的规定【2020】
锚具	6.2.3 预应力筋用锚具应和锚垫板、局部加强钢筋配套使用，锚具、夹具和连接器进场时，应按现行行业标准《预应力筋用锚具、夹具和连接器应用技术规程》JGJ 85 的相关规定对其性能进行检验，检验结果应符合该标准的规定。 锚具、夹具和连接器用量不足检验批规定数量的 50%，且供货方提供有效的试验报告时，**可不作静载锚固性能试验**
孔道灌浆	6.2.5 孔道灌浆用水泥应采用硅酸盐水泥或普通硅酸盐水泥，水泥、外加剂的质量应分别符合本规范第 7.2.1 条、第 7.2.2 条的规定；成品灌浆材料的质量应符合现行国家标准《水泥基灌浆材料应用技术规范》（GB/T 50448）的规定
外观质量	6.2.6 预应力筋进场时，应进行外观检查，其外观质量应符合下列规定：【2023】 1 **有粘结**预应力筋的表面**不应有裂纹**、小刺、机械损伤、氧化铁皮和油污等，**展开后应平顺、不应有弯折**； 2 **无粘结**预应力钢绞线护套应光滑、无裂缝，无明显褶皱；**轻微破损**处应外包防水塑料胶带修补，严重破损者不得使用
预应力成孔管道	6.2.8 预应力成孔管道进场时，应进行**管道外观质量检查、径向刚度和抗渗漏性能**检验，其检验结果应符合下列规定： 1 金属管道外观应清洁，内外表面应无锈蚀、油污、附着物、孔洞；金属波纹管不应有不规则褶皱，咬口应无开裂、脱扣；钢管焊缝应连续； 2 塑料波纹管的外观应光滑、色泽均匀，内外壁不应有气泡、裂口、硬块、油污、附着物、孔洞及影响使用的划伤； 3 径向刚度和抗渗漏性能应符合现行行业标准《预应力混凝土桥梁用塑料波纹管》（JT/T 529）和《预应力混凝土用金属波纹管》（JG 225）的规定 检查数量：外观应全数检查；径向刚度和抗渗漏性能的检查数量应按进场的批次和产品的抽样检验方案确定。 检验方法：观察，检查质量证明文件和抽样检验报告
实例	预应力先张法和后张法现场如图 12-5、图 12-6 所示。 图 12-5 预应力先张法现场 图 12-6 预应力后张法现场

12-10 [2023-34] 以下混凝土结构预应力工程的说法，正确的是（   ）。

A. 预应力筋应抽取试件做抗拉强度试验，可不做伸长率试验

B. 有粘结预应力筋，表面不应有裂纹、机械损伤等，展开后无弯折

C. 无粘结预应力钢绞线护套应光滑，不允许任何裂缝、破损

D. 锚具、夹具、连接器均应做静载锚固性能检验

答案： B

解析： 参见考点4中"锚具""外观质量"相关规定，选项B正确。

12-11 [2022（12）-36] 下列关于预应力隐蔽工程，不包括的选项是（   ）。

A. 预应力筋的数量和位置

B. 成孔管道灌浆与封锚

C. 局部加强钢筋的位置

D. 预应力筋锚具和连接器的规格

答案： B

解析： 参见考点4中"隐蔽工程验收"相关规定，预应力隐蔽工程验收包括：预应力筋的品种、规格、级别、数量和位置（选项A）；成孔管道的规格、数量、位置、形状、连接以及灌浆孔、排气兼泌水孔；局部加强钢筋的牌号、规格、数量和位置（选项C）；预应力筋锚具和连接器及锚垫板的品种、规格、数量和位置（选项D）。

12-12 [2019-35] 在混凝土结构预应力分项工程验收的一般项目中，预应力成孔管道进场检验的内容不包括（   ）。

A. 外观质量检查　　　　　　　　　　B. 抗拉强度检验

C. 径向刚度检验　　　　　　　　　　D. 抗渗漏性能检验

答案： B

解析： 参见考点4中"预应力成孔管道"相关规定，预应力成孔管道进场时，应进行管道外观质量检查、径向刚度和抗渗漏性能检验。

考点5：混凝土工程【★★★★】

一般规定	
混凝土强度	7.1.1　混凝土强度应按现行国家标准《混凝土强度检验评定标准》（GB/T 50107）的规定分批检验评定。划入同一检验批的混凝土，其施工持续时间不宜超过**3个月**。 　　检验评定混凝土强度时，应采用28d或设计规定龄期的标准养护试件。 　　试件成型方法及标准养护条件应符合现行国家标准《普通混凝土力学性能试验方法标准》（GB/T 50081）的规定。采用蒸汽养护的构件，其试件应先随构件同条件养护，然后再置入标准养护条件下继续养护至28d或设计规定龄期
非标试件	7.1.2　当采用非标准尺寸试件时，应将其抗压强度乘以尺寸折算系数，折算成边长为**150mm** 的标准尺寸试件抗压强度。尺寸折算系数应按现行国家标准《混凝土强度检验评定标准》（GB/T 50107）采用。

非标试件	《混凝土强度检验评定标准》（GB/T 50107—2010）4.3.2　当采用非标准尺寸试件时，应将其抗压强度乘以尺寸折算系数，折算成边长为150mm的标准尺寸试件抗压强度。尺寸折算系数按下列规定采用： 1　当混凝土强度低于 C60 时，对边长度为100mm的立方体试件取0.95，对边长度为200mm的立方体试件取1.05； 2　当混凝土强度等级不低于 C60 时，尺寸折减系数应由试验确定，其试件数量不应少于30 对组
	原材料
水泥	7.2.1▲　水泥进场时，应对其品种、代号、强度等级、包装或散装编号、出厂日期等进行检查，并应对水泥的强度、安定性和凝结时间进行检验，检验结果应符合现行国家标准《通用硅酸盐水泥》（GB 175）的相关规定。【2022（5）】 检查数量：按同一厂家、同一品种、同一代号、同一强度等级、同一批号且连续进场的水泥，袋装不超过 200t 为一批，散装不超过 500t 为一批，每批抽样数量不应少于一次。 检验方法：检查质量证明文件和抽样检验报告
	《混凝土结构工程施工规范》（GB 50666—2011）7.2.2　水泥的选用应符合下列规定： 1　水泥品种与强度等级应根据设计、施工要求，以及工程所处环境条件确定； 2　普通混凝土宜选用通用硅酸盐水泥；有特殊需要时，也可选用其他品种水泥； 3　有抗渗、抗冻融要求的混凝土，宜选用硅酸盐水泥或普通硅酸盐水泥； 4　处于潮湿环境的混凝土结构，当使用碱活性骨料时，宜采用低碱水泥
粗骨料	《混凝土结构工程施工规范》（GB 50666—2011）7.2.3　粗骨料宜选用粒形良好、质地坚硬的洁净碎石或卵石，并应符合下列规定： 1　粗骨料最大粒径不应超过构件截面最小尺寸的1/4，且不应超过钢筋最小净间距的3/4；对实心混凝土板，粗骨料的最大粒径不宜超过板厚的1/3，且不应超过40mm； 2　粗骨料宜采用连续粒级，也可用单粒级组合成满足要求的连续粒级
拌制及养护用水	7.2.5　混凝土拌制及养护用水应符合现行行业标准《混凝土用水标准》（JGJ 63）的规定。采用饮用水时，可不检验；采用中水、搅拌站清洗水、施工现场循环水等其他水源时，应对其成分进行检验【2022（12）】
	混凝土拌和物
开盘鉴定	7.3.4　首次使用的混凝土配合比应进行开盘鉴定，其原材料、强度、凝结时间、稠度等应满足设计配合比的要求。【2022（12）】 检查数量：同一配合比的混凝土检查不应少于一次。 检验方法：检查开盘鉴定资料和强度试验报告

大体积混凝土	《混凝土结构工程施工规范》（GB 50666—2011）7.3.7 大体积混凝土的配合比设计，应符合下列规定：【2022（5）】 1 在保证混凝土强度及工作性要求的前提下，应控制水泥用量，宜选用中、低水化热水泥，并宜掺加**粉煤灰、矿渣粉**； 2 温度控制要求较高的大体积混凝土，其胶凝材料用量、品种等宜通过水化热和绝热温升试验确定； 3 宜采用**高性能减水剂**
原材料计量	《混凝土结构工程施工规范》（GB 50666—2011）7.4.2 混凝土搅拌时应对原材料用量准确计量，并应符合下列规定： 1 计量设备的精度应符合现行国家标准《混凝土搅拌站（楼）》（GB 10171）的有关规定，并应定期校准。使用前设备应归零； 2 原材料的计量应按**重量**计，水和外加剂溶液可按**体积**计，其允许偏差应符合表 7.4.2（表 12-5）的规定。 **表 12-5** 　　　　混凝土原材料计量允许偏差 　　　　（％） | 原材料品种	水泥	细骨料	粗骨料	水	矿物掺合料
---	---	---	---	---	---
每盘计量允许偏差	±2	±3	±3	±1	±2
累计计量允许偏差	±1	±2	±2	±1	±1	 注：1 现场搅拌时原材料计量允许偏差应满足每盘计量允许偏差要求； 　　2 累计计量允许偏差指每一运输车中各盘混凝土的每种材料累计称量的偏差，该项指标仅适用于采用计算机控制计量的搅拌站； 　　3 骨料含水率应经常测定，雨、雪天施工应增加测定次数

混凝土施工

强度取样	7.4.1▲ 混凝土的强度等级必须符合设计要求。用于检验混凝土强度的试件应在浇筑地点随机抽取。 检查数量：对同一配合比混凝土，取样与试件留置应符合下列规定： 1 每拌制 100 盘且不超过 100m³ 时，取样不得少于一次； 2 每工作班拌制不足 100 盘时，取样不得少于一次； 3 连续浇筑超过 1000m³ 时，每 200m³ 取样不得少于一次； 4 每一楼层取样不得少于一次； 5 每次取样应至少留置一组试件。 检验方法：检查施工记录及混凝土强度试验报告

 典型习题

12-13［2022（12）-37］首次使用混凝土配制的开盘鉴定资料不包括（ 　　 ）。

A. 原材料检验报告　　　　　　　　B. 强度检验报告

C. 凝结时间试验报告　　　　　　　D. 搅拌设备计量证书

答案：D

解析： 参见考点 5 中"开盘鉴定"相关规定，原材料、强度、凝结时间、稠度等应满足设计配合比的要求。

12-14 [2022 (12)-38] 下列关于混凝土拌制及养护用水，错误的是（　　）。

A. 用饮用水无需检测
B. 用中水需要检测
C. 用清洗水无需检测
D. 用回收水需要检测

答案： C

解析： 参见考点 5 中"拌制及养护用水"相关规定，采用饮用水作为混凝土用水时，可不检验，采用中水、搅拌站清洗水、施工现场循环水等其他水源时，应对其成分进行检验。

考点 6：现浇结构工程【★★】

一般规定	
质量验收	8.1.1　现浇结构质量验收应符合下列规定：【2021】 1 现浇结构质量验收应在**拆模后**、混凝土表面**未作修整和装饰前**进行，并应作出记录； 2 已经隐蔽的不可直接观察和量测的内容，可检查**隐蔽工程验收记录**； 3 修整或返工的结构构件或部位应有**实施前后的文字及图像记录**
外观质量缺陷	8.1.2　现浇结构的外观质量缺陷应由监理单位、施工单位等**各方**根据其对结构性能和使用功能影响的严重程度按表 8.1.2（表 12-6）确定。【2022 (12)，2022 (5)】 表 12-6　　现浇结构外观质量缺陷

表 12-6　现浇结构外观质量缺陷

名称	现象	严重缺陷	一般缺陷
露筋	构件内钢筋未被混凝土包裹而外露	**纵向受力钢筋**有露筋	其他钢筋有少量露筋
蜂窝	混凝土表面缺少水泥砂浆而形成**石子外露**	构件**主要受力部位**有蜂窝	其他部位有少量蜂窝
孔洞	混凝土中孔穴深度和长度均超过保护层厚度	构件**主要受力部位**有孔洞	其他部位有少量孔洞
夹渣	混凝土中夹有杂物且深度超过保护层厚度	构件主要受力部位有夹渣	其他部位有少量夹渣
疏松	混凝土中局部不密实	构件主要受力部位有疏松	其他部位有少量疏松
裂缝	裂缝从混凝土表面延伸至混凝土内部	构件主要受力部位有影响结构性能或使用功能的裂缝	其他部位有少量不影响结构性能或使用功能的裂缝
连接部位缺陷	构件连接处混凝土有缺陷及连接钢筋、连接件松动	连接部位有影响结构传力性能的缺陷	连接部位有基本不影响结构传力性能的缺陷
外形缺陷	缺棱掉角、棱角不直、翘曲不平、飞边凸肋等	清水混凝土构件有影响使用功能或装饰效果的外形缺陷	其他混凝土构件有不影响使用功能的外形缺陷外表
缺陷	构件表面麻面、掉皮、起砂、沾污等	具有重要装饰效果的清水混凝土构件有外表缺陷	其他混凝土构件有不影响使用功能的外表缺陷

	外观质量	

严重缺陷	8.2.1 现浇结构的外观质量不应有严重缺陷。【2024】 对已经出现的严重缺陷，应由**施工单位**提出技术处理方案，并经**监理单位**认可后进行处理；对裂缝或连接部位的严重缺陷及其他影响结构安全的严重缺陷，技术处理方案尚应经**设计单位**认可。对经处理的部位应重新验收。 检查数量：全数检查。 检验方法：观察，检查处理记录
一般缺陷	8.2.2 现浇结构的外观质量不应有一般缺陷。 对已经出现的一般缺陷，应由**施工单位**按技术处理方案进行处理。对经处理的部位应重新验收。 检查数量：全数检查。 检验方法：观察，检查处理记录

	位置和尺寸偏差	

偏差及检验方法	8.3.2 现浇结构的位置和尺寸偏差及检验方法应符合表 8.3.2（表 12-7）的规定。 检查数量：按楼层、结构缝或施工段划分检验批。在同一检验批内，对梁、柱和独立基础，应抽查构件数量的 10%，且不应少于 3 件；对墙和板，应按有代表性的自然间抽查 10%，且不应少于 3 间；对大空间结构，墙可按相邻轴线间高度 5m 左右划分检查面，板可按纵、横轴线划分检查面，抽查 10%，且均不应少于 3 面；对电梯井，应**全数检查**。【2022（5）】

表 12-7　　　　　　现浇结构位置和尺寸允许偏差及检验方法

项目			允许偏差/mm	检验方法
轴线位置	整体基础		15	经纬仪及尺量
	独立基础		10	经纬仪及尺量
	柱、墙、梁		8	尺量
垂直度	层高	≤6m	10	经纬仪或吊线、尺量
		>6m	12	经纬仪或吊线、尺量
	全高（H）≤300m		$H/30\,000+20$	经纬仪、尺量
	全高（H）>300m		$H/10\,000$ 且≤80	经纬仪、尺量
标高	层高		±10	水准仪或拉线、尺量
	全高		±30	水准仪或拉线、尺量
截面尺寸	基础		+15，−10	尺量
	柱、梁、板、墙		+10，−5	尺量
	楼梯相邻踏步高差		6	尺量
电梯井	中心位置		10	尺量
	长，宽尺寸		+25，0	尺量
表面平整度			8	2m 靠尺和塞尺量测

		项目	允许偏差/mm	检验方法
偏差及检验方法	预埋件中心位置	预埋板	10	尺量
		预埋螺栓	5	尺量
		预埋管	5	尺量
		其他	10	尺量
	预留洞、孔中心线位置		15	尺量

混凝土浇筑 ［根据《混凝土结构工程施工规范》（GB 50666—2011）相关规定］

倾落高度

8.3.6 柱、墙模板内的混凝土浇筑不得发生离析，倾落高度应符合表8.3.6（表12 - 8）的规定；当不能满足要求时，应加设串筒、溜管、溜槽等装置。

表 12 - 8 柱、墙模板内混凝土浇筑倾落高度限值 （m）

条件	浇筑倾落高度限值
粗骨料粒径大于 25mm	≤3
粗骨料粒径小于等于 25mm	≤6

注：当有可靠措施能保证混凝土不产生离析时，混凝土倾落高度可不受本表限制

施工缝后浇带

8.3.10 施工缝或后浇带处浇筑混凝土，应符合下列规定：
1 结合面应为粗糙面，并应清除浮浆、松动石子、软弱混凝土层；
2 结合面处应洒水湿润，但不得有积水；
3 施工缝处已浇筑混凝土的强度不应小于 1.2MPa；
4 柱、墙水平施工缝水泥砂浆接浆层厚度不应大于30mm，接浆层水泥砂浆应与混凝土浆液成分相同；
5 后浇带混凝土强度等级及性能应符合设计要求；当设计无具体要求时，后浇带混凝土强度等级宜比两侧混凝土提高一级，并宜采用减少收缩的技术措施

混凝土养护 ［《混凝土结构工程施工规范》（GB 50666—2011）相关规定］

养护时间

8.5.2 混凝土的养护时间应符合下列规定：
1 采用硅酸盐水泥、普通硅酸盐水泥或矿渣硅酸盐水泥配制的混凝土，不应少于7d；采用其他品种水泥时，养护时间应根据水泥性能确定；
2 采用缓凝型外加剂、大掺量矿物掺合料配制的混凝土，不应少于14d；
3 抗渗混凝土、强度等级 C60 及以上的混凝土，不应少于14d；
4 后浇带混凝土的养护时间不应少于14d；
5 地下室底层墙、柱和上部结构首层墙、柱，宜适当增加养护时间；
6 大体积混凝土养护时间应根据施工方案确定

强度 8.5.8 混凝土强度达到1.2MPa前，不得在其上踩踏、堆放物料、安装模板及支架

同养试件的取样和留置	C.0.1 同条件养护试件的取样和留置应符合下列规定： 1 同条件养护试件所对应的结构构件或结构部位，应由施工、监理等各方共同选定，且同条件养护试件的取样宜均匀分布于工程施工周期内； 2 同条件养护试件应在混凝土浇筑入模处见证取样； 3 同条件养护试件应留置在靠近相应结构构件的适当位置，并应采取相同的养护方法； 4 同一强度等级的同条件养护试件不宜少于 10 组，且不应少于 3 组。每连续两层楼取样不应少于 1 组；每 2000m³ 取样不得少于一组

 **典型习题**

12-15 [2024-35] 关于现浇结构质量缺陷，说法正确的是（　　）。

A. 现浇结构的外观质量可以有一般缺陷

B. 对已经出现的外观一般缺陷，不影响安全的可以不用处理

C. 对已经出现的外观严重缺陷，经监理单位认可后进行处理

D. 对影响结构安全的严重缺陷，技术处理方案尚应经建设单位认可

答案： C

解析： 参见考点 6 中"外观质量"相关规定，现浇结构的外观质量不应有一般缺陷。对已经出现的一般缺陷，应由施工单位按技术处理方案进行处理。对已经出现的严重缺陷，应由施工单位提出技术处理方案，并经监理单位认可后进行处理；对影响结构安全的严重缺陷，技术处理方案尚应经设计单位认可。

12-16 [2022（12）-40] 关于现浇混凝土构件质量缺陷，下列选项为一般缺陷的是（　　）。

A. 主要受力部位有疏松　　　　　　　B. 纵向受力钢筋有露筋

C. 其他部位有蜂窝　　　　　　　　　D. 主要受力部位有孔洞

答案： C

解析： 参见考点 6 中"外观质量缺陷"相关规定，选项 C 为一般缺陷，选项 A、B、D 为严重缺陷。

12-17 [2022（5）-34] 对现浇结构的位置和尺寸偏差检验，应全数检查的是（　　）。

A. 独立基础　　　　B. 大空间结构　　　　C. 梁柱　　　　D. 电梯井

答案： D

解析： 参见考点 6 中"偏差及检验方法"相关规定，对电梯井，应全数检查。

考点 7：装配式结构工程【★★】

一般规定	
隐蔽工程验收	9.1.1 装配式结构连接节点及叠合构件浇筑混凝土之前，应进行隐蔽工程验收。隐蔽工程验收应包括下列主要内容：【2021】 1 混凝土粗糙面的质量，键槽的尺寸、数量、位置； 2 钢筋的牌号、规格、数量、位置、间距，箍筋弯钩的弯折角度及平直段长度； 3 钢筋的连接方式、接头位置、接头数量、接头面积百分率、搭接长度、锚固方式及锚固长度； 4 **预埋件、预留管线**的规格、数量、位置

	预制构件	
	9.2.2 专业企业生产的预制构件进场时，预制构件结构性能检验应符合下列规定	
结构性能检验	梁板类简支受弯	1 梁板类简支受弯预制构件进场时应进行结构性能检验，并应符合下列规定：【2021】 1）结构性能检验应符合国家现行相关标准的有关规定及设计的要求，检验要求和试验方法应符合本规范附录 B 的规定。 2）钢筋混凝土构件和**允许出现裂缝**的预应力混凝土构件应进行**承载力、挠度和裂缝宽度**检验；**不允许出现裂缝**的预应力混凝土构件应进行**承载力、挠度和抗裂**检验。 3）对**大型构件及有可靠应用经验**的构件，可只进行**裂缝宽度、抗裂和挠度**检验。 4）对使用数量较少的构件，当能提供可靠依据时，可**不进行结构性能**检验
	其他	2 对其他预制构件，除设计有专门要求外，进场时可不做结构性能检验
	不做结构性能检验	3 对进场时不做结构性能检验的预制构件，应采取下列措施： 1）施工单位或监理单位代表应驻厂监督制作过程； 2）当无驻厂监督时，预制构件进场时应对预制构件主要受力钢筋数量、规格、间距及混凝土强度等进行实体检验
	检验数量：同一类型预制构件不超过 1000 个为一批，每批随机抽取 1 个构件进行结构性能检验。 检验方法：检查结构性能检验报告或实体检验报告。 注："同类型"是指同一钢种、同一混凝土强度等级、同一生产工艺和同一结构形式。抽取预制构件时，宜从设计荷载最大、受力最不利或生产数量最多的预制构件中抽取	
吊运	《混凝土结构工程施工规范》（GB 50666—2011）9.1.3 预制构件的吊运应符合下列规定： 1 应根据预制构件形状、尺寸、重量和作业半径等要求选择吊具和起重设备，所采用的吊具和起重设备及其施工操作，应符合国家现行有关标准及产品应用技术手册的规定； 2 应采取保证起重设备的主钩位置、吊具及构件重心在竖直方向上重合的措施；吊索与构件水平夹角不宜小于**60°**，不应小于**45°**；吊运过程应平稳，不应有大幅度摆动，且不应长时间悬停； 3 应设专人指挥，操作人员应位于安全位置	

 典型习题

12-18［2021-35］下列装配式结构的验收项目中，属于隐蔽工程验收内容的是（ ）。

A. 预制构件的结构性能检测　　　　　　B. 预制构件的外观质量检查

C. 浇筑连接节点的水泥强度　　　　　D. 预制构件预留连接件规格

答案：D

解析：参见考点 7 中"隐蔽工程验收"相关规定，预埋件、预留管线的规格、数量、位置属于隐蔽工程验收。

12-19〔2021-36〕梁板类简支受弯预制构件进场时，应进行结构性能检验，对有可靠应用经验的大型构件，可不进行检验的项目是（　　　）。

A. 承载力　　　　　　　　　　　　　B. 抗裂

C. 裂缝宽度　　　　　　　　　　　　D. 挠度

答案：A

解析：参见考点 7 中"结构性能检验"相关规定，对大型构件及有可靠应用经验的构件，可只进行裂缝宽度、抗裂和挠度检验。

考点 8：冬雨期施工与环境保护【★★】

本考点均摘自《混凝土结构工程施工规范》（GB 50666—2011）相关规定	
冬期施工	10.2.1　冬期施工混凝土宜采用**硅酸盐**水泥或**普通硅酸盐**水泥；采用蒸汽养护时，宜采用**矿渣硅酸盐**水泥。 10.2.4　冬期施工混凝土配合比，应根据施工期间环境气温、原材料、养护方法、混凝土性能要求等经试验确定，并宜选择**较小**的水胶比和坍落度。 10.2.12　冬期浇筑的混凝土，其受冻临界强度应符合下列规定： 　1　当采用**蓄热法、暖棚法、加热法**施工时，采用硅酸盐水泥、普通硅酸盐水泥配制的混凝土，不应低于设计混凝土强度等级值的 30%；采用矿渣硅酸盐水泥、粉煤灰硅酸盐水泥、火山灰质硅酸盐水泥、复合硅酸盐水泥配制的混凝土时，不应低于设计混凝土强度等级值的 40%。 　2　当室外最低气温不低于−15℃时，采用综合蓄热法、负温养护法施工的混凝土受冻临界强度不应低于 4.0MPa；当室外最低气温不低于−30℃时，采用负温养护法施工的混凝土受冻临界强度不应低于 5.0MPa。 　3　强度等级等于或高于 C50 的混凝土，不宜低于设计混凝土强度等级值的 30%。 　4　有抗渗要求的混凝土，不宜小于设计混凝土强度等级值的 50%。 　5　有抗冻耐久性要求的混凝土，不宜低于设计混凝土强度等级值的 70%。 　6　当采用暖棚法施工的混凝土中掺入早强剂时，可按综合蓄热法受冻临界强度取值。 　7　当施工需要提高混凝土强度等级时，应按提高后的强度等级确定受冻临界强度。 10.2.14　混凝土浇筑后，对裸露表面应采取**防风、保湿、保温**措施，对边、棱角及易受冻部位应加强保温。在混凝土养护和越冬期间，**不得**直接对负温混凝土表面**浇水养护**。 10.2.19　冬期施工混凝土强度试件的留置，除应符合现行国家标准《混凝土结构工程施工质量验收规范》（GB 50204）的有关规定外，尚应**增加不少于 2 组**的同条件养护试件。同条件养护试件应在解冻后进行试验

高温施工	10.3.2 高温施工的混凝土配合比设计，除应符合本规范第 7.3 节的规定外，尚应符合下列规定： 1 应分析原材料温度、环境温度、混凝土运输方式与时间对混凝土初凝时间、坍落度损失等性能指标的影响，根据环境温度、湿度、风力和采取温控措施的实际情况，对混凝土配合比进行调整； 2 宜在近似现场运输条件、时间和预计混凝土浇筑作业最高气温的天气条件下，通过混凝土试拌、试运输的工况试验，确定适合高温天气条件下施工的混凝土配合比； 3 宜降低水泥用量，并可采用矿物掺合料替代部分水泥；宜选用水化热较低的水泥； 4 混凝土坍落度不宜小于70mm。 10.3.4 混凝土宜采用白色涂装的混凝土搅拌运输车运输；混凝土输送管应进行遮阳覆盖，并应洒水降温。 10.3.5 混凝土拌和物入模温度应符合本规范第8.1.2条的规定。 8.1.2 混凝土拌和物入模温度不应低于5℃，且不应高于35℃。 10.3.6 混凝土浇筑宜在早间或晚间进行，且应连续浇筑。当混凝土水分蒸发较快时，应在施工作业面采取挡风、遮阳、喷雾等措施。 10.3.7 混凝土浇筑前，施工作业面宜采取遮阳措施，并应对模板、钢筋和施工机具采用洒水等降温措施，但浇筑时模板内不得积水。 10.3.8 混凝土浇筑完成后，应及时进行保湿养护。侧模拆除前宜采用带模湿润养护
雨期施工 【2022(5)】	10.4.1 雨期施工期间，水泥和矿物掺合料应采取防水和防潮措施，并应对粗骨料、细骨料的含水率进行监测，及时调整混凝土配合比。 10.4.2 雨期施工期间，应选用具有防雨水冲刷性能的模板脱模剂。 10.4.3 雨期施工期间，混凝土搅拌、运输设备和浇筑作业面应采取防雨措施，并应加强施工机械检查维修及接地接零检测工作。 10.4.4 雨期施工期间，除应采用防护措施外，小雨、中雨天气不宜进行混凝土露天浇筑，且不应进行大面积作业的混凝土露天浇筑；大雨、暴雨天气不应进行混凝土露天浇筑。 10.4.5 雨后应检查地基面的沉降，并应对模板及支架进行检查。 10.4.6 雨期施工期间，应采取防止模板内积水的措施。模板内和混凝土浇筑分层面出现积水时，应在排水后再浇筑混凝土。 10.4.7 混凝土浇筑过程中，因雨水冲刷致使水泥浆流失严重的部位，应采取补救措施后再继续施工。 10.4.8 在雨天进行钢筋焊接时，应采取挡雨等安全措施。 10.4.9 混凝土浇筑完毕后，应及时采取覆盖塑料薄膜等防雨措施。 10.4.10 台风来临前，应对尚未浇筑混凝土的模板及支架采取临时加固措施；台风结束后，应检查模板及支架，已验收合格的模板及支架应重新办理验收手续

环境保护 【2022(5)】	11.2.1 施工过程中,应采取防尘、降尘措施。施工现场的主要道路,宜进行**硬化处理**或采取其他扬尘控制措施。可能造成扬尘的露天堆储材料,宜采取扬尘控制措施。 11.2.2 施工过程中,应对材料搬运、施工设备和机具作业等采取可靠的降低噪声措施。施工作业在施工场界的噪声级,应符合现行国家标准《建筑施工场界噪声限值》(GB 12523)的有关规定。 11.2.3 施工过程中,应采取光污染控制措施。可能产生强光的施工作业,应采取防护和遮挡措施。夜间施工时,应采用**低角度**灯光照明。 11.2.4 应采取沉淀、隔油等措施处理施工过程中产生的污水,**不得直接排放**。 11.2.5 宜选用环保型脱模剂。涂刷模板脱模剂时,应防止洒漏。含有污染环境成分的脱模剂,使用后剩余的脱模剂及其包装等**不得与普通垃圾混放**,并应由厂家或有资质的单位回收处理。 11.2.6 施工过程中,对施工设备和机具维修、运行、存储时的漏油,应采取有效的隔离措施,不得直接污染土壤。漏油应**统一收集**并进行**无害化处理**。 11.2.7 混凝土外加剂、养护剂的使用,应满足环境保护和人身健康的要求。 11.2.8 施工中可能接触有害物质的操作人员应采取有效的防护措施。 11.2.9 不可循环使用的建筑垃圾,应集中收集,并应及时清运至有关部门指定的地点。可循环使用的建筑垃圾,应加强回收利用,并应做好记录

典型习题

12-20 [2022(5)-38] 关于混凝土工程雨天施工,说法正确的是(   )。

A. 模板内有积水也可以浇筑

B. 选用具有防腐性能的模板脱模剂

C. 小雨天气进行大面积混凝土施工

D. 在雨天进行钢筋焊接时,应采取挡雨等安全措施

答案: D

解析: 参见考点8中"雨期施工"相关规定,雨期施工期间应选用具有防雨水冲刷性能的模板脱模剂(选项B错误)。小雨、中雨天气不宜进行混凝土露天浇筑,且不应进行大面积作业的混凝土露天浇筑(选项C错误)。模板内和混凝土浇筑分层面出现积水时,应在排水后再浇筑混凝土(选项A错误)。在雨天进行钢筋焊接时,应采取挡雨等安全措施(选项D正确)。

12-21 [2022(5)-40] 关于混凝土环境因素控制,做法错误的是(   )。

A. 漏油应统一收集并进行无害化处理

B. 采取沉淀、隔油等措施处理施工过程中产生的污水,不得直接排放

C. 使用后剩余的脱模剂与普通垃圾一起处理

D. 夜间施工时,应采用低角度灯光照明

答案： C

解析： 参见考点 8 中"环境保护"相关规定，使用后剩余的脱模剂及其包装等不得与普通垃圾混放，并应由厂家或有资质的单位回收处理。

考点 9：混凝土结构子分部工程

结构实体检验	
结构实体检验	10.1.1 对涉及混凝土结构安全的有代表性的部位应进行结构实体检验。结构实体检验应包括**混凝土强度**、**钢筋保护层厚度**、**结构位置**与**尺寸偏差**以及合同约定的项目；必要时可检验其他项目。【2024】 结构实体检验应由**监理单位**组织**施工单位**实施，并见证实施过程。**施工单位**应制定结构实体检验专项方案，并经**监理单位**审核批准后实施。除**结构位置**与**尺寸偏差**外的结构实体检验项目，应由具有**相应资质的检测机构**完成【2020】
强度检验	10.1.2 结构实体混凝土强度应按不同强度等级分别检验，检验方法宜采用**同条件养护**试件方法；当未取得同条件养护试件强度或同条件养护试件强度不符合要求时，可采用**回弹 - 取芯**法进行检验。 混凝土强度检验时的等效养护龄期可取日平均温度逐日累计达到 **600℃·d** 时所对应的龄期，且不应小于 **14d**。日平均温度为 0℃ 及以下的龄期不计入。 冬期施工时，等效养护龄期计算时温度可取结构构件实际养护温度，也可根据结构构件的实际养护条件，按照同条件养护试件强度与在标准养护条件下 28d 龄期试件强度相等的原则由监理、施工等各方共同确定
委托机构	10.1.5 结构实体检验中，当**混凝土强度**或**钢筋保护层厚度**检验结果不满足要求时，应委托**具有资质的检测机构**按国家现行有关标准的规定进行检测
混凝土结构子分部工程验收	
子分部验收规定	10.2.1 混凝土结构子分部工程施工质量验收合格应符合下列规定： 1 所含分项工程质量验收应合格； 2 应有完整的质量控制资料； 3 **观感**质量验收应合格； 4 结构实体检验结果应符合本规范的要求
质量不符合要求处理	10.2.2 当混凝土结构施工质量不符合要求时，应按下列规定进行处理：【2022（5）】 1 经返工、返修或更换构件、部件的，应**重新进行验收**； 2 经有资质的检测机构按国家现行相关标准检测鉴定达到设计要求的，应**予以验收**； 3 经有资质的检测机构按国家现行相关标准检测鉴定达不到设计要求，但经原设计单位核算并确认仍可满足结构安全和使用功能的，可**予以验收**； 4 经返修或加固处理能够满足结构可靠性要求的，可根据技术处理方案和协商文件**进行验收**

12-22［2024-34］下列不属于混凝土结构实体检验的是（　　）。

A. 混凝土强度

B. 钢筋保护层厚度

C. 结构位置与尺寸偏差

D. 结构构件变形

答案：D

解析：参见考点9中"结构实体检验"相关规定，结构实体检验应包括混凝土强度、钢筋保护层厚度、结构位置与尺寸偏差以及合同约定的项目。

12-23［2022（5）-35］当混凝土结构施工质量不符合要求时，以下处理方法错误的是（　　）。

A. 经返工的应重新进行验收

B. 经有资质的检测机构按国家现行相关标准检测鉴定达到设计要求的，应予以验收

C. 经有资质的检测机构按国家现行相关标准检测鉴定达不到设计要求，但经原设计单位核算并确认仍可满足结构安全和使用功能的，不予验收

D. 经返修能够满足结构可靠性要求的，可根据技术处理方案和协商文件进行验收

答案：C

解析：参见考点9中"施工质量不符合要求处理"相关规定，经有资质的检测机构按国家现行相关标准检测鉴定达不到设计要求，但经原设计单位核算并确认仍可满足结构安全和使用功能的，可予以验收。

考点10：《混凝土结构通用规范》（GB 55008—2021）相关要求

一般规定	5.1.1　混凝土结构工程施工应确保实现设计要求，并应符合下列规定： 　1　应编制施工组织设计、施工方案并实施； 　2　应制定资源节约和环境保护措施并实施； 　3　应对已完成的实体进行保护，且作用在已完成实体上的荷载不应超过规定值。 5.1.2　材料、构配件、器具和半成品应进行进场验收，合格后方可使用。 5.1.3　应对隐蔽工程进行验收并做好记录。 5.1.4　模板拆除、预制构件起吊、预应力筋张拉和放张时，同条件养护的混凝土试件应达到规定强度。 5.1.5　混凝土结构的外观质量不应有严重缺陷及影响结构性能和使用功能的尺寸偏差。 5.1.6　应对涉及混凝土结构安全的代表性部位进行实体质量检验
模板工程	5.2.1　模板及支架应根据施工过程中的各种控制工况进行设计，并应满足**承载力、刚度和整体稳固性**要求。【2021】 5.2.2　模板及支架应保证混凝土结构和构件各部分形状、尺寸和位置准确

钢筋及预应力工程	5.3.1 钢筋机械连接或焊接连接接头试件应从完成的实体中截取，并应按规定进行性能检验。 5.3.2 锚具或连接器进场时，应检验其静载锚固性能。由锚具或连接器、锚垫板和局部加强钢筋组成的锚固系统，在规定的结构实体中，应能可靠传递预加力。 5.3.3 钢筋和预应力筋应安装牢固、位置准确。 5.3.4 预应力筋张拉后应可靠锚固，且不应有断丝或滑丝。 5.3.5 后张预应力孔道灌浆应密实饱满，并应具有规定的强度
混凝土工程	5.4.1 混凝土运输、输送、浇筑过程中**严禁加水**；运输、输送、浇筑过程中散落的混凝土严禁用于结构浇筑。 5.4.2 应对结构混凝土强度等级进行检验评定，试件应在浇筑地点随机抽取。 5.4.3 结构混凝土浇筑应密实，浇筑后应及时进行养护。 5.4.4 大体积混凝土施工应采取混凝土内外温差控制措施
装配式结构工程	5.5.1 预制构件连接应符合设计要求，并应符合下列规定： 1 套筒灌浆连接接头应进行工艺检验和现场平行加工试件性能检验；灌浆应饱满密实。 2 浆描搭接连接的钢筋搭接长度应符合设计要求，灌浆应饱满密实。 3 螺栓连接应进行工艺检验和安装质量检验。 4 钢筋机械连接应制作平行加工试件，并进行性能检验。 5.5.2 预制叠合构件的接合面、预制构件连接节点的接合面，应按设计要求做好界面处理并清理干净，后浇混凝土应饱满、密实

 典型习题

12-24〔2021-32〕模板及其支架应根据安装、使用和拆除工况进行设计，应满足的基本要求不包括（　　）。

A. 承载力要求　　　　　　　　　　B. 刚度要求

C. 经济性要求　　　　　　　　　　D. 整体稳固性要求

答案：C

解析：参见考点10中"模板工程"相关规定，应满足承载力、刚度和整体稳固性要求。

相似知识点总结

1. 混凝土工程进场检验、隐蔽验收总结		
进场检验	钢筋（5.2.1）	屈服强度、抗拉强度、伸长率、弯曲性能、重量偏差
	成型钢筋（5.2.2）	屈服强度、抗拉强度、伸长率、重量偏差
	预应力筋（6.2.1）	抗拉强度、伸长率
	预应力成孔管道（6.2.8）	外观质量、径向刚度、抗渗漏性能

隐蔽工程验收	钢筋 （5.1.1）	纵向受力钢筋	牌号、规格、数量、位置
		钢筋	连接方式、接头位置、接头质量、接头面积百分率、搭接长度、锚固方式及锚固长度
		箍筋、横向钢筋 箍筋弯钩	牌号、规格、数量、间距、位置 弯折角度及平直段长度
		预埋件	规格、数量和位置
	预应力 （6.1.1）	预应力筋	品种、规格、级别、数量和位置
		成孔管道	规格、数量、位置、形状、连接以及灌浆孔、排气兼泌水孔
		局部加强钢筋	牌号、规格、数量和位置
		预应力筋锚具和连接器及锚垫板	品种、规格、数量和位置
	装配式 （9.1.1）	混凝土粗糙面键槽	质量，尺寸、数量、位置
		钢筋箍筋弯钩	牌号、规格、数量、位置、间距，弯折角度及平直段长度
		钢筋	连接方式、接头位置、接头数量、接头面积百分率、搭接长度、锚固方式及锚固长度
		预埋件、预留管线	规格、数量、位置
2. 混凝土工程预制构件结构实体检验总结			
预制构件结构性能检验 （9.2.2）	允许裂缝		承载力、挠度、裂缝宽度
	不允许裂缝		承载力、挠度、抗裂
	大型可靠		裂缝宽度、抗裂、挠度
结构实体检验 （10.1.1）	内容		混凝土强度、钢筋保护层厚度、结构位置、尺寸偏差
	检测机构		混凝土强度、钢筋保护层厚度
	监理单位		组织，见证。审核批准
	施工单位		实施，制定结构实体检验专项方案

第十三章　钢结构工程

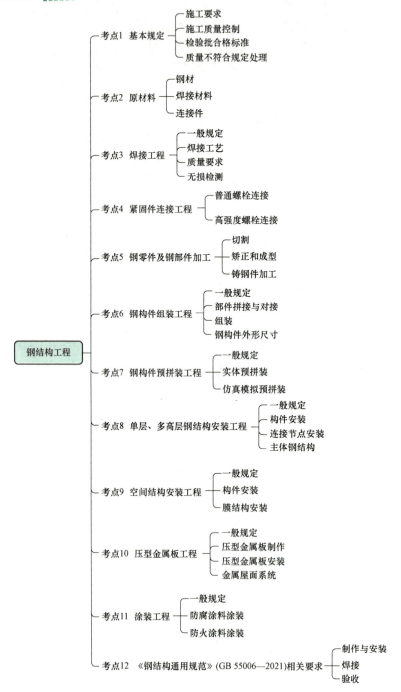

钢结构工程

- 考点1　基本规定
  - 施工要求
  - 施工质量控制
  - 检验批合格标准
  - 质量不符合规定处理
- 考点2　原材料
  - 钢材
  - 焊接材料
  - 连接件
- 考点3　焊接工程
  - 一般规定
  - 焊接工艺
  - 质量要求
  - 无损检测
- 考点4　紧固件连接工程
  - 普通螺栓连接
  - 高强度螺栓连接
- 考点5　钢零件及钢部件加工
  - 切割
  - 矫正和成型
  - 铸钢件加工
- 考点6　钢构件组装工程
  - 一般规定
  - 部件拼接与对接
  - 组装
  - 钢构件外形尺寸
- 考点7　钢构件预拼装工程
  - 一般规定
  - 实体预拼装
  - 仿真模拟预拼装
- 考点8　单层、多高层钢结构安装工程
  - 一般规定
  - 构件安装
  - 连接节点安装
  - 主体钢结构
- 考点9　空间结构安装工程
  - 一般规定
  - 构件安装
  - 膜结构安装
- 考点10　压型金属板工程
  - 一般规定
  - 压型金属板制作
  - 压型金属板安装
  - 金属屋面系统
- 考点11　涂装工程
  - 一般规定
  - 防腐涂料涂装
  - 防火涂料涂装
- 考点12　《钢结构通用规范》(GB 55006—2021)相关要求
  - 制作与安装
  - 焊接
  - 验收

 考情分析

考　点	近5年考试分值统计					
	2024年	2023年	2022年 12月	2022年 5月	2021年	2020年
考点1　基本规定	1	1	0	0	0	0
考点2　原材料	0	0				
考点3　焊接工程	0	0				
考点4　紧固件连接工程	0	2				
考点5　钢零件及钢部件加工	0	0				
考点6　钢构件组装工程	0	0				
考点7　钢构件预拼装工程	0	0				
考点8　单层、多高层钢结构安装工程	0	0				
考点9　空间结构安装工程	0	0				
考点10　压型金属板工程	0	0				
考点11　涂装工程	1	0				
考点12　《钢结构通用规范》（GB 55006—2021）相关要求	0	0				
总　计	2	3	新大纲新增考点			

注：1. 本节所列标准如无特殊说明，均出自《钢结构工程施工质量验收标准》（GB 50205—2020），因《钢结构通用规范》（GB 55006—2021）在2022年1月1日实施，相关强制性条文废止。

2. 近几年的题目偏向实用性与灵活性，考生在复习时切不可死记硬背。

3. 本节为新大纲新增考点，虽然只有2023～2024年少量真题，但非常重要。

考点1：基本规定【★★】

施工要求	3.0.1　钢结构工程施工单位应有相应的**施工技术标准、质量管理体系、质量控制及检验制度**，施工现场应有经审批的**施工组织设计、施工方案**等技术文件
施工质量控制	3.0.4　钢结构工程应按下列规定进行施工质量控制：【2024】 1　采用的原材料及成品应进行进场验收，凡涉及**安全、功能**的原材料及成品应按本标准14.0.2条的规定进行**复验**，并应经监理工程师（建设单位技术负责人）见证**取样送样**； 2　各工序应按施工技术标准进行质量控制，每道工序完成**后**应进行检查； 3　相关各专业之间应进行**交接检验**，并经监理工程师（建设单位技术负责人）检查认可
检验批合格标准	3.0.6　检验批合格质量标准应符合下列规定： 1　主控项目必须满足本标准质量要求； 2　一般项目的检验结果应有**80%**及以上的检查点（值）满足本标准的要求，且最大值（或最小值）不应超过其允许偏差值的**1.2倍**
质量不符合规定处理	3.0.8　当钢结构工程施工质量不符合本标准的规定时，应按下列规定进行处理：【2023】 1　经返修或更换构（配）件的检验批，应**重新进行验收**； 2　经法定的检测单位检测鉴定能够达到设计要求的检验批，应**予以验收**； 3　经法定的检测单位检测鉴定达不到设计要求，但经原设计单位核算认可能够满足结构安全和使用功能的检验批，可**予以验收**； 4　经返修或加固处理的分项、分部工程，仍能满足结构安全和使用功能要求时，可按处理技术方案和协商文件**进行验收**； 5　通过返修或加固处理仍不能满足安全使用要求的钢结构分部工程，**严禁验收**

13-1 [2024-36] 下列关于钢结构施工质量控制，说法错误的是（　　）。

A. 采用的原材料及成品应进行进场验收

B. 凡涉及安全、功能的原材料应按规定进行复验

C. 各工序应按施工技术标准进行质量控制，每道工序完成后应进行检查

D. 相关各专业之间应进行交接检验，并经施工单位技术负责人检查认可

答案： D

解析： 参见考点1中"施工质量控制"相关规定，相关各专业之间应进行交接检验，并经监理工程师（建设单位技术负责人）检查认可。

13-2 [2023-35] 当钢结构工程施工质量不符合施工质量验收标准规定时，正确的是（　　）。

A. 更换构件的检验批，不需重新进行验收

B. 通过加固处理，未满足观感质量的钢结构分部工程，严禁验收

C. 虽经原设计单位核算认可，能够满足结构安全和使用功能的检验批，也不应验收

D. 经法定的检测单位检测鉴定能达到设计要求的检验批，应予以验收

答案： D

解析： 参见考点1中"质量不符合规定处理"相关规定。

考点2：原材料【★】

钢材抽样复验	A.0.1　钢材质量合格验收应符合下列规定： 1　全数检查钢材的质量合格证明文件、中文标志及检验报告等，检查钢材的品种、规格、性能等应符合国家现行标准的规定并满足设计要求。 2　对属于下列情况之一的钢材，应进行抽样复验，其复验结果应符合国家现行产品标准的规定并满足设计要求。 1）结构安全等级为一级的重要建筑主体结构用钢材； 2）结构安全等级为二级的一般建筑，当其结构跨度大于60m或高度大于100m时或承受动力荷载需要验算疲劳的主体结构用钢材； 3）板厚不小于40mm，且设计有Z向性能要求的厚板； 4）强度等级大于或等于420MPa高强度钢材； 5）进口钢材、混批钢材或质量证明文件不齐全的钢材； 6）设计文件或合同文件要求复验的钢材
钢板	4.2.1▲　钢板的品种、规格、性能应符合国家现行标准的规定并满足设计要求。钢板进场时，应按国家现行标准的规定抽取试件且应进行屈服强度、抗拉强度、伸长率和厚度偏差检验，检验结果应符合国家现行标准的规定。 　检查数量：质量证明文件全数检查；抽样数量按进场批次和产品的抽样检验方案确定。 　检验方法：检查质量证明文件和抽样检验报告

钢板	4.2.5　钢板的表面外观质量除应符合国家现行标准的规定外，尚应符合下列规定： 　　1　当钢板的表面有锈蚀、麻点或划痕等缺陷时，其深度不得大于该钢材厚度允许负偏差值的1/2，且不应大于0.5mm； 　　2　钢板表面的锈蚀等级应符合现行国家标准《涂覆涂料前钢材表面处理　表面清洁度的目视评定　第1部分：未涂覆过的钢材表面和全面清除原有涂层后的钢材表面的锈蚀等级和处理等级》（GB/T 8923.1）规定的C级及C级以上等级； 　　3　钢板端边或断口处不应有分层、夹渣等缺陷。 　　检查数量：全数检查。 　　检验方法：观察检查
型材管材	4.3.1▲　型材和管材的品种、规格、性能应符合国家现行标准的规定并满足设计要求。型材和管材进场时，应按国家现行标准的规定抽取试件且应进行**屈服强度、抗拉强度、伸长率和厚度偏差**检验，检验结果应符合国家现行标准的规定。 　　检查数量：质量证明文件全数检查；抽样数量按进场批次和产品的抽样检验方案确定。 　　检验方法：检查质量证明文件和抽样检验报告
铸钢件	4.4.1▲　铸钢件的品种、规格、性能应符合国家现行标准的规定并满足设计要求。铸钢件进场时，应按国家现行标准的规定抽取试件且应进行**屈服强度、抗拉强度、伸长率和端口尺寸偏差**检验，检验结果应符合国家现行标准的规定。 　　检查数量：质量证明文件全数检查；抽样数量按进场批次和产品的抽样检验方案确定。 　　检验方法：检查质量证明文件和抽样检验报告
拉索拉杆锚具	4.5.1▲　拉索、拉杆、锚具的品种、规格、性能应符合国家现行标准的规定并满足设计要求。拉索、拉杆、锚具进场时，应按国家现行标准的规定抽取试件且应进行**屈服强度、抗拉强度、伸长率和尺寸偏差**检验，检验结果应符合国家现行标准的规定。 　　检查数量：质量证明文件全数检查；抽样数量按进场批次和产品的抽样检验方案确定。 　　检验方法：检查质量证明文件和抽样检验报告
焊接材料	4.6.1▲　焊接材料的品种、规格、性能应符合国家现行标准的规定并满足设计要求。焊接材料进场时，应按国家现行标准的规定抽取试件且应进行**化学成分和力学性能**检验，检验结果应符合国家现行标准的规定。 　　检查数量：质量证明文件全数检查；抽样数量按进场批次和产品的抽样检验方案确定。 　　检验方法：检查质量证明文件和抽样检验报告。 4.6.2　对于下列情况之一的钢结构所采用的焊接材料应按其产品标准的要求进行**抽样复验**，复验结果应符合国家现行标准的规定并满足设计要求： 　　1　结构安全等级为一级的一、二级焊缝； 　　2　结构安全等级为二级的一级焊缝； 　　3　需要进行疲劳验算构件的焊缝； 　　4　材料混批或质量证明文件不齐全的焊接材料； 　　5　设计文件或合同文件要求复检的焊接材料。 　　检查数量：全数检查。 　　检验方法：见证取样送样，检查复验报告

连接用紧固标准件	4.7.1▲ 钢结构连接用高强度螺栓连接副的品种、规格、性能应符合国家现行标准的规定并满足设计要求。高强度大六角头螺栓连接副应随箱带有扭矩系数检验报告，扭剪型高强度螺栓连接副应随箱带有紧固轴力（预拉力）检验报告。高强度大六角头螺栓连接副和扭剪型高强度螺栓连接副进场时，应按国家现行标准的规定抽取试件且应分别进行扭矩系数和紧固轴力（预拉力）检验，检验结果应符合国家现行标准的规定。 检查数量：质量证明文件全数检查，抽样数量按进场批次和产品的抽样检验方案确定。 检验方法：检查质量证明文件和抽样检验报告。 4.7.2 高强度大六角头螺栓连接副应复验其**扭矩系数**，扭剪型高强度螺栓连接副应复验其**紧固轴力**，其检验结果应符合本标准附录 B 的规定。 检查数量：按本标准附录 B 执行。 检验方法：见证取样送样，检查复验报告

考点 3：焊接工程【★】

一般规定	5.1.3 焊缝应冷却到环境温度后方可进行外观检测，**无损检测**应在**外观检测合格后**进行，具体检测时间应符合现行国家标准《钢结构焊接规范》（GB 50661）的规定。 5.1.4 焊缝施焊后应按焊接工艺规定在相应焊缝及部位做出标志
焊接工艺	5.2.3 施工单位应按现行国家标准《钢结构焊接规范》（GB 50661）的规定进行**焊接工艺评定**，根据评定报告**确定焊接工艺**，**编写焊接工艺规程**并进行**全过程质量控制**。 检查数量：全数检查。 检验方法：检查焊接工艺评定报告，焊接工艺规程，焊接过程参数测定、记录
焊缝质量等级及无损检测要求	5.2.4▲ 设计要求的一、二级焊缝应进行内部缺陷的无损检测，一、二级焊缝的质量等级和检测要求应符合表 5.2.4（表 13-1）的规定。 检查数量：全数检查。 检验方法：检查超声波或射线探伤记录。 表 13-1　　　　一、二级焊缝质量等级及无损检测要求

焊缝质量等级		一级	二级
内部缺陷超声波探伤	缺陷评定等级	Ⅱ	Ⅲ
	检验等级	B 级	B 级
	检测比例	100%	20%
内部缺陷射线探伤	缺陷评定等级	Ⅱ	Ⅲ
	检验等级	B 级	B 级
	检测比例	100%	20%

注：二级焊缝检测比例的计数方法应按以下原则确定：工厂制作焊缝按照焊缝长度计算百分比，且探伤长度不小于 200mm；当焊缝长度小于 200mm 时，应对整条焊缝探伤；现场安装焊缝应按照同一类型、同一施焊条件的焊缝条数计算百分比，且不应少于 3 条焊缝

内部缺陷的无损检测	5.2.5 焊缝内部缺陷的无损检测应符合下列规定： 1 采用超声波检测时，超声波检测设备、工艺要求及缺陷评定等级应符合现行国家标准《钢结构焊接规范》（GB 50661）的规定； 2 当**不能采用超声波**探伤或对超声波检测结果有疑义时，可采用**射线**检测验证，射线检测技术应符合现行国家标准《焊缝无损检测 射线检测 第1部分：X和伽玛射线的胶片技术》（GB/T 3323.1）或《焊缝无损检测 射线检测 第2部分：使用数字化探测器的X和伽玛射线技术》（GB/T 3323.2）的规定，缺陷评定等级应符合现行国家标准《钢结构焊接规范》（GB 50661）的规定； 3 焊接球节点网架、螺栓球节点网架及圆管T、K、Y节点焊缝的超声波探伤方法及缺陷分级应符合国家和行业现行标准的有关规定。 检查数量：全数检查。 检验方法：检查超声波或射线探伤记录
对接和角接组合焊缝	5.2.6 T形接头、十字接头、角接接头等要求焊透的对接和角接组合焊缝（图5.2.6，即图13-1），其加强焊脚尺寸 h_k 不应小于 $t/4$ 且不大于10mm，其允许偏差为 0～4mm。 检查数量：资料全数检查，同类焊缝抽查10%，且不应少于3条。 检验方法：观察检查，用焊缝量规抽查测量 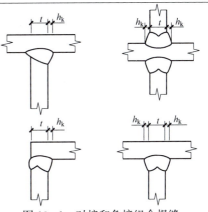 图13-1 对接和角接组合焊缝
焊缝外观质量要求	5.2.7 焊缝外观质量应符合表5.2.7-1（表13-2）和表5.2.7-2（略）的规定。 检查数量：承受静荷载的二级焊缝每批同类构件抽查10%，承受静荷载的一级焊缝和承受动荷载的焊缝每批同类构件抽查15%，且不应少于3件；被抽查构件中，每一类型焊缝应按条数抽查5%。且不应少于1条；每条应抽查1处，总抽查数不应少于10处。 检验方法：观察检查或使用放大镜、焊缝量规和钢尺检查，当有疲劳验算要求时，采用渗透或磁粉探伤检查。

表13-2　　　无疲劳验算要求的钢结构焊缝外观质量要求

检验项目	焊缝质量等级		
	一级	二级	三级
裂纹	不允许	不允许	不允许
未焊满	不允许	≤0.2mm＋0.02t 且≤1mm，每100mm长度焊缝内未焊满累积长度≤25mm	≤0.2mm＋0.04t 且≤2mm，每100mm长度焊缝内未焊满累积长度≤25mm

续表

检验项目	焊缝质量等级		
	一级	二级	三级
根部收缩	不允许	≤0.2mm＋0.02t 且≤1mm，长度不限	≤0.2mn＋0.04t 且≤2mm，长度不限
咬边	不允许	≤0.05t 且≤0.5mm，连续，长度≤100mm，且焊缝两侧咬边总长≤10%焊缝全长	≤0.01t 且≤1mm，长度不限
电弧擦伤	不允许	不允许	允许存在个别电弧擦伤
接头不良	不允许	缺口深度≤0.05t 且≤0.5mm，每1000mm 长度焊缝内不得超过1处	缺口深度≤0.1t 且≤1mm，每1000mm 长度焊缝内不得超过1处
表面气孔	不允许	不允许	每50mm 长度焊缝内允许存在直径＜0.4t 且≤3mm 的气孔2个，孔距应≥6倍孔径
表面夹渣	不允许	不允许	深≤0.2t，长≤0.5t 且≤20mm

注：t 为接头较薄件母材厚度

焊缝外观质量要求	
栓钉焊接工程	5.3.1 施工单位对其采用的栓钉和钢材焊接应进行焊接工艺评定，其结果应满足设计要求并符合国家现行标准的规定。栓钉焊瓷环保存时应有防潮措施，受潮的焊接瓷环使用前应在 120～150℃范围内烘焙1～2h

考点4：紧固件连接工程【★★★★】

普通螺栓连接	6.2.1 普通螺栓作为永久性连接螺栓时，当设计有要求或对其质量有疑义时，应进行**螺栓实物最小拉力载荷**复验，试验方法可按本标准附录B执行，其结果应符合现行国家标准《紧固件机械性能螺栓、螺钉和螺柱》（GB/T 3098.1）的规定。 检查数量：每一规格螺栓应**抽查8个**。 检验方法：检查螺栓实物复验报告。 6.2.3 永久性普通螺栓紧固应牢固、可靠，外露丝扣不应少于**2扣**。 检查数量：应按连接节点数抽查10%，且不应少于3个。 检验方法：观察和用小锤敲击检查。 6.2.4 自攻螺钉、拉铆钉、射钉等与连接钢板应紧固密贴，外观排列整齐。 检验方法：**观察**或用小锤敲击检查
高强度螺栓连接	6.3.1▲ 钢结构制作和安装单位应分别进行高强度螺栓连接摩擦面（含涂层摩擦面）的抗滑移系数试验和复验，现场处理的构件摩擦面应单独进行摩擦面抗滑移系数试验，其结果应满足设计要求。 检查数量：按本标准附录B执行。 检验方法：检查摩擦面抗滑移系数试验报告及复验报告

高强度螺 栓连接	**6.3.3** 高强度螺栓连接副应在**终拧**完成**1h后、48h内**进行终拧质量检查，检查结果应符合本标准附录 B 的规定。 检查数量：按节点数抽查 10%，且不少于 10 个，每个被抽查到的节点，按螺栓数抽查10%，且不少于 2 个。 检验方法：按本标准附录 B 执行。 **6.3.4** 对于扭剪型高强度螺栓连接副，除因构造原因无法使用专用扳手拧掉梅花头者外，螺栓尾部梅花头拧断为终拧结束。未在终拧中拧掉梅花头的螺栓数不应大于该节点螺栓数的**5%**，对所有梅花头未拧掉的扭剪型高强度螺栓连接副应采用**扭矩法或转角法**进行终拧并做**标记**，且按本标准第 6.3.3 条的规定进行终拧质量检查。 检查数量：按节点数抽查 10%，且不应小于 10 个节点，被抽查节点中梅花头未拧掉的扭剪型高强度螺栓连接副全数进行终拧扭矩检查。 检验方法：观察检查及按本标准附录 B 执行。 **6.3.6** 高强度螺栓连接副终拧后，螺栓丝扣外露应为**2 扣～3 扣**，其中允许有**10%**的螺栓丝扣外露**1 扣或 4 扣**。【2023】 检查数量：按节点数抽查 5%，且不应小于 10 个。 检验方法：观察检查。 **6.3.7** 高强度螺栓连接摩擦面应保持**干燥、整洁**，不应有飞边、毛刺、焊接飞溅物、焊疤、氧化铁皮、污垢等，除设计要求外摩擦面**不应涂漆**。【2023】 **6.3.8** 高强度螺栓应能自由穿入螺栓孔，当不能自由穿入时，应用**铰刀修正**。修孔数量不应超过该节点螺栓数量的**25%**，扩孔后的孔径不应超过**1.2d**（d 为螺栓直径）。 检查数量：被扩螺栓孔全数检查。 检验方法：观察检查及用卡尺检查

典型习题

13 - 3 ［2023 - 36］关于钢结构紧固件连接工程验收的说法，正确的是（   ）。

A. 永久性连接普通螺栓应全数进行螺栓实物最小拉力荷载复验

B. 自攻螺钉与连接钢板是否紧固密接，不能用观感法检查

C. 紧固的永久性普通螺栓不应有外露丝扣

D. 高强度螺栓连接副终拧后，螺栓还有外露丝扣

答案：D

解析：参见考点 4 中"普通螺栓连接""高强度螺栓连接"相关规定，选项 D 正确。

13 - 4 ［2023 - 37］关于钢结构制作和安装中高强度螺栓连接质量检查，说法正确的是（   ）。

A. 高强度螺栓连接副应在终拧完成 1h 内进行终拧质量检查

B. 高强度螺栓不能自由穿入螺栓孔时，应采用气割扩孔

C. 连接摩擦面应保持干燥整洁，除设计要求外，摩擦面不应涂漆

D. 扭剪型高强度螺栓连接副终拧结束后，应保留螺栓尾部梅花头

答案： C

解析： 参见考点 4 中"高强度螺栓连接"相关规定，选项 C 正确。

考点 5：钢零件及钢部件加工

切割	7.2.2 气割的允许偏差应符合表 7.2.2（表 13 - 3）的规定。 检查数量：按切割面数抽查 10%，且不应少于 3 个。 检验方法：观察检查或用钢尺、塞尺检查。

表 13 - 3　　　　　　　气割的允许偏差　　　　　　　（mm）

项目	允许偏差
零件宽度、长度	±3.0
切割面平面度	0.05t，且不大于 2.0
割纹深度	0.3
局部缺口深度	1.0

注：t 为切割面厚度。

7.2.3　机械剪切的允许偏差应符合表 7.2.3（表 13 - 4）的规定。机械剪切的零件厚度不宜大于 12.0mm，剪切面应平整。碳素结构钢在环境温度低于 −16℃，低合金结构钢在环境温度低于 −12℃时，**不得进行剪切、冲孔**。

检查数量：按切割面数抽查 10%，且不应少于 3 个。

检验方法：观察检查或用钢尺、塞尺检查。

表 13 - 4　　　　　　　机械剪切的允许偏差　　　　　　（mm）

项目	允许偏差
零件宽度、长度	±3.0
边缘缺棱	1.0
型钢端部垂直度	2.0

矫正和成型

7.3.1　碳素结构钢在环境温度低于 −16℃，低合金结构钢在环境温度低于 −12℃时，**不应进行冷矫正和冷弯曲**。

检查数量：全数检查。

检验方法：检查制作工艺报告和施工记录。

7.3.3　矫正后的钢材表面，不应有明显的凹痕或损伤，划痕深度不得大于 0.5mm，且不应大于该钢材厚度允许负偏差的 1/2。

检查数量：全数检查。

检验方法：观察检查和实测检查。

7.3.5　板材和型材的冷弯成型最小曲率半径应符合表 7.3.5（表 13 - 5）的规定。

检查数量：全数检查。

检验方法：观察检查和实测检查。

矫正和成型	表 13-5 冷弯成型加工的最小曲率半径			
	钢材类别	图例	冷弯最小曲率半径 r	
	热轧钢板	钢板卷压成钢管	碳素结构钢	$15t$
			低合金结构钢	$20t$
		平板弯成 $120°\sim150°$	碳素结构钢	$10t$
			低合金结构钢	$12t$
		方矩管弯直角	碳素结构钢	$3t$
			低合金结构钢	$4t$

铸钢件加工	7.6.1 铸钢件与其他构件连接部位四周150mm的区域，应按现行国家标准《铸钢件 超声检测 第 1 部分：一般用途铸钢件》（GB/T 7233.1）和《铸钢件 超声检测 第 2 部分：高承压铸钢件》（GB/T 7233.2）的规定进行100%超声波探伤检测。检测结果应符合国家现行标准的规定并满足设计要求。 检查数量：全数检查。 检验方法：检查探伤报告。 7.6.2 铸钢件连接面的表面粗糙度 R_a 不应大于25μm。连接孔、轴的表面粗糙度不应大于12.5μm。 检查数量：按零件数抽查 10%，且不应少于 3 个。 检验方法：用粗糙度对比样板检查

考点 6：钢构件组装工程

一般规定	8.1.3 构件组装应根据设计要求、构件形式、连接方式、焊接方法和焊接顺序等确定合理的组装顺序。 8.1.4 板材、型材的拼接应在构件组装前进行。构件的组装应在部件组装、焊接、校正并经检验合格后进行。构件的隐蔽部位应在焊接、栓接和涂装检查合格后封闭
部件拼接与对接	8.2.1▲ 钢材、钢部件拼接或对接时所采用的焊缝质量等级应满足设计要求。当设计无要求时，应采用质量等级不低于二级的熔透焊缝，对直接承受拉力的焊缝，应采用一级熔透焊缝。 检查数量：全数检查。 检验方法：检查超声波探伤报告。 8.2.2 焊接 H 型钢的翼缘板拼接缝和腹板拼接缝错开的间距不宜小于200mm。翼缘板拼接长度不应小于 2 倍翼缘板宽且不小于 600mm；腹板拼接宽度不应小于 300mm，长度不应小于 600mm。 检查数量：全数检查。 检验方法：观察和用钢尺检查。

部件拼接与对接	8.2.3 箱形构件的侧板拼接长度不应小于 600mm，相邻两侧板拼接缝的间距不宜小于 200mm；侧板在宽度方向不宜拼接，当截面宽度超过 2400mm 确需拼接时，最小拼接宽度不宜小于板宽的 1/4。 检查数量：全数检查。 检验方法：观察和用钢尺检查。 8.2.4 热轧型钢可采用**直口全熔透**焊接拼接，其拼接长度不应小于 2 倍截面高度且不应小于 600mm。动载或设计有疲劳验算要求的应满足其设计要求。 检查数量：全数检查。 检验方法：观察和用钢尺检查。 8.2.5 除采用卷制方式加工成型的钢管外，钢管接长时每个节间宜为一个接头，最短接长长度应符合下列规定： 　1 当钢管直径 $d \leqslant 800mm$ 时，不小于 600mm； 　2 当钢管直径 $d > 800mm$ 时，不小于 1000mm。 检查数量：全数检查。 检验方法：观察和用钢尺检查。 8.2.6 钢管接长时，相邻管节或管段的纵向焊缝应**错开**，错开的最小距离（沿弧长方向）不应小于 5 倍的钢管壁厚。主管拼接焊缝与相贯的支管焊缝间的距离不应小于 80mm。 检查数量：全数检查。 检验方法：观察和用钢尺检查
组装	8.3.1 钢吊车梁的下翼缘不得焊接工装夹具、定位板、连接板等临时工件。钢吊车梁和吊车桁架组装、焊接完成后在自重荷载下不允许有下挠。 检查数量：全数检查。 检验方法：构件直立，在两端支撑后，用水准仪和钢尺检查
钢构件外形尺寸	8.5.1 钢构件外形尺寸主控项目的允许偏差应符合表 8.5.1（表 13-6）的规定。 检查数量：全数检查。 检验方法：用钢尺检查。

表 13-6　　　　　　　　　　　钢构件外形尺寸主控项目的允许偏差　　　　　　　　（mm）

项目	允许偏差
单层柱、梁、桁架受力支托（支承面）表面至第一安装孔距离	±1.0
多节柱铣平面至第一安装孔距离	±1.0
实腹梁两端最外侧安装孔距离	±3.0
构件连接处的截面几何尺寸	±3.0
柱、梁连接处的腹板中心线偏移	2.0
受压构件（杆件）弯曲矢高	$l/1000$，且不大于 10.0

注：l 为构件（杆件）长度

考点 7：钢构件预拼装工程

一般规定	9.1.2 钢结构预拼装工程可按**钢结构制作工程**检验批的划分原则划分为一个或若干个检验批。 9.1.3 预拼装所用的支承凳或平台应**测量找平**，检查时应**拆除全部临时固定和拉紧装置**。 9.1.5 采用计算机仿真模拟预拼装时，模拟的构件或单元的外形尺寸应与实物**几何尺寸相同**。当采用计算机仿真模拟预拼装的偏差超过本标准的相关要求时，应按本章的要求进行**实体预拼装**
实体预拼装	9.2.1 高强度螺栓和普通螺栓连接的多层板叠，应采用试孔器进行螺栓孔通过率检查，并应符合下列规定： 1 当采用比孔公称直径小 1.0mm 的试孔器检查时，每组孔的通过率不应小于**85%**； 2 当采用比螺栓公称直径大 0.3mm 的试孔器检查时，通过率应为**100%**。 检查数量：按预拼装单元全数检查。 检验方法：采用试孔器检查。 9.2.2 实体预拼装时宜先使用不少于螺栓孔总数**10%**的冲钉定位，再采用临时螺栓紧固。临时螺栓在一组孔内不得少于螺栓孔数量的**20%**，且不应少于 2 个。 检查数量：按预拼装单元全数检查。 检验方法：观察检查
仿真模拟预拼装	9.3.1 当采用计算机仿真模拟预拼装时，应采用正版软件，模拟构件或单元的外形尺寸应与实物几何尺寸相同。 检查数量：全数检查。 检验方法：检查证书等证明文件

考点 8：单层、多高层钢结构安装工程

一般规定	10.1.3 钢结构安装检验批应在原材料及构件进场验收和紧固件连接、焊接连接、防腐等分项工程验收合格的基础上进行验收。 10.1.4 **结构安装测量校正**、**高强度螺栓连接副**及**摩擦面抗滑移系数**、**冬雨期施工及焊接**等，应在实施前制定相应的施工工艺或方案。 10.1.5 安装偏差的检测，应在结构形成空间稳定单元并连接固定且临时支承结构拆除**前**进行。 10.1.7 在形成空间稳定单元后，应**立即**对柱底板和基础顶面的空隙进行**二次浇灌**。 10.1.8 多节柱安装时，每节柱的定位轴线应从**基准面控制轴线**直接引上，不得从下层柱的轴线引上
基础和地脚螺栓（锚栓）	10.2.1 建筑物定位轴线、基础上柱的定位轴线和标高应满足设计要求。当设计无要求时应符合表 10.2.1（表 13-7）的规定。 检查数量：全数检查。 检验方法：用经纬仪、水准仪、全站仪和钢尺现场实测。

	表 13-7 建筑物定位轴线、基础上柱的定位轴线和标高的允许偏差 （mm）		
	项目	允许偏差	图例
基础和地脚螺栓（锚栓）	建筑物定位轴线	$l/20000$，且不应大于 3.0	
	基础上柱的定位轴线	1.0	
	基础上柱底标高	±3.0	

钢柱安装

10.3.2 设计要求顶紧的构件或节点、钢柱现场拼接接头接触面不应少于70％密贴，且边缘最大间隙不应大于0.8mm。

检查数量：按节点或接头数抽查 10％，且不应少于 3 个。

检验方法：用钢尺及 0.3mm 和 0.8mm 厚的塞尺现场实测

钢屋（托）架、钢梁（桁架）安装

10.4.2 钢屋（托）架、钢桁架、钢梁、次梁的垂直度和侧向弯曲矢高的允许偏差应符合表 10.4.2（表 13-8）的规定。

检查数量：按同类构件数抽查 10％，且不应少于 3 个。

检验方法：用吊线、拉线、经纬仪和钢尺现场实测。

	表 13-8 钢屋（托）架、钢桁架、梁垂直度和侧向弯曲矢高的允许偏差 （mm）		
项目		允许偏差	图例
跨中的垂直度		$h/250$，且不大于15.0	
侧向弯曲矢高 f	$l \leqslant 30m$	$l/1000$，且不大于 10.0	
	$30m < l \leqslant 60m$	$l/1000$，且不大于 30.0	
	$l > 60m$	$l/1000$，且不大于 50.0	

钢屋（托）架、钢梁（桁架）安装	10.4.3 当钢桁架（或梁）安装在混凝土柱上时，其支座中心对定位轴线的偏差不应大于10mm；当采用大型混凝土屋面板时，钢桁架（或梁）间距的偏差不应大于10mm。 　　检查数量：按同类构件数抽查10%，且不应少于3榀。 　　检验方法：用拉线和钢尺现场实测
连接节点安装	10.5.3 同一结构层或同一设计标高异型构件标高允许偏差应为5mm。 　　检查数量：按同类构件数抽查10%，且不应少于3件，每件不少于3个坐标点。 　　检验方法：用吊线、拉线、经纬仪和钢尺、全站仪现场实测。 10.5.4 构件轴线空间位置偏差不应大于10mm，节点中心空间位置偏差不应大于15mm。 　　检查数量：按同类构件数抽查10%，且不应少于3件，每件不应少于3个坐标点。 　　检验方法：用吊线、拉线、经纬仪和钢尺、全站仪现场实测。 10.5.5 构件对接处截面的平面度偏差：截面边长 $l \leqslant 3m$ 时，偏差不应大于2mm；截面边长 $l > 3m$ 时，允许偏差不应大于 $l/1500$。 　　检查数量：按同类构件数抽查10%，且不应少于3件。 　　检验方法：用吊线、拉线、水平尺和钢尺现场实测
主体钢结构	10.9.1 主体钢结构整体立面偏移和整体平面弯曲的允许偏差应符合表10.9.1（表13-9）的规定。 　　检查数量：对主要立面全部检查。对每个所检查的立面，除两列角柱外，尚应至少选取一列中间柱。 　　检验方法：采用经纬仪、全站仪、GPS等测量。 **表 13-9　　钢结构整体立面偏移和整体平面弯曲的允许偏差**　　（mm） 见下表

表 13-9　　钢结构整体立面偏移和整体平面弯曲的允许偏差　　（mm）

项目		允许偏差	图例
主体结构的整体立面偏移	单层	$H/1000$，且不大于25.0	
	高度60m以下的多高层	$(H/2500+10)$，且不大于30.0	
	高度60m至100m的高层	$(H/2500+10)$，且不大于50.0	
	高度100m以上的高层	$(H/2500+10)$，且不大于80.0	
主体结构的整体平面弯曲		$l/1500$，且不大于50.0	

考点9：空间结构安装工程

一般规定	11.1.2 钢网架、网壳结构及钢管桁架结构的安装工程可按**变形缝、空间刚性单元**等划分成一个或若干个检验批，或者按照**楼层或施工段**等划分为一个或若干个检验批。 11.1.5 空间结构的安装检验应在原材料及成品进场验收、构件制作、焊接连接和紧固件连接等分项工程验收合格的基础上进行验收

支座和地脚螺栓（锚栓）安装	11.2.2　支座支承垫块的种类、规格、摆放位置和朝向，应满足设计要求并符合国家现行标准的规定。橡胶垫块与刚性垫块之间或不同类型刚性垫块之间**不得互换**使用。 检查数量：按支座数抽查10%，且不应少于4处。 检验方法：观察和用钢尺实测
钢网架、网壳结构安装	11.3.1　钢网架、网壳结构总拼完成后及屋面工程完成后应分别测量其挠度值，且所测的挠度值不应超过相应荷载条件下挠度计算值的**1.15倍**。 检查数量：跨度24m及以下钢网架、网壳结构，测量下弦中央一点；跨度24m以上钢网架、网壳结构，测量下弦中央一点及各向下弦跨度的四等分点。 检验方法：用钢尺、水准仪或全站仪实测。 11.3.5　钢网架、网壳结构安装完成后的允许偏差应符合表11.3.5（表13-10）的规定。 检查数量：全数检查。 检验方法：用钢尺、经纬仪和全站仪等实测。 表13-10　　　　　钢网架、网壳结构安装的允许偏差　　　　　（mm） %%TABLE%%
钢管桁架结构	11.4.5　钢管对接焊缝或沿截面围焊焊缝构造应满足设计要求。当设计无要求时，对于壁厚小于或等于6mm的钢管，宜用**Ⅰ形坡口**全周长加垫板单面全焊透焊缝；对于壁厚大于6mm的钢管，宜用**V形坡口**全周长加垫板单面全焊透焊缝。 检查数量：全数检查。 检验方法：查验施工图、施工详图和施工记录
索杆制作	11.5.3　进场前成品拉索应进行张拉检验，张拉载荷应为拉索**标称破断力的55%**和**设计拉力值**两者的较大值，且张拉持续时间不应少于**1h**。检验后，拉索应完好无损。进场后应检查产品合格证、拉索的出场张拉记录。 检查数量：全数检查。 检查方法：检查张拉检验记录
索杆安装	11.7.1　索杆预应力施加方案，包括预应力施加顺序、分阶段张拉次数、各阶段张拉力和位移值等应满足设计要求；对承重索杆应进行内力和位移双控制，各阶段张拉力值或位移变形值允许偏差应为**±10%**。 检查数量：全数检查。 检验方法：检查施工方案，现场用钢尺、经纬仪、全站仪、测力仪或压力油表检验

表 13-10 钢网架、网壳结构安装的允许偏差（mm）

项目	允许偏差
纵向、横向长度	$\pm l/2000$，且不超过 ±40.0
支座中心偏移	$l/3000$，且不大于 30.0
周边支承网架、网壳相邻支座高差	$l_1/400$，且不大于 15.0
多点支承网架、网壳相邻支座高差	$l_1/800$，且不大于 30.0
支座最大高差	30.0

注：l 为纵向或横向长度；l_1 为相邻支座距离

索杆安装	11.7.2　内力和位移测量调整后，索杆端锚具连接固定及保护措施应满足设计要求；索杆锚固长度、锚固螺纹旋合丝扣、螺母外侧露出丝扣等应满足设计要求。当设计无要求时，应符合表 11.7.2（表 13-11）的规定。 **表 13-11**　　　　　　　**索杆端锚固连接构造要求** 表格如下

项目	连接构造要求
锚固螺纹旋合丝扣	旋合长度不应小于 1.5d
螺母外侧露出丝扣	宜露出（2～3）扣

注：d 为索杆直径。

检查数量：全数检查。

检查方法：现场观察，用钢尺、卡尺检验

膜结构安装	11.8.1　连接固定膜单元的耳板、T 形件、天沟等的螺孔、销孔空间位置允许偏差应为 10mm，相邻两个孔间距允许偏差应为±5mm。 检查数量：按同类连接件数抽查 10%，且不应少于 3 处。 检查方法：用钢尺、水准仪、经纬仪或全站仪等检验。 11.8.3　膜结构预张力施加应以施力点位移和外形尺寸达到设计要求为控制标准，位移和外形尺寸允许偏差应为±10%。 检查数量：全数检查。 检查方法：用钢尺检验

考点 10：压型金属板工程【★】

一般规定	12.1.3　压型金属板安装应在钢结构安装工程检验批质量验收合格后进行
压型金属板制作	12.2.1　压型金属板成型后，其基板不应有裂纹。 检查数量：按计件数抽查 5%，且不应少于 10 件。 检验方法：观察并用 10 倍放大镜检查。 12.2.2　有涂层、镀层压型金属板成型后，涂层、镀层不应有目视可见的裂纹、起皮、剥落和擦痕等缺陷。 检查数量：按计件数抽查 5%，且不应少于 10 件。 检验方法：观察检查
压型金属板安装	12.3.4　屋面及墙面压型金属板的长度方向连接采用搭接连接时，搭接端应设置在支承构件（如檩条、墙梁等）上，并应与支承构件有可靠连接。当采用螺钉或铆钉固定搭接时，搭接部位应设置防水密封胶带。压型金属板长度方向的搭接长度应满足设计要求，且当采用焊接搭接时，压型金属板搭接长度不宜小于50mm；当采用直接搭接时，压型金属板搭接长度不宜小于表 12.3.4（表 13-12）规定的数值。

| 压型金属板安装 | 表13-12 压型金属板在支承构件上的搭接长度 （mm） | | |

项目		搭接长度
屋面、墙面内层板		80
屋面外层板	屋面坡度≤10%	250
	屋面坡度≥10%	200
墙面外层板		120

压型金属板安装

检查数量：搭接部位总长度抽查10%，且不应少于10m。

检验方法：观察和用钢尺检查。

12.3.5 组合楼板中压型钢板与支承结构的锚固支承长度应满足设计要求，且在**钢梁**上的支承长度不应小于**50mm**，在**混凝土梁**上的支承长度不应小于**75mm**，端部锚固件连接应可靠，设置位置应满足设计要求。

检查数量：沿连接纵向长度抽查10%，且不应少于10m。

检验方法：尺量检查。

12.3.6 组合楼板中压型钢板侧向在**钢梁**上的搭接长度不应小于**25mm**，在设有预埋件的**混凝土梁或砌体墙**上的搭接长度不应小于**50mm**；压型钢板铺设末端距钢梁上翼缘或预埋件边不大于200mm时，可用收边板收头。

检查数量：沿连接侧向长度抽查10%，且不应少于10m。

检验方法：尺量检查

金属屋面系统

12.6.2 对于下列情况之一，金属屋面系统应按本标准附录C的规定进行抗风揭性能检测，检测结果应满足设计要求：

1 建筑**结构安全等级为一级**的金属屋面；

2 防水等级Ⅰ、Ⅱ级的大型公共建（构）筑物金属屋面；

3 采用新材料、新板型或新构造的金属屋面；

4 设计文件提出检测要求的金属屋面。

检查数量：每金属屋面系统3组（个）试件。

检验方法：按本标准附录C执行

考点11：涂装工程【★】

一般规定【2024】

13.1.3 钢结构普通防腐涂料涂装工程应在钢结构**构件组装、预拼装**或钢结构**安装工程检验批**的施工质量验收合格**后**进行。钢结构防火涂料涂装工程应在钢结构**安装分项工程检验批**和钢结构**防腐涂装检验批**的施工质量验收合格**后**进行。

13.1.4 采用涂料防腐时，表面除锈处理后宜在**4h**内进行涂装，采用金属热喷涂防腐时，钢结构表面处理与热喷涂施工的间隔时间，晴天或湿度不大的气候条件下不应超过**12h**，雨天、潮湿、有盐雾的气候条件下不应超过2h。

13.1.5 采用防火防腐一体化体系（含防火防腐双功能涂料）时，防腐涂装和防火涂装可以**合并验收**

防腐涂料涂装	13.2.3▲ 防腐涂料、涂装遍数、涂装间隔、涂层厚度均应满足设计文件、涂料产品标准的要求。当设计对涂层厚度无要求时，涂层干漆膜总厚度：室外不应小于150μm，室内不应小于125μm。 检查数量：按照构件数抽查10%，且同类构件不应少于3件。 检验方法：用干漆膜测厚仪检查。每个构件检测5处，每处的数值为3个相距50mm测点涂层干漆膜厚度的平均值。漆膜厚度的允许偏差应为−25μm。 13.2.6 当钢结构处于有腐蚀介质环境、外露或设计有要求时，应进行涂层附着力测试。在检测范围内，当涂层完整程度达到70%以上时，涂层附着力可认定为质量合格。 检查数量：按构件数抽查1%，且不应少于3件，每件测3处。 检验方法：按现行国家标准《漆膜附着力测定法》（GB 1720）或《色漆和清漆 漆膜的划格试验》（GB/T 9286）执行
防火涂料涂装	13.4.2 防火涂料粘结强度、抗压强度应符合现行国家标准《钢结构防火涂料》GB 14907的规定。 检查数量：每使用100t或不足100t薄涂型防火涂料应抽检一次粘结强度；每使用500t或不足500t厚涂型防火涂料应抽检一次粘结强度和抗压强度。 检验方法：检查复检报告。 13.4.3▲ 膨胀型（超薄型、薄涂型）防火涂料、厚涂型防火涂料的涂层厚度及隔热性能应满足国家现行标准有关耐火极限的要求，且不应小于−200μm。当采用厚涂型防火涂料涂装时，80%及以上涂层面积应满足国家现行标准有关耐火极限的要求，且最薄处厚度不应低于设计要求的85%。 检查数量：按照构件数抽查10%，且同类构件不应少于3件。 检验方法：膨胀型（超薄型、薄涂型）防火涂料采用涂层厚度测量仪，涂层厚度允许偏差应为−5%。厚涂型防火涂料的涂层厚度采用本标准附录E的方法检测。 13.4.4 超薄型防火涂料涂层表面不应出现裂纹；薄涂型防火涂料涂层表面裂纹宽度不应大于0.5mm；厚涂型防火涂料涂层表面裂纹宽度不应大于1.0mm。 检查数量：按同类构件数抽查10%，且均不应少于3件。 检验方法：观察和用尺量检查

 典型习题

13-5 [2024-37] 关于钢结构涂装工程，下列说法正确的是（   ）。

A. 普通防腐涂装工程在钢结构安装检验批质量验收前进行

B. 防火涂装工程在钢构防腐涂装检验工程批质量验收前进行

C. 表面除锈处理与金属热喷防腐施工的间隔时间，雨天不超4h

D. 采用防火防腐双功能涂料时，防腐防火涂装工程可以合并验收

答案：D

解析：参见考点11中"施工质量控制"相关规定，钢结构普通防腐涂料涂装工程应在钢结构安装工程检验批的施工质量验收合格后进行。钢结构防火涂料涂装工程应在钢结构防腐涂装检验批的施工质量验收合格后进行。钢结构表面处理与热喷涂施工的间隔时间，雨天、潮湿、有盐雾的气候条件下不应超过2h。

考点 12：《钢结构通用规范》（GB 55006—2021）相关要求

制作与安装	7.1.1 构件工厂加工制作应采用机械化与自动化等工业化方式，并应采用信息化管理。 7.1.2 高强度大六角头螺栓连接副和扭剪型高强度螺栓连接副出厂时应分别随箱带有**扭矩系数**和**紧固轴力（预拉力）**的检验报告，并应附有出厂质量保证书。高强度螺栓连接副应按批配套进场并在**同批内配套使用**。 7.1.3 高强度螺栓连接处的钢板表面处理方法与除锈等级应符合设计文件要求。摩擦型高强度螺栓连接摩擦面处理后应分别进行**抗滑移系数**试验和复验，其结果应达到设计文件中关于抗滑移系数的指标要求。 7.1.4 钢结构安装方法和顺序应根据结构特点、施工现场情况等确定，安装时应形成稳固的空间刚度单元。测量、校正时应考虑温度、日照和焊接变形等对结构变形的影响。 7.1.5 钢结构吊装作业必须在起重设备的额定起重量范围内进行。用于吊装的钢丝绳、吊装带、卸扣、吊钩等吊具应经检验合格，并应在其额定许用荷载范围内使用。 7.1.6 对于大型复杂钢结构，应进行施工成形过程计算，并应进行施工过程监测；索膜结构或预应力钢结构施工张拉时应遵循分级、对称、匀速、同步的原则。 7.1.7 钢结构施工方案应包含专门的防护施工内容，或编制防护施工专项方案，应明确现场防护施工的操作方法和环境保护措施
焊接	7.2.1 钢结构焊接材料应具有焊接材料厂出具的产品质量证明书或检验报告。 7.2.2 首次采用的钢材、焊接材料、焊接方法、接头形式、焊接位置、焊后热处理制度以及焊接工艺参数、预热和后热措施等各种参数的组合条件，应在钢结构构件制作及安装施工之前按照规定程序进行**焊接工艺评定**，并**制定焊接操作规程**，焊接施工过程应遵守焊接操作规程规定。 7.2.3 全部焊缝应进行外观检查。要求全焊透的一级、二级焊缝应进行内部缺陷无损检测，一级焊缝探伤比例应为**100%**，二级焊缝探伤比例应不低于**20%**。 7.2.4 焊接质量抽样检验结果判定应符合以下规定： 1 除裂纹缺陷外，抽样检验的焊缝数不合格率小于5%时，该批验收合格；抽样检验的焊缝数不合格率大于5%时，该批验收不合格；抽样检验的焊缝数不合格率为2%～5%时，应按不少于2%探伤比例对其他未检焊缝进行抽检，且必须在原不合格部位两侧的焊缝延长线各增加一处，在所有抽检焊缝中不合格率不大于3%时，该批验收合格，大于3%时，该批验收不合格。 2 当检验有1处裂纹缺陷时，应加倍抽查，在加倍抽检焊缝中未再检查出裂纹缺陷时，该批验收合格；检验发现多处裂纹缺陷或加倍抽查又发现裂纹缺陷时，该批验收不合格，应对该批余下焊缝的全数进行检验。 3 批量验收不合格时，应对该批余下的全部焊缝进行检验
验收	7.3.1 钢结构防腐涂料、涂装遍数、涂层厚度均应符合设计和涂料产品说明书要求。当设计对涂层厚度无要求时，涂层干漆膜总厚度：室外应为**150μm**，室内应为**125μm**，其允许偏差为**−25μm**。检查数量与检验方法应符合下列规定： 1 按构件数抽查10%，且同类构件不应少于3件； 2 每个构件检测5处，每处数值为3个相距50mm测点涂层干漆膜厚度的平均值。 7.3.2 膨胀型防火涂料的涂层厚度应符合耐火极限的设计要求。非膨胀型防火涂料的涂层厚度，**80%**及以上面积应符合耐火极限的设计要求，且最薄处厚度不应低于设计要求的**85%**。检查数量按同类构件数抽查10%，且均不应少于3件

第十四章　防　水　工　程

思维导图

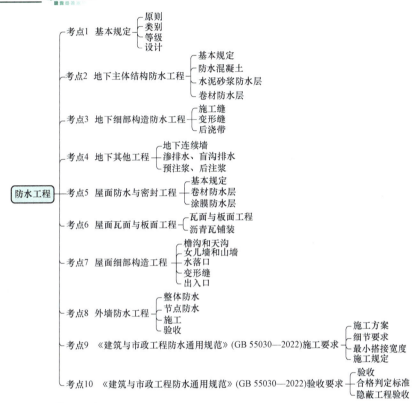

防水工程
- 考点1　基本规定
  - 原则
  - 类别
  - 等级
  - 设计
- 考点2　地下主体结构防水工程
  - 基本规定
  - 防水混凝土
  - 水泥砂浆防水层
  - 卷材防水层
- 考点3　地下细部构造防水工程
  - 施工缝
  - 变形缝
  - 后浇带
- 考点4　地下其他工程
  - 地下连续墙
  - 渗排水、盲沟排水
  - 预注浆、后注浆
- 考点5　屋面防水与密封工程
  - 基本规定
  - 卷材防水层
  - 涂膜防水层
- 考点6　屋面瓦面与板面工程
  - 瓦面与板面工程
  - 沥青瓦铺装
- 考点7　屋面细部构造工程
  - 檐沟和天沟
  - 女儿墙和山墙
  - 水落口
  - 变形缝
  - 出入口
- 考点8　外墙防水工程
  - 整体防水
  - 节点防水
  - 施工
  - 验收
- 考点9　《建筑与市政工程防水通用规范》(GB 55030—2022)施工要求
  - 施工方案
  - 细节要求
  - 最小搭接宽度
  - 施工规定
- 考点10　《建筑与市政工程防水通用规范》(GB 55030—2022)验收要求
  - 验收
  - 合格判定标准
  - 隐蔽工程验收

考情分析

考　点	近5年考试分值统计					
	2024 年	2023 年	2022 年 12 月	2022 年 5 月	2021 年	2020 年
考点1　基本规定	0	0	1	1	1	1
考点2　地下主体结构防水工程	2	1	0	3	3	2
考点3　地下细部构造防水工程	0	2	2	1	1	3
考点4　地下其他工程	1	1	1	0	0	1
考点5　屋面防水与密封工程	2	2	0	0	2	2
考点6　屋面瓦面与板面工程	0	0	0	0	0	1
考点7　屋面细部构造工程	1	0	1	1	0	0
考点8　外墙防水工程	0	1	0	0	0	0
考点9　《建筑与市政工程防水通用规范》（GB 55030—2022）施工要求	0	0	0	0	0	0
考点10　《建筑与市政工程防水通用规范》（GB 55030—2022）验收要求	0	0	0	0	0	0
总　计	6	7	5	6	7	10

注：近几年的题目偏向实用性与灵活性，考生在复习时切不可死记硬背。

考点1：基本规定【★★★】

若无特殊说明，本考点均摘自《建筑与市政工程防水通用规范》（GB 55030—2022）	
原则	2.0.1　工程防水应遵循**因地制宜、以防为主、防排结合、综合治理**的原则
设计工作年限	2.0.2　工程防水设计工作年限应符合下列规定： 　1　地下工程防水设计工作年限不应低于**工程结构设计工作年限**； 　2　屋面工程防水设计工作年限不应低于**20年**； 　3　室内工程防水设计工作年限不应低于**25年**； 　4　桥梁工程桥面防水设计工作年限不应低于桥面铺装设计工作年限； 　5　非侵蚀性介质蓄水类工程内壁防水层设计工作年限不应低于10年

工程防水类别

2.0.3　工程按其**防水功能重要程度**分为**甲类、乙类和丙类**，具体划分应符合表 2.0.3（表 14-1）的规定。

表 14-1　　　　　　　　工 程 防 水 类 别

工程类型		工程防水类别		
		甲类	乙类	丙类
建筑工程	**地下工程**	**有人员活动的民用建筑地下室，对渗漏敏感的建筑地下工程**	除甲类和丙类以外的建筑地下工程	对渗漏不敏感的物品、设备使用或贮存场所，不影响正常使用的建筑地下工程
	屋面工程	**民用建筑和对渗漏敏感的工业建筑屋面**	除甲类和丙类以外的建筑屋面	对渗漏不敏感的工业建筑屋面
	外墙工程	民用建筑和对渗漏敏感的工业建筑外墙	渗漏不影响正常使用的工业建筑外墙	—
	室内工程	民用建筑和对渗漏敏感的工业建筑室内楼地面和墙面	—	—

使用环境类别

2.0.4　工程防水使用**环境类别划分**应符合表 2.0.4（表 14-2）的规定。

表 14-2　　　　　　　　工程防水使用环境类别划分

工程类型		工程防水使用环境类别		
		Ⅰ类	Ⅱ类	Ⅲ类
建筑工程	地下工程	**抗浮设防水位标高与地下结构板底标高高差 $H \geqslant 0m$**	抗浮设防水位标高与地下结构板底标高高差 $H < 0m$	—
	屋面工程	**年 降 水 量 $P \geqslant$ 1300mm**	400mm≤年降水量 $P < 1300mm$	年降水量 $P < 400mm$
	外墙工程	年 降 水 量 $P \geqslant 1300mm$	400mm≤年降水量 $P < 1300mm$	年降水量 $P < 400mm$
	室内工程	**频繁遇水场合，或长期相对湿度 $RH \geqslant 90\%$**	间歇遇水场合	偶发渗漏水可能造成明显损失的场合

2.0.5　工程防水使用环境类别为Ⅱ类的明挖法地下工程，当该工程所在地年降水量大于 400mm 时，应按Ⅰ类防水使用环境选用

| 工程防水
等级
（表 14‐3） | 2.0.6　工程防水等级应依据工程类别和工程防水使用环境类别分为**一级、二级、三级**。暗挖法地下工程防水等级应根据工程类别、工程地质条件和施工条件等因素确定，其他工程防水等级不应低于下列规定：
　　1　一级防水：**Ⅰ类、Ⅱ类防水使用环境下的甲类工程**；Ⅰ类防水使用环境下的乙类工程。
　　2　二级防水：Ⅲ类防水使用环境下的甲类工程；Ⅱ类防水使用环境下的乙类工程；Ⅰ类防水使用环境下的丙类工程。
　　3　三级防水：Ⅲ类防水使用环境下的乙类工程；Ⅱ类、Ⅲ类防水使用环境下的丙类工程。 |

表 14‐3　　工程防水等级的划分

工程防水使用环境类别	工程防水类别		
	甲类	乙类	丙类
Ⅰ类	**一级**	**一级**	二级
Ⅱ类	**一级**	二级	**三级**
Ⅲ类	二级	**三级**	**三级**

| 地下工程
防水设计 | 4.2.1　明挖法地下工程现浇混凝土结构防水做法应符合下列规定：
　　1　主体结构防水做法应符合表 4.2.1（表 14‐4）的规定。 |

表 14‐4　　主体结构防水做法

防水等级	防水做法	防水混凝土	外设防水层		
			防水卷材	防水涂料	水泥基防水材料
一级	**不应少于 3 道**	**为 1 道，应选**	**不少于 2 道；防水卷材或防水涂料不应少于 1 道**		
二级	不应少于 2 道	为 1 道，应选	不少于 1 道；任选		
三级	不应少于 1 道	为 1 道，应选	—		

注：1　水泥基防水材料指防水砂浆、外涂型水泥基渗透结晶防水材料。
　　2　叠合式结构的侧墙等工程部位，外设防水层应采用水泥基防水材料

4.2.3　明挖法地下工程防水混凝土的最低抗渗等级应符合表 4.2.3（表 14‐5）的规定。

表 14‐5　　明挖法地下工程防水混凝土最低抗渗等级

防水等级	市政工程现浇混凝土结构	建筑工程现浇混凝土结构	装配式衬砌
一级	P8	**P8**	P10
二级	P6	P8	P10
三级	P6	P6	P8

地下工程 防水设计	4.2.4　明挖法地下工程结构接缝的防水设防措施应符合表 4.2.4（表 14-6）的规定。 **表 14-6　　明挖法地下工程结构接缝的防水设防措施**

施工缝					变形缝					后浇带					诱导缝			
混凝土界面处理剂或外涂型水泥基渗透结晶型防水材料	预埋注浆管	遇水膨胀止水条或止水胶	中埋式止水带	外贴式止水带	**中埋式中孔型橡胶止水带**	外贴式中孔型止水带	可卸式止水带	密封嵌缝材料	外贴防水卷材或外涂防水涂料	**补偿收缩混凝土**	预埋注浆管	中埋式止水带	遇水膨胀止水条或止水胶	外贴式止水带	**中埋式中孔型橡胶止水带**	密封嵌缝材料	外贴式止水带	外贴防水卷材或外涂防水涂料
不应少于2种					**应选**	不应少于2种				**应选**	不应少于1种				**应选**	不应少于1种		

屋面工程 防水设计	4.4.1　建筑屋面工程的防水做法应符合下列规定： 　1　**平屋面**工程的防水做法应符合表 4.4.1-1（表 14-7）的规定。

表 14-7　　平屋面工程的防水做法

防水等级	防水做法	防水层	
		防水卷材	防水涂料
一级	**不应少于3道**	**卷材防水层不应少于1道**	
二级	不应少于2道	卷材防水层不应少于1道	
三级	不应少于1道	任选	

　2　**瓦屋面**工程的防水做法应符合表 4.4.1-2（表 14-8）的规定。

表 14-8　　瓦屋面工程的防水做法

防水等级	防水做法	防水层		
		屋面瓦	防水卷材	防水涂料
一级	**不应少于3道**	**为1道，应选**	**卷材防水层不应少于1道**	
二级	不应少于2道	为1道，应选	不应少于1道；任选	
三级	不应少于1道	为1道，应选	—	

　3　**金属屋面**工程的防水做法应符合表 4.4.1-3（表 14-9）的规定。全焊接金属板屋面应视为一级防水等级的防水做法。

表 14-9　　金属屋面工程防水做法

防水等级	防水做法	防水层	
		金属板	防水卷材
一级	**不应少于2道**	**为1道，应选**	**不应少于1道；厚度不应小于1.5mm**
二级	不应少于2道	为1道，应选	不应少于1道
三级	不应少于1道	为1道，应选	—

　4　当在屋面金属板基层上采用聚氯乙烯防水卷材（PVC）、热塑性聚烯烃防水卷材（TPO）、三元乙丙防水卷材（EPDM）等外露型防水卷材单层使用时，防水卷材的厚度，一级防水不应小于1.8mm，二级防水不应小于1.5mm，三级防水不应小于1.2mm。

		屋面类型	屋面排水坡度/(%)
屋面工程防水设计	4.4.3 屋面排水坡度应根据屋顶结构形式、屋面基层类别、防水构造形式、材料性能及使用环境等条件确定，并应符合下列规定。 1 屋面排水坡度应符合表4.4.3（表14-10）的规定。 **表 14-10 屋面排水坡度**		
		平屋面	≥2
	瓦屋面	块瓦	≥30
		波形瓦	≥20
		沥青瓦	≥20
		金属瓦	≥20
	金属屋面	压型金属板、金属夹芯板	≥5
		单层防水卷材金属屋面	≥2
	种植屋面		≥2
	玻璃采光顶		≥5
	2 当屋面采用结构找坡时，其坡度不应小于3%。 3 混凝土屋面檐沟、天沟的纵向坡度不应小于1%		

典型习题

14-1 [2022（5）-42] 下列关于地下防水的原则，说法错误的是（　　）。

A. 以堵为主　　　　B. 防排结合　　　　C. 因地制宜　　　　D. 综合治理

答案： A

解析： 参见考点1中"防水原则"相关规定，工程防水应遵循因地制宜、以防为主、防排结合、综合治理的原则。

14-2 [2021-37] 地下工程防水等级标准共分为（　　）。

A. 二个等级　　　　B. 三个等级　　　　C. 四个等级　　　　D. 五个等级

答案： B

解析： 参见考点1中"工程防水等级""地下工程防水设计"相关规定，工程防水等级应依据工程类别和工程防水使用环境类别分为一级、二级、三级。

14-3 [2020-35] 年降水量400mm地区的民用建筑平屋面防水的设防等级和要求，以下正确的（　　）。

A. 一级，2道防水　　　　　　　　B. 一级，3道防水

C. 二级，1道防水　　　　　　　　D. 二级，2道防水

答案： B

解析： 参见考点1中"工程防水等级""屋面工程防水设计"相关规定，年降水量400mm地区的民用建筑属于Ⅱ类防水使用环境下的甲类工程，为一级防水要求。防水做法不应少于3道。

考点 2：地下主体结构防水工程【★★★★★】

若无特殊说明，本考点均摘自《地下防水工程质量验收规范》（GB 50208—2011）	

基本规定	3.0.3　地下防水工程必须由持有资质等级证书的防水专业队伍进行施工，主要施工人员应持有**省级及以上建设行政主管部门**或其指定单位颁发的执业资格证书或防水专业岗位证书。 3.0.4　地下防水工程施工前，应通过图纸会审，掌握结构主体及细部构造的防水要求，施工单位应编制防水工程**专项施工方案**，经**监理**单位或**建设**单位审查批准后执行。【2023】 3.0.9　地下防水工程的施工，应建立各道工序的**自检、交接检和专职人员检查**的制度，并有完整的检查记录；工程隐蔽前，应由施工单位通知有关单位进行验收，并形成隐蔽工程验收记录；未经监理单位或建设单位代表对上道工序的检查确认，不得进行下道工序的施工。 3.0.10　地下防水工程施工期间，必须保持地下水位稳定在工程底部最低高程**500mm 以下**，必要时应采取降水措施。对采用沟排水的基坑，应保持基坑干燥。 3.0.11　地下防水工程不得在**雨天、雪天和五级风及其以上**时施工；防水材料施工环境气温条件宜符合表 3.0.11（表 14-11）的规定。【2024】 表 14-11　　　防水材料施工环境气温条件 | 防水材料	施工环境气温条件
高聚物改性沥青防水卷材	冷粘法、自粘法不低于 5℃，热熔法不低于 -10℃
合成高分子防水卷材	冷粘法、自粘法不低于 5℃，焊接法不低于 -10℃
有机防水涂料	溶剂型 -5～35℃，反应型、水乳型 5～35℃
无机防水涂料	5～35℃
防水混凝土、防水砂浆	5～35℃
膨润土防水材料	不低于 -20℃	
防水混凝土	4.1.1　防水混凝土适用于**抗渗**等级不小于**P6**的地下混凝土结构。**不适用**于环境温度高于**80℃**的地下工程。处于侵蚀性介质中，防水混凝土的耐侵蚀性要求应符合现行国家标准《工业建筑防腐蚀设计规范》（GB 50046）和《混凝土结构耐久性设计规范》（GB 50476）的有关规定。【2021，2020】 4.1.2　水泥的选择应符合下列规定： 1 宜采用**普通硅酸盐**水泥或**硅酸盐**水泥，采用其他品种水泥时应经试验确定； 2 在受侵蚀性介质作用时，应按介质的性质选用相应的水泥品种； 3 **不得**使用过期或受潮结块的水泥，并**不得**将不同品种或强度等级的水泥混合使用。 4.1.3　砂、石的选择应符合下列规定：【2021】 1 砂宜选用**中粗砂**，含泥量不应大于**3.0%**，泥块含量不宜大于 1.0%； 2 **不宜使用海砂**；在没有使用河砂的条件时，应对海砂进行处理后才能使用，且控制**氯离子含量**不得大于 0.06%； 3 碎石或卵石的粒径宜为 5～40mm。含泥量不应大于 1.0%，泥块含量不应大于 0.5%； 4 对长期处于潮湿环境的重要结构混凝土用砂、石，应进行**碱活性检验**。

防水混凝土	4.1.7　防水混凝土的配合比应经试验确定，并应符合下列规定：【2022（5）】 　　1 试配要求的抗渗水压值应比设计值提高 **0.2MPa**； 　　2 混凝土胶凝材料总量不宜小于 **320kg/m³**，其中水泥用量不宜小于 **260kg/m³**，粉煤灰掺量宜为胶凝材料总量的 20%～30%，硅粉的掺量宜为胶凝材料总量的 2%～5%； 　　3 水胶比不得大于 **0.50**，有侵蚀性介质时水胶比不宜大于 0.45； 　　4 砂率宜为 35%～40%，泵送时可增至 45%； 　　5 灰砂比宜为 1∶1.5～1∶2.5； 　　6 混凝土拌和物的氯离子含量不应超过胶凝材料总量的 0.1%；混凝土中各类材料的总碱量即 Na_2O 当量不得大于 3kg/m³。 4.1.18　防水混凝土结构表面的裂缝宽度不应大于 **0.2mm**，且不得贯通。 　　检验方法：用刻度放大镜检查。 4.1.19　防水混凝土结构厚度不应小于 **250mm**，其允许偏差应为 ＋8mm，－5mm；主体结构迎水面钢筋保护层厚度不应小于 **50mm**，其允许偏差应为 ±5mm。 　　检验方法：尺量检查和检查隐蔽工程验收记录。 《地下工程防水技术规范》（GB 50108—2008）相关规定。 4.1.30　防水混凝土的冬期施工，应符合下列规定： 　　1 混凝土入模温度不应低于 **5℃**； 　　2 混凝土养护应采用 **综合蓄热法、蓄热法、暖棚法、掺化学外加剂** 等方法，**不得采用电热法或蒸气直接加热法**；【2022（5）】 　　3 应采取保湿保温措施
水泥砂浆 防水层	4.2.1　水泥砂浆防水层适用于地下工程主体结构的 **迎水面或背水面**。**不适用** 于受 **持续振动** 或环境温度高于 **80℃** 的地下工程。【2021】 4.2.2　水泥砂浆防水层应采用 **聚合物** 水泥防水砂浆、**掺外加剂或掺合料** 的防水砂浆。 4.2.3　水泥砂浆防水层所用的材料应符合下列规定： 　　1 水泥应使用 **普通硅酸盐** 水泥、**硅酸盐** 水泥或 **特种** 水泥，不得使用过期或受潮结块的水泥； 　　2 砂宜采用 **中砂**，含泥量不应大于 1.0%，硫化物及硫酸盐含量不应大于 1.0%； 　　3 用于拌制水泥砂浆的水，应采用不含有害物质的洁净水； 　　4 聚合物乳液的外观为均匀液体，无杂质、无沉淀、不分层； 　　5 外加剂的技术性能应符合现行国家或行业有关标准的质量要求。 4.2.5　水泥砂浆防水层施工应符合下列规定： 　　1 水泥砂浆的配制，应按所掺材料的技术要求准确计量； 　　2 分层铺抹或喷涂，铺抹时应压实、抹平，最后一层表面应提浆压光； 　　3 防水层各层应紧密粘合，每层宜连续施工；必须留设施工缝时，应采用阶梯坡形槎，但与阴阳角处的距离不得小于 200mm； 　　4 水泥砂浆 **终凝后** 应及时进行养护，养护温度不宜低于 **5℃**，并应保持砂浆表面湿润，养护时间不得少于 **14d**；聚合物水泥防水砂浆未达到硬化状态时，不得浇水养护或直接受雨水冲刷，硬化后应采用 **干湿交替** 的养护方法。潮湿环境中，可在自然条件下养护。 4.2.12　水泥砂浆防水层的平均厚度应符合设计要求，最小厚度不得小于设计厚度的 **85%**。 　　检验方法：用针测法检查

卷材防水层	4.3.1 卷材防水层适用于受**侵蚀性**介质作用或受**振动**作用的地下工程；卷材防水层应铺设在主体结构的**迎水面**。 4.3.2 卷材防水层应采用高聚物改性沥青类防水卷材和合成高分子类防水卷材。所选用的基层处理剂、胶粘剂、密封材料等均应与铺贴的卷材相匹配。 4.3.4 铺贴防水卷材前，基面应干净、干燥，并应涂刷基层处理剂，当基面潮湿时，应涂刷湿固化型胶粘剂或潮湿界面隔离剂。 4.3.5 基层阴阳角应做成**圆弧**或**45°坡角**，其尺寸应根据卷材品种确定；在转角处、变形缝、施工缝，穿墙管等部位应铺贴卷材加强层，加强层宽度不应小于**500mm**。 4.3.6 防水卷材的搭接宽度应符合表4.3.6（表14-12）的要求。铺贴双层卷材时，上下两层和相邻两幅卷材的接缝应**错开1/3～1/2**幅宽，且两层卷材**不得相互垂直**铺贴。 表14-12　　　　　　　　防水卷材的搭接宽度 表见下 4.3.13 卷材防水层完工并经验收合格后应及时做保护层。保护层应符合下列规定：【2024】 　1 顶板的细石混凝土保护层与防水层之间宜设置隔离层。细石混凝土保护层厚度：机械回填时不宜小于70mm，人工回填时不宜小于**50mm**； 　2 底板的**细石混凝土**保护层厚度不应小于50mm； 　3 侧墙宜采用**软质保护材料**或铺抹20mm厚1：2.5**水泥砂浆**

表14-12　防水卷材的搭接宽度

卷材品种	搭接宽度/mm
弹性体改性沥青防水卷材	100
改性沥青聚乙烯胎防水卷材	100
自粘聚合物改性沥青防水卷材	80
三元乙丙橡胶防水卷材	100/60（胶粘剂/胶粘带）
聚氯乙烯防水卷材	60/80（单焊缝/双焊缝）
	100（胶粘剂）
聚乙烯丙纶复合防水卷材	100（粘结料）
高分子自粘胶膜防水卷材	70/80（自粘胶/胶粘带）

涂料	4.4.1 涂料防水层适用于受**侵蚀性**介质作用或受**振动**作用的地下工程；**有机**防水涂料宜用于主体结构的**迎水面，无机**防水涂料宜用于主体结构的**迎水面或背水面**
塑料防水板	4.5.1 塑料防水板防水层适用于经常承受**水压**、**侵蚀性**介质或有**振动**作用的地下工程；塑料防水板宜铺设在复合式衬砌的初期支护与二次衬砌之间【2020】
金属板防水	4.6.1 金属板防水层适用于**抗渗性能要求较高**的地下工程；金属板应铺设在主体结构**迎水面**
膨润土防水材料	4.7.1 膨润土防水材料防水层适用于pH为4～10的地下环境中；膨润土防水材料防水层应用于复合式衬砌的初期支护与二次衬砌之间以及明挖法地下工程主体结构的**迎水面**，防水层两侧应具有一定的夹持力
案例	卷材防水、塑料防水板和金属板防水如图14-1～图14-3所示。    图14-1　卷材防水　　　图14-2　塑料防水板　　　图14-3　金属板防水

14-4 [2024-38] 下列地下防水材料施工环境气温条件，符合要求的是（　　）。

A. 高聚物改性沥青防水卷材采用冷粘法施工，温度不低于 0℃

B. 合成高分子防水卷材冷粘法施工温度不低于 0℃

C. 溶剂型有机涂料施工温度适合 -5～35℃

D. 无机防水涂料适宜施工温度为 -5～35℃

答案： C

解析： 参见考点 2 中"基本规定"相关规定，高聚物改性沥青防水卷材冷粘法不低于 5℃，合成高分子防水卷材冷粘法不低于 5℃，有机防水涂料溶剂型 -5～35℃，无机防水涂料 5～35℃。

14-5 [2024-39] 卷材防水层保护层的说法，正确的是（　　）。

A. 侧墙防水层不可用聚苯板保护

B. 顶板保护层采用人工回填的厚度不大于 50mm

C. 外墙不得采用防水砂浆保护层

D. 底板可采用细石混凝土保护层

答案： D

解析： 参见考点 2 中"卷材防水层"相关规定，顶板的细石混凝土保护层厚度人工回填时不宜小于 50mm；底板的细石混凝土保护层厚度不应小于 50mm；侧墙宜采用软质保护材料或铺抹 20mm 厚 1∶2.5 水泥砂浆。

14-6 [2023-38] 地下防水工程施工的说法错误的是（　　）。

A. 由施工单位编制防水工程专项施工方案，应经设计单位审查批准后执行

B. 必须由持有相应资质等级证书的专业队伍进行施工

C. 主要施工人员应按规定持有防水专业岗位证书

D. 必须经具备相应资质的检测单位对防水材料进行抽样检验

答案： A

解析： 参见考点 2 中"基本规定"相关规定，施工单位应编制防水工程专项施工方案，经监理单位或建设单位审查批准后执行。

考点 3：地下细部构造防水工程【★★★★★】

	若无特殊说明，本考点均摘自《地下防水工程质量验收规范》（GB 50208—2011）
施工缝	5.1.3　墙体水平施工缝应留设在高出底板表面不小于 **300mm** 的墙体上。拱、板与墙结合的水平施工缝，宜留在拱、板与墙交接处以下 150～300mm 处；垂直施工缝应避开地下水和裂隙水较多的地段，并宜与变形缝相结合。 　　检验方法：观察检查和检查隐蔽工程验收记录。 　　5.1.4　在施工缝处继续浇筑混凝土时，已浇筑的混凝土抗压强度不应小于 **1.2MPa**。 　　检验方法：观察检查和检查隐蔽工程验收记录。 　　5.1.9　遇水膨胀止水胶应采用专用注胶器挤出粘结在施工缝表面，并做到连续、均匀、饱满、无气泡和孔洞，挤出宽度及厚度应符合设计要求；止水胶挤出成形后，固化期内应采取临时保护措施；止水胶**固化前不得浇筑**混凝土

变形缝	5.2.4 中埋式止水带的接缝应设在边墙**较高**位置上，**不得**设在结构**转角**处；接头宜采用热压焊接，接缝应平整、牢固，不得有裂口和脱胶现象。【2022（12），2020】 检验方法：观察检查和检查隐蔽工程验收记录。 5.2.5 中埋式止水带在转弯处应做成**圆弧形**；顶板、底板内止水带应安装成**盆状**，并宜采用专用钢筋套或扁钢固定。 检验方法：观察检查和检查隐蔽工程验收记录。 5.2.6 外贴式止水带在变形缝与施工缝相交部位宜采用**十字配件**；外贴式止水带在变形缝转角部位宜采用**直角配件**。止水带埋设位置应准确，固定应牢靠，并与固定止水带的基层密贴，不得出现空鼓、翘边等现象。 检验方法：观察检查和检查隐蔽工程验收记录。 5.2.9 变形缝处表面粘贴卷材或涂刷涂料前，应在缝上设置**隔离层和加强层**。 检验方法：观察检查和检查隐蔽工程验收记录
后浇带	5.3.4▲ 采用掺膨胀剂的补偿收缩混凝土，其**抗压强度、抗渗性能和限制膨胀率**必须符合设计要求。【2020】 检验方法：检查混凝土抗压强度、抗渗性能和水中养护 14d 后的限制膨胀率检验报告。 5.3.6 后浇带两侧的接缝表面应先清理干净，再涂刷混凝土界面处理剂或水泥基渗透结晶型防水涂料；后浇混凝土的浇筑时间应符合设计要求。 检验方法：观察检查和检查隐蔽工程验收记录。 条文说明 5.3.6 后浇带应在**两侧混凝土**干缩变形基本稳定后施工，混凝土收缩变形一般在龄期为**6 周**后才能基本稳定 《地下工程防水技术规范》（GB 50108—2008）相关规定。 5.2.2 后浇带应在其两侧混凝土龄期达到 42d 后再施工；高层建筑的后浇带施工应按规定时间进行。【2021】 5.3.8 后浇带混凝土应一次浇筑，不得留设施工缝；混凝土浇筑后应及时养护，养护时间不得少于**28d**。【2023】 检验方法：观察检查和检查隐蔽工程验收记录 《地下工程防水技术规范》（GB 50108—2008）相关规定。【2022（5）】 5.2.3 后浇带应采用补偿收缩混凝土浇筑，其抗渗和抗压强度等级**不应低于**两侧混凝土。 5.2.5 后浇带两侧可做成**平直缝或阶梯缝**，其防水构造形式宜采用图 5.2.5-1～图 5.2.5-3（即图 14-4～图 14-6）。 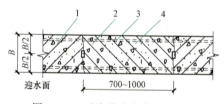 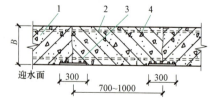 图 14-4 后浇带防水构造（一）　　　　图 14-5 后浇带防水构造（二） 1—先浇混凝土；2—遇水膨胀止水条（胶）；　　　1—先浇混凝土；2—遇水膨胀止水条（胶）； 3—结构主筋；4—后浇补偿收缩混凝土　　　　3—结构主筋；4—后浇补偿收缩混凝土

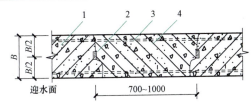

图 14-6 后浇带防水构造（三）

1—先浇混凝土；2—遇水膨胀止水条（胶）；

3—结构主筋；4—后浇补偿收缩混凝土

5.2.9 补偿收缩混凝土的配合比除应符合本规范第 4.1.16 条的规定外，尚应符合下列要求：

1 膨胀剂掺量不宜大于 12%；

2 膨胀剂掺量应以胶凝材料总量的百分比表示。

5.2.14 后浇带需超前止水时，后浇带部位的混凝土应**局部加厚**，并应增设外贴式或中埋式止水带（图 5.2.14，即图 14-7）。

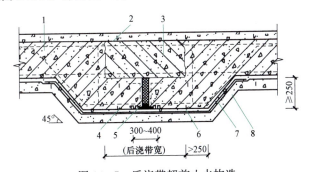

图 14-7 后浇带超前止水构造

1—混凝土结构；2—钢丝网片；3—后浇带；4—填缝材料；

5—外贴式止水带；6—细石混凝土保护层；7—卷材防水层；8—垫层混凝土

5.7.1 桩头用**聚合物水泥防水砂浆**、**水泥基渗透结晶型防水涂料**、**遇水膨胀止水条或止水胶**和**密封材料**必须符合设计要求。【2020】

检验方法：检查产品合格证、产品性能检测报告和材料进场检验报告。

5.7.4 桩头顶面和侧面裸露处应涂刷**水泥基渗透结晶型防水涂料**，并延伸到结构底板垫层 150mm 处；桩头四周 300mm 范围内应抹**聚合物水泥防水砂浆**过渡层。

5.7.5 结构底板防水层应做在聚合物水泥防水砂浆过渡层上并延伸至桩头侧壁，其与桩头侧壁接缝处应采用**密封材料嵌填**。

5.7.6 桩头的受力钢筋根部应采用**遇水膨胀止水条**或**止水胶**，并应采取保护措施【2023】

实例	中埋止水带、遇水膨胀止水条和钢板止水带如图 14-8~图 14-10 所示。  图 14-8 中埋止水带　　图 14-9 遇水膨胀止水条　　图 14-10 钢板止水带

 典型习题

14-7 [2023-40] 关于地下防水工程中细部构造施工质量的说法，正确的是（　　）。

A. 墙体水平施工缝应留设在墙体与板面交接处

B. 在遇水膨胀止水胶挤出成型后固化期内应完成混凝土浇筑

C. 外贴式止水带在变形缝与施工缝相交部位宜采用直角配件

D. 后浇带混凝土应一次性浇筑，并应及时养护且不少于 28d

答案：D

解析：参见考点 3 中"施工缝""变形缝""后浇带"相关规定，墙体水平施工缝应留设在高出底板表面不小于 300mm 的墙体上，选项 A 错误；止水胶固化前不得浇筑混凝土，选项 B 错误；外贴式止水带在变形缝与施工缝相交部位宜采用十字配件，选项 C 错误。

14-8 [2023-41] 桩基础桩头防水构造施工的说法，错误的是（　　）。

A. 桩头顶部和侧部裸露处应涂刷水泥基渗透结晶型防水涂料

B. 桩头受力钢筋根部应涂刷水泥基渗透结晶型防水涂料

C. 桩头四周一定范围内应抹聚合物水泥防水砂浆过滤层

D. 结构底板防水层与桩头侧壁接缝处应采用密封材料嵌填

答案：B

解析：参见考点 3 中"桩头"相关规定，桩头的受力钢筋根部应采用遇水膨胀止水条或止水胶。

14-9 [2022（12）-42] 下列关于地下工程变形缝施工的说法，错误的是（　　）。

A. 变形缝处表面粘贴卷材或涂刷涂料前，应设置隔离层和加强层

B. 中埋式止水带在转弯处应做成圆弧形

C. 外贴式止水带在变形缝与施工缝相交部位采用直角配件

D. 中埋式止水带顶板、底板内止水带应安装成盆状

答案：C

解析：参见考点 3 中"变形缝"相关规定，外贴式止水带在变形缝与施工缝相交部位宜采用十字配件；外贴式止水带在变形缝转角部位宜采用直角配件。

14-10 [2022（5）-46] 下列关于后浇带的做法，说法错误的是（　　　）。

A. 后浇带当使用补偿收缩混凝土，抗压强度应低于后浇带两侧混凝土强度

B. 后浇带两侧可做成平直缝或阶梯缝

C. 超前止水处防水混凝土应加厚并设止水带

D. 补偿收缩混凝土配合比不高于主体混凝土

答案：A

解析：参见考点3中"后浇带"相关规定，后浇带应采用补偿收缩混凝土浇筑，其抗渗和抗压强度等级不应低于两侧混凝土。

14-11 [2020-34] 下列防水材料类型中，不宜用于桩头防水的是（　　　）。

A. 卷材防水　　　　　　　　　　　　B. 聚合物防水砂浆

C. 水泥基渗透结晶防水涂料　　　　　D. 止水胶、密封材料

答案：A

解析：参见考点3中"桩头"相关规定，桩头用聚合物水泥防水砂浆、水泥基渗透结晶型防水涂料、遇水膨胀止水条或止水胶和密封材料必须符合设计要求。

考点4：地下其他工程【★★★★】

	若无特殊说明，本考点均摘自《地下防水工程质量验收规范》（GB 50208—2011）
地下连续墙	6.2.1　地下连续墙适用于地下工程的主体结构、支护结构以及复合式衬砌的初期支护。 6.2.2　地下连续墙应采用防水混凝土。胶凝材料用量不应小于400kg/m³，水胶比不得大于0.55，坍落度不得小于180mm。 6.2.3　地下连续墙施工时，混凝土应按每一个单元槽段留置一组抗压试件，每5个槽段留置一组抗渗试件。 6.2.5　地下连续墙应根据工程要求和施工条件减少槽段数量；地下连续墙槽段接缝应避开拐角部位
渗排水、盲沟排水	7.1.1　渗排水适用于无自流排水条件、防水要求较高且有抗浮要求的地下工程。盲沟排水适用于地基为弱透水性土层、地下水量不大或排水面积较小，地下水位在结构底板以下或在丰水期地下水位高于结构底板的地下工程。【2019】 7.1.2　渗排水应符合下列规定： 1 渗排水层所用砂、石应洁净，含泥量不应大于2.0%； 2 粗砂过滤层总厚度宜为300mm，如较厚时应分层铺填；过滤层与基坑土层接触处，应采用厚度为100～150mm、粒径为5～10mm的石子铺填； 3 集水管应设置在粗砂过滤层下部，坡度不宜小于1%，且不得有倒坡现象。集水管之间的距离宜为5～10m，并与集水井相通； 4 工程底板与渗排水层之间应做隔浆层，建筑周围的渗排水层顶面应做散水坡。

渗排水、盲沟排水	7.1.3 盲沟排水应符合下列规定：4 盲沟反滤层的层次和粒径组成应符合表7.1.3（表14-13）的规定。 **表 14-13　盲沟反滤层的层次和粒径组成【2023】** 表格如下
	7.1.4 渗排水、盲沟排水均应在**地基工程验收合格后**进行施工。 7.1.5 集水管宜采用**无砂混凝土管、硬质塑料管**或**软式透水管**
预注浆、后注浆	8.1.3 在**砂卵石层**中宜采用**渗透注浆法**；在**黏土层**中宜采用**劈裂注浆法**；在**淤泥质软土**中宜采用**高压喷射注浆法**【2022（12）】 8.1.4 注浆浆液应符合下列规定：【2024】 　1 预注浆宜采用**水泥浆液、黏土水泥浆液或化学浆液**； 　2 后注浆宜采用**水泥浆液、水泥砂浆或掺有石灰、黏土膨润土、粉煤灰的水泥浆液**； 　3 注浆浆液配合比应经现场试验确定

表 14-13　盲沟反滤层的层次和粒径组成【2023】

反滤层的层次	建筑物地区地层为砂性土时（塑性指数 $I_p < 3$）	建筑地区地层为黏性土时（塑性指数 $I_p > 3$）
第一层（贴天然土）	用 1~3mm 粒径砂子组成	用 2~5mm 粒径砂子组成
第二层	用 3~10mm 粒径小卵石组成	用 5~10mm 粒径小卵石组成

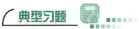

典型习题

14-12［2024-40］关于地下注浆防水工程的说法，正确的是（　　）。

A. 在砂卵石层中宜采用高压喷射注浆法

B. 在黏土层中宜采用劈裂注浆法

C. 预注浆宜采用水泥砂浆或掺有石灰的水泥浆液

D. 后注浆宜采用黏土水泥浆液或化学浆液

答案：B

解析：参见考点4中"预注浆、后注浆"相关规定，在砂卵石层中宜采用渗透注浆法；在黏土层中宜采用劈裂注浆法。预注浆宜采用水泥浆液、黏土水泥浆液或化学浆液；后注浆宜采用水泥浆液、水泥砂浆或掺有石灰、黏土膨润土、粉煤灰的水泥浆液。

14-13［2023-42］关于地下防水工程中渗排水和盲沟排水施工质量说法正确的是（　　）。

A. 盲沟排水适用于无自流排水条件，防水要求较高且有抗渗要求的地下工程

B. 渗排水采用中细砂过滤层，总厚度为300mm，如较厚时应分层铺填

C. 盲沟反滤层砂石的粒径选择，对于同一层次，地基为黏性土的要比砂土大

D. 渗排水应与地基工程同时施工，盲沟排水应在地基工程验收合格后施工

答案：C

解析：参见考点4中"渗排水、盲沟排水"相关规定，盲沟排水适用于地基为弱透水性土层、地下水量不大或排水面积较小，地下水位在结构底板以下或在丰水期地下水位高于结构底板的地下工程，选项A错误；采用粗砂过滤层，选项B错误；渗排水、盲沟排水均应在地基工程验收合格后进行施工，选项D错误。

14-14 [2019-41] 关于地下工程渗排水及盲沟排水施工的说法，正确的是（   ）。

A. 渗排水层与工程底板之间应设隔浆层

B. 渗排水应在地基工程验收合格前进行施工

C. 渗排水的集水管应设置在粗砂过滤层的上部

D. 盲沟排水的集水管不宜采用硬质塑料管

答案： A

解析： 参见考点 4 中"渗排水、盲沟排水"相关规定，渗排水集水管应设置在粗砂过滤层下部（选项 C 错误），坡度不宜小于 1%，且不得有倒坡现象。工程底板与渗排水层之间应做隔浆层（选项 A 正确）。渗排水、盲沟排水均应在地基工程验收合格后进行施工（选项 B 错误）。集水管宜采用无砂混凝土管、硬质塑料管或软式透水管（选项 D 错误）。

考点 5：屋面防水与密封工程【★★★★★】

	若无特殊说明，本考点均摘自《屋面工程质量验收规范》(GB 50207—2012)
基本规定	3.0.10　屋面工程施工时，应建立各道工序的**自检**、**交接检**和**专职人员检查**的**"三检"**制度，并应有完整的检查记录。每道工序施工完成后，应经监理单位或建设单位检查验收，并应在合格后再进行下道工序的施工【2023】
蓄水隔热层	5.8.1　蓄水隔热层与屋面防水层之间应设**隔离层**。 5.8.2　蓄水池的所有孔洞应**预留**，不得后凿；所设置的给水管、排水管和溢水管等，均应在蓄水池混凝土施工前安装完毕。 5.8.3　每个蓄水区的防水混凝土应**一次浇筑完毕**，不得留施工缝。 5.8.4　防水混凝土应用机械振捣密实，表面应抹平和压光，初凝后应覆盖养护，终凝后浇水养护不少于**14d**；蓄水后不得断水【2024】
一般规定	6.1.3　基层处理剂应配比准确，并应搅拌均匀；喷涂或涂刷基层处理剂应均匀一致，待其**干燥**后应及时进行卷材、涂膜防水层和接缝密封防水施工
卷材防水层	6.2.1　屋面坡度大于**25%**时，卷材应采取**满粘和钉压**固定措施。【2021】 6.2.2　卷材铺贴方向应符合下列规定： 　1 卷材宜**平行屋脊**铺贴； 　2 上下层卷材**不得相互垂直**铺贴。 6.2.3　卷材搭接缝应符合下列规定：【2021】 　1 平行屋脊的卷材搭接缝应**顺流水**方向，卷材搭接宽度应符合表 6.2.3（表 14-14）的规定； 　2 相邻两幅卷材短边搭接缝应**错开**，且不得小于**500mm**； 　3 上下层卷材长边搭接缝应**错开**，且不得小于幅宽的**1/3**。（图 14-11） 图 14-11　改性沥青防水卷材搭接形式与要求

卷材防水层

表 14-14	卷 材 搭 接 宽 度	（mm）
卷材类别		搭接宽度
合成高分子防水卷材	胶粘剂	80
	胶粘带	50
	单缝焊	60，有效焊接宽度不小于25
	双缝焊	80，有效焊接宽度10×2＋空腔宽
高聚物改性沥青防水卷材	胶粘剂	100
	自粘	80

6.2.4　冷粘法铺贴卷材应符合下列规定：

1　胶粘剂涂刷应均匀，不应露底，不应堆积；

2　应控制胶粘剂涂刷与卷材铺贴的间隔时间；

3　卷材下面的空气应排尽，并应辊压粘牢固；

4　卷材铺贴应平整顺直，搭接尺寸应准确，不得扭曲、皱折；

5　接缝口应用**密封材料封严**，宽度不应小于**10mm**。

6.2.5　热粘法铺贴卷材应符合下列规定：

1　熔化热熔型改性沥青胶结料时，宜采用专用导热油炉加热，加热温度不应高于**200℃**，使用温度不宜低于180℃；

2　粘贴卷材的热熔型改性沥青胶结料厚度宜为1.0～1.5mm；

3　采用热熔型改性沥青胶结料粘贴卷材时，应随刮随铺，并应展平压实。

6.2.6　热熔法铺贴卷材应符合下列规定：

1　火焰加热器加热卷材应均匀，不得加热不足或烧穿卷材；

2　卷材表面热熔后应立即滚铺，卷材下面的空气应排尽，并应辊压粘贴牢固；

3　卷材接缝部位应溢出热熔的改性沥青胶，溢出的改性沥青胶宽度宜为8mm；

4　铺贴的卷材应平整顺直，搭接尺寸应准确，不得扭曲、皱折；

5　厚度**小于3mm**的高聚物改性沥青防水卷材，**严禁**采用热熔法施工。

6.2.7　自粘法铺贴卷材应符合下列规定：

1　铺贴卷材时，应将自粘胶底面的隔离纸全部撕净；

2　卷材下面的**空气应排尽**，并应**辊压粘贴牢固**；

3　铺贴的卷材应平整顺直，搭接尺寸应准确，不得扭曲、皱折；

4　接缝口应用密封材料封严，宽度不应小于10mm；

5　低温施工时，接缝部位宜采用热风加热，并应随即粘贴牢固。

6.2.8　焊接法铺贴卷材应符合下列规定：

1　焊接前卷材应铺设平整、顺直，搭接尺寸应准确，不得扭曲、皱折；

2　卷材焊接缝的结合面应干净、干燥，不得有水滴、油污及附着物；

3　焊接时应先焊**长边**搭接缝，后焊**短边**搭接缝；【2024】

4　控制加热温度和时间，焊接缝不得有漏焊、跳焊、焊焦或焊接不牢现象；

5　焊接时不得损害非焊接部位的卷材。

6.2.15　卷材防水层的铺贴方向应正确，卷材搭接宽度的允许偏差为**－10mm**

涂膜防水层	6.3.1　防水涂料应**多遍**涂布，并应待前一遍涂布的涂料**干燥成膜后**，再涂布后一遍涂料，且前后两遍涂料的涂布方向应**相互垂直**。【2020】 6.3.2　铺设胎体增强材料应符合下列规定： 1 胎体增强材料宜采用聚酯无纺布或化纤无纺布； 2 胎体增强材料长边搭接宽度不应小于 50mm，**短边**搭接宽度不应小于**70mm**； 3 上下层胎体增强材料的长边搭接缝应**错开**，且不得小于幅宽的1/3； 4 上下层胎体增强材料**不得相互垂直**铺设。 6.3.7　涂膜防水层的平均厚度应符合设计要求，且最小厚度不得小于设计厚度的**80%**。 检验方法：针测法或取样量测
复合防水层	6.4.1　卷材与涂料复合使用时，**涂膜**防水层宜设置在**卷材**防水层的**下面**【2023】
接缝密封防水	6.5.1　密封防水部位的基层应符合下列要求： 1 基层应牢固，表面应平整、密实，不得有裂缝、蜂窝、麻面、起皮和起砂现象； 2 基层应清洁、干燥，并应无油污、无灰尘； 3 嵌入的背衬材料与接缝壁间**不得留有空隙**； 4 密封防水部位的基层宜涂刷基层处理剂，涂刷应均匀，不得漏涂。 6.5.2　**多组分**密封材料应按配合比准确计量，拌和应均匀，并应根据有效时间确定每次配制的数量
实例 （图 14-12～ 图 14-14）	 图 14-12　热熔法铺贴卷材　　图 14-13　冷粘法铺贴卷材　　图 14-14　涂膜防水层

 典型习题

14-15［2024-41］关于屋面保温隔热工程中蓄水隔热层施工的说法，错误的是（　　）。

A. 隔热层与屋面防水层之间应设隔离层

B. 蓄水池所有孔洞应预留，不得后凿

C. 每个蓄水池的防水混凝土应一次浇筑完毕

D. 防水混凝土终凝后浇水养护最少不小于 7d

答案：D

解析：参见考点 5 中"蓄水隔热层"相关规定，防水混凝土终凝后浇水养护不得少于 14d。

14-16［2024-42］关于屋面防水与密封工程施工，正确的是（　　）。

A. 涂刷基层处理剂均匀一致后，应立即进行防水层和接缝密封防水施工

B. 用自粘法铺贴卷材时，先将卷材下面空气排尽，粘贴后气泡应采用探针扎孔排出

C. 用焊接法铺贴卷材时应先焊长边搭接缝，后焊短边搭接缝

D. 密封防水部位的基层应将嵌入的背衬材料与接缝壁间保留有空隙

答案： C

解析： 参见考点 5 中"一般规定""卷材防水层""接缝密封防火"相关规定，待其干燥后应及时进行卷材、涂膜防水层和接缝密封防水施工。自粘法铺贴卷材时下面的空气应排尽，并应辊压粘贴牢固；焊接法铺贴卷材时应先焊长边搭接缝，后焊短边搭接缝；密封防水部位的基层嵌入的背衬材料与接缝壁间不得留有空隙。

14-17 ［2023-39］屋面工程施工时，每道工序检查应建立的"三检"制度是指（   ）。

A. 自检、交接检和监理人员检

B. 交接检、专职人员检和监理人员检

C. 自检、交接检和专职人员检

D. 自检、专职人员检和监理人员检

答案： C

解析： 参见考点 5 中"基本规定"相关规定，应建立各道工序的自检、交接检和专职人员检查的"三检"制度。

14-18 ［2023-44］屋面防水施工要求的说法正确的是：

A. 涂膜防水层最小厚度不允许出现负偏差

B. 卷材搭接宽度只允许出现正偏差

C. 复合防水层中涂膜防水层宜在卷材防水层下面

D. 接缝密封不得采用多组分材料

答案： C

解析： 参见考点 5 中"卷材防水层"相关规定，涂膜防水层最小厚度不得小于设计厚度的 80%，选项 A 错误；卷材搭接宽度的允许偏差为 -10mm，选项 B 错误；接缝密封可以采用多组分材料，选项 D 错误。

14-19 ［2021-42］下列屋面卷材防水层做法中，正确的是：

A. 卷材应垂直屋脊方向铺贴

B. 上下层卷材应相互垂直铺贴

C. 平行屋脊的卷材搭接缝应顺流水方向

D. 上下层卷材长边搭接缝应对齐

答案： C

解析： 参见考点 5 中"卷材防水层"相关规定，卷材宜平行屋脊铺贴（选项 A 错误）。上下层卷材不得相互垂直铺贴（选项 B 错误）。平行屋脊的卷材搭接缝应顺流水方向（选项 C 正确）。上下层卷材长边搭接缝应错开（选项 D 错误），且不得小于幅宽的 1/3。

考点 6：屋面瓦面与板面工程 【★】

	若无特殊说明，本考点均摘自《屋面工程质量验收规范》（GB 50207—2012）
瓦面与板面工程	7.1.4 瓦材或板材与山墙及突出屋面结构的交接处，均应做泛水处理。
	7.1.5 在大风及地震设防地区或屋面坡度大于100%时，瓦材应采取固定加强措施。
	7.1.6 在瓦材的下面应铺设防水层或防水垫层，其品种、厚度和搭接宽度均应符合设计要求。【2020】
	7.1.7 严寒和寒冷地区的檐口部位，应采取防雪融冰坠的安全措施

沥青瓦铺装	7.3.3　铺设脊瓦时，宜将沥青瓦沿切口**剪开**分成三块作为脊瓦，并应用 2 个固定钉固定，同时应用沥青基胶粘材料密封；脊瓦搭盖应**顺**主导风向。 7.3.5　沥青瓦铺装的有关尺寸应符合下列规定： 　　1　脊瓦在两坡面瓦上的搭盖宽度，每边不应小于 **150mm**； 　　2　脊瓦与脊瓦的压盖面不应小于脊瓦面积的 **1/2**； 　　3　沥青瓦挑出檐口的长度宜为 **10～20mm**； 　　4　金属泛水板与沥青瓦的搭盖宽度不应小于 **100mm**； 　　5　金属泛水板与突出屋面墙体的搭接高度不应小于 **250mm**； 　　6　金属滴水板伸入沥青瓦下的宽度不应小于 **80mm**
图示	沥青瓦屋面屋脊如图 14-15 所示，金属板材屋面屋脊如图 14-16 所示。 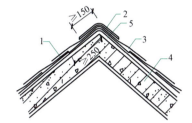 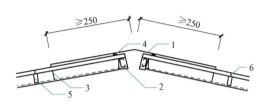 图 14-15　沥青瓦屋面屋脊 1—防水层或防水垫层；2—脊瓦； 3—沥青瓦；4—结构层；5—附加层 图 14-16　金属板材屋面屋脊 1—屋脊盖板；2—堵头板；3—挡水板； 4—密封材料；5—固定支架；6—固定螺栓

 典型习题

14-20［2020-41］下列关于瓦屋面工程做法，错误的是（　　　）。

A. 瓦山交接处，应做泛水处理

B. 抗震设防，坡度不大，瓦材可以不采取固定加强措施

C. 瓦材下面应铺设防水层

D. 严寒与寒冷地区的檐口部位，采取防冰坠安全措施

答案：B

解析：参见考点 6 中"瓦面与板面工程"相关规定，在大风及地震设防地区或屋面坡度大于 100％时，瓦材应采取固定加强措施。

14-21［2017-41］下列关于沥青瓦铺装的有关尺寸的规定，错误的是（　　　）。

A. 脊瓦在两坡面瓦上的搭盖宽度，每边不应小于 150mm

B. 脊瓦与脊瓦的压盖面不应小于脊瓦面积的 1/3

C. 沥青瓦挑出檐口的长度宜为 10～20mm

D. 金属泛水板与沥青瓦的搭盖宽度不应小于 100mm

答案：B

解析：参见考点 6 中"瓦面与板面工程"相关规定，脊瓦与脊瓦的压盖面不应小于脊瓦面积的 1/2。

若无特殊说明，本考点均摘自《屋面工程质量验收规范》（GB 50207—2012）	
檐沟和天沟	8.3.4　檐沟防水层应由沟底翻上至外侧顶部，卷材收头应用金属压条钉压固定，并应用密封材料封严；涂膜收头应用防水涂料多遍涂刷。 检验方法：观察检查
女儿墙和山墙	8.4.2　女儿墙和山墙的压顶向内排水坡度不应小于 5%，压顶内侧下端应做成鹰嘴或滴水槽。 检验方法：观察和坡度尺检查。 8.4.5　女儿墙和山墙的卷材应满粘，卷材收头应用金属压条钉压固定，并应用密封材料封严。 检验方法：观察检查 8.4.6　女儿墙和山墙的涂膜应直接涂刷至压顶下，涂膜收头应用防水涂料多遍涂刷。 检验方法：观察检查
水落口	8.5.4　水落口周围直径 500mm 范围内坡度不应小于 5%，水落口周围的附加层铺设应符合设计要求。 检验方法：观察和尺量检查。 8.5.5　防水层及附加层伸入水落口杯内不应小于 50mm，并应粘结牢固
变形缝	8.6.2　变形缝处不得有渗漏和积水现象。 检验方法：雨后观察或淋水试验。 8.6.4　防水层应铺贴或涂刷至泛水墙的顶部。【2022（5）】 检验方法：观察检查 8.6.5　等高变形缝顶部宜加扣混凝土或金属盖板。混凝土盖板的接缝应用密封材料封严；金属盖板应铺钉牢固，搭接缝应顺流水方向，并应做好防锈处理。 检验方法：观察检查。 8.6.6　高低跨变形缝在高跨墙面上的防水卷材封盖和金属盖板，应用金属压条钉压固定，并应用密封材料封严。 检验方法：观察检查
出入口	8.8.5　屋面出入口的泛水高度不应小于 250mm
图示	构造示意图如图 14-17～图 14-19 所示 图 14-17　檐沟构造示意图　　图 14-18　女儿墙构造示意图

图示	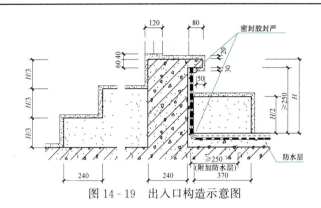 图 14-19　出入口构造示意图
隐蔽工程验收	9.0.6　屋面工程应对下列部位进行隐蔽工程验收：【2024】 　1 卷材、涂膜防水层的基层； 　**2 保温层的隔汽和排汽措施；** 　3 保温层的铺设方式、厚度、板材缝隙填充质量及热桥部位的保温措施； 　**4 接缝的密封处理；** 　5 瓦材与基层的固定措施； 　6 檐沟、天沟、泛水、水落口和变形缝等细部做法； 　**7 在屋面易开裂和渗水部位的附加层；** 　8 保护层与卷材、涂膜防水层之间的隔离层； 　9 金属板材与基层的固定和板缝间的密封处理； 　10 坡度较大时，防止卷材和保温层下滑的措施

 典型习题

14-22［2024-43］不属于屋面防水工程隐蔽验收的是（　　）。

A. 卷材、涂膜防水层　　　　　　B. 保温层的隔汽和排汽措施

C. 易开裂和渗水部位的附加层　　D. 接缝的密封处理

答案： A

解析： 参见考点 7 中"隐蔽工程验收"相关规定。

14-23［2022（5）-45］下列屋面变形缝处防水施工做法，错误的是（　　）。

A. 防水卷材沿泛水墙上翻 200mm

B. 等高的变形缝顶部加扣金属盖板并固定

C. 高低跨变形缝处高跨墙面上变形缝处防水层用金属压板固定

D. 变形缝处应无积水渗漏

答案： A

解析： 参见考点 7 中"变形缝"相关规定，防水层应铺贴或涂刷至泛水墙的顶部。

考点 8：外墙防水工程【★★】

	若无特殊说明，本考点均摘自《建筑外墙防水工程技术规程》（JGJ/T 235—2011）
整体防水	3.0.2　在正常使用和合理维护的条件下，有下列情况之一的建筑外墙，宜进行墙面整体防水： 　1　年降水量大于等于800mm地区的**高层**建筑外墙； 　2　年降水量大于等于600mm且基本风压大于等于0.50kN/m²地区的外墙； 　3　年降水量大于等于400mm且基本风压大于等于0.40kN/m²地区有**外保温**的外墙； 　4　年降水量大于等于500mm且基本风压大于等于0.35kN/m²地区有**外保温**的外墙； 　5　年降水量大于等于600mm且基本风压大于等于0.30kN/m²地区有**外保温**的外墙
节点防水	3.0.3　除本规程第3.0.2条规定的建筑外，年降水量大于等于400mm地区的其他建筑外墙应采用**节点构造**防水措施
施工	6.1.1　外墙防水工程应按设计要求施工，施工前应编制**专项施工方案**并进行技术交底。 6.1.2　外墙防水应由有相应**资质**的专业队伍进行施工；作业人员应**持证**上岗。 6.1.3　防水材料进场时应**抽样**复验。 6.1.9　外墙防水工程严禁在**雨天、雪天和五级风**及其以上时施工；施工的环境气温宜为**5～35℃**。施工时应采取安全防护措施。 6.2.3　外墙防水层施工前，宜先做好**节点**处理，再进行**大面积**施工
验收	7.1.3　外墙防水层完工后应进行检验验收。防水层渗漏检查应在**雨后**或**持续淋水30min后**进行。 7.1.4　外墙防水应按照外墙面面积500～1000m²为一个检验批，不足500m²时也应划分为一个检验批；每个检验批每100m²应至少抽查一处，每处不得小于10m²，且不得少于3处；节点构造应**全部**进行检查。【2023】 7.4.2　防水透气膜防水层不得有渗漏现象。 检验方法：**雨后**或**持续淋水30min后**观察检查。 7.4.5　防水透气膜的铺贴方向应正确，纵向搭接缝应**错开**，搭接宽度的**负偏差**不应大于10mm。 检验方法：观察和尺量检查

 典型习题

14-24［2023-43］外墙防水工程的说法，正确的是（　　）。

A. 防水透气膜的铺贴，纵向搭接缝应对缝

B. 透气膜防水层应采用蓄水法进行检验

C. 节点构造应全数进行检查

D. 应对防水砂浆的粘结强度和抗冻性能进行复验

答案： C

解析： 参见考点8中"验收"相关规定，防水透气膜的铺贴，纵向搭接缝应错开，选项A错误；防水透气膜采用雨后或持续淋水30min后观察检查，选项B错误；防水材料进场时应抽样复验，选项D错误。

考点 9：《建筑与市政工程防水通用规范》（GB 55030—2022）施工要求

施工方案	5.1.1　防水施工前应依据设计文件编制**防水专项施工方案**
不应露天施工	5.1.2　**雨天、雪天或五级**及以上大风环境下，不应进行露天防水施工
报告	5.1.3　防水材料及配套辅助材料进场时应提供**产品合格证、质量检验报告、使用说明书、进场复验报告**。防水卷材进场复验报告应包含无处理时**卷材接缝剥离强度**和**搭接缝不透水性检测结果**
基层	5.1.4　防水施工**前**应确认基层已验收合格，基层质量应符合防水材料施工要求
阴阳角	5.1.5　铺贴防水卷材或涂刷防水涂料的阴阳角部位应做成**圆弧状**或进行**倒角**处理
防水混凝土	5.1.6　防水混凝土施工应符合下列规定： 1　运输与浇筑过程中**严禁加水**； 2　应及时进行保湿养护，养护期不应少于**14d**； 3　后浇带部位的混凝土施工前，交界面应做**糙面**处理，并应清除积水和杂物

5.1.7　防水卷材最小搭接宽度应符合表 5.1.7（表 14 - 15）的规定。

表 14 - 15　　　　　　防水卷材最小搭接宽度　　　　　　（mm）

防水卷材类型	搭接方式	搭接宽度
聚合物改性沥青类防水卷材	热熔法、热沥青	≥100
	自粘搭接（含湿铺）	≥80
合成高分子类防水卷材	胶粘剂、粘结料	≥100
	胶粘带、自粘胶	≥80
	单缝焊	≥60，有效焊接宽度不应小于 25
	双缝焊	≥80，有效焊接宽度 10×2＋空腔宽
	塑料防水板双缝焊	≥100，有效焊接宽度 10×2＋空腔宽

施工规定	5.1.8　防水卷材施工应符合下列规定： 1　卷材铺贴应平整顺直，不应有起鼓、张口、翘边等现象。 2　同层相邻两幅卷材短边搭接错缝距离不应小于**500mm**。卷材双层铺贴时，上下两层和相邻两幅卷材的接缝应错至少1/3幅宽，且**不应互相垂直**铺贴。 3　同层卷材搭接不应超过**3层**。 4　卷材收头应固定密封
穿管	5.1.11　穿结构管道、埋设件等应在防水层施工**前**埋设完成
下一道	5.1.12　应在防水层验收合格**后**进行下一道工序的施工

考点 10：《建筑与市政工程防水通用规范》（GB 55030—2022）验收要求

验收	6.0.2　防水工程验收时，应核验下列文件和记录： 1　设计施工图、图纸会审记录、设计变更文件； 2　材料的产品合格证、质量检验报告、进场材料复验报告； 3　施工方案； 4　隐蔽工程验收记录； 5　工程质量检验记录、渗漏水处理记录； 6　淋水、蓄水或水池满水试验记录； 7　施工记录； 8　质量验收记录

6.0.3 防水工程质量检验合格判定标准应符合表6.0.3（表14-16）的规定。

表 14-16　　　　　　防水工程质量检验合格判定标准

工程类型		工程防水类别		
		甲类	乙类	丙类
建筑工程	地下工程	不应有渗水，结构背水面无湿渍	不应有滴漏、线漏，结构背水面可有零星分布的湿渍	不应有线流、漏泥砂，结构背水面可有少量湿渍、流挂或滴漏
	屋面工程	不应有渗水，结构背水面无湿渍	不应有渗水，结构背水面无湿渍	不应有渗水，结构背水面无湿渍
	外墙工程	不应有渗水，结构背水面无湿渍	不应有渗水，结构背水面无湿渍	—
	室内工程	不应有渗水，结构背水面无湿渍	—	—

（合格判定标准）

6.0.5 防水隐蔽工程应留存现场影像资料，形成隐蔽工程验收记录，防水隐蔽工程检验内容应符合表6.0.5（表14-17）的规定。

表 14-17　　　　　　　隐蔽工程检验内容

工程类型	隐蔽工程检验内容
明挖法地下工程【2020】	1 防水层的基层； 2 防水层及附加防水层； 3 防水混凝土结构的施工缝、变形缝、后浇带、诱导缝等接缝防水构造； 4 防水混凝土结构的穿墙管、埋设件、预留通道接头、桩头、格构柱、抗浮锚索（杆）等节点防水构造； 5 基坑的回填
暗挖法地下工程	1 防水层的基层； 2 防水层及附加防水层； 3 二次衬砌结构的施工缝、变形缝等接缝防水构造； 4 二次衬砌结构的穿墙管、埋设件、预留通道接头等节点防水构造； 5 预埋注浆系统； 6 排水系统； 7 预制装配式衬砌接缝密封； 8 顶管、箱涵接头防水
建筑屋面工程	1 防水层的基层； 2 防水层及附加防水层； 3 檐口、檐沟、天沟、水落口、泛水、天窗、变形缝、女儿墙压顶和出屋面设施等节点防水构造
建筑外墙工程	1 防水层的基层； 2 防水层及附加防水层； 3 门窗洞口、雨篷、阳台、变形缝、穿墙管道、预埋件、分格缝及女儿墙压顶、预制构件接缝等节点防水构造
建筑室内工程	1 防水层的基层； 2 防水层及附加防水层； 3 地漏、防水层铺设范围内的穿楼板或穿墙管道及预埋件等节点防水构造

（隐蔽工程验收）

检验批验收	6.0.6 防水工程检验批质量验收合格应符合下列规定： 1 主控项目的质量应经抽查检验**合格**； 2 一般项目的质量应经抽查检验合格。有允许偏差值的项目，其抽查点应有80%或以上在允许偏差范围内，且最大偏差值不应超过允许偏差值的**1.5倍**； 3 应具有完整的**施工操作依据**和**质量检查记录**
分项验收	6.0.7 分项工程质量验收合格应符合下列规定： 1 分项工程所含检验批的质量均应验收合格； 2 分项工程所含检验批的质量验收记录应完整
分部验收	6.0.8 分部或子分部工程质量验收合格应符合下列规定： 1 所含分项工程的质量均应验收合格； 2 质量控制资料应完整； 3 安全与功能抽样检验应符合本规范第 6.0.3 条和第 6.0.4 条的规定； 4 **观感质量**应合格
降水	6.0.9 有降水要求的地下工程应在停止降水**三个月后**进行防水工程质量检验；无降水要求的暗挖法地下工程应在二次衬砌结构完成后进行防水工程质量检验
淋、蓄水试验	6.0.10 建筑屋面工程在屋面防水层和节点防水完成后，应进行雨后观察或淋水、蓄水试验，并应符合下列规定： 1 采用雨后观察时，降雨应达到**中雨**量级标准； 2 采用淋水试验时，持续淋水时间不应少于**2h**； 3 檐沟、天沟、雨水口等应进行蓄水试验，其最小蓄水高度不应小于**20mm**，蓄水时间不应少于**24h**。 6.0.11 建筑外墙工程墙面防水层和节点防水完成后应进行淋水试验，并应符合下列规定 1 持续淋水时间不应少于**30min**； 2 仅进行门窗等节点部位防水的建筑外墙，**可只对门窗等节点**进行淋水试验。 6.0.12 建筑室内工程在防水层完成后，应进行淋水、蓄水试验，并应符合下列规定： 1 楼、地面最小蓄水高度不应小于**20mm**，蓄水时间不应少于**24h**； 2 有防水要求的墙面应进行淋水试验，淋水时间不应小于**30min**； 3 独立水容器应进行满池蓄水试验，蓄水时间不应少于**24h**； 4 室内工程厕浴间楼地面防水层和饰面层完成**后**，均应进行蓄水试验

 典型习题

14-25 [2020-43] 下列地下防水工程部位中，不属于隐蔽工程验收的是（　　）。

A. 基坑的回填　　　　　　　　B. 穿墙管节点防水构造

C. 后浇带的防水构造　　　　　D. 防水层的保护层

答案：D

解析：参见考点 10 中"隐蔽工程验收"相关规定，明挖法地下工程：1 防水层的基层；

2防水层及附加防水层；3防水混凝土结构的施工缝、变形缝、后浇带（选项C）、诱导缝等接缝防水构造；4防水混凝土结构的穿墙管（选项B）、埋设件、预留通道接头、桩头、格构柱、抗浮锚索（杆）等节点防水构造；5基坑的回填（选项A）

相似知识点总结

地下防水工程适用条件、方向、厚度总结			
地下主体结构防水	防水混凝土 （4.1.1）	适用	抗渗等级不小于P6
		不适用	环境温度高于80℃
	水泥砂浆防水层 （4.2.1）	适用	迎水面或背水面
		不适用	受持续振动 环境温度高于80℃的地下工程
	卷材防水层 （4.3.1）	适用	受侵蚀性介质作用 受振动作用
		铺设	迎水面
	涂料防水层 （4.4.1）	适用	受侵蚀性介质作用 受振动作用
		有机	迎水面
		无机	迎水面或背水面
	塑料防水板防水层 （4.5.1）	适用	经常承受水压 侵蚀性介质 有振动作用
		铺设	复合式衬砌的初期支护与二次衬砌之间
	金属防水板 （4.6.1）	适用	抗渗性能要求较高
		铺设	迎水面
方向总结	平行		卷材宜平行屋脊铺贴（6.2.2）
	不得垂直		上下层卷材不得相互垂直铺贴（6.2.2） 上下层胎体增强材料不得相互垂直铺设（6.3.2）
	相互垂直		前后两遍涂料的涂布方向应相互垂直(6.3.1)
	错开		相邻两幅卷材短边搭接缝应错开，且不得小于500mm 上下层卷材长边搭接缝应错开，且不得小于幅宽的1/3（6.2.3） 上下层胎体增强材料的长边搭接缝应错开，且不得小于幅宽的1/3（6.3.2）
厚度总结	85%		水泥砂浆防水层最小厚度不得小于设计值的85%（4.2.12）
	90%		涂料防水层最小厚度不得低于设计厚度的90%（4.4.8）

施工质量验收常考时间总结		
砌体	7d 和 2d	建筑生石灰、建筑生石灰粉熟化为石灰膏，其熟化时间分别不得少于 7d 和 2d（4.0.3）
	28d	混凝土多孔砖、混凝土实心砖、蒸压灰砂砖、蒸压粉煤灰砖等块体的产品龄期不应小于 28d（5.1.3）
	14d	填充墙与承重主体结构间的空（缝）隙部位施工，应在填充墙砌筑 14d 后进行（9.1.9）
混凝土	7d 和 5d	后张法预应力梁和板，现浇结构混凝土的龄期分别不宜小于 7d 和 5d（6.4.3）
	3 个月和 1 个月	当使用中水泥出厂超过三个月（快硬硅酸盐水泥超过一个月）时，应进行复验（7.6.4）
	7d	采用硅酸盐水泥、普通硅酸盐水泥或矿渣硅酸盐水泥配制的混凝土（8.5.2）
	14d	采用缓凝型外加剂、大掺量矿物掺合料配制的混凝土 抗渗混凝土、强度等级 C60 及以上的混凝土 后浇带混凝土（8.5.2）
地下	28d	后浇带混凝土应一次浇筑，不得留施工缝；混凝土浇筑后应及时养护，养护时间不得少于 28d（5.3.8）
	42d	后浇带应在两侧混凝土干缩变形基本稳定后施工，混凝土收缩变形一般在龄期为 6 周后才能基本稳定（5.3.6 条文说明）
屋面	14d	防水混凝土应用机械振捣密实，表面应抹平和压光，初凝后应覆盖养护，终凝后浇水养护不得少于 14d（5.8.4）
地面	7d	整体面层施工后，养护时间不应少于 7d（5.1.4）

第十五章　建筑装饰装修工程

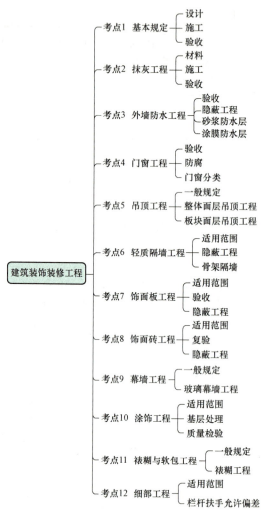

考情分析

考　　点	近5年考试分值统计					
	2024 年	2023 年	2022 年 12 月	2022 年 5 月	2021 年	2020 年
考点 1　基本规定	2	1	1	1	2	1
考点 2　抹灰工程	1	0	1	2	1	1
考点 3　外墙防水工程	1	1	0	1	1	0
考点 4　门窗工程	1	0	1	1	2	2
考点 5　吊顶工程	1	1	3	2	1	1

考　点	近5年考试分值统计					
	2024 年	2023 年	2022 年 12 月	2022 年 5 月	2021 年	2020 年
考点 6　轻质隔墙工程	1	0	0	1	3	2
考点 7　饰面板工程	0	0	1	0	0	1
考点 8　饰面砖工程	0	1	1	0	0	1
考点 9　幕墙工程	1	1	2	1	1	1
考点 10　涂饰工程	0	1	1	1	1	1
考点 11　裱糊与软包工程	0	0	1	1	0	0
考点 12　细部工程	0	1	0	1	0	1
总　　计	8	7	12	12	12	12

注：1. 本节所列标准如无特殊说明，均出自《建筑装饰装修工程质量验收标准》（GB 50210—2018），因《建筑与市政工程施工质量控制通用规范》（GB 55032—2022）在 2023 年 3 月 1 日实施，相关强制性条文废止。

2. 近几年的题目偏向实用性与灵活性，考生在复习时切不可死记硬背。

考点 1：基本规定【★★★★★】

设计单位	3.1.3　承担建筑装饰装修工程设计的单位应对建筑物进行了解和实地勘察，设计深度应满足施工要求。由施工单位完成的深化设计应经建筑装饰装修**设计单位**确认
拆改要求	3.1.4　既有建筑装饰装修工程设计涉及主体和承重结构变动时，必须在施工前委托**原结构设计单位**或者具有**相应资质条件的设计单位**提出设计方案，或由**检测鉴定单位对建筑结构的安全性进行鉴定**【2022（5），2021，2020】
冰冻结露	3.1.6　当墙体或吊顶内管线可能产生冰冻或结露时，应进行防冻或防结露设计
检验批容量	3.2.5　进场后需要进行复验的材料种类及项目应符合本标准各章的规定，同一厂家生产的同一品种、同一类型的进场材料应至少抽取一组样品进行复验。抽样样本应随机抽取，满足分布均匀、具有代表性的要求，**获得认证**的产品或**来源稳定且连续三批均一次检验合格**的产品，进场验收时检验批的容量**可扩大一倍，且仅可扩大一次**。扩大检验批后的检验中，出现不合格情况时，应按扩大前的检验批容量重新验收，且该产品不得再次扩大检验批容量
材料争议	3.2.6　当国家规定或合同约定应对材料进行见证检验时，或对材料质量发生争议时，应进行**见证检验**
施工组织	3.3.1　施工单位应编制施工组织设计并经过审查批准
岗前培训	3.3.2　承担建筑装饰装修工程施工的人员上岗前应进行培训
拆改批准	3.3.3　建筑装饰装修工程施工中，**不得**违反设计文件擅自改动建筑主体、承重结构或主要使用功能 3.3.4　未经设计确认和有关部门批准，**不得**擅自拆改主体结构和水、暖、电、燃气、通信等配套设施

环境控制	3.3.5 **施工单位**应采取有效措施控制施工现场的各种粉尘、废气、废弃物、噪声、振动等对周围环境造成的污染和危害【2024】
基层处理	3.3.7 建筑装饰装修工程应在**基体或基层的质量验收合格后**施工。对既有建筑进行装饰装修前，应对基层进行处理【2023，2022（12）】
材料样板	3.3.8 建筑装饰装修工程施工前应有**主要材料**的样板或做样板间（件），并应经有关各方确认
管道设备	3.3.10 **管道、设备**安装及调试应在建筑装饰装修工程**施工前**完成；当必须同步进行时，应在**饰面层**施工前完成。装饰装修工程不得影响管道、设备等的使用和维修
电气	3.3.11 建筑装饰装修工程的电气安装应符合设计要求。**不得直接埋设电线**
隐蔽工程	3.3.12 隐蔽工程验收应有记录，记录应包含隐蔽部位照片。施工质量的检验批验收应有现场检查原始记录
验收	3.3.15 建筑装饰装修工程验收前应将施工现场清理干净【2021】

典型习题

15-1 ［2024-44］装饰装修工程施工质量验收，下列说法错误的是（　　）。

A. 承担建筑装饰装修工程施工的人员上岗前应进行培训

B. 建筑施工中不得擅自改动建筑主要功能

C. 未经设计确认和有关部门批准，不得擅自拆改水电等设施

D. 监理单位应采取有效措施控制施工现场对周围环境造成的污染和危害

答案：D

解析：参见考点1中"环境控制"相关规定，选项D应为施工单位。

15-2 ［2024-46］下列关于建筑装饰装修工程的说法，正确的是（　　）。

A. 管道、设备安装及调试应与饰面层同步进行

B. 经有关各方确认的样板间不得作为施工质量评判的依据

C. 拆改主体结构需经设计确认和有关部门批准

D. 扩大检验批出现不合格时，应按扩大后的检验批容量重新检验

答案：C

解析：参见考点1中"检验批容量""拆改批准""材料样板""管道设备"相关规定。

15-3 ［2023-45］关于建筑装饰装修工程的说法，错误的是（　　）。

A. 施工单位应制定施工组织设计提交并审查

B. 既有建筑在装饰装修前，对基层可不处理

C. 施工时不得擅自拆改水、暖、电、通信等配套设施

D. 建筑装饰装修工程中，电器安装时电线不得直接埋设

答案：B

解析：参见考点1中"基层处理"相关规定，对既有建筑进行装饰装修前，应对基层进行处理。

考点 2：抹灰工程【★★★★★】

抹灰分类	4.1.1 本章适用于一般抹灰、保温层薄抹灰、装饰抹灰和清水砌体勾缝等分项工程的质量验收。**一般抹灰**工程分为**普通**抹灰和**高级**抹灰，当设计无要求时，按**普通**抹灰验收。一般抹灰包括**水泥砂浆**、**水泥混合砂浆**、**聚合物水泥砂浆**和**粉刷石膏**等抹灰；**保温层薄抹灰**包括保温层外面聚合物砂浆薄抹灰；**装饰抹灰**包括**水刷石**、**斩假石**、**干粘石**和**假面砖**等装饰抹灰；**清水砌体勾缝**包括**清水砌体砂浆勾缝**和**原浆勾缝**【2022（5），2021，2020】
	4.1.1 条文说明：**水刷石**浪费水资源，并对环境有污染，应尽量**减少使用**
验收	4.1.2 抹灰工程验收时应检查下列文件和记录：【2024】 1 抹灰工程的施工图、设计说明及其他**设计文件**； 2 材料的产品合格证书、性能检验报告、进场验收记录和复验报告； 3 **隐蔽工程**验收记录； 4 **施工记录**
复验	4.1.3 抹灰工程应对下列材料及其性能指标进行复验： 1 砂浆的拉伸粘结强度； 2 聚合物砂浆的保水率
隐蔽工程	4.1.4 抹灰工程应对下列隐蔽工程项目进行验收： 1 抹灰总厚度**大于或等于** 35mm 时的加强措施； 2 **不同材料基体交接处**的加强措施
阳角	4.1.8 室内墙面、柱面和门洞口的阳角做法应符合设计要求。设计无要求时，应采用不低于**M20 水泥砂浆**做护角，其高度不应低于**2m**，每侧宽度不应小于**50mm**
防水	4.1.9 当要求抹灰层具有防水、防潮功能时，应采用防水砂浆
养护	4.1.10 水泥砂浆抹灰层应在湿润条件下养护
基层	4.2.2 抹灰前基层表面的尘土、污垢和油渍等应清除干净，并应洒水润湿或进行界面处理
施工加强	4.2.3 抹灰工程应**分层**进行。当抹灰**总厚度大于或等于** 35mm 时，应采取加强措施。**不同材料基体交接处**表面的抹灰，应采取防止开裂的加强措施，当采用加强网时，加强网与各基体的搭接宽度不应小于**100mm**
粘贴质量	4.2.4 抹灰层与基层之间及各抹灰层之间应粘结牢固，抹灰层应**无脱层和空鼓**，面层应无爆灰和裂缝。检验方法：观察；用小锤轻击检查；检查施工记录。 4.2.4 条文说明：如果粘结不牢，出现空鼓、开裂、脱落等缺陷，会降低对墙体的**保护作用**，且影响**装饰效果**。经调研分析，抹灰层之所以出现开裂、空鼓和脱落等质量问题，主要原因是基体表面清理不干净，如：基体表面尘埃及疏松物、隔离剂和油渍等影响抹灰粘结牢固的物质未彻底清除干净；基体表面**光滑**，抹灰前**未做毛化**处理；抹灰前基体表面**浇水不透**，抹灰后砂浆中的水分很快被基体吸收，使砂浆中的水泥未充分水化生成水泥石，影响砂浆粘结力；一次抹灰**过厚**，干缩率较大等，都会影响抹灰层与基体的粘结牢固

材料	4.2.7　水泥砂浆不得抹在石灰砂浆层上；罩面石膏灰不得抹在水泥砂浆层上。【2022（12）】
滴水	4.2.9　有排水要求的部位应做滴水线（槽）。滴水线（槽）应整齐顺直，滴水线应内高外低，滴水槽的宽度和深度应满足设计要求，且均不应小于10mm
允许偏差	4.2.10　一般抹灰工程质量的允许偏差和检验方法应符合表4.2.10（表15-1）的规定。【2019】

表15-1　　　　　　一般抹灰的允许偏差和检验方法

项次	项目	允许偏差/mm		检验方法
		普通抹灰	高级抹灰	
1	立面垂直度	4	3	用2m垂直检测尺检查
2	表面平整度	4	3	用2m靠尺和塞尺检查
3	阴阳角方正	4	3	用200mm直角检测尺检查
4	分格条（缝）直线度	4	3	拉5m线，不足5m拉通线，用钢直尺检查
5	墙裙、勒脚上口直线度	4	3	拉5m线，不足5m拉通线，用钢直尺检查

 典型习题

15-4［2024-45］建筑装饰装修工程中，抹灰工程验收时应检查的文件记录不包括（　　）。

A. 施工组织设计　　　　　　　　　B. 设计文件

C. 隐蔽工程验收记录　　　　　　　D. 施工记录

答案：A

解析：参见考点2中"验收"相关规定。

15-5［2022（5）-48］下列选项中，不属于抹灰工程的是（　　）。

A. 水泥砂浆　　　　　　　　　　　B. 装饰抹灰

C. 美术涂饰　　　　　　　　　　　D. 清水砌体勾缝

答案：C

解析：参见考点2中"抹灰分类"相关规定，本章适用于一般抹灰、保温层薄抹灰、装饰抹灰和清水砌体勾缝等分项工程的质量验收。一般抹灰工程分为普通抹灰和高级抹灰，当设计无要求时，按普通抹灰验收。一般抹灰包括水泥砂浆、水泥混合砂浆、聚合物水泥砂浆和粉刷石膏等抹灰。

15-6［2019-46］关于抹灰工程的说法，错误的是（　　）。

A. 抹灰层具有防潮要求时，应采用防水砂浆

B. 抹灰总厚度大于或等于35mm时，应采取加强措施

C. 抹灰层出现脱层、空鼓现象，会降低墙体的保护性能

D. 抹灰工程立面垂直度检验应使用塞尺

答案： D

解析： 参见考点2中"允许偏差"相关规定，抹灰工程立面垂直度检验应使用垂直检查尺。

考点3：外墙防水工程【★★】

适用范围	5.1.1 本章适用于外墙砂浆防水、涂膜防水和透气膜防水等分项工程质量验收
验收	5.1.2 外墙防水工程验收时应检查下列文件和记录：【2022（5）】 1 外墙防水工程的施工图、设计说明及其他设计文件； 2 材料的产品合格证书、性能检验报告、进场验收记录和复验报告； 3 施工方案及安全技术措施文件； 4 雨后或现场淋水检验记录； 5 隐蔽工程验收记录； 6 施工记录； 7 施工单位的资质证书及操作人员的上岗证书
复验	5.1.3 外墙防水工程应对下列材料及其性能指标进行复验：【2023】 1 防水砂浆的粘结强度和抗渗性能； 2 防水涂料的低温柔性和不透水性； 3 防水透气膜的不透水性
隐蔽工程	5.1.4 外墙防水工程应对下列隐蔽工程项目进行验收： 1 外墙不同结构材料交接处的增强处理措施的节点； 2 防水层在变形缝、门窗洞口、穿外墙管道、预埋件及收头等部位的节点； 3 防水层的搭接宽度及附加层
砂浆防水层	5.2.4 砂浆防水层与基层之间及防水层各层之间应粘结牢固，不得有空鼓。 检验方法：观察；用小锤轻击检查。【2024】 5.2.7 砂浆防水层厚度应符合设计要求。检验方法：尺量检查；检查施工记录
涂膜防水层	5.3.4 涂膜防水层与基层之间应粘结牢固。检验方法：观察。 5.3.6 涂膜防水层厚度检验方法：针测法或割取20mm×20mm实样用卡尺测量【2021】

 **典型习题**

15-7［2024-47］对建筑外墙防水工程进行质量验收时，应采取小锤轻击方法检验的是（ ）。

A. 砂浆防水层是否有渗漏现象　　　　B. 砂浆防水与基层之间是否粘结牢固

C. 防水透气膜与基层是否粘结固定牢固　　D. 涂膜防水层与基层是否粘结牢固

答案： B

解析： 参见考点3中"砂浆防水层"相关规定，砂浆防水层渗漏检验方法：检查雨后或现场淋水检验记录。砂浆防水层与基层检验方法：观察；用小锤轻击检查。涂膜防水层、防水透气膜与基层粘结检验方法：观察。

15-8〔2023-46〕外墙防水工程所使用材料性能指标，不必复验的是（   ）。

A. 防水涂料的低温柔性　　　　　　　　B. 防水透气膜的不透水性

C. 防水砂浆的粘结强度　　　　　　　　D. 防水砂浆的抗冻性能

答案：D

解析：参见考点3中"复验"相关规定，外墙防水工程应对下列材料及其性能指标进行复验：①防水砂浆的粘结强度和抗渗性能；②防水涂料的低温柔性和不透水性；③防水透气膜的不透水性。

15-9〔2022（5）-47〕下列选项中，在外墙防水工程验收时应检查（   ）。

A. 设计单位的资质证书　　　　　　　　B. 施工人员的上岗证书

C. 监理单位的监理细则　　　　　　　　D. 工程项目资金落实情况

答案：B

解析：参见考点3中"验收"相关规定，外墙防水工程验收时应检查施工单位的资质证书及操作人员的上岗证书。

考点4：门窗工程【★★★★★】

验收	6.1.2　门窗工程验收时应检查下列文件和记录： 1　门窗工程的施工图、设计说明及其他设计文件； 2　材料的产品合格证书、性能检验报告、进场验收记录和复验报告； 3　**特种门及其配件的生产许可文件**； 4　隐蔽工程验收记录； 5　施工记录
复验	6.1.3　门窗工程应对下列材料及其性能指标进行复验：【2020】 1　**人造木板门**的**甲醛**释放量； 2　建筑**外窗**的**气密性能、水密性能和抗风压性能**
隐蔽工程	6.1.4　门窗工程应对下列隐蔽工程项目进行验收： 1　**预埋件和锚固件**； 2　隐蔽部位的**防腐和填嵌**处理； 3　高层金属窗**防雷**连接节点
检查数量	6.1.6　检查数量应符合下列规定：【2024】 1 木门窗、金属门窗、塑料门窗和门窗玻璃每个检验批应至少抽查5%，并不得少于3樘，不足3樘时应全数检查；高层建筑的外窗每个检验批应至少抽查10%，并不得少于6樘，不足6樘时应全数检查； 2 特种门每个检验批应至少抽查50%，并不得少于10樘，不足10樘时应全数检查
允许偏差	6.1.7　门窗**安装前**，应对门窗洞口尺寸及相邻洞口的位置偏差进行检验。同一类型和规格外门窗洞口垂直、水平方向的位置应**对齐**，位置允许偏差符合： 1垂直方向的相邻洞口位置允许偏差应为10mm；全楼高度小于30m的垂直方向洞口位置允许偏差应为15mm，全楼高度不小于30m的垂直方向洞口位置允许偏差应为20mm； 2水平方向的相邻洞口位置允许偏差应为10mm；全楼长度小于30m的水平方向洞口位置允许偏差应为15mm，全楼长度不小于30m的水平方向洞口位置允许偏差应为20mm
洞口	6.1.8　金属门窗和塑料门窗安装应采用**预留洞口**的方法施工【2020】

防腐	6.1.9 **木门窗**与砖石砌体、混凝土或抹灰层接触处应进行防腐处理，埋入砌体或混凝土中的**木砖**应进行防腐处理
组合窗	6.1.10 当金属窗或塑料窗为组合窗时，其**拼樘料**的尺寸、规格、壁厚应符合设计要求。组合门窗拼樘料不仅起连接作用，而且是组合窗的**重要受力部件**
固定	6.1.11 **在砌体上安装门窗严禁采用射钉固定。**【2022（5），2021】 6.1.12 **推拉门窗扇必须牢固，必须安装防脱落**装置
木门窗	6.2.3 木门窗的防火、防腐、**防虫**处理应符合设计要求。【2021】 6.2.5 木门窗扇应安装牢固、开关灵活、关闭严密、无倒翘。 检验方法：观察；开启和关闭检查；手扳检查
金属门窗	6.3.3 金属门窗扇应安装牢固、开关灵活、关闭严密、无倒翘。推拉门窗扇应安装防止扇脱落的装置。检验方法：观察；开启和关闭检查；手扳检查。 6.3.6 金属门窗推拉门窗扇开关力不应大于 50N。检验方法：用**测力计**检查

塑料门窗	6.4.2 固定点应距窗角、中横框、中竖框 150～200mm，固定点间距应大于或等于 600mm。
	6.4.8 平开窗扇高度大于 900mm 时，窗扇锁闭点不应少于 2 个。
	6.4.9 安装后的门窗关闭时，密封面上的密封条应处于压缩状态。
	密封条应连续完整；密封条接口应严密，且应位于窗的上方。
	6.4.10 塑料门窗扇的开关力应符合下列规定：
	  1 平开门窗扇平铰链的开关力应小于或等于 80N；滑撑铰链的开关力应小于或等于 80N并应大于或等于 30N；
	  2 推拉门窗扇的开关力应小于或等于 100N。检验方法：观察；用**测力计**检查

门窗玻璃	6.6.1 **单面镀膜玻璃的镀膜层应朝向室内。** **双层**玻璃的单面镀膜玻璃应在**最外层**，镀膜层应朝向室内。 **磨砂**玻璃**朝向室内**是为了防止磨砂层被污染并易于清洁。 6.6.7 门窗玻璃**不应直接接触型材**

 **典型习题**

15-10［2024-48］下列关于门窗工程验收的说法，正确的是（　　）。

A. 高层外窗每个检验批应至少抽查 6 樘及以上

B. 特种门窗每个检验批应至少抽查 6 樘及以上

C. 门窗安装前只对门窗洞口尺寸的偏差进行检验

D. 木门窗安装不应采用预留洞口的方式施工

答案： A

解析： 参见考点 4 中"检查数量""允许偏差""洞口"相关规定。

15-11［2022（5）-54］下列关于门窗工程的做法，错误的是（　　）。

A. 金属门窗安装应采用预留洞口的方法施工

B. 砌体安装塑料门窗采用射钉固定

C. 推拉门窗扇必须牢固，必须安装防脱落装置

D. 门窗与砖石砌体、混凝土或抹灰层接触处应进行防腐处理

答案：B

解析： 参见考点 4 中"固定"相关规定，在砌体上安装门窗严禁采用射钉固定。

15-12 [2020-45] 下列砌体结构金属窗安装顺序说法，正确的是（   ）。

A. 先预留后安装　　　　　　　　　B. 边砌筑边安装

C. 安框修补再安窗　　　　　　　　D. 装窗后补砌

答案：A

解析： 参见考点 4 中"施工方法"相关规定，金属门窗和塑料门窗安装应采用预留洞口的方法施工。

考点 5：吊顶工程【★★★★★】

一般规定		
复验	7.1.3　吊顶工程应对**人造木板**的**甲醛释放量**进行复验【2023】	
隐蔽工程	7.1.4　吊顶工程应对下列隐蔽工程项目进行验收：【2022(12)，2022(5)】	
	1　吊顶内**管道、设备**的安装及水管试压、风管严密性检验；	
	2　木龙骨**防火、防腐**处理；	
	3　**埋件**；	
	4　**吊杆**安装；	
	5　**龙骨**安装；	
	6　**填充材料**的设置；	
	7　**反支撑**及**钢结构转换层**	
防火防腐	7.1.8　吊顶工程的木龙骨和木面板应进行防火处理。	
	7.1.9　吊顶工程中的埋件、钢筋吊杆和型钢吊杆应进行防腐处理	
吊杆加强	7.1.11　吊杆距主龙骨端部距离不得大于300mm。当吊杆长度大于**1500mm**时，应设置**反支撑**。【2022（12）】当吊杆与设备相遇时，应调整并增设吊杆或采用型钢支架。	
	7.1.14　吊杆上部为网架、钢屋架或吊杆长度大于**2500mm**时，应设**钢结构转换层**	
设备安装	7.1.10　安装面板前应完成吊顶内管道和设备的调试及验收。	
	7.1.12　**重型设备**和有**振动荷载**的设备**严禁**安装在吊顶工程**龙骨**【2021，2020】	
伸缩缝	7.1.15　**大面积**或**狭长形**吊顶面层的伸缩缝及分格缝应符合设计要求【2024】	
整体面层吊顶工程		
主控项目	7.2.1　吊顶标高、尺寸、起拱和造型。【2022（5）】	
	7.2.2　面层材料的材质、品种、规格、图案、颜色和性能。	
	7.2.3　整体面层吊顶工程的吊杆、龙骨和面板的安装。	
	7.2.4　吊杆和龙骨的材质、规格、安装间距及连接方式。	
	金属吊杆和龙骨应经过表面防腐处理；木龙骨应进行防腐、防火处理。	
	7.2.5　石膏板、水泥纤维板的接缝应按其施工工艺标准进行**板缝防裂**处理。	
	安装**双层板**时，面层板与基层板的接缝应**错开**，并**不得在同一根龙骨上接缝**【2022(12)】	

一般项目	7.2.6 面层材料表面应洁净、色泽一致，不得有翘曲、裂缝及缺损。 7.2.7 面板上的灯具、烟感器、喷淋头、风口箅子和检修口等设备设施的位置。 7.2.8 金属龙骨表面应平整，应无翘曲和锤印。木质龙骨应无劈裂和变形。 7.2.9 吊顶内填充吸声材料的品种和铺设厚度。 7.2.10 整体面层吊顶工程安装的允许偏差和检验方法
板块面层吊顶工程	
主控项目	7.3.3 面板与龙骨的搭接宽度应大于龙骨受力面宽度的2/3。 7.3.4 吊杆和龙骨的材质、规格、安装间距及连接方式应符合设计要求。 金属吊杆和龙骨应进行表面防腐处理；木龙骨应进行防腐、防火处理

典型习题

15-13 [2024-49] 关于格栅吊顶安装工程质量验收的方法，错误的是（　　）。

A. 吊杆距离主龙骨端头的距离不大于 300mm

B. 吊杆的安装间距和安装方法符合设计要求

C. 狭长型的吊顶面层不应设伸缩缝

D. 金属格栅吊顶应检查表面平整度

答案： C

解析： 参见考点 5 中"伸缩缝"相关规定，大面积或狭长形吊顶面层的伸缩缝及分格缝应符合设计要求。

15-14 [2023-47] 建筑装饰装修吊顶工程材料及其性能，必须复验的是（　　）。

A. 人造木板的甲醛释放量　　　　　　B. 铝板的放射性含有量

C. 石膏板的防潮性　　　　　　　　　D. 玻璃板的抗弯性能

答案： A

解析： 参见考点 5 中一般规定"复验"相关规定，吊顶工程应对人造木板的甲醛释放量进行复验。

15-15 [2022（12）-50] 下列吊顶工程中，吊杆长度大于 1.5m 应设（　　）。

A. 水平支撑　　　　B. 垂直支撑　　　　C. 反支撑　　　　D. 双排吊杆

答案： C

解析： 参见考点 5 中"吊杆加强"相关规定，当吊杆长度大于 1500mm 时，应设置反支撑。

15-16 [2022（5）-53] 下列属于整体面层吊顶工程主控项目的是（　　）。

A. 面层材料压条平直

B. 金属龙骨表面翘曲

C. 金属吊杆表面防腐

D. 吊顶内填充吸声材料铺设厚度

答案： C

解析： 参见考点 5 中整体面层吊顶工程"主控项目"相关规定，金属吊杆表面防腐属于整体面层吊顶工程的主控项目。

考点 6：轻质隔墙工程 【★★★★★】

适用范围	8.1.1　本章适用于板材隔墙、骨架隔墙、活动隔墙和玻璃隔墙等分项工程的质量验收。板材隔墙包括复合轻质墙板、石膏空心板、增强水泥板和混凝土轻质板等隔墙；骨架隔墙包括以轻钢龙骨、木龙骨等为骨架，以纸面石膏板、人造木板、水泥纤维板等为墙面板的隔墙；玻璃隔墙包括玻璃板、玻璃砖隔墙
复验	8.1.3　轻质隔墙工程应对人造木板的甲醛释放量进行复验【2024，2020】
隐蔽工程	8.1.4　轻质隔墙工程应对下列隐蔽工程项目进行验收：【2021】 1　骨架隔墙中设备管线的安装及水管试压； 2　木龙骨防火和防腐处理； 3　预埋件或拉结筋； 4　龙骨安装； 5　填充材料的设置
检验批	8.1.5　同一品种的轻质隔墙工程每50间应划分为一个检验批，不足50间也应划分为一个检验批，大面积房间和走廊可按轻质隔墙面积每30m² 计为1间
开裂	8.1.7　轻质隔墙与顶棚和其他墙体的交接处应采取防开裂措施
板材	8.2.3　隔墙板材安装应牢固。检验方法：观察；手扳检查【2021】
骨架隔墙	8.3.2　骨架隔墙地梁所用材料、尺寸及位置等应符合设计要求。骨架隔墙的沿地、沿顶及边框龙骨应与基体结构连接牢固。 检验方法：手扳检查；尺量检查；检查隐蔽工程验收记录。 8.3.3　条文说明：目前我国的轻钢龙骨主要有两大系列，一种是仿日本系列，一种是仿欧美系列。这两种系列的构造不同，仿日本龙骨系列要求安装贯通龙骨并在竖向龙骨竖向开口处安装支撑卡，以增强龙骨的整体性和刚度，而仿欧美系列则没有这项要求。 骨架隔墙在有门窗洞口、设备管线安装或其他受力部位，应安装加强龙骨，增强龙骨骨架的强度，以保证在门窗开启使用或受力时隔墙的稳定。 8.3.5　骨架隔墙的墙面板应安装牢固，无脱层、翘曲、折裂及缺损。 检验方法：观察；手扳检查
活动隔墙	8.4.3　活动隔墙用于组装、推拉和制动的构配件应安装牢固、位置正确，推拉应安全、平稳、灵活。检验方法：尺量检查；手扳检查；推拉检查【2020】
玻璃隔墙	8.5.1　玻璃板隔墙应使用安全玻璃。【2021】 8.5.4　无框玻璃板隔墙的受力爪件应与基体结构连接牢固，爪件的数量、位置应正确，爪件与玻璃板的连接应牢固。 检验方法：观察；手推检查；检查施工记录【2022（5）】

15-17 ［2024-50］下列关于轻质隔墙工程施工质量验收的说法，错误的是（　　）。

A. 应对人造木板的甲醛释放量进行复验

B. 隔墙与顶棚和其他墙体交接处应有防开裂措施

C. 骨架隔墙的龙骨安装位置应按一般项目进行检查和验收

D. 活动隔墙按推拉方式检查验收

答案：C

解析：参见考点6中"复验""开裂""骨架隔墙""活动隔墙"相关规定，骨架隔墙的龙骨安装位置应按主控项目进行检查和验收。

15-18 ［2022（5）-56］无框玻璃板隔墙的受力爪件与基体结构区连接牢固程度的检查方法，不适宜的是（　　）。

A. 观察 　　　　　　　　　　　B. 手推检查

C. 小锤轻击检查 　　　　　　　D. 检查施工记录

答案：C

解析：参见考点6中"玻璃隔墙"相关规定，爪件检验方法：观察、手推、检查施工记录。

15-19 ［2021-51］下列轻质隔墙工程的验收项目中，不属于隐蔽工程验收内容的是（　　）。

A. 隔墙中管线安装 　　　　　　B. 木龙骨防火处理

C. 隔墙面板安装 　　　　　　　D. 预埋件或拉结筋

答案：C

解析：参见考点6中"隐蔽工程"相关规定，隔墙面板安装不属于隐蔽工程验收内容。

考点 7：饰面板工程【★★】

适用范围	9.1.1　本章适用于内墙饰面板安装工程和高度不大于24m、抗震设防烈度不大于8度的外墙饰面板安装工程的石板安装、陶瓷板安装、木板安装、金属板安装、塑料板安装等分项工程的质量验收
验收	9.1.2　饰面板工程验收时应检查下列文件和记录： 　　1　饰面板工程的施工图、设计说明及其他设计文件； 　　2　材料的产品合格证书、性能检验报告、进场验收记录和复验报告； 　　3　后置埋件的现场拉拔检验报告； 　　4　满粘法施工的外墙石板和外墙陶瓷板粘结强度检验报告； 　　5　隐蔽工程验收记录； 　　6　施工记录
复验	9.1.3　饰面板工程应对下列材料及其性能指标进行复验：【2020】 　　1　室内用花岗石板的放射性、室内用人造木板的甲醛释放量； 　　2　水泥基粘结料的粘结强度； 　　3　外墙陶瓷板的吸水率； 　　4　严寒和寒冷地区外墙陶瓷板的抗冻性

隐蔽工程	9.1.4 饰面板工程应对下列隐蔽工程项目进行验收： 1 **预埋件**(或后置埋件)； 2 **龙骨**安装； 3 **连接**节点； 4 **防水、保温、防火**节点； 5 外墙金属板**防雷**连接节点
石板安装	9.2.4 采用满粘法施工的石板工程，石板与基层之间的粘结料应饱满、无空鼓。石板粘结应牢固。检验方法：用**小锤轻击**检查；检查**施工记录**；检查外墙石板**粘结强度**检验报告。【2022（12）】 9.2.5 石板表面应**无泛碱**等污染。 9.2.7 采用**湿作业**法施工的石板安装工程，石板应进行**防碱封闭**处理。石板与基体之间的灌注材料应饱满、密实
金属板	9.5.3 外墙金属板的防雷装置应与主体结构防雷装置可靠接通

典型习题

15-20 ［2022（12）-51］石材满粘施工时，石板与混凝土基层检验错误的是（ ）。

A. 小锤轻击
B. 检查进场检验记录
C. 检查施工记录
D. 石板粘结强度的检验报告

答案：B

解析：参见考点7中"石板安装"相关规定，石板与基层之间的粘结检验方法：用小锤轻击检查；检查施工记录；检查外墙石板粘结强度检验报告。

15-21 ［2020-49］下列选项中，不属于饰面板工程复验项目的是（ ）。

A. 水泥基粘结料的粘结强度
B. 外墙陶瓷板的吸水率
C. 室内用花岗石板的放射性，室内用人造木板的甲醛释放量
D. 防火、保温材料的燃烧性能

答案：D

解析：参见考点7中"复验"相关规定。

考点8：饰面砖工程【★★★】

适用范围	10.1.1 本章适用于内墙饰面砖粘贴和高度不大于100m、抗震设防烈度不大于8度、采用满粘法施工的外墙饰面砖粘贴等分项工程的质量验收
复验	10.1.3 饰面砖工程应对下列材料及其性能指标进行复验：【2023】 1 **室内**用花岗石和**瓷质饰面砖**的**放射性**； 2 水泥基粘结材料与所用外墙饰面砖的**拉伸粘结强度**； 3 外墙陶瓷饰面砖的**吸水率**； 4 **严寒及寒冷**地区外墙陶瓷饰面砖的**抗冻性**

隐蔽工程	10.1.4 饰面砖工程应对下列隐蔽工程项目进行验收： 1 **基层**和**基体**； 2 **防水层**【2020】
内墙饰面砖	10.2.3 内墙饰面砖粘贴应牢固。 检验方法：**手拍**检查，检查**施工记录**。【2022（12）】 10.2.4 满粘法施工的内墙饰面砖应无裂缝，**大面和阳角应无空鼓**。 检验方法：观察；用小锤轻击检查
外墙饰面砖	10.3.4 外墙饰面砖粘贴应牢固。 检验方法：检查外墙饰面砖粘结强度检验报告和施工记录。 10.3.5 外墙饰面砖工程应**无空鼓**、裂缝。检验方法：观察；用小锤轻击检查。 10.3.8 墙面凸出物周围的外墙饰面砖应**整砖套割**吻合，边缘应整齐。墙裙、贴脸突出墙面的厚度应一致。 表 10.3.11 外墙饰面砖粘贴的允许偏差和检验方法：**表面平整度**应用**2m 靠尺**和**塞尺**检查

典型习题

15-22［2023-48］关于建筑饰面砖工程施工质量说法，正确的是（   ）。

A. 室内瓷质面砖对放射性不做要求

B. 建筑外墙瓷质面砖吸水率应进行复验

C. 采用钢直尺检查墙面平整度

D. 墙面凸出物周围外墙饰面砖不应采用整砖套割吻合

答案： B

解析： 参见考点 8 中"复验"及"外墙饰面砖"相关规定。

15-23［2022（12）-52］下列关于检验内墙面砖施工的牢靠性，下列说法正确的是（   ）。

A. 观察法   B. 手拍检验   C. 塞尺检验   D. 靠尺检验

答案： B

解析： 参见考点 8 中"内墙饰面砖"相关规定，内墙饰面砖粘贴检验方法：手拍检查，检查施工记录。

15-24［2020-50］下列饰面砖工程的验收项目中，不属于隐蔽验收的是（   ）。

A. 基层   B. 防水层   C. 饰面砖   D. 基体

答案： C

解析： 参见考点 8 中"隐蔽工程"相关规定，饰面砖隐蔽工程验收包含：基层、基体、防水层。

考点 9：幕墙工程【★★★★★】

	一般规定
验收	11.1.2　幕墙工程验收时应检查下列文件和记录：【2022（12）】 　1 幕墙工程的施工图、结构计算书、热工性能计算书、设计变更文件、设计说明及其他设计文件； 　2 建筑设计单位对幕墙工程设计的确认文件； 　3 幕墙工程所用材料、构件、组件、紧固件及其他附件的产品合格证书、性能检验报告、进场验收记录和复验报告； 　4 幕墙工程所用**硅酮结构胶**的抽查合格证明；国家批准的检测机构出具的硅酮结构胶**相容性**和**剥离粘结性**检验报告；石材用密封胶的**耐污染性**检验报告； 　5 后置埋件和槽式预埋件的**现场拉拔力**检验报告； 　6 **封闭式**幕墙的**气密性能、水密性能、抗风压性能**及**层间变形性能**检验报告； 　7 注胶、养护环境的温度、湿度记录；双组分硅酮结构胶的混匀性试验记录及拉断试验记录； 　8 幕墙与主体结构防雷接地点之间的电阻检测记录； 　9 隐蔽工程验收记录； 　10 幕墙构件、组件和面板的加工制作检验记录； 　11 幕墙安装施工记录； 　12 张拉杆索体系预拉力张拉记录； 　13 现场淋水检验记录
复验	11.1.3　幕墙工程应对下列材料及其性能指标进行复验：【2024，2022（5），2021】 　1 **铝塑复合板**的**剥离强度**； 　2 石材、瓷板、陶板、微晶玻璃板、木纤维板、纤维水泥板和石材蜂窝板的**抗弯强度**；严寒、寒冷地区石材、瓷板、陶板、纤维水泥板和石材蜂窝板的**抗冻性**；**室内用花岗石**的**放射性**； 　3 幕墙用结构胶的邵氏硬度、标准条件拉伸粘结强度、相容性试验、剥离粘结性试验；石材用密封胶的**污染性**； 　4 中空玻璃的**密封性能**； 　5 防火、保温材料的**燃烧性能**； 　6 铝材、钢材主受力杆件的**抗拉强度**
隐蔽工程	11.1.4　幕墙工程应对下列隐蔽工程项目进行验收：【2023】 　1　预埋件或后置埋件、锚栓及连接件； 　2　构件的连接节点； 　3　幕墙四周、幕墙内表面与主体结构之间的封堵； 　4　伸缩缝、沉降缝、防震缝及墙面转角节点； 　5　隐框玻璃板块的固定； 　6　幕墙防雷连接节点； 　7　幕墙防火、隔烟节点； 　8　单元式幕墙的封口节点

硅酮结构 密封胶	11.1.8　硅酮结构密封胶应在有效期内使用。 11.1.10　硅酮结构密封胶的注胶应在洁净的专用注胶室进行，且养护环境、温度、湿度条件应符合结构胶产品的使用规定【2020】
金属分隔	11.1.9　不同金属材料接触时应采用绝缘垫片分隔
预埋件	11.1.12　幕墙与主体结构连接的各种预埋件，其数量、规格、位置和防腐处理必须符合设计要求【2022（12）】
玻璃幕墙工程	
主控项目	11.2.1　玻璃幕墙工程主控项目应包括下列项目： 1 材料、构件和组件质量； 2 造型和立面分格； 3 主体结构上的埋件； 4 连接安装质量； 5 隐框或半隐框玻璃幕墙玻璃托条； 6 明框玻璃幕墙的玻璃安装质量； 7 吊挂在主体结构上的全玻璃幕墙吊夹具和玻璃接缝密封； 8 节点、各种变形缝、墙角的连接点； 9 防火、保温、防潮材料的设置； 10 防水效果； 11 金属框架和连接件的防腐处理； 12 玻璃幕墙开启窗的配件安装质量； 13 玻璃幕墙防雷
一般项目	11.2.2　玻璃幕墙工程一般项目应包括下列项目： 1 幕墙表面质量； 2 玻璃和铝合金型材的表面质量； 3 明框玻璃幕墙的外露框或压条； 4 拼缝； 5 板缝注胶； 6 隐蔽节点的遮封； 7 安装偏差

 典型习题

15-25［2024-51］下列幕墙工程需要进场复检的性能和指标正确的是（　　）。

A. 室外用花岗岩的放射性　　　　　　B. 石材用密封胶的污染性

C. 中空玻璃的抗折强度　　　　　　　D. 金属杆件的抗压强度

答案： B

解析： 参见考点9中"复验"相关规定，选项A应为室内用花岗石的放射性；选项C应为中空玻璃的密封性能；选项D应为金属杆件的抗拉强度。

15-26 ［2023-49］建筑幕墙隐蔽工程验收，不包括的是（   ）。

A. 后置埋件、锚栓及连接件   B. 防雷连接节点

C. 幕墙板缝注胶   D. 幕墙内表面与主体结构的封堵

答案：C

解析：参见考点9中一般规定"隐蔽工程"相关规定。

15-27 ［2022（12）-53］幕墙与主体结构连接的各种预埋件，设计通常不作出要求的是（   ）。

A. 数量   B. 位置   C. 防腐处理   D. 现场拉拔力

答案：D

解析：参见考点9中一般规定"预埋件"相关规定，幕墙与主体结构连接的各种预埋件，其数量、规格、位置和防腐处理必须符合设计要求。现场拉拔力属于幕墙工程验收检查内容。

15-28 ［2020-51］下列关于建筑玻璃幕墙设计说法，错误的是（   ）。

A. 设计单位应对玻璃幕墙工程设计确认负责

B. 对玻璃幕墙的防雷节点应进行隐蔽验收

C. 不同金属材料之间应用绝缘垫片隔开

D. 硅酮结构密封胶注胶应在现场进行

答案：D

解析：参见考点9中一般规定"硅酮结构密封胶"相关规定，硅酮结构密封胶的注胶应在洁净的专用注胶室进行，且养护环境、温度、湿度条件应符合结构胶产品的使用规定。

考点10：涂饰工程【★★★★】

适用范围	12.1.1　本章适用于水性涂料涂饰、溶剂型涂料涂饰、美术涂饰等分项工程的质量验收。 **水性**涂料包括**乳液型**涂料、**无机**涂料、**水溶性**涂料等； **溶剂型**涂料包括**丙烯酸酯**涂料、**聚氨酯丙烯酸**涂料、**有机硅丙烯酸**涂料、**交联型氟树脂**涂料等；**美术涂饰**包括套色涂饰、滚花涂饰、仿花纹涂饰等
检验批	12.1.3　各分项工程的检验批应按下列规定划分：【2022（12）】 　1　**室外**涂饰工程每一栋楼的同类涂料涂饰的墙面**每1000m²**应划分为一个检验批，不足1000m²也应划分为一个检验批； 　2　**室内**涂饰工程同类涂料涂饰墙面**每50间**应划分为一个检验批，不足50间也应划分为一个检验批，**大面积房间**和走廊可按涂饰面积**每30m²**计为1间
基层处理	12.1.5　涂饰工程的基层处理应符合下列规定：【2022（12），2022（5），2021，2020】 　1　**新**建筑物的混凝土或抹灰基层在用腻子找平或直接涂饰涂料**前应**涂刷**抗碱封闭底漆**； 　2　**既有**建筑墙面在用腻子找平或直接涂饰涂料**前应清除**疏松的旧装修层，并涂刷**界面剂**； 　3　混凝土或抹灰基层在用**溶剂型**腻子找平或直接涂刷溶剂型涂料时，含水率小于或等于**8%**；在用**乳液型**腻子找平或直接涂刷乳液型涂料时，含水率小于或等于**10%**，木材基层的含水率小于或等于**12%**； 　4　找平层应平整、坚实、牢固，无粉化、起皮和裂缝； 　5　**厨房、卫生间**墙面的找平层应使用**耐水腻子**

温度	12.1.6 **水性**涂料涂饰工程施工的环境温度应为5~35℃
时间	12.1.8 涂饰工程应在涂层**养护期满**后进行质量验收
复层涂料 质量检验	12.2.7 复层涂料的涂饰质量和检验方法应符合表12.2.7（表15-2）的规定。【2023】 表 15-2　　　　　　　复层涂料的涂饰质量和检验方法

项次	项目	质量要求	检验方法
1	颜色	均匀一致	观察
2	光泽	光泽基本均匀	
3	泛碱、咬色	不允许	
4	喷点疏密程度	均匀，不允许连片	

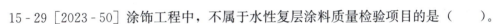
典型习题

15-29 [2023-50] 涂饰工程中，不属于水性复层涂料质量检验项目的是（　　）。

A. 颜色　　　　　　B. 光泽　　　　　　C. 干硬性　　　　　　D. 泛碱、咬色

答案：C

解析：参见考点10中"复层涂料质量检验"相关规定，复层涂料的检查项目是颜色、光泽、泛碱咬色、喷点疏密程度。

15-30 [2022（12）-54] 关于涂饰工程中关于基层处理，正确的是（　　）。

A. 走廊部分的检验，可按照一个检验批进行检验

B. 既有建筑的基层需除去老旧面层，并涂刷界面剂

C. 溶剂型涂料，对基层含水率无要求

D. 新建筑物的基层在涂饰前应涂刷抗酸封闭底漆

答案：B

解析：参见考点10中"基层处理""检验批"相关规定，走廊按涂饰面积每30m² 计为1间，每50间应划分为一个检验批。用溶剂型腻子找平或直接涂刷溶剂型涂料时，基层含水率小于或等于8%。新建筑物的混凝土或抹灰基层涂饰前应涂刷抗碱封闭底漆。

15-31 [2019-54] 下列涂料品种中，属于水性涂料的是（　　）。

A. 无机涂料　　　　　　　　　　　　B. 丙烯酸酯涂料

C. 有机丙烯酸涂料　　　　　　　　　D. 聚氨酯丙烯酸涂料

答案：A

解析：参见考点10中"适用范围"相关规定，水性涂料包括乳液型涂料、无机涂料、水溶性涂料等。

考点11：裱糊与软包工程【★★】

一般规定	
复验	13.1.3 软包工程应对**木材的含水率**及**人造木板的甲醛释放量**进行复验

基层处理	13.1.4　裱糊工程应对基层封闭底漆、腻子、封闭底胶及软包内衬材料进行隐蔽工程验收。裱糊前，基层处理应达到下列规定：【2022(5)】 　1　新建筑物的混凝土抹灰基层墙面在刮腻子前应涂刷抗碱封闭底漆； 　2　粉化的旧墙面应先除去粉化层，并在刮涂腻子前涂刷一层界面处理剂； 　3　混凝土或抹灰基层含水率不得大于8%；木材基层的含水率不得大于12%； 　4　石膏板基层，接缝及裂缝处应贴加强网布后再刮腻子； 　5　基层腻子应平整、坚实、牢固，无粉化、起皮、空鼓、酥松、裂缝和泛碱；腻子的粘结强度不得小于0.3MPa； 　6　基层表面平整度、立面垂直度及阴阳角方正应达到本标准第4.2.10条高级抹灰的要求； 　7　基层表面颜色应一致； 　8　裱糊前应用封闭底胶涂刷基层
检验批	13.1.5　同一品种的裱糊或软包工程每50间应划分为一个检验批，不足50间应划分为一个检验批，大面积房间和走廊可按裱糊或软包面积每30m² 计为1间
裱糊工程	
基层质量	13.2.2　裱糊工程基层处理质量应符合第4.2.10条高级抹灰要求【2022(12)】
施工要求	13.2.3　裱糊后各幅拼接应横平竖直，拼接处花纹、图案应吻合，应不离缝、不搭接、不显拼缝。检验方法：距离墙面1.5m处观察 13.2.9　壁纸、墙布阴角处应顺光搭接，阳角处应无接缝。检验方法：观察
允许偏差	13.2.10　裱糊工程的允许偏差和检验方法应符合表13.2.10（表15-3）的规定。

表 15 - 3　裱糊工程的允许偏差和检验方法

项次	项目	允许偏差/mm	检验方法
1	表面平整度	3	用2m靠尺和塞尺检查
2	立面垂直度	3	用2m垂直检测尺检查
3	阴阳角方正	3	用200mm直角检测尺检查

 典型习题

15-32 ［2022（12）-55］下列关于裱糊工程的说法，正确的是（　　）。

A. 裱糊接缝应竖拼　　　　　　　　　B. 基层的平整度应满足高级抹灰要求

C. 完成面平整度不应有偏差　　　　　D. 一般在阴角及阳角处接缝

答案： B

解析： 参见考点11中裱糊工程"基层质量""施工要求""允许偏差"相关规定，裱糊后各幅拼接应横平竖直，表面平整度允许偏差3mm，阳角处应无接缝。

15-33 [2019-55] 关于裱糊前基层处理的说法，错误的是（　　）。

A. 新建筑物的混凝土抹灰基层墙面在刮腻子前不宜涂刷抗碱封闭底漆

B. 粉化的旧墙面应先除去粉化层

C. 抹灰基层含水率不得大于8%

D. 基层腻子应平整、坚实、牢固，无粉化、起皮、空鼓、酥松、裂缝和泛碱

答案：A

解析：参见考点11中"基层处理"相关规定，新建筑物的混凝土抹灰基层墙面在刮腻子前应涂刷抗碱封闭底漆。

考点12：细部工程【★★】

适用范围	14.1.1　适用于**固定橱柜**制作与安装、**窗帘盒和窗台板**制作与安装、**门窗套**制作与安装、**护栏和扶手**制作与安装、**花饰**制作与安装等分项工程的质量验收【2023，2020】
栏杆和扶手允许偏差	14.5.7　护栏和扶手安装的允许偏差和检验方法应符合表14.5.7（表15-4）的规定【2022（5）】 表15-4　　　　护栏和扶手安装的允许偏差和检验方法

项次	项目	允许偏差/mm	检验方法
1	栏杆垂直度	3	用1m垂直检测尺检查
2	栏杆间距	0，-6	用钢尺检查
3	扶手直线度	4	拉通线，用钢直尺检查
4	扶手高度	+6，0	用钢尺检查

 典型习题

15-34 [2023-51] 下列分项工程中，不属于装饰装修细部工程子分部的是（　　）。

A. 室外坡道和台阶踏步　　　　　　　B. 门窗套和窗帘板

C. 护栏和扶手　　　　　　　　　　　D. 花饰

答案：A

解析：参见考点12中"适用范围"相关规定，固定橱柜制作与安装、窗帘盒和窗台板制作与安装、门窗套制作与安装、护栏和扶手制作与安装、花饰制作与安装等分项工程的质量验收属于装饰装修细部工程。

15-35 [2022（5）-52] 下列关于栏杆和扶手的验收规范描述，不正确的是（　　）。

A. 扶手直线度误差4mm　　　　　　　B. 扶手高度误差+6mm

C. 扶手垂直度误差3mm　　　　　　　D. 栏杆间距误差±6mm

答案：D

解析：参见考点12中"栏杆扶手允许偏差"相关规定，栏杆间距允许偏差为正值。

15-36 ［2020-54］下列选项中，橱柜的制作与安装属于（　　）。

A. 涂饰工程　　　　　　　　　　　B. 裱糊与软包工程

C. 细部工程　　　　　　　　　　　D. 饰面板工程

答案： C

解析： 参见考点12中"适用范围"相关规定。

■ 相似知识点总结 ◼◻◼◻

1.《建筑装饰装修工程质量验收标准》（GB 50210—2018）验收、复验、隐蔽工程			
子分部工程	验收	复验	隐蔽验收
4 抹灰工程	1 抹灰工程的施工图、设计说明及其他设计文件； 2 材料的产品合格证书、性能检验报告、进场验收记录和复验报告； 3 隐蔽工程验收记录； 4 施工记录【2024】	1 砂浆的**拉伸粘结强度**； 2 聚合物砂浆的**保水率**	1 抹灰总厚度大于或等于35mm时的加强措施； 2 不同材料基体交接处的加强措施
5 外墙防水工程	1 外墙防水工程的施工图、设计说明及其他设计文件； 2 材料的产品合格证书、性能检验报告、进场验收记录和复验报告； 3 施工方案及安全技术措施文件； 4 雨后或现场淋水检验记录； 5 隐蔽工程验收记录； 6 施工记录； 7 **施工单位**的资质证书及**操作人员**的上岗证书【2022(5)】	1 防水砂浆的**粘结强度和抗渗性能**； 2 防水涂料的**低温柔性和不透水性**； 3 防水透气膜的**不透水性**【2023】	1 外墙不同结构材料交接处的增强处理措施的节点； 2 防水层在变形缝、门窗洞口、穿外墙管道、预埋件及收头等部位的节点； 3 防水层的搭接宽度及附加层
6 门窗工程	1 门窗工程的施工图、设计说明及其他设计文件； 2 材料的产品合格证书、性能检验报告、进场验收记录和复验报告； 3 特种门及其配件的生产许可文件； 4 隐蔽工程验收记录； 5 施工记录	1 人造木板门的甲醛释放量； 2 建筑外窗的**气密**性能、**水密**性能和**抗风压**性能【2020】	1 预埋件和锚固件； 2 隐蔽部位的防腐和填嵌处理； 3 高层金属窗**防雷**连接节点

条文	验收	复验	隐蔽
7 吊顶工程	1 吊顶工程的施工图、设计说明及其他设计文件； 2 材料的产品合格证书、性能检验报告、进场验收记录和复验报告； 3 隐蔽工程验收记录； 4 施工记录	人造木板的甲醛释放量【2023】	1 吊顶内管道、设备的安装及水管试压、风管严密性检验； 2 木龙骨防火、防腐处理； 3 埋件； 4 吊杆安装；【2022（5）】 5 龙骨安装； 6 填充材料的设置； 7 反支撑及钢结构转换层
8 轻质隔墙工程	1 轻质隔墙工程的施工图、设计说明及其他设计文件； 2 材料的产品合格证书、性能检验报告、进场验收记录和复验报告； 3 隐蔽工程验收记录； 4 施工记录	人造木板的甲醛释放量【2020】	1 骨架隔墙中设备管线的安装及水管试压； 2 木龙骨防火和防腐处理； 3 预埋件或拉结筋； 4 龙骨安装； 5 填充材料的设置【2021】
9 饰面板工程	1 饰面板工程的施工图、设计说明及其他设计文件； 2 材料的产品合格证书、性能检验报告、进场验收记录和复验报告； 3 后置埋件的现场拉拔检验报告； 4 满粘法施工的外墙石板和外墙陶瓷板粘结强度检验报告； 5 隐蔽工程验收记录； 6 施工记录	1 室内用花岗石板的放射性、室内用人造木板的甲醛释放量； 2 水泥基粘结料的粘结强度； 3 外墙陶瓷板的吸水率； 4 严寒和寒冷地区外墙陶瓷板的抗冻性【2020】	1 预埋件（或后置埋件）； 2 龙骨安装； 3 连接节点； 4 防水、保温、防火节点； 5 外墙金属板防雷连接节点
10 饰面砖工程	1 饰面砖工程的施工图、设计说明及其他设计文件； 2 材料的产品合格证书、性能检验报告、进场验收记录和复验报告； 3 外墙饰面砖施工前粘贴样板和外墙饰面砖粘贴工程饰面砖粘结强度检验报告； 4 隐蔽工程验收记录； 5 施工记录	1 室内用花岗石和瓷质饰面砖的放射性； 2 水泥基粘结材料与所用外墙饰面砖的拉伸粘结强度； 3 外墙陶瓷饰面砖的吸水率； 4 严寒及寒冷地区外墙陶瓷饰面砖的抗冻性	1 基层和基体； 2 防水层【2020】

条文	验收	复验	隐蔽
11 幕墙工程	1 幕墙工程的施工图、结构计算书、热工性能计算书、设计变更文件、设计说明及其他设计文件； 2 建筑设计单位对幕墙工程设计的确认文件； 3 幕墙工程所用材料、构件、组件、紧固件及其他附件的产品合格证书、性能检验报告、进场验收记录和复验报告； 4 幕墙工程所用硅酮结构胶的抽查合格证明；国家批准的检测机构出具的硅酮结构胶**相容性**和**剥离粘结性**检验报告；石材用密封胶的耐污染性检验报告；【2022(5)】 5 后置埋件和槽式预埋件的**现场拉拔力**检验报告； 6 封闭式幕墙的**气密**性能、水密性能、抗风压性能及**层间变形**性能检验报告； 7 注胶、养护环境的温度、湿度记录；双组分硅酮结构胶的混匀性试验记录及拉断试验记录； 8 幕墙与主体结构防雷接地点之间的电阻检测记录； 9 隐蔽工程验收记录； 10 幕墙构件、组件和面板的加工制作检验记录； 11 幕墙安装施工记录； 12 张拉杆索体系预拉力张拉记录； 13 现场淋水检验记录	1 铝塑复合板的**剥离**强度； 2 石材、瓷板、陶板、微晶玻璃板、木纤维板、纤维水泥板和石材蜂窝板的**抗弯**强度；严寒、寒冷地区石材、瓷板、陶板、纤维水泥板和石材蜂窝板的**抗冻**性；室内用花岗石的**放射**性；【2021】 3 幕墙用结构胶的**邵氏硬度**、标准条件拉伸粘结强度、相容性试验、剥离粘结性试验；石材用密封胶的**污染**性；【2024】 4 中空玻璃的**密封**性能； 5 防火、保温材料的**燃烧**性能； 6 铝材、钢材主受力杆件的**抗拉**强度【2022(12)】	1 **预埋件或后置埋件**、锚栓及连接件；【2023】 2 构件的连接节点； 3 幕墙四周、幕墙内表面与主体结构之间的**封堵**； 4 伸缩缝、沉降缝、防震缝及墙面转角节点； 5 隐框玻璃板块的固定； 6 幕墙**防雷连接节点**； 7 幕墙防火、隔烟节点； 8 单元式幕墙的封口节点
12 涂饰工程	1 涂饰工程的施工图、设计说明及其他设计文件； 2 材料的产品合格证书、性能检验报告、有害物质限量检验报告和进场验收记录； 3 施工记录	—	—

条文	验收	复验	隐蔽
13 裱糊与软包工程	1 裱糊与软包工程的施工图、设计说明及其他设计文件； 2 饰面材料的样板及确认文件； 3 材料的产品合格证书、性能检验报告、进场验收记录和复验报告； 4 饰面材料及封闭底漆、胶粘剂、涂料的有害物质限量检验报告； 5 隐蔽工程验收记录； 6 施工记录	木材的含水率及人造木板的甲醛释放量	—
14 细部工程	1 施工图、设计说明及其他设计文件； 2 材料的产品合格证书、性能检验报告、进场验收记录和复验报告； 3 隐蔽工程验收记录； 4 施工记录	花岗石的放射性和人造木板的甲醛释放量	1 预埋件（或后置埋件）； 2 护栏与预埋件的连接节点

2. 主控项目、一般项目总结

条文编号		主控项目	一般项目
4 抹灰工程	4.2 一般抹灰工程	1 所用材料的**品种**和**性能；** 2 抹灰前基层表面的尘土、污垢和油渍等应清除干净，并应洒水润湿或进行**界面处理；** 3 抹灰工程应分层进行及相应**加强**措施； 4 抹灰层与基层之间及各抹灰层之间应**粘结牢固**，抹灰层应无脱层和空鼓，面层应无爆灰和裂缝	1 表面质量； 2 护角、孔洞、槽、盒周围的抹灰表面应整齐、光滑；管道后面的抹灰表面应平整； 3 抹灰层总厚度；水泥砂浆不得抹在石灰砂浆层上；罩面石膏灰不得抹在水泥砂浆层上； 4 抹灰分格缝的设置； 5 有排水要求的部位应做滴水线（槽）； 6 允许偏差和检验方法

続表

条文编号		主控项目	一般项目
4 抹灰工程	4.3 保温层薄抹灰工程	同"4.2 一般抹灰工程"	同"4.2 一般抹灰工程"
	4.4 装饰抹灰工程	同"4.2 一般抹灰工程"	1 表面质量; 2 装饰抹灰分格条(缝)的设置; 3 有排水要求的部位应做滴水线(槽); 4 允许偏差和检验方法
	4.5 清水砌体勾缝工程	1 所用砂浆的品种和性能 2 清水砌体勾缝应无漏勾。勾缝材料应粘结牢固、无开裂	1 清水砌体勾缝应横平竖直,交接处应平顺,宽度和深度应均匀,表面应压实抹平; 2 灰缝应颜色一致,砌体表面应洁净
5 外墙防水工程	5.2 砂浆防水工程	1 所用砂浆品种及性能 2 在变形缝、门窗洞口、穿外墙管道和预埋件等部位的做法 3 不得有渗漏现象 4 砂浆防水层与基层之间及防水层各层之间应粘结牢固,不得有空鼓	1 表面应密实、平整,不得有裂纹、起砂和麻面等缺陷; 2 施工缝位置及施工方法; 3 厚度
	5.3 涂膜防水工程	同"5.2 砂浆防水工程"	1 表面应平整,涂刷应均匀,不得有流坠、露底、气泡、皱折和翘边等缺陷; 2 厚度
	5.4 透气膜防水工程	同"5.2 砂浆防水工程"	1 表面应平整,不得有皱折、伤痕、破裂等缺陷; 2 铺贴方向应正确,纵向搭接缝应错开,搭接宽度; 3 搭接缝应粘结牢固、密封严密
6 门窗工程	6.2 木门窗安装工程	1 品种、类型、规格、尺寸、开启方向、安装位置、连接方式及性能 2 木材含水率及饰面质量 3 防火、防腐、防虫处理 4 窗框安装牢固。预埋木砖的防腐处理、木门窗框固定点的数量、位置和固定方法 5 窗扇安装牢固、开关灵活、关闭严密 6 配件的型号、规格和数量	1 表面应洁净,不得有刨痕和锤印; 2 割角和拼缝应严密平整; 3 槽和孔应边缘整齐,无毛刺; 4 与墙体间的缝隙应填嵌饱满; 5 批水、盖口条、压缝条和密封条安装; 6 留缝限值、允许偏差和检验方法

244

条文编号		主控项目	一般项目
6 门窗工程	6.3 金属门窗安装工程	1 品种、类型、规格、尺寸、性能、开启方向、安装位置、连接方式及门窗的型材壁厚，防雷、防腐处理及填嵌、密封处理； 2 窗框和附框的安装。预埋件及锚固件的数量、位置、埋设方式、与框的连接方式； 3 安装牢固、开关灵活、关闭严密、无倒翘。推拉门窗扇应安装防止扇脱落的装置； 4 配件的型号、规格、数量	1 表面质量及处理； 2 推拉门窗扇开关力； 3 与墙体之间缝隙的填嵌与密封； 4 密封胶条或密封毛条装配； 5 排水孔； 6 留缝限值、允许偏差和检验方法
	6.4 塑料门窗安装工程	1 品种、类型、规格、尺寸、性能、开启方向、安装位置、连接方式和填嵌密封处理； 2 窗框、附框和扇的安装，固定片或膨胀螺栓的数量与位置，连接方式； 3 拼樘料截面尺寸及内衬增强型钢的形状和壁厚； 4 窗框与洞口之间伸缩缝的填充与表面密封； 5 滑撑铰链的安装及其连接处防水密封； 6 防止扇脱落的装置； 7 门窗扇关闭应严密，开关应灵活； 8 配件的型号、规格和数量及安全牢固	1 密封面上的密封条质量要求； 2 塑料门窗扇的开关力； 3 表面质量； 4 旋转窗间隙； 5 排水孔； 6 安装的允许偏差和检验方法
	6.5 特种门安装工程	1 质量和性能； 2 品种、类型、规格、尺寸、开启方向、安装位置和防腐处理； 3 机械装置、自动装置或智能化装置的功能； 4 预埋件及锚固件的数量、位置、埋设方式、与框的连接方式； 5 配件位置、安装及功能	1 表面装饰； 2 表面洁净； 3 推拉自动门的感应时间限值和检验方法； 4 人行自动门活动扇的安全间隙； 5 允许偏差和检验方法； 6 手动开启力和检验方法

条文编号		主控项目	一般项目
6 门窗工程	6.6 门窗玻璃安装工程	1 层数、品种、规格、尺寸、色彩、图案和涂膜朝向; 2 裁割尺寸; 3 安装方法; 4 镶钉木压条接触玻璃处与裁口边缘平齐; 5 密封条与玻璃、玻璃槽口的接触及边缘; 6 带密封条的玻璃压条,密封条应与玻璃贴紧;	1 玻璃表面洁净,玻璃中空层内不得有灰尘和水蒸气。门窗玻璃不应直接接触型材; 2 腻子及密封胶; 3 密封条不得卷边、脱槽,接缝应粘接
7 吊顶工程	7.2 整体面层吊顶工程	1 吊顶标高、尺寸、起拱和造型; 2 面层材料的材质、品种、规格、图案、颜色和性能; 3 吊杆和龙骨的材质、规格、安装间距及连接方式;金属吊杆和龙骨的表面防腐处理;木龙骨的防腐、防火处理;【2022(5)】 4 吊杆、龙骨和面板的安装; 5 石膏板、水泥纤维板的接缝	1 面层材料表面洁净,无翘曲、裂缝及缺损; 2 面板上的灯具、烟感器、喷淋头、风口算子和检修口等设备设施的位置; 3 金属龙骨的接缝及角缝,表面平整,无翘曲和锤印。木质龙骨应顺直,无劈裂和变形; 4 吊顶内填充吸声材料的品种和铺设厚度,防散落措施; 5 安装的允许偏差和检验方法
	7.3 板块面层吊顶工程	1~3 同7.2 整体面层吊顶工程; 4 面板安装稳固。面板与龙骨的搭接宽度; 5 吊杆和龙骨安装牢固	同7.2"整体面层吊顶工程"
	7.4 格栅吊顶工程	同7.2"整体面层吊顶工程"	1~4 同"7.2 整体面层吊顶工程"; 5 格栅吊顶内楼板、管线设备等表面处理
8 轻质隔墙工程	8.2 板材隔墙工程	1 板材的品种、规格、颜色和性能; 2 所需预埋件、连接件的位置、数量及连接方法; 3 安装应牢固; 4 所用接缝材料的品种及接缝方法; 5 安装应位置正确,板材不应有裂缝或缺损	1 表面应光洁、平顺、色泽一致,接缝应均匀、顺直; 2 孔洞、槽、盒应位置正确、套割方正、边缘整齐; 3 安装的允许偏差和检验方法

条文编号		主控项目	一般项目
8 轻质隔墙工程	8.3 骨架隔墙工程	1 所用龙骨、配件、墙面板、填充材料及嵌缝材料的品种、规格、性能和木材的含水率; 2 地梁所用材料、尺寸及位置,沿地、沿顶及边框龙骨应与基体结构连接牢固; 3 龙骨间距和构造连接方法,骨架内设备管线的安装、门窗洞口等部位加强龙骨的安装,填充材料的品种、厚度及设置; 4 木龙骨及木墙面板的防火和防腐处理; 5 墙面板应安装牢固,无脱层、翘曲、折裂及缺损; 6 接缝材料的接缝方法	1~3 同"8.2 板材隔墙工程"; 4 骨架隔墙内的填充材料应干燥,填充应密实、均匀、无下坠
	8.4 活动隔墙工程	1 所用墙板、轨道、配件等材料的品种、规格、性能和人造木板甲醛释放量、燃烧性能; 2 活动隔墙轨道应与基体结构连接牢固,并应位置正确; 3 用于组装、推拉和制动的构配件应安装牢固、位置正确,推拉应安全、平稳、灵活; 4 组合方式、安装方法	1~3 同"8.2 板材隔墙工程"; 4 活动隔墙推拉应无噪声
	8.5 玻璃隔墙工程	1 材料的品种、规格、图案、颜色和性能,应使用安全玻璃; 2 玻璃板安装及玻璃砖砌筑方法; 3 有框玻璃板隔墙的受力杆件应与基体结构连接牢固,玻璃板安装橡胶垫位置应正确。玻璃板安装应牢固; 4 无框玻璃板隔墙的受力爪件应与基体结构连接牢固,爪件的数量、位置应正确,爪件与玻璃板的连接应牢固; 5 玻璃门与玻璃墙板的连接、地弹簧的安装位置; 6 玻璃砖隔墙砌筑中埋设的拉结筋应与基体结构连接牢固,数量、位置应正确	1 表面应色泽一致、平整洁净、清晰美观; 2 接缝应横平竖直,玻璃应无裂痕、缺损和划痕; 3 接缝应横平竖直,玻璃应无裂痕、缺损和划痕; 4 安装的允许偏差和检验方法

条文编号		主控项目	一般项目
9 饰面板工程	9.2 石板安装工程	1 品种、规格、颜色和性能； 2 孔、槽的数量、位置和尺寸； 3 预埋件（或后置埋件）、连接件的材质、数量、规格、位置、连接方法和防腐处理，后置埋件的现场拉拔力； 4 采用满粘法施工，与基层之间的粘结料应饱满、无空鼓，粘结应牢固	1 表面应平整、洁净、色泽一致，应无裂痕和缺损。石板表面应无泛碱等污染； 2 填缝应密实、平直，宽度和深度； 3 安装的允许偏差和检验方法； 4 孔洞应套割吻合，边缘应整齐； 5 采用湿作业法施工的石板安装工程，石板应进行防碱封闭处理。石板与基体之间的灌注材料应饱满、密实
	9.3 陶瓷板安装工程	同"9.2 石板安装工程"	同"9.2 石板安装工程"1～3条
	9.4 木板安装工程	1 木板的品种、规格、颜色和性能；木龙骨、木饰面板的燃烧性能等级； 2 龙骨、连接件的材质、数量、规格、位置、连接方法和防腐处理	同"9.2 石板安装工程"1～4条
	9.5 金属板安装工程	1～2 同"9.4 木板安装工程"； 3 外墙金属板的防雷装置应与主体结构防雷装置可靠接通	同"9.2 石板安装工程"1～4条
	9.6 塑料板安装工程	同"9.4 木板安装工程"	同"9.2 石板安装工程"1～4条
10 饰面砖工程	10.2 内墙饰面砖粘贴工程	1 饰面砖的品种、规格、图案、颜色和性能； 2 粘贴工程的找平、防水、粘结和填缝材料及施工方法； 3 粘贴应牢固； 4 满粘法施工的内墙饰面砖应无裂缝，大面和阳角应无空鼓	1 表面平整洁净、色泽一致，应无裂痕缺损； 2 凸出物周围的饰面砖应整砖套割吻合，边缘应整齐。墙裙、贴脸突出墙面厚度应一致； 3 接缝应平直、光滑，填嵌应连续、密实；宽度和深度； 4 粘贴的允许偏差和检验方法
	10.3 外墙饰面砖粘贴工程	1 饰面砖的品种、规格、图案、颜色和性能； 2 粘贴工程的找平、防水、粘结和填缝材料及施工方法； 3 粘贴工程的伸缩缝设置； 4 粘贴应牢固； 5 应无空鼓、裂缝	1～4 同"10.2 内墙饰面砖粘贴工程"； 5 饰面砖外墙阴阳角构造应符合设计要求； 6 有排水要求的部位应做滴水线（槽）。滴水线（槽）应顺直，流水坡向应正确，坡度应符合设计要求

条文编号	主控项目	一般项目
11 幕墙工程	**11.2 玻璃幕墙工程** 1 所用材料、构件和组件质量； 2 造型和立面分格； 3 主体结构上的**埋件**； 4 连接安装质量； 5 隐框或半隐框玻璃幕墙**玻璃托条**； 6 明框玻璃幕墙的**玻璃安装**质量； 7 吊挂在主体结构上的全玻璃幕墙**吊夹具**和玻璃接缝密封； 8 节点、各种变形缝、墙角的连接点； 9 **防火、保温、防潮**材料； 10 **防水**效果； 11 金属框架和连接件的**防腐**处理； 12 开启窗的配件安装质量； 13 **防雷**	1 玻璃幕墙表面质量； 2 玻璃和铝合金型材的表面质量； 3 明框玻璃幕墙的外露框或压条； 4 拼缝； 5 板缝注胶； 6 隐蔽节点的遮封； 7 安装偏差
	11.3 金属幕墙工程 1 所用材料和配件质量； 2 造型、立面分格、颜色、光泽、花纹图案； 3 主体结构上的埋件； 4 连接安装质量； 5 防火、保温、防潮材料； 6 金属框架和连接件的防腐处理； 7 防雷； 8 变形缝、墙角的连接节点； 9 防水效果	1 金属幕墙表面质量； 2 压条安装质量； 3 板缝注胶； 4 流水坡向和滴水线； 5 金属板表面质量； 6 安装偏差
	11.4 石材幕墙工程 1 所用材料质量； 2 造型、立面分格、颜色、光泽、花纹图案； 3 石材**孔、槽加工**质量； 4 主体结构上的埋件； 5 连接安装质量； 6 金属框架和连接件的防腐处理； 7 防雷； 8 防火、保温、防潮材料； 9 变形缝、墙角的连接节点； 10 **石材表面和板缝的处理**； 11 防水效果	1 石材幕墙表面质量； 2 压条安装质量； 3 石材接缝、阴阳角、凸凹线、洞口、槽； 4 板缝注胶； 5 流水坡向和滴水线； 6 石材表面质量； 7 安装偏差
	11.5 人造板材幕墙工程 同"11.3 金属幕墙工程"	同"11.3 金属幕墙工程"

条文编号	内容	观察	小锤轻击检查	尺量检查	开启关闭检查	手扳检查	推拉检查	手推检查	检查施工记录
	3. 检验方法总结								
4.2.4	抹灰层粘结	√	√						√
5.2.4	砂浆防水层粘结牢固	√	√						
6.3.4	门窗工程窗扇及配件安装牢固	√			√	√			
8.2.3	板材隔墙安装牢固	√				√			
8.3.5	骨架隔墙安装牢固	√				√			
8.3.2	骨架隔墙的材料、尺寸、位置龙骨与基体牢固			√		√			隐蔽验收记录
8.4.2	活动隔墙轨道与基体牢固位置正确			√		√			
8.4.3	活动隔墙构配件安装牢固、位置正确、推拉安全			√		√	√		
8.5.3 8.5.4	玻璃隔墙受力爪件与基体连接牢固、位置正确	√						√	√

第十六章　地　面　工　程

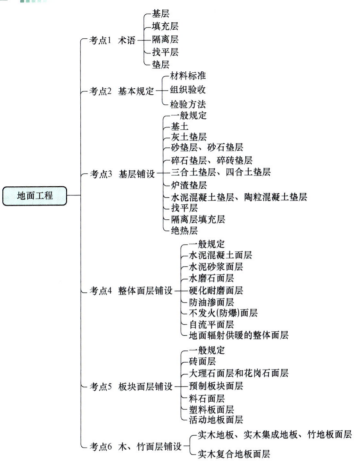

地面工程

- 考点1　术语
  - 基层
  - 填充层
  - 隔离层
  - 找平层
  - 垫层
- 考点2　基本规定
  - 材料标准
  - 组织验收
  - 检验方法
- 考点3　基层铺设
  - 一般规定
  - 基土
  - 灰土垫层
  - 砂垫层、砂石垫层
  - 碎石垫层、碎砖垫层
  - 三合土垫层、四合土垫层
  - 炉渣垫层
  - 水泥混凝土垫层、陶粒混凝土垫层
  - 找平层
  - 隔离层填充层
  - 绝热层
- 考点4　整体面层铺设
  - 一般规定
  - 水泥混凝土面层
  - 水泥砂浆面层
  - 水磨石面层
  - 硬化耐磨面层
  - 防油渗面层
  - 不发火(防爆)面层
  - 自流平面层
  - 地面辐射供暖的整体面层
- 考点5　板块面层铺设
  - 一般规定
  - 砖面层
  - 大理石面层和花岗石面层
  - 预制板块面层
  - 料石面层
  - 塑料板面层
  - 活动地板面层
- 考点6　木、竹面层铺设
  - 实木地板、实木集成地板、竹地板面层
  - 实木复合地板面层

考情分析

考　　点	近5年考试分值统计					
	2024 年	2023 年	2022 年 12 月	2022 年 5 月	2021 年	2020 年
考点1　术语	0	0	0	0	0	0
考点2　基本规定	2	1	2	1	1	2
考点3　基层铺设	1	1	2	2	4	1
考点4　整体面层铺设	0	2	2	2	0	3
考点5　板块面层铺设	1	0	1	2	2	1
考点6　木、竹面层铺设	0	0	0	0	0	0
总　　计	4	4	7	7	7	7

注：1. 本节所列标准如无特殊说明，均出自《建筑地面工程施工质量验收规范》(GB 50209—2010)。

　　2. 近几年的题目偏向实用性与灵活性，考生在复习时切不可死记硬背。

考点 1：术语

基层	2.0.4 面层下的构造层，包括填充层、隔离层、绝热层、找平层、垫层和基土
填充层	2.0.5 建筑地面中具有**隔声、找坡**等作用和**暗敷管线**的构造层
隔离层	2.0.6 防止建筑地面上各种液体或地下水、潮气渗透地面等作用的构造层；当仅防止地下潮气透过地面时，可称作防潮层
找平层	2.0.8 在垫层、楼板上或填充层（轻质、松散材料）上起整平、找坡或加强作用的构造层
垫层	2.0.9 承受并传递地面荷载于基土上的构造层

 **典型习题**

16-1 [2018-40] 建筑地面构造中，具有隔声、找坡、敷设管线等作用的构造层是（   ）。
A. 结合层   B. 垫层   C. 找平层   D. 填充层

答案：D

解析：参见考点 1 中"填充层"定义，填充层为建筑地面中具有隔声、找坡等作用和暗敷管线的构造层。

考点 2：基本规定【★★★★★】

材料标准	3.0.3 建筑地面工程采用的材料或产品应符合设计要求和国家现行有关标准的规定。无国家现行标准的，应具有**省级住房和城乡建设行政主管部门**的技术认可文件【2022（5），2020】
防滑	3.0.5 厕浴间和有防滑要求的建筑地面应符合设计防滑要求
施工温度	3.0.11 建筑地面工程施工时，各层环境温度的控制应符合材料或产品的技术要求，并应符合下列规定： 1 采用掺有水泥、石灰的拌和料铺设以及用石油沥青胶结料铺贴时，应大于或等于5℃； 2 采用有机胶粘剂粘贴时，应大于或等于10℃； 3 采用砂、石材料铺设时，应大于或等于0℃； 4 采用自流平、涂料铺设时，应大于或等于5℃，也应小于或等于30℃【2022（12）】
坡度	3.0.12 铺设有坡度的地面应采用**基土高差**达到设计要求的坡度；铺设有坡度的楼面（或架空地面）应采用在结构楼层板上**变更填充层（或找平层）铺设的厚度**或以**结构起坡**达到设计要求的坡度
首层地面	3.0.13 建筑物室内接触基土的首层地面施工应符合设计要求，并应符合下列规定： 1 在冻胀性土上铺设地面时，应按设计要求做好**防冻胀土处理**后方可施工，并不得在冻胀土层上进行填土施工； 2 在永冻土上铺设地面时，应按建筑节能要求进行**隔热、保温**处理后方可施工【2024】
散水明沟	3.0.15 水泥混凝土散水、明沟应设置伸、缩缝，其延长米间距不得大于10m，对日晒强烈且昼夜温差超过15℃的地区，其延长米间距宜为4～6m。水泥混凝土散水、明沟和台阶等与建筑物连接处及房屋转角处应设缝处理。上述缝的宽度应为15～20mm，缝内应填嵌**柔性密封材料**

变形缝	3.0.16　建筑地面的变形缝应按设计要求设置，并应符合下列规定： 　　1　建筑地面的沉降缝、伸缩、缩缝和防震缝，应与结构相应缝的**位置一致**，且应**贯通**建筑地面的各构造层； 　　2　沉降缝和防震缝的宽度应符合设计要求，缝内清理干净，以柔性密封材料填嵌后用板封盖，并应与面层齐平
镶边	3.0.17　当建筑地面采用镶边时，应按设计要求设置并应符合下列规定：【2024】 　　1　有强烈机械作用下的水泥类整体面层与其他类型的面层邻接处，应设置**金属**镶边构件； 　　2　具有较大振动或变形的设备基础与周围建筑地面的邻接处，应沿设备基础周边设置贯通建筑地面各构造层的**沉降缝（防震缝）**，缝的处理应执行本规范第3.0.16条的规定； 　　3　采用水磨石整体面层时，应用同类材料镶边，并用**分格条**进行分格； 　　4　条石面层和砖面层与其他面层邻接处，应用**顶铺**的同类材料镶边； 　　5　采用木、竹面层和塑料板面层时，应用同类材料镶边； 　　6　地面面层与管沟、孔洞、检查井等邻接处，均应设置镶边； 　　7　管沟、变形缝等处的建筑地面面层的镶边构件，应在**面层铺设前**装设； 　　8　建筑地面的镶边宜与柱、墙面或踢脚线的变化协调一致
面层铺设	3.0.20　各类面层的铺设宜在**室内装饰工程基本完工后**进行。木、竹面层、塑料板面层、活动地板面层、地毯面层的铺设，应待**抹灰工程、管道试压**等完工后进行
合格标准	3.0.22　建筑地面工程的分项工程施工质量检验的**主控**项目，应达到本规范规定的质量标准，认定为合格；**一般**项目80%以上的检查点（处）符合本规范规定的质量要求，其他检查点（处）不得有明显影响使用，且最大偏差值不超过允许偏差值的50%为合格
组织验收	3.0.23　建筑地面工程的施工质量验收应在建筑**施工企业自检合格**的基础上，由**监理**单位或**建设**单位组织有关单位对分项工程、子分部工程进行检验
检验方法	3.0.24　检验方法应符合下列规定：【2023，2022(12)，2021，2020】 　　1　检查允许偏差应采用**钢尺**、1m**直尺**、2m直尺、3m直尺、2m**靠尺**、楔形**塞尺**、坡度尺、游标卡尺和水准仪； 　　2　检查空鼓应采用**敲击**的方法； 　　3　检查防水**隔离层**应采用**蓄水**方法，蓄水深度最浅处不得小于10mm，蓄水时间不得少于24h；检查**防水要求**的建筑地面的面层应采用**泼水**方法。 　　4　检查各类面层（含不需铺设部分或局部面层）表面的裂纹、脱皮、麻面和起砂等缺陷，应采用**观感**的方法

典型习题

16-2［2024-52］关于地面工程施工的说法，正确的是（　　）。

A. 铺设有坡度的地面必须采用结构找坡达到设计要求的坡度

B. 铺设有坡度的底层地面，不应直接用基层土高差达到设计要求的坡度

C. 直接在室内冻胀土层上填土，应按照要求分层压实

D. 在永冻土上铺设地面，应按照节能要求设置隔热保温层

答案：D

解析：参见考点 2 中"坡度""首层地面"相关规定，铺设有坡度的地面应采用基土高差达到设计要求的坡度；不得在冻胀土层上进行填土施工。

16-3［2024-53］关于建筑地面镶边设置，下列说法错误的是（　　）。

A. 与有较大振动的设备基础邻接处，沿设备基础周边不应设置镶边构件

B. 采用水磨石整体面层时，应用同类材料镶边并用分格条进行分格

C. 砖石面层与其他面层邻接处，应用顶铺的同类材料镶边

D. 管沟、变形缝等处的建筑地面面层的镶边构件，应在面层铺设前装设

答案：A

解析：参见考点 2 中"镶边"相关规定，具有较大振动或变形的设备基础与周围建筑地面的邻接处，应沿设备基础周边设置贯通建筑地面各构造层的沉降缝（防震缝）。

16-4［2023-52］关于建筑地面工程施工质量检验方法的说法，错误的是（　　）。

A. 检验允许偏差应采用量测方法　　　　B. 检查空鼓应采用敲击的方法

C. 检查防水隔离层应采用泼水方法　　　D. 检查面层表面缺陷应采用观感的方法

答案：C

解析：参见考点 2 中"检验方法"相关规定，检查防水隔离层应采用蓄水方法，检查防水要求的建筑地面的面层应采用泼水方法。

考点 3：基层铺设【★★★★★】

一般规定	
铺设	4.1.3　基层铺设前，其下一层表面应干净、无积水
垫层接槎	4.1.4　垫层分段施工时，接槎处应做成**阶梯形**，每层接槎处的水平距离应错开 0.5～1.0m。接槎处不应设在地面荷载较大的部位【2022（5）】
暗管	4.1.5　当垫层、找平层、填充层内埋设暗管时，管道应按设计要求予以稳固
防静电	4.1.6　对有防静电要求的整体地面的基层，应清除残留物，将露出基层的金属物涂**绝缘漆**两遍晾干。
	4.9.9　有防静电要求的整体面层的找平层施工前，其下敷设的导电地网系统应与**接地引下线**和**地下接电体**有**可靠连接**，经电性能检测且符合相关要求后进行**隐蔽工程**验收
基土	
基土处理	4.2.1　地面应铺设在均匀密实的基土上。土层结构被扰动的基土应进行换填，并予以压实。 4.2.2　对软弱土层应按设计要求进行处理
分层	4.2.3　填土应**分层**摊铺、**分层**压（夯）实、**分层**检验其密实度
含水量	4.2.4　填土时应为**最优含水量**。重要工程或大面积的地面填土前，应取土样，按击实试验确定**最优含水量**与相应的**最大干密度**
填土	4.2.5　基土**不应用淤泥**、**腐殖土**、**冻土**、**耕植土**、**膨胀土**和**建筑杂物**作为填土，填土土块的粒径不应大于 50mm
压实系数	4.2.7　基土应均匀密实，**压实系数**应符合设计要求，设计无要求时，应大于或等于0.9【2023】
灰土垫层	
厚度	4.3.1　灰土垫层应采用**熟化石灰**与**黏土**(或粉质黏土、粉土)的拌和料铺设，其厚度不应小于**100mm**【2021】

成分	4.3.2　熟化石灰粉可采用**磨细生石灰**，亦可用粉煤灰代替。【2021】 4.3.6　灰土**体积比**应符合设计要求。 4.3.7　熟化石灰颗粒粒径不应大于**5mm**；黏土（或粉质黏土、粉土）内不得含有有机物质，颗粒粒径不应大于**16mm**
施工条件	4.3.3　灰土垫层应铺设在不受地下水浸泡的基土上。施工后应有防水浸泡措施。 4.3.5　灰土垫层**不宜**在冬期施工【2020】

砂垫层、砂石垫层	
厚度	4.4.1　**砂**垫层厚度不应小于**60mm**；**砂石**垫层厚度不应小于**100mm**【2022（12）】
成分	4.4.3　砂和砂石不应含有草根等有机杂质；砂应采用**中砂**；石子最大粒径不应大于垫层厚度的2/3

碎石垫层、碎砖垫层	
厚度	4.5.1　碎石垫层和碎砖垫层厚度不应小于100mm
成分	4.5.3　碎石的强度应均匀，最大粒径不应大于垫层厚度的2/3；碎砖不应采用风化、酥松、夹有有机杂质的砖料，颗粒粒径不应大于**60mm**

三合土垫层、四合土垫层	
成分厚度	4.6.1　三合土垫层应采用**石灰、砂**（可掺入少量粘土）与**碎砖**的拌和料铺设，其厚度不应小于**100mm**；四合土垫层应采用**水泥、石灰、砂**（可掺少量黏土）与**碎砖**的拌和料铺设，其厚度不应小于**80mm**【2021】

炉渣垫层	
成分厚度	4.7.1　炉渣垫层应采用炉渣或水泥与炉渣或水泥、石灰与炉渣的拌和料铺设，其厚度不应小于**80mm**【2022（12）】
浇水闷透	4.7.2　炉渣或水泥炉渣垫层的炉渣，**使用前**应**浇水闷透**；水泥石灰炉渣垫层的炉渣，使用前应用石灰浆或用熟化石灰浇水拌和闷透；闷透时间均大于或等于**5d**【2022（5）】
施工顺序	4.7.3　在垫层铺设前，其下一层应**湿润**；铺设时应分层压实，表面不得有泌水现象。铺设后应养护，待其凝结后方可进行下一道工序施工
施工缝	4.7.4　炉渣垫层施工过程中**不宜留施工缝**。当必须留缝时，应留**直槎**

水泥混凝土垫层、陶粒混凝土垫层	
厚度	4.8.2　水泥混凝土垫层厚度应大于或等于**60mm**；陶粒混凝土垫层厚度应大于或等于**80mm**
缩缝	4.8.1　水泥混凝土垫层和陶粒混凝土垫层应铺设在基土上。当气温长期处于**0℃以下**，设计无要求时，垫层应设置**缩缝**，缝的位置、嵌缝做法等应与面层伸、缩缝相一致。 4.8.5　垫层的**纵向**缩缝应做**平头缝**或加肋板平头缝。当垫层厚度大于150mm时，可做**企口缝**。**横向**缩缝应做**假缝**。平头缝和企口缝的缝间不得放置隔离材料，浇筑时应互相**紧贴**。企口缝尺寸应符合设计要求，假缝宽度宜为5～20mm，深度宜为垫层厚度的1/3，填缝材料应与地面变形缝的填缝材料相一致
粗骨料	4.8.8　水泥混凝土垫层和陶粒混凝土垫层采用的粗骨料，其最大粒径应小于或等于垫层厚度的2/3，含泥量应小于或等于3%；砂为中粗砂，其含泥量应小于或等于3%。陶粒中粒径小于5mm的颗粒含量应小于10%；粉煤灰陶粒中大于15mm的颗粒应小于或等于5%；陶粒中不得混夹杂物或黏土土块。陶粒宜选用粉煤灰陶粒、页岩陶粒

找平层	
做法	4.9.1　找平层宜采用水泥砂浆或水泥混凝土铺设。当找平层厚度**小于 30mm** 时，宜用**水泥砂浆**做找平层；当找平层厚度大于或等于30mm时，宜用**细石混凝土**做找平层【2022(12)】
隐蔽工程	4.9.3　有防水要求的建筑地面工程，铺设前必须对立管、套管和地漏与楼板节点之间进行密封处理，并应进行隐蔽验收；排水坡度应符合设计要求
预制板	4.9.4　预制钢筋混凝土板上铺设找平层前，板缝填嵌的施工应符合下列要求：【2022(12)】 　　1　预制钢筋混凝土板相邻缝底宽不应小于**20mm**。 　　2　填嵌时，板缝内应清理干净，保持湿润。 　　3　填缝应采用**细石混凝土**，其强度等级不应小于C20。 　　　　填缝高度应**低于**板面 10～20mm，且振捣密实；【2023】 　　　　填缝后应**养护**。当填缝混凝土的强度等级达到C15 后方可继续施工 　　4　当板缝**底宽**大于40mm 时，应按设计要求配置**钢筋**。 4.9.5　在预制钢筋混凝土板上铺设找平层时，**板端**应按设计要求做**防裂**措施
材料要求	4.9.6　找平层采用碎石或卵石的粒径不应大于其厚度的2/3，含泥量不应大于 2%；砂为**中粗砂**，其含泥量不应大于 3%。 4.9.7　水泥砂浆体积比、水泥混凝土强度等级应符合设计要求，且水泥砂浆体积比不应小于**1：3**（或相应强度等级）；水泥混凝土强度等级不应小于**C15**
隔离层	
铺设要求	4.10.5　铺设隔离层时，在管道穿过楼板面四周，防水、防油渗材料应向上铺涂，并**超过套管的上口**；在靠近柱、墙处，应**高出面层 200～300mm** 或按设计要求的高度铺涂。阴阳角和管道穿过楼板面的根部应增加铺涂**附加**防水、防油渗隔离层
厕浴防水	4.10.11　**厕浴间**和有防水要求的建筑地面**必须设置防水隔离层**。【2021】 楼层结构必须采用**现浇**混凝土或**整块**预制混凝土板，混凝土强度应大于或等于C20； 房间的楼板四周除门洞外应做**混凝土翻边**，高度应大于或等于200mm，**宽同墙厚**，混凝土强度等级应大于或等于C20。 施工时结构层标高和预留孔洞位置应准确，严禁乱凿洞
填充层	
材料分层	4.11.3　采用松散材料铺设填充层时，应**分层**铺平拍实；采用板、块状材料铺设填充层时，**应分层**错缝铺贴
隔声垫	4.11.4　有隔声要求的楼面，隔声垫在柱、墙面的上翻高度应**超出楼面 20mm**，且应收口于踢脚线内。地面上有竖向管道时，隔声垫应包裹管道四周，高度**同卷向柱、墙面**的高度。隔声垫保护膜之间应**错缝**搭接，搭接长度应大于 100mm，并用**胶带**等封闭
保护层	4.11.5　隔声垫上部应设置**保护层**，其构造做法应符合设计要求。 当设计无要求时，混凝土保护层厚度不应小于 30mm，内配钢筋网片
坡度	4.11.11　填充层的坡度应符合设计要求，不应有倒泛水和积水现象
允许偏差	4.11.13　用作隔声的填充层，其表面允许偏差应符合本规范表 4.1.7 中**隔离层**的规定【2024】
绝热层	
铺设时间	4.12.2　建筑物室内接触**基土**的**首层**地面应增设**水泥混凝土垫层**后方可铺设绝热层。首层地面及楼层楼板铺设绝热层前，表面平整度宜控制在**3mm** 以内
	4.12.3　有防水、防潮要求的地面，宜在**防水、防潮隔离层施工完毕并验收合格后**再铺设绝热层

保温做法	4.12.4 穿越地面进入非采暖保温区域金属管道应采取**隔断热桥**的措施。 4.12.6 有地下室的建筑，**地上，地下交接部位楼板**的绝热层应采用**外保温**做法，绝热层表面应设有外保护层，外保护层应安全、耐候，表面应平整，无裂纹。 4.12.7 建筑物**勒脚处**绝热层的铺设应符合设计要求。设计无要求时，应符合下列规定： 1 当地区冻土深度不大于 500mm 时，**应采用外保温**做法； 2 当地区冻土深度大于 500mm 且不大于 1000mm 时，**宜采用内保温**做法； 3 当地区冻土深度大于 1000mm 时，**应采用内保温**做法； 4 当建筑物的**基础**有防水要求时，宜采用**内保温**做法； 5 采用**外保温**做法的绝热层，宜在建筑物**主体结构完成后**再施工
材料	4.12.8 绝热层的材料**不应**采用**松散型**材料或**抹灰浆料**【2021】

典型习题

16-5 [2024-54] 下列关于隔声材料设置的说法，错误的是（   ）。

A. 采用松散材料铺设填充层时，应分层铺平拍实

B. 有隔声要求的楼面，隔声垫在柱、墙面的上翻高度应超出楼面 20mm

C. 填充层的坡度应符合设计要求，不应有倒泛水和积水现象

D. 用作隔声的填充层，其表面允许偏差应符合本规范中相应填充层的规定

答案：D

解析：参见考点 3 中"填充层"中"材料分层""隔声垫""坡度""允许偏差"相关规定，用作隔声的填充层表面允许偏差应符合本规范隔离层的规定。

16-6 [2023-53] 关于建筑地面基层铺设质量的说法，正确的是（   ）。

A. 有防静电要求地面的基层，应将露出基层的金属物涂防锈漆两遍

B. 基土应分层压实，压实系数设计无要求时，不应小于 0.9

C. 灰土垫层应分层压实，适用于铺设在有地下水浸泡的基土上

D. 在预制板上铺设找平层前，板缝应采用细石混凝土填嵌至板面

答案：B

解析：参见考点 3 中一般规定"防静电"相关规定，有防静电要求地面的基层，将露出基层的金属物涂绝缘漆两遍晾干。基土"压实系数"相关规定，基土应均匀密实，压实系数设计无要求时，应≥0.9。灰土垫层"施工条件"相关规定，灰土垫层应铺设在不受地下水浸泡的基土上。找平层"预制板"相关规定，填缝应采用细石混凝土，填缝高度应低于板面 10～20mm。

16-7 [2022（12）-59] 关于地面垫层，最小厚度小于 100mm 的是（   ）。

A. 灰土垫层　　　　B. 砂垫层　　　　　C. 砂石垫层　　　　D. 碎石垫层

答案：B

解析：参见考点 3 中灰土垫层、砂垫层、砂石垫层、碎石垫层"厚度"相关规定，灰土垫层厚度不应小于 100mm，砂垫层厚度不应小于 60mm；砂石垫层厚度不应小于 100mm。碎石垫层和碎砖垫层厚度不应小于 100mm。

16-8 [2021-57] 下列材料中，通常不用于灰土垫层的是（　　）。

A. 粉煤灰　　　　　　B. 生石膏　　　　　　C. 磨细生石灰粉　　　D. 熟化石灰粉

答案： B

解析： 参见考点 3 中灰土垫层"厚度""成分"相关规定，灰土垫层应采用熟化石灰与黏土（或粉质黏土、粉土）的拌和料铺设；熟化石灰粉可采用磨细生石灰，也可用粉煤灰代替。

16-9 [2021-59] 关于厨浴间地面的说法，错误的是（　　）。

A. 楼层结构可采用整块预制混凝土板
B. 现浇混凝土楼层板可不设置防水隔离层
C. 楼层结构的混凝土强度等级不应小于 C20
D. 房间楼板四周除门洞外应做混凝土翻边

答案： B

解析： 参见考点 3 中隔离层"厕浴防水"相关规定，厕浴间和有防水要求的建筑地面必须设置防水隔离层。

考点 4：整体面层铺设【★★★★★】

一般规定	
基层	5.1.2　铺设整体面层时，水泥类基层的抗压强度不得小于**1.2MPa**；表面应粗糙、洁净、湿润并不得有积水。铺设前宜**凿毛**或涂刷**界面剂**。硬化耐磨面层、自流平面层的基层处理应符合设计及产品的要求
分格缝	5.1.3　**大面积**水泥类面层应设置**分格缝**
养护	5.1.4　整体面层施工后，养护时间不应少于**7d**；抗压强度应达到**5MPa** 后方准**上人**行走；抗压强度应达到设计要求后，方可正常使用【2022(12)】
踢脚线	5.1.5　当采用掺有**水泥**拌和料做踢脚线时，不得用**石灰混合砂浆**打底【2023】
工序	5.1.6　水泥类整体面层的**抹平**工作应在水泥**初凝前**完成，**压光**工作应在水泥**终凝前**完成
允许偏差	5.1.7　整体面层的允许偏差和检验方法应符合表 5.1.7(表 16-1)的规定【2020】

表 16-1　　　　　　整体面层的允许偏差和检验方法

项次	项目	允许偏差/mm									检验方法
		水泥混凝土面层	水泥砂浆面层	普通水磨石面层	高级水磨石面层	硬化耐磨面层	防油渗混凝土和不发火面层	自流平面层	涂料面层	塑胶面层	
1	表面平整度	5	4	3	2	4	5	2	2	2	用 2m 靠尺和楔形塞尺检查
2	踢脚线上口平直	4	4	3	3	4	4	3	3	3	拉 5m 线和用钢尺检查
3	缝格顺直	3	3	3	2	3	3	2	2	2	

	水泥混凝土面层
施工缝	5.2.2　水泥混凝土面层铺设**不得留施工缝**。当施工间隙超过允许时间规定时，应对接槎处进行处理【2023，2022(12)】
强度	5.2.5　面层的强度等级应符合设计要求，且强度等级不应小于**C20**
空鼓	5.2.6　面层与下一层应结合牢固，且应无空鼓和开裂。当出现空鼓时，空鼓面积不应大于**400cm²**，且每自然间或标准间不应多于**2 处**【2022(12)】
梯段踏步	5.2.10　楼层梯段相邻踏步高度差不应大于**10mm**；每踏步两端宽度差不应大于**10mm**，旋转楼梯梯段的每踏步两端宽度的允许偏差不应大于**5mm**。踏步面层应做防滑处理，齿角应整齐，防滑条应顺直、牢固。 检验方法：观察和用钢尺检查

	水泥砂浆面层
材料	5.3.2　水泥宜采用硅酸盐水泥、普通硅酸盐水泥，不同品种、不同强度等级的水泥**不应混用**；砂应为**中粗砂**，当采用石屑时，其粒径应为 1～5mm，且含泥量不应大于 3%；防水水泥砂浆采用的砂或石屑，其含泥量不应大于 1%
强度	5.3.4　水泥砂浆的**体积比**(强度等级)应符合设计要求，且体积比应为**1:2**，强度等级不应小于**M15**【2023】

	水磨石面层
材料	5.4.1　水磨石面层应采用水泥与石粒拌和料铺设，有防静电要求时，拌和料内应按设计要求掺入**导电材料**。面层厚度除有特殊要求外，宜为**12～18mm**，且宜按石粒粒径确定。 5.4.2　**白色或浅色**的水磨石面层应采用**白水泥**；深色的水磨石面层宜采用硅酸盐水泥、普通硅酸盐水泥或矿渣硅酸盐水泥；同颜色的面层应使用同一批水泥。同一彩色面层应使用同厂、同批的颜料；其掺入量宜为水泥重量的**3%～6%**或由试验确定。 5.4.9　水磨石面层拌和料的**体积比**应符合设计要求，且水泥与石粒的比例应为 1:1.5～1:2.5
防静电	5.4.4　防静电水磨石面层中采用**导电**金属分格条时，分格条应经绝缘处理，且**十字交叉处**不得碰接【2023】
磨光	5.4.5　**普通**水磨石面层磨光遍数不应少于**3 遍**。高级水磨石面层的厚度和磨光遍数应由设计确定

	硬化耐磨面层
做法	5.5.1　应采用金属渣、屑、纤维或石英砂、金刚砂等，并应与水泥类胶凝材料**拌和**铺设，或在水泥类基层上**撒布**铺设

材料要求	5.5.2 采用撒布铺设时，应在水泥类基层初凝前完成撒布。 5.5.3 采用拌和料铺设时，宜先铺设一层强度等级大于或等于 M15、厚度大于或等于 20mm 的水泥砂浆，或水灰比宜为 0.4 的素水泥浆结合层。 5.5.4 硬化耐磨面层采用拌和料铺设时，铺设厚度和拌和料强度应符合设计要求。当设计无要求时，水泥钢（铁）屑面层铺设厚度不应小于 30mm，抗压强度不应小于 40MPa。 5.5.5 采用撒布铺设时，混凝土基层厚度应大于或等于 50mm，强度等级应大于或等于 C25；砂浆基层厚度应大于或等于 20mm，强度等级应大于或等于 M15
养护	5.5.7 硬化耐磨面层铺设后应在湿润条件下静置养护
防油渗面层	
浇筑	5.6.4 防油渗混凝土面层应按厂房柱网分区段浇筑，区段划分及分区段缝应符合设计要求
管线	5.6.5 防油渗混凝土面层内不得敷设管线【2022（5）】
材料	5.6.7 防油渗混凝土所用的水泥应采用普通硅酸盐水泥；碎石应采用花岗石或石英石，不应使用松散、多孔和吸水率大的石子，粒径为 5~16mm，最大粒径不应大于 20mm，含泥量不应大于 1%；砂应为中砂
不发火（防爆）面层	
材料	5.7.4 不发火（防爆）面层中碎石的不发火性必须合格；砂应质地坚硬、表面粗糙，其粒径应为 0.15~5mm，含泥量不应大于 3%，有机物含量不应大于 0.5%；水泥应采用硅酸盐水泥、普通硅酸盐水泥。 面层分格的嵌条应采用不发生火花的材料配制。 配制时应随时检查，不得混入金属或其他易发生火花的杂质
自流平面层	
材料	5.8.1 自流平面层可采用水泥基、石膏基、合成树脂基等拌和物铺设。【2020】 5.8.8 自流平面层的基层的强度等级应大于或等于 C20
地面辐射供暖的整体面层	
材料	5.11.1 地面辐射供暖的整体面层宜采用水泥混凝土、水泥砂浆等，应在填充层上铺设。 5.11.2 地面辐射供暖的整体面层铺设时不得扰动填充层，不得向填充层内楔入任何物件

 典型习题

16-10 [2023-54] 关于建筑地面整体面层铺设质量的说法错误的是（　　）。

A. 面层铺设施工后，养护时间不得少于 7d

B. 水泥类整体面层的抹平应在水泥出初凝之前完成

C. 采用掺有水泥拌和料做踢脚线时，应用石灰混合的浆打底

D. 耐磨面层采用水泥钢屑拌和料铺设时，其厚度不应小于 30mm

答案： C

解析： 参见考点 4 中一般规定"踢脚线"相关规定，当采用掺有水泥拌和料做踢脚线时，不得用石灰混合砂浆打底。

16-11 [2023-55] 关于地面工程整体面层铺设的说法，正确的是（ ）。

A. 水泥砂浆整体面层表面平整度不允许出现负偏差

B. 水泥混凝土面层按一定距离留设施工缝

C. 水泥砂浆面层强度等级不应小于 M15

D. 防静电水磨石面层中采用导电分割条时，十字交叉处应碰接

答案： C

解析： 参见考点 4 中一般规定"允许偏差"相关规定，水泥砂浆整体面层表面平整度允许出现负偏差；参见考点 4 中水泥混凝土面层"施工缝"相关规定，水泥混凝土面层铺设不得留施工缝；参见考点 4 中水泥砂浆面层"强度"相关规定，水泥砂浆的强度等级不应小于 M15；参见考点 4 中水磨石面层"防静电"相关规定，防静电水磨石面层中采用导电金属分格条时，分格条应经绝缘处理，且十字交叉处不得碰接。

16-12 [2022（12）-61] 下列有关地面整体面层的施工，正确的是（ ）。

A. 采用水泥混凝土面层施工时，不需设缝

B. 关于面层的养护至少为 3d

C. 应在面层初凝前进行压光处理

D. 面层空鼓面积应小于或等于 $500cm^2$，且每个自然间或标准间不应多于 3 处

答案： A

解析： 参见考点 4 中一般规定"养护""工序"、水泥混凝土面层"施工缝""空鼓"相关规定，整体面层施工后，养护时间不应少于 7d。水泥类整体面层的抹平工作应在水泥初凝前完成，压光工作应在水泥终凝前完成。当出现空鼓时，空鼓面积不应大于 $400cm^2$，且每自然间或标准间不应多于 2 处。水泥混凝土面层铺设不得留施工缝。

16-13 [2022（5）-64] 下列整体地面面层内部不得敷设管线的是（ ）。

A. 硬化耐磨面层　　　　　　　　　B. 防油渗混凝土面层

C. 水泥混凝土面层　　　　　　　　D. 自流平面层

答案： B

解析： 参见考点 4 中防油渗面层"管线"相关规定

16-14 [2020-59] 整体面层质量检验中，不能使用钢尺的是（ ）。

A. 水泥砂浆面层踢脚线上口平直度

B. 硬化耐磨面层平整度

C. 自流平面层缝格顺直度

D. 水泥混凝土面层楼梯、台阶，踏步高度宽度

答案： B

解析： 参见考点 4 中一般规定"允许偏差"相关规定，表面平整度用 2m 靠尺和楔形塞尺检查。

考点5：板块面层铺设【★★★★★】

		一般规定
基层		6.1.2　铺设板块面层时，其水泥类基层的抗压强度不得小于1.2MPa
填缝		6.1.3　铺设板块面层的结合层和板块间的**填缝**采用**水泥砂浆**时，应符合下列规定： 1　配制水泥砂浆应采用**硅酸盐**水泥、**普通硅酸盐**水泥或**矿渣硅酸盐**水泥； 3　水泥砂浆的**体积比**（或强度等级）应符合设计要求
养护		6.1.5　铺设水泥混凝土板块、水磨石板块、人造石板块、陶瓷锦砖、陶瓷地砖、缸砖、水泥花砖、料石、大理石、花岗石等面层的**结合层**和填缝材料采用**水泥砂浆**时，在面层铺设后，表面应覆盖、湿润，养护时间不应少于**7d**。当板块面层的水泥砂浆结合层的抗压强度达到设计要求后，方可正常使用
踢脚线		6.1.7　板块类踢脚线施工时，**不得**采用**混合砂浆**打底。**防止**板块类踢脚线**空鼓**
		砖面层
材料		6.2.1　砖面层可采用陶瓷锦砖、缸砖、陶瓷地砖和水泥花砖，应在**结合层**上铺设
细部		6.2.3　在水泥砂浆结合层上铺贴陶瓷锦砖面层时，应紧密贴合。**在靠柱、墙处不得采用砂浆填补**
检测		6.2.6　砖面层所用板块产品进入施工现场时，应有**放射性**限量合格的检测报告
		大理石面层和花岗石面层
材料		6.3.1　大理石、花岗石面层采用天然大理石、花岗石（或碎拼大理石、碎拼花岗石）板材，应在**结合层**上铺设。【2022（5）】 条文说明：鉴于大理石为石灰岩，用于室外易风化；磨光板材用于室外地面易滑伤人。因此，未经防滑处理的磨光大理石、磨光花岗石板材不得用于散水、踏步、台阶、坡道等地面工程。 6.3.2　板材有裂缝、掉角、翘曲和表面有缺陷时应予剔除，品种不同的板材不得混杂使用
铺设		6.3.3　铺设大理石、花岗石面层前，板材应**浸湿、晾干**；结合层与板块应**分段同时**铺设
主控项目		6.3.5　**大理石、花岗石**面层所用板块产品进入施工现场时，应有**放射性**限量合格的检测报告【2021，2020】
防碱		6.3.7　大理石、花岗石面层铺设前，板块**背面和侧面**应进行**防碱**处理【2022(5)】
		预制板块面层
填缝		6.4.3　**水泥混凝土**板块面层的缝隙中，应采用**水泥浆**（或砂浆）填缝；**彩色**混凝土板块、水磨石板块、人造石板块应用**同色水泥浆**（或砂浆）擦缝【2021】

缝宽	6.4.5　板块间的缝隙宽度应符合设计要求。当设计无要求时，混凝土板块面层缝宽不宜大于 6mm，水磨石板块、人造石板块间的缝宽不应大于 2mm。预制板块面层铺完 24h 后，应用水泥砂浆灌缝至 2/3 高度，再用同色水泥浆擦（勾）缝
检测	6.4.7　预制板块面层所用板块产品进入施工现场时，应有放射性限量合格的检测报告
料石面层	
材料	6.5.3　不导电的料石面层的石料应采用辉绿岩石加工制成。填缝材料亦采用辉绿岩石加工的砂嵌实【2024，2021】
检测	6.5.6　石材进入施工现场时，应有放射性限量合格的检测报告
塑料板面层	
材料	6.6.1　应采用塑料板块材、塑料板焊接、塑料卷材以胶粘剂在水泥类基层上采用满粘或点粘法铺设
允许误差	6.6.12　板块的焊接，焊缝应平整、光洁，无焦化变色、斑点、焊瘤和起鳞等缺陷，其凹凸允许偏差不应大于 0.6mm。焊缝的抗拉强度应不小于塑料板强度的75%
活动地板面层【2022（5）】	
适用范围	6.7.1　活动地板面层宜用于有防尘和防静电要求的专业用房的建筑地面。应采用特制的平压刨花板为基材，表面可饰以装饰板，底层应用镀锌板经粘结胶合形成活动地板块，配以横梁、橡胶垫条和可供调节高度的金属支架组装成架空板，应在水泥类面层（或基层）上铺设
支架	6.7.2　活动地板所有的支座柱和横梁应构成框架一体，并与基层连接牢固
地板	6.7.3　活动地板面层应包括标准地板、异形地板和地板附件。采用的活动地板块应平整、坚实，面层承载力不应小于7.5MPa。 6.7.7　当活动地板不符合模数时，其不足部分可在现场根据实际尺寸将板块切割后镶补，并应配装相应的可调支撑和横梁。切割边不经处理不得镶补安装，并不得有局部膨胀变形情况。【2022（12）】 6.7.8　活动地板在门口处或预留洞口处应符合设置构造要求，四周侧边应用耐磨硬质板材封闭或用镀锌钢板包裹，胶条封边应符合耐磨要求
基层	6.7.4　活动地板面层的金属支架应支承在现浇水泥混凝土基层（或面层）上，基层表面应平整、光洁、不起灰
接地	6.7.5　当房间的防静电要求较高，需要接地时，应将活动地板面层的金属支架、金属横梁连通跨接，并与接地体相连，接地方法应符合设计要求

16-15〔2024-55〕下列关于建筑地面板块面层的说法，正确的是（　　）。

A. 安装板块类踢脚线施工时，应采用混合砂浆打底

B. 预制人造石板块面层铺设留缝，应用水泥砂浆填缝至板面平

C. 不导电的料石面层的料石采用辉绿岩石制作而成

D. 在水泥砂浆结合层上铺贴陶瓷锦砖面层时，靠墙位置不紧密贴合

答案：C

解析：参见考点5中"踢脚线""细部""缝宽""材料"相关规定。

16-16〔2022（5）-63〕防静电活动地板施工质量验收内容，不包括（　　）。

A. 基础处理　　　　　　　　　　　B. 支架安装和地板铺设

C. 接地系统敷设　　　　　　　　　D. 防雷系统敷设

答案：D

解析：参见考点5中活动地板面层相关规定，防静电活动地板地面施工应包括基层处理、支架安装、接地系统敷设、地板铺设。

16-17〔2021-60〕下列建筑地面板块面层材料中，进入施工现场时需要提供放射性限量合格检测报告的是（　　）。

A. 大理石面层　　　　B. 地毯面层　　　　C. 金属板面层　　　　D. 塑料板面层

答案：A

解析：参见考点5中大理石面层和花岗石面层"主控项目"相关规定，大理石、花岗石面层所用板块产品进入施工现场时，应有放射性限量合格的检测报告。

考点6：木、竹面层铺设

实木地板、实木集成地板、竹地板面层	
木搁栅	7.2.3　铺设实木地板、实木集成地板、竹地板面层时，其木搁栅的截面尺寸、间距和稳固方法等均应符合设计要求。木搁栅固定时，不得损坏基层和预埋管线。木搁栅应垫实钉牢，与柱、墙之间留出20mm的缝隙，表面应平直，其间距不宜大于300mm
细部	7.2.5　实木地板、实木集成地板、竹地板面层铺设时，相邻板材接头位置应错开不小于300mm的距离；与柱、墙之间应留8～12mm的空隙
材料	7.2.8　实木地板、实木集成地板、竹地板面层采用的地板、铺设时的木（竹）材含水率、胶粘剂等应符合设计要求和国家现行有关标准的规定
实木复合地板面层	
铺设	7.3.2　实木复合地板面层应采用空铺法或粘贴法（满粘或点粘）铺设。采用粘贴法铺设时，粘贴材料应按设计要求选用，并应具有耐老化、防水、防菌、无毒等性能。 7.3.4　实木复合地板面层铺设时，相邻板材接头位置应错开不小于300mm的距离；与柱、墙之间应留不小于10mm的空隙。当面层采用无龙骨空铺法铺设时，应在面层与柱、墙之间的空隙内加设金属弹簧卡或木楔子，其间距宜为200～300mm。 7.3.5　大面积铺设实木复合地板面层时，应分段铺设，分段缝的处理应符合设计要求

1. 《建筑地面工程施工质量验收规范》（GB 50209—2010）地面垫层及材料总结		
类型	材料	最小厚度
砂垫层	中砂	60mm
水泥混凝土垫层	中粗砂，粗骨料最大粒径应小于或等于垫层厚度的 2/3	60mm
陶粒混凝土垫层	中粗砂，粗骨料最大粒径应小于或等于垫层厚度的 2/3，含泥量应小于或等于 3%	80mm
炉渣垫层	炉渣或水泥与炉渣或水泥、石灰与炉渣	80mm
四合土垫层	**水泥＋石灰（熟化石灰）＋砂（可掺少量黏土）＋碎砖**	80mm
三合土垫层	石灰（熟化石灰）＋砂（可掺入少量黏土）＋碎砖	100mm
灰土垫层	熟化石灰（可用磨细生石灰或粉煤灰代替）与黏土（或粉质黏土、粉土）	100mm
砂石垫层	中砂＋石子（最大粒径应小于或等于垫层厚度的 2/3）	100mm
碎石垫层 **碎砖**垫层	碎石最大粒径应小于或等于垫层厚度的 2/3；碎砖颗粒粒径应小于或等于 60mm	100mm
2. 板块面层铺设方式总结		
铺设方式	板块面层	
结合层	**砖**面层（陶瓷锦砖、缸砖、陶瓷地砖和水泥花砖）、**大理石、花岗石**面层、**预制板块**面层（水泥混凝土板块、水磨石板块、人造石板块）、**料石**面层	
水泥类基层	**塑料板**面层、**活动地板**面层	
填充层	**地面辐射供暖**的板块面层（缸砖、陶瓷地砖、花岗石、水磨石板块、人造石板块、塑料板）	

C 设计业务管理

第十七章　注册建筑师管理的有关规定

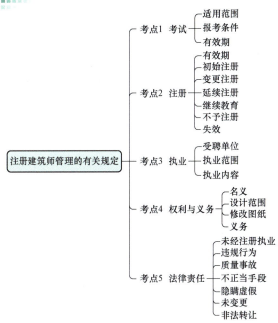

考情分析

考　点	近 5 年考试分值统计					
	2024 年	2023 年	2022 年 12 月	2022 年 5 月	2021 年	2020 年
考点 1　考试	0	0	0	0	0	0
考点 2　注册	1	2	1	0	0	2
考点 3　执业	0	0	0	1	0	1
考点 4　权利与义务	0	0	0	0	0	0
考点 5　法律责任	0	0	1	1	0	0
总　计	1	2	2	2	0	3

考点 1：考试

《中华人民共和国注册建筑师条例》相关规定	
适用范围	第三条　注册建筑师的**考试**、**注册**和**执业**，适用本条例
报考条件	第八条　符合下列条件之一的，可以申请参加一级注册建筑师考试： （一）取得建筑学硕士以上学位或者相近专业工学博士学位，并从事建筑设计或者相关业务 **2 年**以上的； （二）取得建筑学学士学位或者相近专业工学硕士学位，并从事建筑设计或者相关业务 **3 年**以上的； （三）具有建筑学专业大学本科毕业学历并从事建筑设计或者相关业务 **5 年**以上的，或者具有建筑学相近专业大学本科毕业学历并从事建筑设计或者相关业务 **7 年**以上的； （四）取得高级工程师技术职称并从事建筑设计或者相关业务 **3 年**以上的，或者取得工程师技术职称并从事建筑设计或者相关业务 **5 年**以上的；

报考条件	（五）不具有前四项规定的条件，但设计成绩突出，经全国注册建筑师管理委员会认定达到前四项规定的专业水平的。 前款第三项至第五项规定的人员应当取得**学士学位**
《中华人民共和国注册建筑师条例实施细则》相关规定	
有效期	第八条　一级注册建筑师科目考试合格有效期为**八年**。 二级注册建筑师科目考试合格有效期为四年

典型习题

17-1 [2013-62] 下面哪项是国务院条例规定的一级注册建筑师考试报考条件？（　　）

A. 取得建筑学硕士以上学位或相近专业工学博士学位，并从事建筑设计或相关业务 3 年以上

B. 取得建筑学学士以上学位或相近专业工学硕士学位，并从事建筑设计或相关业务 4 年以上

C. 具有建筑学专业大学本科毕业学历并从事建筑设计或者相关业务 5 年以上

D. 具有建筑学相近专业大学本科毕业学历并从事建筑设计或者相关业务 5 年以上

答案：C

解析：参见考点 1 中"报考条件"相关规定。

考点 2：注册【★★★★★】

《中华人民共和国注册建筑师条例》相关规定	
负责单位	第十二条　一级注册建筑师的注册，由**全国注册建筑师管理委员会**负责；【2023】 二级注册建筑师的注册，由**省、自治区、直辖市**注册建筑师管理委员会负责
有效期	第十七条　注册建筑师注册的有效期为**2 年**。 有效期届满需要继续注册的，应当在期满**前 30 日**内办理注册手续
收回证书	第十八条　已取得注册建筑师证书的人员，注册后有下列情形之一的，由准予注册的全国注册建筑师管理委员会或者省、自治区、直辖市注册建筑师管理委员会**撤销**注册，**收回**注册建筑师证书： （一）完全丧失民事行为能力的； （二）受刑事处罚的； （三）因在建筑设计或者相关业务中犯有错误，受到行政处罚或者撤职以上行政处分的； （四）**自行停止**注册建筑师业务**满 2 年**的
《中华人民共和国注册建筑师条例实施细则》相关规定	
制度	第十三条　注册建筑师实行注册执业管理制度。取得执业资格证书或者互认资格证书的人员，必须经过注册方可以注册建筑师的名义执业
审查时间	第十四条　取得一级注册建筑师资格证书并受聘于一个相关单位的人员，应当通过聘用单位向单位工商注册所在地的省、自治区、直辖市注册建筑师管理委员会提出申请。

审查时间	第十五条　对申请初始注册的，省、自治区、直辖市注册建筑师管理委员会应当自受理申请之日起20日内审查完毕，并将申请材料和初审意见报全国注册建筑师管理委员会。全国注册建筑师管理委员会应当自收到省、自治区、直辖市注册建筑师管理委员会上报材料之日起，20日内审批完毕并作出书面决定。 审查结果由全国注册建筑师管理委员会予以公示，公示时间为10日，公示时间不计算在审批时间内。全国注册建筑师管理委员会自作出审批决定之日起十日内，在公众媒体上公布审批结果。 对申请变更注册、延续注册的，省、自治区、直辖市注册建筑师管理委员会应当自受理申请之日起10日内审查完毕。全国注册建筑师管理委员会应自收到省、自治区、直辖市注册建筑师管理委员会上报材料之日起，15日内审批完毕并作出书面决定【2022（12）】
保管	第十六条　注册证书和执业印章是注册建筑师的执业凭证，由注册建筑师本人保管使用【2023】
初始注册	第十七条　申请注册建筑师初始注册，应当具备以下条件：【2024】 （一）依法取得执业资格证书或者互认资格证书； （二）只受聘于中华人民共和国境内的一个建设工程勘察、设计、施工、监理、招标代理、造价咨询、施工图审查、城乡规划编制等单位（简称聘用单位）； （三）近三年内在中华人民共和国境内从事建筑设计及相关业务一年上； （四）达到继续教育要求； 第十八条　初始注册者可以自执业资格证书签发之日起三年内提出申请。【2020】 逾期未申请者，须符合继续教育的要求后方可申请初始注册
变更注册	第二十条　注册建筑师变更执业单位，应当与原聘用单位解除劳动关系，并办理变更注册手续。变更注册后，仍延续原注册有效期
延续注册	第十九条　延续注册需要提交下列材料： （一）延续注册申请表； （二）与聘用单位签订的聘用劳动合同复印件； （三）注册期内达到继续教育要求的证明材料
继续教育	第三十五条　继续教育分为必修课和选修课，在每一注册有效期内各为40学时【2020】
高校人员	第二十五条　高等学校（院）从事教学、科研并具有注册建筑师资格的人员，只能受聘于本校（院）所属建筑设计单位从事建筑设计，不得受聘于其他建筑设计单位。 在受聘于本校（院）所属建筑设计单位工作期间，允许申请注册。 获准注册的人员，在本校（院）所属建筑设计单位连续工作不得少于2年
不予注册	第二十一条　有下列情形之一的，不予注册： （一）不具有完全民事行为能力的； （二）申请在两个或者两个以上单位注册的； （三）未达到注册建筑师继续教育要求的； （四）因受刑事处罚，自刑事处罚执行完毕之日起至申请注册之日止不满五年； （五）因在建筑设计或者相关业务中犯有错误受行政处罚或者撤职以上行政处分，自处罚、处分决定之日起至申请之日止不满二年；

不予注册	（六）受**吊销注册建筑师证书**的行政处罚，自处罚决定之日起至申请注册之日止不满**五年**； （七）申请人的聘用单位不符合注册单位要求的； （八）法律、法规规定不予注册的其他情形
失效	第二十二条　注册建筑师有下列情形之一的，其注册**证书和执业印章失效**： （一）聘用单位**破产**的； （二）聘用单位被**吊销营业执照**的； （三）聘用单位相应**资质证书**被吊销或者撤回的； （四）已与聘用单位**解除**聘用劳动关系的； （五）注册有效期满且**未延续**注册的； （六）死亡或者丧失民事行为能力的； （七）其他导致注册失效的情形

典型习题

17-2　[2024-58] 建筑师初始注册必须条件是（　　）。

A. 近5年连续从事建筑设计及相关业务　　　　B. 受聘于建设工程设计单位

C. 参加执业资格考试　　　　D. 申请人的聘用单位符合允许注册要求

答案： D

解析： 参见考点2中"初始注册"相关规定。

17-3　[2023-58] 关于注册建筑师注册执业的说法错误的是（　　）。

A. 取得注册建筑师资格的人员必须经过注册后方可以注册建筑师名义执业

B. 不具有完全民事行为能力的人员不予注册

C. 申请注册人员应取得注册建筑师资格证书，并受聘于一个相关单位

D. 注册证书和执业章应当由注册建筑师的聘用单位保管

答案： D

解析： 参见考点2中"保管"相关规定，注册证书和执业印章是注册建筑师的执业凭证，由注册建筑师本人保管使用。

17-4　[2022（12）-69] 变更注册、延续注册受理申请后，全国注册建筑师管理委员会应当自收到省、自治区、直辖市注册建筑师管理委员会上报材料之日起多久之内审批完毕？（　　）

A. 5日　　　　　　　B. 10日　　　　　　　C. 15日　　　　　　　D. 20日

答案： C

解析： 参见考点2中"审查时间"相关规定，全国注册建筑师管理委员会应自收到省、自治区、直辖市注册建筑师管理委员会上报材料之日起，15日内审批完毕并作出书面决定。

考点 3：执业 【★★】

	《中华人民共和国注册建筑师条例》相关规定
收费责任	第二十三条 注册建筑师执行业务，由**建筑设计单位**统一接受委托并统一收费
受聘单位	第二十四条 因设计质量造成的经济损失，由建筑**设计单位**承担赔偿责任；建筑设计单位**有权**向签字的注册建筑师**追偿**【2022（5）】
	《中华人民共和国注册建筑师条例实施细则》相关规定
执业范围	第二十八条 注册建筑师的执业范围具体为：【2020】 （一）**建筑设计**； （二）**建筑设计技术咨询**(包括建筑工程**技术咨询**，建筑**工程招标、采购咨询**，建筑工程**项目管理**，建筑工程**设计文件及施工图审查**，工程**质量评估**)； （三）**建筑物调查与鉴定**； （四）对**本人主持设计**的项目进行**施工指导和监督**； （五）国务院建设主管部门规定的其他业务
执业内容	第二十九条 **一级**注册建筑师的执业范围**不受**工程项目规模和工程复杂程度的**限制**。 **二级**注册建筑师的执业范围只限于承担工程设计资质标准中建设项目设计规模划分表中规定的**小型**规模的项目。注册建筑师的执业范围不得超越其聘用单位的业务范围。 注册建筑师的执业范围与其聘用单位的业务范围不符时，个人执业范围服从聘用单位的业务范围
角色	第三十条 注册建筑师所在单位承担**民用建筑**设计项目，应当由注册建筑师任工程项目**设计主持人**或**设计总负责人**；**工业建筑**设计项目，须由注册建筑师任工程项目**建筑专业负责人**
图纸	第三十一条 凡属工程设计资质标准中建筑工程建设项目设计规模划分表规定的工程项目，在建筑工程设计的主要文件（图纸）中，须由主持该项设计的注册建筑师**签字**并加盖其执业**印章**，方为有效

典型习题

17-5 [2022（5）-68] 设计质量出现问题，赔偿后，（　　）有权向签字注册建筑师追责。

A. 建设单位　　　　B. 施工单位　　　　C. 设计单位　　　　D. 监理单位

答案：C

解析：参见考点 3 中"收费责任"相关规定，因设计质量造成的经济损失，由建筑设计单位承担赔偿责任；建筑设计单位有权向签字的注册建筑师追偿。

17-6 [2020-68] 下列选项中，注册建筑的执业范围不包括（　　）。

A. 建筑设计　　　　　　　　　　　B. 建筑设计技术咨询
C. 建筑物调查和鉴定　　　　　　　D. 运营和规划实施

答案：D

解析：参见考点 3 中"执业范围"相关规定。

考点 4：权利与义务

	《中华人民共和国注册建筑师条例》相关规定
名义	第二十五条　注册建筑师有权以注册建筑师的名义执行注册建筑师业务。 非注册建筑师不得以注册建筑师的名义执行注册建筑师业务。 二级注册建筑师不得以一级注册建筑师的名义执行业务，也不得超越国家规定的二级注册建筑师的执业范围执行业务
设计范围	第二十六条　国家规定的**一定跨度、距径和高度以上**的房屋建筑，应当由注册建筑师进行设计
修改图纸	第二十七条　任何单位和个人修改注册建筑师的设计图纸，应当**征得该注册建筑师的同意**； 但是，因特殊情况不能征得该注册建筑师同意的除外
义务	第二十八条　注册建筑师应当履行下列义务： （一）遵守法律、法规和职业道德，维护社会公共利益； （二）保证建设设计的质量，并在其负责的设计图纸上签字； （三）保守在执业中知悉的单位和个人的秘密； （四）**不得**同时受聘于**二个以上**建筑设计单位执行业务； （五）不得准许他人以本人名义执行业务

考点 5：法律责任【★★】

	《中华人民共和国注册建筑师条例》相关规定
未经注册执业	第三十条　未经注册擅自以注册建筑师名义从事注册建筑师业务的，由县级以上人民政府建设行政主管部门责令停止违法活动，没收违法所得，并可以处以违法所得5倍以下的**罚款**；造成损失的，应当承担**赔偿责任**
违规行为	第三十一条　注册建筑师违反本条例规定，有下列行为之一的，由县级以上人民政府建设行政主管部门责令停止违法活动，没收违法所得，并可以处以违法所得5倍以下的**罚款**；情节**严重**的，可以责令停止执行业务或者由全国注册建筑师管理委员会或者省、自治区、直辖市注册建筑师管理委员会**吊销**注册建筑师证书： （一）以个人名义承接注册建筑师业务、收取费用的；【2022（12）】 （二）同时受聘于二个以上建筑设计单位执行业务的； （三）在建筑设计或者相关业务中侵犯他人合法权益的； （四）准许他人以本人名义执行业务的； （五）二级注册建筑师以一级注册建筑师的名义执行业务或超越国家规定的执业范围执行业务的

质量事故	第三十二条　因建筑设计质量不合格发生**重大责任事故**，造成**重大损失**的，对该建筑设计负有直接责任的注册建筑师，由县级以上人民政府建设行政主管部门责令**停止执行业务**；**情节严重**的，由全国注册建筑师管理委员会或者省、自治区、直辖市注册建筑师管理委员会**吊销**注册建筑师证书【2022（5）】
不正当手段	第二十九条　以不正当手段取得注册建筑师**考试合格资格**或者注册建筑师证书的，由全国注册建筑师管理委员会或者省、自治区、直辖市注册建筑师管理委员会**取消考试合格资格**或者**吊销注册建筑师证书**；对负有直接责任的主管人员和其他直接责任人员，依法给予**行政处分**
《中华人民共和国注册建筑师条例实施细则》相关规定	
隐瞒虚假	第四十条　隐瞒有关情况或者提供虚假材料申请注册的，注册机关不予受理，并由建设主管部门给予警告，申请人**一年之内**不得再次申请注册
不正当手段	第四十一条　以欺骗、贿赂等不正当手段取得**注册证书**和执业印章的，由全国注册建筑师管理委员会或省、自治区、直辖市注册建筑师管理委员会撤销注册证书并收回执业印章，**3年内**不得再次申请注册，并由县级以上人民政府建设主管部门处以**罚款**
未变更	第四十三条　未办理变更注册而继续执业的，由县级以上人民政府建设主管部门责令**限期改正**；逾期未改正的，可处以 5000 元以下的**罚款**
非法转让	第四十四条　涂改、倒卖、出租、出借或者以其他形式非法转让执业资格证书、互认资格证书、注册证书和执业印章的，由县级以上人民政府建设主管部门责令改正，其中没有违法所得的，处以 1 万元以下**罚款**，有违法所得的处以违法所得 3 倍以下且不超过 3 万元的罚款

 典型习题

17-7［2022（12）-70］对未经注册擅自以个人名义从事注册建筑师业务并收取费用的，县级以上人民政府建设行政主管部门可处以违法所得（　　）的罚款。

A. 5 倍以下　　　　　B. 6 倍以下　　　　　C. 8 倍以下　　　　　D. 10 倍以下

答案：A

解析：参见考点 5 中"违规行为"相关规定，注册建筑师违反本条例规定，有下列行为之一的，由县级以上人民政府建设主管部门责令停止违法活动，没收违法所得，并可以处以违法所得 5 倍以下的罚款；情节严重的，可以责令停止执行业务或者由全国注册建筑师管理委员会或者省、自治区、直辖市注册建筑师管理委员会吊销注册建筑师证书：

（一）以个人名义承接注册建筑师业务、收取费用的。

17-8［2022（5）-82］下列选项中，注册建筑师被责令停止执业的情形是（　　）。

A. 建筑质量不合格发生重大责任事故，造成重大损失

B. 建筑设计失误造成一般损失

C. 工作过失对质量问题间接责任

D. 建筑质量不合格发生重大责任事故，情节严重的

答案： A

解析： 参见考点 5 中"质量事故"相关规定，因建筑设计质量不合格发生重大责任事故，造成重大损失的，责令停止执行业务；情节严重的吊销注册建筑师证书。

17-9 [2019-84] 根据《注册建筑师条例实施细则》，违反细则应承担相应的法律责任，但不处以罚款的行为是（ ）。

A. 隐瞒有关情况或提供虚假材料申请注册的

B. 未办理变更注册而继续执业的，责令限期改正而逾期未改正的

C. 倒卖、出借非法转让执业资格证书、注册证书和执业印章的

D. 注册建筑师未按照要求提供其信用档案信息，责令限期改正而逾期未改正的

答案： A

解析： 参见考点 5 中"隐瞒虚假""不正当手段""未变更""非法转让"相关规定，隐瞒情况或提供虚假材料申请注册的，一年之内不得再次申请注册，不罚款。

第十八章 设计文件编制的有关规定

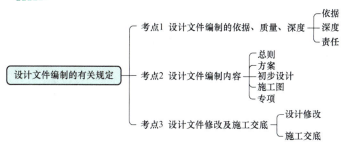

考情分析

考 点	近 5 年考试分值统计					
	2024 年	2023 年	2022 年 12 月	2022 年 5 月	2021 年	2020 年
考点 1 设计文件编制的依据、质量、深度	2	1	1	2	0	2
考点 2 设计文件编制内容	0	0	0	0	1	0
考点 3 设计文件修改及施工交底	1	0	0	1	0	3
总 计	3	1	1	3	1	5

考点 1：设计文件编制依据、质量、深度【★★★★★】

《建设工程勘察设计管理条例》相关规定	
依据	第二十五条 编制建设工程勘察、设计文件，应以下列规定为依据：【2024，2022（12）】 （一）项目批准文件； （二）城乡规划； （三）工程建设强制性标准； （四）国家规定的建设工程勘察、设计深度要求
深度	第二十六条 编制方案设计文件，应当满足编制初步设计文件和控制概算的需要。【2020】 编制初步设计文件，应当满足编制施工招标文件、主要设备材料订货和编制施工图设计文件的需要。【2023，2022（5）】 编制施工图设计文件，应当满足设备材料采购、非标准设备制作和施工的需要，并注明建设工程合理使用年限
材料、设备	第二十七条 设计文件中选用的材料、构配件、设备，应当注明其规格、型号、性能等技术指标，其质量要求必须符合国家规定的标准。【2022（5），2020】 除有特殊要求的建筑材料、专用设备和工艺生产线等外，设计单位不得指定生产厂、供应商

275

新技术新材料	第二十九条 建设工程勘察、设计文件中规定采用的新技术、新材料，可能影响建设工程质量和安全，又**没有国家技术标准**的，应当由国家认可的**检测机构**进行试验、论证，出具检测**报告**，并经**国务院**有关部门或者**省、自治区、直辖市人民政府有关部门**组织的建设工程**技术专家委员会**审定后，方可使用
	《建设工程质量管理条例》相关规定
责任	第十九条 勘察、设计单位必须按照工程建设强制性标准进行勘察、设计，并对其**勘察、设计的质量**负责。注册建筑师、注册结构工程师等注册执业人员应当在设计文件上**签字**，对**设计文件**负责【2024】
设计文件	第二十一条 设计文件应当符合国家规定的设计深度要求，注明工程合理**使用年限**

典型习题

18-1［2024-68］下列属于编制工程勘察设计文件依据的是（   ）。

A. 项目实施计划

B. 资金安全说明

C.《全国民用建筑工程设计技术措施》

D. 国家规定的建设勘察设计深度文件

答案：D

解析：参见考点1中"依据"相关规定。

18-2［2024-67］下列关于编制设计文件的说法，正确的是（   ）。

A. 设计单位参考强制性标准进行设计

B. 设计文件选用的设备注明规格、型号和供应商

C. 注册建筑师对主持的设计文件负责

D. 设计单位就最终交付的施工图设计文件向建设单位作出详细说明

答案：C

解析：参见考点1中"责任"相关规定。

18-3［2023-68］依据《建设工程勘察设计管理条例》，初步设计文件应满足（   ）。

A. 项目选址的要求

B. 控制预算的要求

C. 设备材料的采购要求

D. 满足施工招标文件的编制

答案：D

解析：参见考点1中"深度"相关规定，编制初步设计文件应当满足编制施工招标文件、主要设备材料订货和编制施工图设计文件的需要。

考点2：设计文件编制内容【★】

	《建筑工程设计文件编制深度规定》相关规定
总则	1.0.4　建筑工程一般应分为**方案**设计、**初步**设计和**施工图**设计三个阶段；对于技术要求相对简单的民用建筑工程，当有关主管部门在初步设计阶段没有审查要求，且合同中没有做初步设计约定时，可在方案设计审批后直接进入施工图设计。 1.0.11　建设单位另行委托相关单位承担项目专项设计时，**主体建筑设计单位**应提出专项设计的技术要求并对**主体结构**和**整体安全**负责。专项设计单位应依据相关要求及主体建筑设计单位提出的技术要求进行专项设计并对设计内容负责。 1.0.12　**装配式**建筑工程设计中宜在**方案**阶段进行"**技术策划**"，预制构件**生产之前**应进行装配式建筑**专项**设计，包括预制混凝土构件加工详图设计。主体建筑设计单位应对预制构件深化设计进行会签
方案	2.1.2-2　方案设计文件扉页：写明编制单位**法定代表人**、**技术总负责人**、**项目总负责人**及**各专业负责人**的姓名，并经上述人员**签署或授权盖章**。 2.1.3　**装配式建筑技术策划**文件。 1技术**策划报告**； 2技术**配置表**，装配式**结构技术选用**及技术要点； 3**经济性**评估； 4预制构件**生产策划**
初步设计	3.1.1　初步设计文件。 1**设计说明书**，包括设计总说明、各专业设计说明。对于涉及建筑节能、环保、绿色建筑、人防、装配式建筑等，其设计说明应有相应的专项内容； 2有关专业的**设计图纸**； 3**主要设备或材料表**； 4**工程概算书**； 5有关**专业计算书**（计算书不属于必须交付的设计文件，但应按本规定相关条款的要求编制） 3.2　设计总说明 3.2.1　工程设计**依据**。 3.2.2　工程建设的**规模和设计范围**。 3.2.3　**总指标**（总用地面积、总建筑面积和反映建筑功能规模的技术指标）。 3.2.4　设计**要点综述**。 3.2.5　提请在设计**审批时需解决或确定的主要问题** 3.10　概算 3.10.1　建设项目**设计概算**是初步设计文件的重要组成部分。概算文件应**单独成册**。设计概算文件由封面、签署页（扉页）、目录、编制说明、建设项目**总概算表**、工程建设其他费用表、**单项**工程综合概算表、**单位**工程概算书等内容组成
施工图	4.3.3　设计说明。 1依据性文件名称和文号，如**批文**、本专业设计所执行的主要**法规**和所采用的主要**标准**（包括标准名称、编号、年号和版本号）及**设计合同**等

施工图	4.2.4 总平面图。

4.2.4　总平面图。

1 保留的地形和地物；

2 测量坐标网、坐标值；

3 场地范围的测量坐标（或定位尺寸），道路红线、建筑控制线、用地红线等的位置；

4 场地四邻原有及规划的道路、绿化带等的位置（主要坐标或定位尺寸），周边场地用地性质以及主要建筑物、构筑物、地下建筑物等的位置、名称、性质、层数；

5 建筑物、构筑物（人防工程、地下车库、油库、贮水池等隐蔽工程以虚线表示）的**名称或编号、层数、定位（坐标或相互关系尺寸）**；

6 广场、停车场、运动场地、道路、围墙、无障碍设施、排水沟、挡土墙、护坡等的定位（坐标或相互关系尺寸）。如有消防车道和扑救场地，需注明；

7 指北针或风玫瑰图；

8 建筑物、构筑物使用编号时，应列出"建筑物和构筑物名称编号表"；

9 注明尺寸单位、比例、建筑正负零的绝对标高、坐标及高程系统（如为场地建筑坐标网时，应注明与测量坐标网的相互关系）、补充图例等。

4.3.4　平面图。

1 承重墙、柱及其定位轴线和轴线编号，轴线总尺寸、轴线间尺寸、门窗洞口尺寸、分段尺寸；

2 内外门窗位置、编号，门的开启方向，注明房间名称或编号，库房（储藏）注明储存物品的火灾危险性类别；

3 墙身厚度，柱与壁柱截面尺寸及其与轴线关系尺寸，当围护结构为幕墙时，标明幕墙与主体结构的定位关系及平面凹凸变化的轮廓尺寸；玻璃幕墙部分标注立面分格间距的中心尺寸；

4 **变形缝位置、尺寸及做法索引**

5 主要建筑设备和固定家具的位置及相关做法索引，如卫生器具、雨水管、水池、台、橱、柜、隔断等；

6 电梯、自动扶梯、自动步道及传送带、楼梯位置，以及楼梯上下方向示意和编号索引；

7 主要结构和建筑构造部件的位置、尺寸和做法索引；

8 楼地面预留孔洞和通气管道、管线竖井、烟囱、垃圾道等位置、尺寸和做法索引，以及墙体预留洞的位置、尺寸与标高或高度等。

4.3.5　立面图。

1 两端轴线编号，立面转折较复杂时可用展开立面表示；

2 立面外轮廓及主要结构和建筑构造部件的位置；

3 建筑的总高度、楼层位置辅助线、楼层数、楼层层高和标高以及关键控制标高的标注；外墙的留洞应注尺寸与标高或高度尺寸；

4 平、剖面未能表示出来的屋顶、檐口、女儿墙、窗台以及其他装饰构件、线脚等的标高或尺寸；

5 在平面图上表达不清的窗编号；

6 各部分装饰用料、色彩的名称或代号；

7 剖面图上无法表达的构造节点详图索引；

8 图纸名称、比例；

9 **各个方向的立面应绘齐全**【2021】

施工图		4.3.6　剖面图。 　　1 剖视位置应**选在层高不同、层数不同、内外部空间比较复杂、具有代表性的部位**；建筑空间局部不同处以及平面、立面均表达不清的部位，可绘制局部剖面
		4.9　预算 　　4.9.1　施工图预算文件包括封面、签署页（扉页）、目录、编制说明、建设项目**总预算表、单项**工程综合预算表、**单位**工程预算书
		4.7　供暖通风与空气调节 　　4.7.5-3　通风、空调、防排烟风道平面用**双线**绘出风道，复杂的平面应标出气流方向。 　　4.7.5-5　空调管道平面**单线**绘出空调冷热水、冷媒、冷凝水等管道需另做二次装修的房间或区域，可按常规进行设计，宜按房间或区域标出设计风量。风道可绘制**单线**图
专项	幕墙	5.1.2　建筑幕墙工程设计一般按**初步**设计和**施工图**设计两个阶段进行
	基础	5.2.1　在**初步**设计阶段，**深基坑**专项设计文件中应有设计说明、设计图纸。 　　5.2.4　在**施工图**阶段，**基坑支护**设计文件应包括设计说明、设计施工图纸、计算书
	智能化	5.3.1　智能化专项设计根据需要可分为**方案**设计、**初步**设计、**施工图**设计及**深化**设计四个阶段。 　　1 方案设计、初步设计、施工图设计各阶段设计文件编制深度要求； 　　2 **深化**设计应满足**设备材料采购**、**非标准设备制作**、**施工和调试**的需要； 　　3 设计单位应配合深化设计单位了解系统的情况及要求，审核深化设计单位的设计图纸

典型习题

18-4［2021-72］下列关于施工图设计深度的说法，错误的是（　　　）。

A. 总平面图应该表达各建筑构造和建筑物的位置、坐标，相邻的间距、尺寸、名称和层数

B. 平面图应标出变形缝的位置和尺寸

C. 立面图应表达出建筑的造型特征，画出具有代表性的立面及平面图上表达不清的窗编号

D. 剖面图的位置应该选在层高不同、层数不同、空间比较复杂、具有代表性的部位，并表达节点构造详图索引号

答案： C

解析： 参见考点 2 中"施工图-4.3.5 立面图"相关规定，施工图设计文件各个方向的立面应绘齐全。

18-5［2017-77］下列选项中，在初步设计文件中不列入总指标的是（　　　）。

A. 土石方工程量　　　　　　　　　B. 反映建筑功能规模的技术指标

C. 总用地面积　　　　　　　　　　D. 总建筑面积

答案： A

解析： 参见考点 2 中"初步设计-4.3.5 设计总说明"相关规定，总指标包括总用地面积、总建筑面积和反映建筑功能规模的技术指标。

考点3：设计文件修改及施工交底【★★★★★】

《建设工程勘察设计管理条例》相关规定	
设计修改	第二十八条　建设单位、施工单位、监理单位不得修改建设工程勘察、设计文件；确需修改建设工程勘察、设计文件的，应当由**原建设工程勘察、设计单位**修改。【2024】 经**原**建设工程勘察、设计单位书面**同意**，建设单位也可以**委托**其他具有相应**资质**的建设工程勘察、设计单位修改。修改单位对修改的勘察、设计文件承担相应责任。 施工单位、监理单位发现建设工程勘察、设计文件不符合工程建设强制性标准、合同约定的质量要求的，应当报告**建设单位**，建设单位有权要求建设工程**勘察、设计单位**对建设工程勘察、设计文件进行补充、修改。【2022（5），2020】 建设工程勘察、设计文件内容需要做**重大修改**的，建设单位应当**报经原审批机关批准**后，方可修改【2020，2019】
施工交底	第三十条　建设工程**勘察、设计单位**应当在建设工程**施工前**，向**施工**单位和**监理**单位说明建设工程勘察、设计**意图**，**解释**建设工程勘察、设计文件。建设工程勘察、设计单位应当**及时解决**施工中出现的勘察、设计问题 《建设工程质量管理条例》第二十三条　设计单位应当就**审查合格的施工图**设计文件向**施工单位**作出**详细说明**【2020】

 典型习题

18-6［2024-69］关于修改设计文件，下列说法正确的是（　　）。

A. 确需修改建设工程设计文件的，需原建设工程设计单位修改

B. 经原建设工程设计单位书面同意，施工单位可以修改设计文件

C. 修改的设计文件由建设单位负主要责任，修改单位负次要责任

D. 监理单位发现设计文件不符合强制性标准的，让设计单位修改

答案：A

解析：参见考点3中"设计修改"相关规定。

18-7［2020-66］建筑工程设计如有重大修改，需重新申报给下列哪个单位审批?（　　）

A. 建设单位　　　　B. 原审批单位　　　　C. 监理单位　　　　D. 规划部门

答案：B

解析：参见考点3中"设计修改"相关规定，建设工程勘察、设计文件内容需要做重大修改的，建设单位应当报经原审批机关批准后，方可修改。

18-8［2020-74］设计单位针对审查合格后的施工图纸向哪个单位做详细说明?（　　）

A. 建设单位　　　　B. 勘察单位　　　　C. 施工单位　　　　D. 监理单位

答案：C

解析：参见考点3中"施工交底"相关规定，设计单位应当就审查合格的施工图设计文件向施工单位作出详细说明。

第十九章　工程建设强制性标准的有关规定

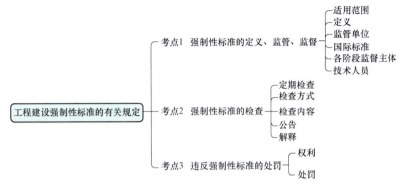

考　点	近 5 年考试分值统计					
	2024 年	2023 年	2022 年 12 月	2022 年 5 月	2021 年	2020 年
考点 1　强制性标准的定义、监管、监督	0	1	1	0	0	1
考点 2　强制性标准的检查	1	0	0	0	1	1
考点 3　违反强制性标准的处罚	0	1	0	0	0	0
总　计	1	2	1	0	1	2

考点 1：强制性标准的定义、监管、监督【★★】

《实施工程建设强制性标准监督规定》相关规定	
适用范围	第二条　在中华人民共和国境内从事**新建、扩建、改建**等工程建设活动，必须执行工程建设强制性标准
定义	第三条　工程建设强制性标准是指**直接**涉及工程**质量、安全、卫生**及**环境保护**等方面的工程建设标准强制性条文。【2023】 国家工程建设标准强制性条文由**国务院住房城乡建设主管部门**会同国务院有关主管部门确定
监管单位	第四条　**国务院住房城乡建设主管部门**负责全国实施工程建设强制性标准的监督管理工作。 国务院有关主管部门按照国务院的职能分工负责实施工程建设强制性标准的监督管理工作。 **县级以上地方人民政府住房城乡建设主管部门**负责本行政区域内实施工程建设强制性标准的监督管理工作
国际标准	第五条　工程建设中采用国际标准或者国外标准，现行强制性标准未作规定的，**建设单位**应当向**国务院住房城乡建设主管部门**或者国务院有关主管部门**备案**

各阶段监督主体	**第六条** **建设项目规划审查机构**应当对工程建设**规划**阶段执行强制性标准的情况实施监督。 **施工图设计文件审查单位**应当对工程建设**勘察、设计**阶段执行强制性标准的情况实施监督。 **建筑安全监督管理机构**应当对工程建设**施工**阶段执行施工安全强制性标准的情况实施监督。 **工程质量监督机构**应当对工程建设**施工、监理、验收**等阶段执行强制性标准的情况实施监督【2021，2020】
技术人员	**第七条** 建设项目**规划审查机关、施工设计图设计文件审查单位、建筑安全监督管理机构、工程质量监督机构的技术人员**必须熟悉、掌握工程建设强制性标准【2022（12）】

 典型习题

19-1 [2023-69] 工程建设强制性标准直接涉及的方面是（ ）。

A. 工程质量、安全、美观及环境保护 　　B. 工程安全、美观、卫生及环境保护

C. 工程美观、卫生、质量及环境保护 　　D. 工程质量、安全、卫生及环境保护

答案：D

解析：参见考点1中"定义"相关规定，工程建设强制性标准是指直接涉及工程质量、安全、卫生及环境保护等方面的工程建设标准强制性条文。

19-2 [2022（12）-78] 下列选项中，哪个机构人员需熟悉掌握强制性条文？（ ）

A. 工程造价管理部门 　　　　　B. 交通评价部门

C. 工程质量监督部门 　　　　　D. 环境影响评价部门

答案：C

解析：参见考点1中"技术人员"相关规定，建设项目规划审查机关、施工设计图设计文件审查单位、建筑安全监督管理机构、工程质量监督机构的技术人员必须熟悉、掌握工程建设强制性标准。

19-3 [2020-76] 下列选项中，工程质量监督机构应当对工程建设（ ）。

A. 规划阶段执行强制性标准的情况实施监督

B. 设计阶段执行强制性标准的情况实施监督

C. 勘查阶段执行安全强制性标准的情况实施监督

D. 施工、监理与验收阶段执行强制性标准的情况实施监督

答案：D

解析：参见考点1中"各阶段监督主体"相关规定，工程质量监督机构应当对工程建设施工、监理、验收等阶段执行强制性标准的情况实施监督。

考点2：强制性标准的检查【★★】

《实施工程建设强制性标准监督规定》相关规定	
定期检查	**第八条** **工程建设标准批准部门**应当**定期**对建设项目规划审查机关、施工图设计文件审查单位、建筑安全监督管理机构、工程质量监督机构实施强制性标准的监督进行**检查**，对监督不力的单位和个人，给予通报批评，建议有关部门处理
检查方式	**第九条** **工程建设标准批准部门**应当对工程项目执行强制性标准情况进行监督检查。【2020】监督检查可以采取**重点检查、抽查**和**专项检查**的方式

检查内容	第十条　强制性标准监督检查的内容包括：【2024，2021】 （一）有关工程技术人员是否熟悉、掌握强制性标准； （二）工程项目的规划、勘察、设计、施工、验收等是否符合强制性标准的规定； （三）工程项目采用的材料、设备是否符合强制性标准的规定； （四）工程项目的安全、质量是否符合强制性标准的规定； （五）工程中采用的导则、指南、手册、计算机软件的内容是否符合强制性标准的规定
公告	第十一条　工程建设标准批准部门应当将强制性标准监督检查结果在一定范围内公告
解释	第十二条　工程建设强制性标准的解释由工程建设标准批准部门负责。有关标准具体技术内容的解释，工程建设标准批准部门可以委托该标准的编制管理单位负责

典型习题

19-4 [2024-70] 工程建设强制标准监督的说法，正确的是（　　）。

A. 监理单位对工程执行强制标准情况监督检查

B. 强制标准监督检查内容包括工程项目验收是否符合强制标准规定

C. 建筑安全监督管理部门可对工程项目设计是否符合强制性标准规定进行重点检查

D. 监督检查方式不包括专项检查

答案： B

解析： 参见考点1中"各阶段监督主体"和考点2中"检查方式""检查内容"相关规定。

19-5 [2021-75] 根据《实施工程建设强制性标准监督规定》，对执行强制性标准的情况实施监督的说法正确的是（　　）。

A. 工程项目验收阶段由建筑安全监督管理机构实施监督

B. 监理单位的技术人员必须熟悉、掌握工程建设强制性标准

C. 工程中采用的计算机软件的内容是否符合强制性标准的规定

D. 工程质量监督机构应当对设计阶段执行强制性标准的情况实施监督

答案： C

解析： 参见考点1"各阶段监督主体""技术人员"、考点2"检查内容"相关规定，工程质量监督机构应当对工程建设施工、监理、验收等阶段执行强制性标准的情况实施监督（选项A、D错误）。建设项目规划审查机关、施工设计图设计文件审查单位、建筑安全监督管理机构、工程质量监督机构的技术人员必须熟悉、掌握工程建设强制性标准（选项B错误）。强制性标准监督检查的内容包括：工程中采用的导则、指南、手册、计算机软件的内容是否符合强制性标准的规定（选项C正确）。

考点3：违反强制性标准的处罚【★★】

	《实施工程建设强制性标准监督规定》相关规定
权利	第十五条　任何单位和个人对违反工程建设强制性标准的行为有权向住房城乡建设主管部门或者有关部门检举、控告、投诉

处罚	建设单位	第十六条 建设单位有下列行为之一的，责令改正，并处以**20万元以上50万元以下**的罚款： （一）明示或者暗示施工单位使用不合格的建筑材料、建筑构配件和设备的； （二）明示或者暗示设计单位或者施工单位违反工程建设强制性标准，降低工程质量的
	设计单位	第十七条 勘察、设计单位违反工程建设强制性标准进行勘察、设计的，责令改正，并处以**10万元以上30万元以下**的罚款。【2023】 有前款行为，造成工程质量事故的，责令停业整顿，降低资质等级；情节严重的，吊销资质证书；造成损失的，依法承担赔偿责任
	施工单位	第十八条 施工单位违反工程建设强制性标准的，责令改正，处工程合同价款**2%以上4%以下**的罚款；造成建设工程质量不符合规定的质量标准的，负责返工、修理，并赔偿因此造成的损失。**情节严重**的，责令停业整顿，**降低资质等级**或者**吊销资质证书**
	监理单位	第十九条 工程监理单位违反强制性标准规定，将不合格的建设工程以及建筑材料、建筑构配件和设备按照合格签字的，责令改正，处**50万元以上100万元以下**的罚款，降低资质等级或者吊销资质证书；有违法所得的，予以没收；造成损失的，承担**连带赔偿**责任

 **典型习题**

19-6 [2023-75] 设计单位未按照工程建设强制性标准进行设计的，责令整改，并处罚款（　　）。

A.5万元以下

B.5万元以上，10万元以下

C.10万元以上，30万元以下

D.30万元以上，50万元以下

答案： C

解析： 参见考点3"处罚-设计单位"相关规定，勘察、设计单位违反工程建设强制性标准进行勘察、设计的，责令改正，并处以10万元以上30万元以下的罚款。

19-7 [2019-76] 下列关于工程建设强制性标准的说法，正确的是（　　）。

A. 民营和社会资本投资项目的工程建设活动，可不执行工程建设强制性标准

B. 工程建设强制性标准是指直接或间接涉及工程质量，安全等方面的工程建设标准强制性条文

C. 各级建设主管部门应当将强制性标准监督检查结果在一定范围内公告

D. 监理单位违反强制性标准规定，责令改正，处以罚款，降低资质等级或吊销资质证书

答案： D

解析： 参见考点1"适用范围""定义"、考点2"结果公告"、考点3"处罚"相关规定，在中华人民共和国境内从事新建、扩建、改建等工程建设活动，必须执行工程建设强制性标准（选项A错误）。工程建设强制性标准是指直接涉及工程质量、安全、卫生及环境保护等方面的工程建设标准强制性条文（选项B错误）。工程建设标准批准部门应当将强制性标准监督检查结果在一定范围内公告（选项C错误）。

第二十章　与工程勘察设计有关的法规

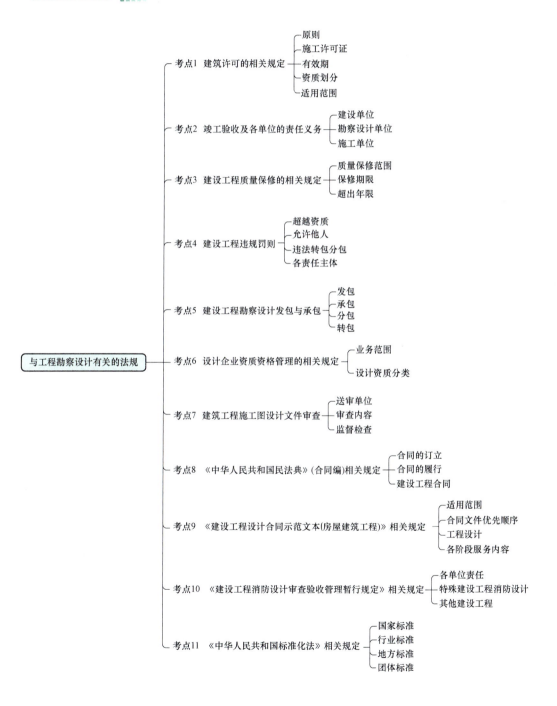

与工程勘察设计有关的法规

考点1　建筑许可的相关规定
- 原则
- 施工许可证
- 有效期
- 资质划分
- 适用范围

考点2　竣工验收及各单位的责任义务
- 建设单位
- 勘察设计单位
- 施工单位

考点3　建设工程质量保修的相关规定
- 质量保修范围
- 保修期限
- 超出年限

考点4　建设工程违规罚则
- 超越资质
- 允许他人
- 违法转包分包
- 各责任主体

考点5　建设工程勘察设计发包与承包
- 发包
- 承包
- 分包
- 转包

考点6　设计企业资质资格管理的相关规定
- 业务范围
- 设计资质分类

考点7　建筑工程施工图设计文件审查
- 送审单位
- 审查内容
- 监督检查

考点8　《中华人民共和国民法典》(合同编)相关规定
- 合同的订立
- 合同的履行
- 建设工程合同

考点9　《建设工程设计合同示范文本(房屋建筑工程)》相关规定
- 适用范围
- 合同文件优先顺序
- 工程设计
- 各阶段服务内容

考点10　《建设工程消防设计审查验收管理暂行规定》相关规定
- 各单位责任
- 特殊建设工程消防设计
- 其他建设工程

考点11　《中华人民共和国标准化法》相关规定
- 国家标准
- 行业标准
- 地方标准
- 团体标准

考 点	近5年考试分值统计					
	2024年	2023年	2022年12月	2022年5月	2021年	2020年
考点1 建筑许可的相关规定	0	0	1	0	2	0
考点2 竣工验收及各单位的责任义务	0	0	0	1	0	2
考点3 建设工程质量保修的相关规定	0	0	0	0	0	0
考点4 建设工程违规罚则	1	1	1	1	2	2
考点5 建设工程勘察设计发包与承包	0	1	0	0	0	0
考点6 设计企业资质资格管理的相关规定	1	0	0	0	1	0
考点7 建筑工程施工图设计文件审查	0	1	0	0	1	1
考点8 《中华人民共和国民法典》（合同编）相关规定	0	0	3	0	0	0
考点9 《建设工程设计合同示范文本（房屋建筑工程）》相关规定	0	1	0	0	1	0
考点10 《建设工程消防设计审查验收管理暂行规定》相关规定	2	0	0	1	1	0
考点11 《中华人民共和国标准化法》相关规定	0	0	0	0	1	0
总　计	4	4	5	3	10	5

考点1：建筑许可的相关规定【★★★】

《中华人民共和国建筑法》相关规定	
定义	第二条　本法所称建筑活动，是指各类房屋建筑及其附属设施的建造和与其配套的线路、管道、设备的安装活动
原则	第五条　从事建筑活动应当遵守法律、法规，不得损害社会公共利益和他人的合法权益。任何单位和个人都不得妨碍和阻挠依法进行的建筑活动
施工许可证	第七条　建筑工程开工前，建设单位应当按照国家有关规定向工程所在地县级以上人民政府建设行政主管部门申请领取施工许可证；但国务院建设行政主管部门确定的限额以下的小型工程除外。按照国务院规定的权限和程序批准开工报告的建筑工程，不再领取施工许可证
申请条件	第八条　申请领取施工许可证，应当具备下列条件： （一）已经办理该建筑工程用地批准手续； （二）依法应当办理建设工程规划许可证的，已经取得建设工程规划许可证； （三）需要拆迁的，其拆迁进度符合施工要求； （四）已经确定建筑施工企业； （五）有满足施工需要的资金安排、施工图纸及技术资料；

申请条件	（六）有保证工程质量和安全的具体措施。 建设行政主管部门应当自收到申请之日起七日内，对符合条件的申请颁发施工许可证
有效期	第九条　建设单位应当自领取施工许可证之日起**三个月内**开工。因故不能按期开工的，应当向发证机关申请延期；延期以**两次为限**，每次**不超过三个月**。既不开工又不申请延期或者超过延期时限的，施工许可证自行废止【2022（12）】
中止施工	第十条　在建的建筑工程因故中止施工的，建设单位应当自中止施工之日起一个月内，向发证机关报告，并按照规定做好建筑工程的维护管理工作。建筑工程恢复施工时，应当向发证机关报告；中止施工满**一年**的工程恢复施工前，建设单位应当报发证机关核验施工许可证。 第十一条　因故不能按期开工超过**六个月**的，应当**重新**办理开工报告的批准手续
各单位必备条件	第十二条　从事建筑活动的建筑施工企业、勘察单位、设计单位和工程监理单位，应具备下列条件： （一）有符合国家规定的**注册资本**； （二）有与其从事的建筑活动相适应的具有法定执业资格的**专业技术人员**； （三）有从事相关建筑活动所应有的**技术装备**； （四）法律法规规定的其他条件
资质划分	第十三条　从事建筑活动的建筑施工企业、勘察单位、设计单位和工程监理单位，按照其拥有的**注册资本**、**专业技术人员**、**技术装备**和已完成的建筑**工程业绩**等资质条件，划分为不同的资质等级，经资质审查合格，取得相应等级的资质证书后，方可在其资质等级许可的范围内从事建筑活动
适用范围	第八十三条　依法核定作为**文物保护**的纪念建筑物和古建筑等的修缮，依照文物保护的有关法律规定执行。**抢险救灾**及其他**临时性**房屋建筑和**农民自建低层**住宅的建筑活动，不适用本法。【2021】 第八十四条　**军用**房屋建筑工程建筑活动的具体管理办法，由国务院、中央军事委员会依据本法制定。 根据《建设工程勘察设计管理条例》相关规定，**抢险救灾**及其他**临时性**建筑和**农民自建两层以下**住宅的勘察、设计活动，不适用本条例。**军事**建设工程勘察、设计的管理，按照中央军事委员会的有关规定执行

典型习题

20-1［2022（12）-68］建筑法规定领取施工许可证之后多久之内必须开工？（　　）

A. 一个月　　　　　　　　　　B. 三个月

C. 六个月　　　　　　　　　　D. 一年

答案：B

解析：参见考点1中"有效期"相关规定，建设单位应当自领取施工许可证之日起三个月内开工。

20-2［2021-66］下列选项中，适用于《中华人民共和国建筑法》的设计是（　　）。

A. 抢险救灾项目　　　　　　　　　　B. 成片住宅区

C. 农民自建2层以下住宅项目　　　　D. 军事工程

答案：B

解析：参见考点1中"适用范围"相关规定，文物保护的纪念建筑物和古建筑等的修缮，抢险救灾及其他临时性房屋建筑和农民自建低层住宅的建筑活动，军用房屋建筑工程建筑活动，不适用于《中华人民共和国建筑法》。

20-3［2019-63］根据《建筑法》，关于建筑活动的说法，错误的是（　　）。

A. 建筑活动包括各类房屋建筑的建造和与其配套的管线、设备的安装活动

B. 从事建筑活动应当遵守法律、法规，不得损害他人的合法权益

C. 任何单位和个人都不得妨碍和阻挠合法企业进行的建筑活动

D. 建筑活动应当确保建筑工程质量和安全，符合国家的建筑工程安全标准

答案：C

解析：参见考点1中"建筑活动定义""原则"相关规定，建筑活动，是指各类房屋建筑及其附属设施的建造和与其配套的线路、管道、设备的安装活动。从事建筑活动应当遵守法律、法规，不得损害社会公共利益和他人的合法权益。任何单位和个人都不得妨碍和阻挠依法进行的建筑活动。

考点2：竣工验收及各单位的责任义务【★★】

建设单位	监督管理	《建设工程质量管理条例》第十三条　建设单位在**开工前**，应按照国家有关规定办理工程**质量监督**手续，工程质量监督手续可与施工许可证或开工报告合并办理
	竣工验收	《建设工程质量管理条例》第十六条　**建设单位**收到建设工程竣工报告后，应当组织设计、施工、工程监理等有关单位进行**竣工验收**。 建设工程竣工验收应具备下列条件：【2022（5），2020】 （一）完成建设工程**设计**和**合同约定**的各项内容； （二）有完整的**技术档案**和**施工管理资料**； （三）有工程使用的主要建筑材料、建筑构配件和设备的**进场试验报告**； （四）有**勘察、设计、施工、工程监理**等单位分别签署的**质量合格文件**； （五）有**施工**单位签署的**工程保修书**。 建设工程经验收合格的，方可交付使用
	安全责任	《建设工程安全生产管理条例》第七条　建设单位不得对勘察、设计、施工、工程监理等单位提出不符合建设工程安全生产法律、法规和强制性标准规定的要求，不得压缩合同约定的工期

勘察设计单位	承包发包	《建设工程质量管理条例》第十八条　从事建设工程勘察、设计的单位应当依法取得相应等级的资质证书，并在其资质等级许可的范围内承揽工程。禁止勘察、设计单位超越其资质等级许可的范围或者以其他勘察、设计单位的名义承揽工程。禁止勘察、设计单位允许其他单位或者个人以本单位的名义承揽工程。勘察、设计单位**不得转包**或者**违法分包**所承揽的工程
	质量事故	《建设工程质量管理条例》第二十四条　设计单位应当参与建设工程质量事故分析，并对**因设计造成**的质量事故，提出相应的技术处理方案
	安全责任	《建设工程安全生产管理条例》第十三条　设计单位应当按照法律、法规和工程建设强制性标准进行设计，防止因设计不合理导致生产安全事故的发生。设计单位应当考虑施工安全操作和防护的需要，对涉及施工安全的重点部位和环节在设计文件中注明，并对防范生产安全事故提出指导意见。采用新结构、新材料、新工艺的建设工程和特殊结构的建设工程，设计单位应当在设计中提出保障施工作业人员安全和预防生产安全事故的措施建议。设计单位和注册建筑师等注册执业人员应当对其设计负责
施工单位		《中华人民共和国建筑法》第四十五条　**施工现场**安全由建筑**施工企业**负责。实行施工总承包的，由总承包单位负责。分包单位向总承包单位负责，服从总承包单位对施工现场的安全生产管理

典型习题

20-4［2022（5）-74］下列选项中，建设工程的竣工验收必备条件是以下哪一项？（　　）

A. 施工单位签署的施工图合格文件

B. 设备供应商签署的保修书

C. 有工程使用的主要建筑材料、建筑构配件和设备的进场试验报告

D. 工程正常使用半年以上的运营报告

答案： C

解析： 参见考点2中"建设单位-竣工验收"相关规定。

20-5［2020-67］下列选项中，建设工程竣工验收应当由什么部门组织？（　　）

A. 建设单位组织　　　　　　　　　B. 工程质量监督单位组织

C. 监理单位组织　　　　　　　　　D. 使用单位组织

答案： A

解析： 参见考点2中"建设单位-竣工验收"相关规定，建设单位收到建设工程竣工报告后，应当组织设计、施工、工程监理等有关单位进行竣工验收。

考点3：建设工程质量保修的相关规定

质量保修范围	《中华人民共和国建筑法》第六十二条　建筑工程实行质量保修制度。建筑工程的保修范围应当包括地基基础工程、主体结构工程、屋面防水工程和其他土建工程，以及电气管线、上下水管线的安装工程，供热、供冷系统工程等项目；保修的期限应当按照保证建筑物合理寿命年限内正常使用，维护使用者合法权益的原则确定。具体的保修范围和最低保修期限由**国务院**规定
	《建设工程质量管理条例》相关规定
质量保修书	第三十九条　建设工程实行质量保修制度。建设工程承包单位在向建设单位提交工程竣工验收报告时，应当向建设单位出具质量保修书。质量保修书中应当明确建设工程的保修**范围**、保修**期限**和保修**责任**等
保修期限	第四十条　在正常使用条件下，建设工程的最低保修期限为： （一）**地基基础**工程和**主体结构**工程，为设计文件规定的该工程的合理**使用年限**； （二）**屋面防水**工程、有**防水**要求的卫生间、房间和外墙面的**防渗漏**，为**5年**； （三）**供热与供冷**系统，为**2个**采暖期、供冷期； （四）**电气管线**、**给排水管道**、**设备安装和装修**工程，为**2年**。 建设工程的保修期，自**竣工验收合格之日**起计算
质量问题	第四十一条　建设工程在保修范围和保修期限内发生质量问题的，**施工单位**应当履行保修义务，并对造成的损失承担赔偿责任
超出年限	第四十二条　建设工程在超过合理使用年限后需要继续使用的，产权所有人应当委托具有相应资质等级的勘察、设计单位鉴定，并根据鉴定结果采取加固、维修等措施，重新界定使用期

考点4：建设工程违规罚则【★★★★★】

	《建设工程质量管理条例》相关规定
超越资质	第六十条　勘察、设计、施工、工程监理单位超越本单位资质等级承揽工程的，责令停止违法行为，对**勘察、设计**单位或工程**监理**单位处合同约定的勘察费、设计费或监理酬金**1倍以上2倍以下**的罚款；对**施工**单位处工程合同价款**2%以上4%以下**的罚款，可以责令停业整顿，降低资质等级；情节严重的，吊销资质证书；有违法所得的，予以没收
允许他人	第六十一条　勘察、设计、施工、工程监理单位允许其他单位或个人以本单位名义承揽工程的，责令改正，没收违法所得，对**勘察、设计**单位和工程**监理**单位处合同约定的勘察费、设计费和监理酬金**1倍以上2倍以下**的罚款；对**施工**单位处工程合同价款**2%以上4%以下**的罚款；可以责令停业整顿，降低资质等级；情节严重的，吊销资质证书
违法转包分包	第六十二条　违反本条例规定，承包单位将承包的工程转包或者违法分包的，责令改正，没收违法所得，对勘察、设计单位处合同约定的勘察费、设计费**25%以上50%以下**的罚款；对施工单位处工程合同价款**0.5%以上1%以下**的罚款；可以责令停业整顿，降低资质等级；情节严重的，吊销资质证书。 工程监理单位转让工程监理业务的，责令改正，没收违法所得，处合同约定的监理酬金**20%以上50%以下**的罚款；可以责令停业整顿，降低资质等级；情节严重的，吊销资质证书

建设单位	第五十四条　建设单位将建设工程发包给**不具有相应资质等级**的勘察、设计、施工单位或委托给不具有相应资质等级的工程监理单位的，责令改正，处50万～100万元的罚款。 　　第五十五条　违反本条例规定，建设单位将建设工程**肢解发包**的，责令改正，处工程合同价款**0.5%以上1%以下**的罚款；对全部或者部分使用**国有资金**的项目，并可以**暂停**项目执行或者暂停资金拨付。 　　第五十六条　违反本条例规定，建设单位有下列行为之一的，责令改正，处**20万～50万元**罚款： 　　（一）迫使承包方以低于成本的价格竞标的； 　　（二）任意**压缩合理工期**的； 　　（三）明示或暗示设计单位或者施工单位**违反工程建设强制性标准**，降低工程质量的； 　　（四）施工图设计文件未经审查或者审查不合格，擅自施工的； 　　（五）建设项目必须实行工程监理而未实行工程监理的； 　　（六）未按照国家规定办理工程质量监督手续的； 　　（七）明示或暗示施工单位使用**不合格的建筑材料、建筑构配件和设备**的； 　　（八）未按照国家规定将竣工验收报告、有关认可文件或者准许使用文件报送备案的。 　　第五十七条　违反本条例规定，建设单位**未取得施工许可证**或者开工报告未经批准，擅自施工的，责令停止施工，限期改正，处工程合同价款**1%以上2%以下**的罚款 。 　　第五十八条　违反本条例规定，建设单位有下列行为之一的，责令改正，处工程合同价款**2%以上4%以下**的罚款；造成损失的，依法承担赔偿责任： 　　（一）未组织竣工验收，擅自交付使用的； 　　（二）验收不合格，擅自交付使用的； 　　（三）对不合格的建设工程按照合格工程验收的 　　《建设工程安全生产管理条例》第五十五条　违反本条例的规定，建设单位有下列行为之一的，责令限期改正，处**20万元以上50万元以下**的罚款；造成重大安全事故，构成犯罪的，对直接责任人员，依照刑法有关规定追究刑事责任；造成损失的，依法承担**赔偿**责任：【2023】 　　（一）对**勘察、设计、施工、工程监理**等单位提出**不符合安全生产法律、法规和强制性标准规定**的要求的； 　　（二）要求施工单位**压缩**合同**约定的工期**的； 　　（三）将拆除工程发包给不具有相应资质等级的施工单位的
勘察设计单位	第六十三条　有下列行为之一的，责令改正，处**10万～30万元**罚款： 　　（一）勘察单位未按照工程建设**强制性标准**进行勘察的； 　　（二）设计单位未根据**勘察成果**文件进行工程设计的； 　　（三）设计单位**指定**建筑材料、建筑构配件的**生产厂、供应商**的； 　　（四）设计单位未按照工程建设**强制性标准**进行设计的。 　　造成工程质量事故的责令**停业整顿**，**降低**资质等级；**情节严重**的**吊销**资质证书；造成损失的依法承担**赔偿**责任【2022（5），2021，2020】

勘察设计单位	《建设工程安全生产管理条例》第五十六条　违反本条例的规定，勘察单位、设计单位有下列行为之一的，责令限期改正，处10万元以上30万元以下的罚款；情节严重的，责令停业整顿，降低资质等级，直至吊销资质证书；造成重大安全事故，构成犯罪的，对直接责任人员，依照刑法有关规定追究刑事责任；造成损失的，依法承担赔偿责任： （一）未按照法律、法规和工程建设强制性标准进行勘察、设计的； （二）采用新结构、新材料、新工艺的建设工程和特殊结构的建设工程，设计单位未在设计中提出保障施工作业人员安全和预防生产安全事故的措施建议的
	《建设工程勘察设计管理条例》第四十条　勘察、设计单位未依据项目批准文件，城乡规划及专业规划，国家规定的建设工程勘察、设计深度要求编制建设工程勘察、设计文件的，责令限期改正；逾期不改正的，处10万元以上30万元以下的罚款；造成工程质量事故或者环境污染和生态破坏的，责令停业整顿，降低资质等级；情节严重的，吊销资质证书；造成损失的，依法承担赔偿责任
施工单位	第六十四条　施工单位在施工中偷工减料的，使用不合格的建筑材料、建筑构配件和设备的，或有不按照工程设计图纸或施工技术标准施工的其他行为的，责令改正，处工程合同价款2%以上4%以下的罚款；造成建设工程质量不符合规定的质量标准的，负责返工、修理，并赔偿因此造成的损失；情节严重的，责令停业整顿，降低资质等级或者吊销资质证书。构成犯罪的，依法追究刑事责任
监理单位	第六十七条　监理单位有下列行为之一，责令改正，处50万～100万元罚款，降低资质等级或吊销资质证书；有违法所得的予以没收；造成损失的承担连带赔偿责任： （一）与建设单位或者施工单位串通，弄虚作假、降低工程质量的； （二）将不合格的建设工程、建筑材料、建筑构配件和设备按照合格签字的。 第六十八条　违反本条例规定，工程监理单位与被监理工程的施工承包单位以及建筑材料、建筑构配件和设备供应单位有隶属关系或者其他利害关系承担该项建设工程的监理业务的，责令改正，处5万～10万元罚款，降低资质等级或者吊销资质证书；有违法所得的，予以没收
注册执业人员	第七十二条　违反本条例规定，注册建筑师、注册结构工程师、监理工程师等注册执业人员因过错造成质量事故的，责令停止执业1年；造成重大质量事故的，吊销执业资格证书，5年以内不予注册；情节特别恶劣的，终身不予注册【2020】
主管人员	第七十条　发生重大工程质量事故隐瞒不报、谎报或者拖延报告期限的，对直接负责的主管人员和其他责任人员依法给予行政处分
刑事责任	第七十四条　建设单位、设计单位、施工单位、工程监理单位违反国家规定，降低工程质量标准，造成重大安全事故，构成犯罪的，对直接责任人员依法追究刑事责任
处罚部门	第七十五条　本条例规定的责令停业整顿，降低资质等级和吊销资质证书的行政处罚，由颁发资质证书的机关决定；其他行政处罚由建设行政主管部门或者其他有关部门依照法定职权决定。【2024，2022（12）】 依照本条例规定被吊销资质证书的，由工商行政管理部门吊销其营业执照

20-6 [2024-75] 可以由住房和城乡建筑部门实施的行政处罚有（   ）。

A. 对企业吊销资质证书

B. 对企业吊销营业执照

C. 对建筑师处以行政拘留处罚

D. 对建筑师处以吊销注册建筑师证书

答案：A

解析：参见考点4"处罚部门"相关规定，本条例规定的责令停业整顿，降低资质等级和吊销资质证书的行政处罚，由颁发资质证书的机关决定。其他行政处罚，由建设行政主管部门或者其他有关部门依照法定职权决定。吊销资质证书的，由工商行政管理部门吊销其营业执照。选项B由工商行政管理部门执行。行政拘留是指法定的行政机关（专指公安机关）依法对违反行政法律规范的人，在短期内限制人身自由的一种行政处罚。选项C应由公安机关执行。根据《中华人民共和国注册建筑师条例》注册建筑师的注册、执业、吊销证书等由全国注册建筑师管理委员会或者省、自治区、直辖市注册建筑师管理委员会负责，罚款和停止执行业务由县级以上人民政府建设行政主管部门负责。所以选项D应由注册建筑师管理委员会负责。

20-7 [2023-74] 根据《建设工程安全管理条例》，下列说法正确的是（   ）。

A. 建设单位要求施工单位压缩合同约定的工期，施工单位应无条件配合

B. 建设单位可以将拆除工程发包给不具有相应资质的施工单位

C. 建设单位对施工单位提出不符合安全生产法律、法规的要求，造成损失承担赔偿责任

D. 建设单位对设计单位提出违反强制性标准的规定，由设计单位承担相应处罚，建设单位无需承担责任

答案：C

解析：参见考点4中"建设单位"《建设工程安全生产管理条例》相关规定。

20-8 [2022 (5)-85] 根据《建设工程质量管理条例》，设计单位未按照工程建设强制性标准进行设计，造成工程质量事故，情节严重的（   ）。

A. 给予警告

B. 吊销营业执照

C. 降低资质等级

D. 吊销资质证书

答案：D

解析：参见考点4中"勘察设计单位"相关规定，造成工程质量事故的责令停业整顿，降低资质等级；情节严重的吊销资质证书；造成损失的依法承担赔偿责任。

20-9 [2021-84] 根据《建筑法》，建筑设计单位不按照建筑工程质量安全标准进行设计，造成质量事故的，应承担的法律责任不包括（   ）。

A. 责令停业整顿　　　B. 吊销营业执照　　　C. 降低资质等级　　　D. 没收违法所得

答案：B

解析：参见考点4中"勘察设计单位"相关规定，下列行为责令改正，处10万～30万罚款；造成工程质量事故的责令停业整顿，降低资质等级；情节严重的吊销资质证书；造成损失的依法承担赔偿责任。

20-10〔2021-85〕设计单位未按照工程建设强制性标准进行设计，将处以罚款。正确的是（　　）。

A. 5 万～10 万元   B. 10 万～20 万元

C. 10 万～30 万元   D. 20 万～50 万元

答案：C

解析：参见考点 4 中"勘察设计单位"相关规定。

考点 5：建设工程勘察设计发包与承包【★】

	《中华人民共和国建筑法》相关规定
发包	第二十四条　提倡对建筑工程实行总承包，**禁止**将建筑工程**肢解发包**。 建筑工程的发包单位可以将建筑工程的勘察、设计、施工、设备采购一并发包给一个工程总承包单位，也可以将建筑工程勘察、设计、施工、设备采购的一项或者多项发包给一个工程总承包单位；但是**不得将应当由一个承包单位完成的建筑工程肢解成若干部分发包给几个承包单位**
联合承包	第二十七条　大型建筑工程或者结构复杂的建筑工程，可以由**两个以上**的承包单位**联合**共同承包。共同承包的各方对承包合同的履行承担连带责任。两个以上不同资质等级的单位实行联合共同承包的，应当按照资质**等级低**的单位的业务许可范围承揽工程【2023】
转包	第二十八条　**禁止**承包单位将其承包的**全部**建筑工程**转包**给他人，**禁止**承包单位将其承包的全部建筑工程**肢解**以后以分包的名义分别转包给他人
分包	第二十九条　建筑工程总承包单位可以将承包工程中的部分工程发包给具有相应资质条件的分包单位；但是除总承包合同中约定的分包外，必须经**建设单位认可**。施工**总承包**的，建筑工程**主体结构的施工**必须由总承包单位自行完成。 建筑工程总承包单位按照总承包合同的约定对建设单位负责；分包单位按照分包合同的约定对总承包单位负责。总承包单位和分包单位就分包工程对建设单位承担连带责任。 **禁止**总承包单位将工程分包给**不具备相应资质条件**的单位。 **禁止分包单位将其承包的工程再分包**
	《建设工程勘察设计管理条例》相关规定
设计发包	第十八条　发包方可将**整个**建设工程的勘察、设计发包给一个勘察、设计单位；也可**分别发包**给几个勘察、设计单位
设计分包	第十九条　除建设工程**主体部分的勘察、设计**外，经发**包方书面**同意，承包方可以将建设工程其他部分的勘察、设计再分包给其他具有相应资质等级的建设工程勘察、设计单位
设计转包	建设工程勘察、设计单位**不得**将所承揽的建设工程勘察、设计**转包**

《工程勘察设计收费管理规定》相关规定	
收费标准	第五条　建设项目总投资估算额500万元及以上的工程勘察和工程设计收费实行**政府指导价**；建设项目总投资估算额500万元以下的工程勘察和工程设计收费实行**市场调节价**
浮动范围	第六条　实行**政府指导价**的工程勘察和工程设计收费，其基准价浮动幅度为**上下20%**
	第七条　工程勘察费和工程设计费，应当体现优质优价的原则。工程勘察和工程设计收费实行政府指导价的，凡在工程勘察设计中采用**新技术、新工艺、新设备、新材料**，有利于提高建设项目经济效益、环境效益和社会效益的，发包人和勘察人、设计人可以在**上浮25%**的幅度内协商确定收费额
《工程设计收费标准》相关规定	
收费计算	1.0.3　工程设计收费按照下列公式计算： 　1 工程设计收费＝工程设计收费基准价×（1±浮动幅度值） 　2 工程设计收费基准价＝基本设计收费＋其他设计收费 　3 基本设计收费＝工程设计收费基价×专业调整系数×工程复杂程度调整系数×附加调整系数
复杂系数	1.0.9-2　工程复杂程度调整系数： 一般（Ⅰ级）0.85；较复杂（Ⅱ级）1.0；复杂（Ⅲ级）1.15
附加系数	1.0.12　改扩建和技术改造建设项目，附加调整系数为1.1～1.4
各项费用	1.0.15　采用标准设计或复用设计，按照同类新建项目基本设计收费的30%计算收费；需要重新进行基础设计的，按照同类新建项目基本设计收费的40%计算收费
	总体设计费：5%；工程设计协调费：5%； 施工图预算编制费：10%；竣工图编制费：8%

典型习题

20-11［2023-60］由同一专业的三个不同资质等级的单位实行联合共同承包的，应当（　　）。

A. 被禁止承揽工程
B. 按照资质等级居中的单位业务许可范围承揽工程
C. 按照资质等级最低的单位业务许可范围承揽工程
D. 按照资质等级最高的单位业务许可范围承揽工程

答案：C

解析：参见考点5中《中华人民共和国建筑法》"联合承包"相关规定，两个以上不同资质等级的单位实行联合共同承包的，应当按照资质等级低的单位的业务许可范围承揽工程。

考点 6：设计企业资质资格管理的相关规定【★】

	《建设工程勘察设计管理条例》相关规定
业务范围	第八条　建设工程勘察、设计单位应当在其资质等级许可的范围内承揽建设工程勘察、设计业务。 禁止建设工程勘察、设计单位超越其资质等级许可的范围或者以其他建设工程勘察、设计单位的名义承揽建设工程勘察、设计业务。 禁止建设工程勘察、设计单位允许其他单位或者个人以本单位的名义承揽建设工程勘察、设计业务
技术人员	第九条　国家对从事建设工程勘察、设计活动的专业技术人员，实行执业资格注册管理制度。未经注册的建设工程勘察、设计人员，不得以注册执业人员的名义从事建设工程勘察、设计活动。 第十条　建设工程勘察、设计注册执业人员和其他专业技术人员只能受聘于一个建设工程勘察、设计单位；未受聘于建设工程勘察、设计单位的，不得从事建设工程的勘察、设计活动
证书制作	第十一条　建设工程勘察、设计单位资质证书和执业人员注册证书，由国务院建设行政主管部门统一制作

	《建设工程勘察设计资质管理规定》相关规定
申请条件	第三条　从事建设工程勘察、工程设计活动的企业，应按照其拥有的资产、专业技术人员、技术装备和勘察设计业绩等条件申请资质，经审查合格，取得建设工程勘察、工程设计资质证书后，方可在资质许可的范围内从事建设工程勘察、工程设计活动
设计资质分类	第六条　工程设计资质分为工程设计综合资质、工程设计行业资质、工程设计专业资质和工程设计专项资质。 工程设计综合资质只设甲级； 工程设计行业资质、工程设计专业资质、工程设计专项资质设甲级、乙级； 根据工程性质和技术特点，个别行业、专业、专项资质可以设丙级，建筑工程专业资质可以设丁级。 取得工程设计综合资质的企业，其承接工程设计业务范围不受限制
延续和变更	第十四条　资质有效期届满，企业需要延续资质证书有效期的，应当在资质证书有效期届满60日前，向原资质许可机关提出资质延续申请。 对在资质有效期内遵守有关法律、法规、规章、技术标准，信用档案中无不良行为记录，且专业技术人员满足资质标准要求的企业，经资质许可机关同意，有效期延续5年。 第十五条　企业在资质证书有效期内名称、地址、注册资本、法定代表人等发生变更的，应当在工商部门办理变更手续后30日内办理资质证书变更手续
首次申请	第十七条　企业首次申请、增项申请工程勘察、工程设计资质，其申请资质等级最高不超过乙级，且不考核企业工程勘察、工程设计业绩
企业合并	第十八条　企业合并的，合并后存续或者新设立的企业可以承继合并前各方中较高的资质等级，但应当符合相应的资质标准条件【2024】
设计范围	根据《建筑工程设计资质分级标准》，甲级承担建筑工程设计项目的范围不受限制 乙级设计院的设计范围：【2021】 民用建筑（承担工程等级二级及以下的民用建筑设计项目，见表 20-1）； 工业建筑（跨度不超过 30m、吊车吨位不超过 30t 的单层厂房和仓库），跨度不超过 12m、6 层及以下的多层厂房和仓库； 构筑物（高度低于 45m 的烟囱，容量小于 100m³ 的水塔，容量小于 2000m³ 的水池，直径小于 12m 或边长小于 9m 的料仓）

表 20-1	民用建筑工程设计等级分类表				
类型 \ 特征	工程等级	特级	一级	二级	三级
一般公共建筑	单体建筑面积	8万 m² 以上	2万 m² 以上至8万 m²	5千 m² 以上至2万 m²	5千 m² 以下
	立项投资	2亿元以上	4千万元以上至2亿元	1千万元以上至4千万元	1千万元以上
	建筑高度	100m 以上	50m 以上至100m	24m 以上至50m	24m 及以下（其中砌体建筑不得超过抗震规范高度限值要求）
住宅、宿舍	层数		20层以上	12层以上至20层	12m 及以下（其中砌体建筑不得超过抗震规范高度限值要求）
住宅小区工厂生活区	总建筑面积		10万 m² 以上	10万 m² 及以下	
地下工程	地下空间（总建筑面积）	5万 m² 以上	1万 m² 以上至5万 m²	1万 m² 以下	
	附建式人防（防护等级）		四级及以上	五级及以下	
特殊公共建筑	超限高层建筑抗震要求	抗震设防区特殊超限高层建筑	抗震设防区建筑高度100m 及以下的一般超限高层建筑		
	技术复杂、有声、光、热、振动、视线等特殊要求	技术特别复杂	技术比较复杂		
	重要性	国家级经济、文化、历史、涉外等重点工程项目	省级经济、文化、历史、涉外等重点工程项目		

设计范围

 典型习题

20-12 [2024-57] 关于工程设计资质申请和审批，说法正确的是（　　）。

A. 资质有效期内企业的专业技术人员满足资质标准要求，资质有效期届满时，企业资质自动延续

B. 企业在有效期内法定代表人发生变更时，不必办理资质证书变更手续

C. 企业合并后存续且符合相应的资质标准条件的，可以承继合并前各方中较高的资质等级

D. 企业首次申请建设工程设计资质，其申请资质等级最高不超过乙级，且应当考核企业工程设计业绩

答案：C

解析：参见考点 6 中"延续和变更""首次申请""企业合并"相关规定。

考点 7：建筑工程施工图设计文件审查【★★★】

送审单位	《建设工程质量管理条例》第十一条　**建设单位**应当将施工图设计文件报**县级以上**人民政府**建设行政主管部门**或者其他有关部门审查。施工图设计文件审查的具体办法，由国务院建设行政主管部门会同国务院其他有关部门制定【2023，2020】
	《房屋建筑和市政基础设施工程施工图设计文件审查管理办法》第九条　**建设单位**应当将施工图送审查机构审查，但审查机构不得与所审查项目的建设单位、勘察设计企业有隶属关系或者其他利害关系。送审管理的具体办法由省、自治区、直辖市人民政府住房城乡建设主管部门按照"公开、公平、公正"的原则规定。 建设单位不得明示或者暗示审查机构违反法律法规和工程建设强制性标准进行施工图审查，不得压缩合理审查周期、压低合理审查费用
施工图审查	《建设工程勘察设计管理条例》第三十三条　施工图设计文件审查机构应当对房屋建筑工程、市政基础设施工程施工图设计文件中涉及**公共利益、公众安全、工程建设强制性标准**的内容进行审查。**县级以上**人民政府**交通运输**等有关部门应当按照职责对施工图设计文件中涉及公共利益、公众安全、工程建设强制性标准的内容进行审查【2021】
《房屋建筑和市政基础设施工程施工图设计文件审查管理办法》相关规定	
原则	第三条　施工图审查应当坚持**先勘察、后设计**的原则。 施工图未经审查合格的，不得使用。从事房屋建筑工程、市政基础设施工程施工、监理等活动，以及实施对房屋建筑和市政基础设施工程质量安全监督管理，应当以审查合格的施工图为依据
监管部门	第四条　**国务院住房城乡建设主管部门**负责对全国的施工图审查工作实施指导、监督。 **县级以上**地方人民政府**住房城乡建设主管部门**负责对本行政区域内的施工图审查工作实施监督管理
现行政策	第五条　省、自治区、直辖市人民政府住房城乡建设主管部门应当会同有关主管部门按照本办法规定的审查机构条件，结合本行政区域内的建设规模，确定相应数量的审查机构，逐步推行**以政府购买服务方式**开展施工图设计文件审查。 审查机构是专门从事施工图审查业务，**不以营利为目**的的独立法人
审查内容	第十一条　施工图审查下列内容： （一）是否符合工程建设**强制性标准**； （二）**地基基础**和**主体结构**的安全性； （三）**消防安全**性； （四）**人防**工程（不含人防指挥工程）防护安全性； （五）是否符合民用建筑**节能**强制性标准，对执行绿色建筑标准的项目，还应当审查是否符合**绿色建筑标准**； （六）勘察设计企业和注册执业人员以及相关人员是否按规定在施工图上加盖相应的**图章**和**签字**； （七）法律、法规、规章规定必须审查的其他内容

监督检查	第十九条　涉及**消防安全性、人防工程**(不含人防指挥工程)防护安全性的，由县级以上人民政府有关部门按照职责分工实施监督检查和行政处罚，并将监督检查结果向社会公布

典型习题

20-13　[2023-67] 报送施工图设计文件审查的单位是（　　　）。

A. 建设单位　　　　　　　　　　B. 设计单位

C. 施工单位　　　　　　　　　　D. 监理单位

答案：A

解析：参见考点 8 中"送审单位"相关规定，建设单位应当将施工图设计文件报县级以上人民政府建设行政主管部门或者其他有关部门审查。

20-14　[2021-74] 下列选项中，对施工图设计审查的内容不包括（　　　）。

A. 涉及公共利益　　　　　　　　B. 涉及公众安全

C. 对于强制性标准的执行情况　　D. 设计合同约定的限额设计内容

答案：D

解析：参见考点 8 中"施工图审查"相关规定，施工图设计文件审查机构应当对房屋建筑工程、市政基础设施工程施工图设计文件中涉及公共利益、公众安全、工程建设强制性标准的内容进行审查。

20-15　[2019-77] 施工图审查机构在施工图审查时，可不审查的内容是（　　　）。

A. 对施工难易度与经济性的影响

B. 地基基础和主体结构的安全性

C. 注册执业人员是否按规定在施工图上加盖相应的图章和签字

D. 是否符合民用建筑节能强制性标准

答案：A

解析：参见考点 8 中"审查内容"相关规定。

考点 8：《中华人民共和国民法典》(合同编) 相关规定【★★★★★】

合同的订立	
订立形式	第四百六十九条　当事人订立合同，可采用**书面**形式、**口头**形式或**其他**形式。 书面形式是合同书、信件、电报、电传、传真等可以有形地表现所载内容的形式。 以**电子数据交换**、**电子邮件**等方式能够有形地表现所载内容，并可随时调取查用的数据电文，视为**书面**形式
订立方式	第四百七十一条　当事人订立合同，可采取**要约**、**承诺**方式或其他方式【2019】

要约	第四百七十三条　要约邀请是希望他人向自己发出要约的表示。 **拍卖公告、招标公告、招股说明书、债券募集办法、基金招募说明书、商业广告和宣传、寄送的价目表**等为**要约邀请**。 商业广告和宣传的内容符合要约条件的，构成要约。要约可以**撤回**。 第四百七十六条　要约可以**撤销**，但是有下列情形之一的除外： （一）要约人以确定承诺期限或者其他形式明示要约不可撤销； （二）受要约人有理由认为要约是不可撤销的，并**已经为履行合同做了合理准备工作**。 第四百七十八条　有下列情形之一的，要约**失效**： （一）要约被拒绝； （二）要约被依法撤销； （三）承诺期限届满，受要约人未作出承诺； （四）受要约人对要约的内容作出**实质性变更**
承诺	第四百八十条　承诺应当以**通知**的方式作出。 第四百八十三条　承诺生效时**合同成立**。 第四百八十五条　承诺可**撤回**。 第四百八十八条　承诺的内容应当与要约的内容一致。 受要约人对要约的内容作出**实质性变更**的，为新要约。有关合同**标的、数量、质量、价款或者报酬、履行期限、履行地点和方式、违约责任和解决争议方法**等的变更，是对要约内容的实质性变更
合同成立	第四百九十条　当事人采用合同书形式订立合同的，自当事**人均签名、盖章或按指印时**合同成立。在签名、盖章或按指印之前，当事人**一方已经履行**主要义务，对方**接受**时，该合同**成立**。 法律、行政法规规定或当事人约定合同应当采用书面形式订立，当事人未采用书面形式但是一方已经履行主要义务，对方接受时，该合同成立。 第四百九十一条　当事人采用信件、数据电文等形式订立合同要求签订确认书的，**签订确认书时**合同成立。当事人一方通过互联网等信息网络发布的商品或服务信息符合要约条件的，对方选择该商品或服务并提交订单成功时合同成立，但是当事人另有约定的除外。 第四百九十二条　**承诺生效的地点**为合同成立的地点。 采用数据电文形式订立合同的，**收件人的主营业地**为合同成立的地点；没有主营业地的，其住所地为合同成立的地点。 第四百九十三条　当事人采用合同书形式订立合同的，**最后签名、盖章或按指印的地点**为合同成立的地点

	合同的履行	
合同不明确	第五百一十一条　当事人就有关合同内容约定不明确，依据前条规定仍不能确定的，适用下列规定： （一）质量要求不明确的，按**强制性国家标准**履行；【2022（12）】 没有强制性国家标准的，按**推荐性**国家标准履行； 没有推荐性国家标准的，按**行业**标准履行； 没有国家标准、行业标准的，按**通常标准**或符合**合同目的的特定标准**履行。 （二）价款或者报酬不明确的，按照订立合同时**履行地的市场价格**履行；依法应当执行政府定价或者政府指导价的，依照规定履行。 （三）履行地点不明确，给付货币的，在**接受货币一方所在地**履行；交付不动产的，在不动产所在地履行；其他标的，在履行义务一方所在地履行	
交付价格	第五百一十三条　执行政府定价或者政府指导价的，在合同约定的交付期限内政府价格调整时，按照交付时的价格计价。 **逾期交付**标的物的，遇价格**上涨**时，按照**原**价格执行；价格**下降**时，按照**新**价格执行。 **逾期提取**标的物或者**逾期付款**的，遇价格**上涨**时，按照**新**价格执行；价格**下降**时，按照**原**价格执行	

	建设工程合同	
定义	第七百八十八条　建设工程合同是**承包人**进行工程**建设**，**发包人**支付**价款**的合同。 建设工程合同包括工程**勘察**、**设计**、**施工**合同。【2022（12），2021，2020】	
形式	第七百八十九条　建设工程合同应当采用**书面**形式。【2022（12）】	
发包承包	第七百九十一条　发包人可与总承包人订立建设工程合同，也可分别与勘察人、设计人、施工人订立勘察、设计、施工承包合同。发包人**不得将应当由一个承包人完成的建设工程支解成若干部分发包给数个承包人**。 总承包人或勘察、设计、施工承包人经发包人同意，可将自己承包的部分工作交由第三人完成。第三人就其完成的工作成果与总承包人或者勘察、设计、施工承包人向发包人承担连带责任。承包人不得将其承包的全部建设工程转包给第三人或将其承包的全部建设工程支解以后以分包的名义分别转包给第三人。 禁止承包人将工程分包给不具备相应资质条件的单位。**禁止**分包单位将其承包的工程**再分包**。建设工程主体结构的施工必须由承包人自行完成	
施工合同无效	第七百九十三条　建设工程施工合同无效，但是建设工程经**验收合格**的，可参照合同关于工程价款的约定**折价补偿**承包人。 建设工程施工合同无效，且建设工程经**验收不合格**的，按照以下情形处理： （一）**修复后**的建设工程经**验收合格**的，发包人可请求承包人**承担修复费用**； （二）**修复后**的建设工程经**验收不合格**的，承包人**无权**请求参照合同关于工程价款的约定折价补偿。 **发包人**对因建设工程不合格造成的损失有**过错**的，应当承担相应的责任	

合同内容	第七百九十四条　勘察、设计合同内容一般包括提交有关基础资料和概预算等文件的**期限、质量要求、费用**及其他**协作条件**等
监理合同	第七百九十六条　建设工程实行**监理**的，发包人应当与监理人采用**书面**形式订立委托监理合同
发包人权益	第七百九十七条　发包人在**不妨碍承包人正常作业**的情况下，可**随时**对作业**进度、质量**进行检查。【2022（12）】
顺延工期	第七百九十八条　**隐蔽工程**在隐蔽以前，承包人应当通知**发包人**检查。发包人没有及时检查的，承包人可**顺延**工程日期，并有权请求赔偿停工、窝工等损失。【2022（12）】 第八百零三条　发包人未按照约定时间和要求提供**原材料、设备、场地、资金、技术资料**的，承包人可**顺延**工程日期，并有权请求赔偿停工、窝工等损失。
竣工验收	第七百九十九条　建设工程竣工后，**发包人**应当根据施工图纸及说明书、国家颁发的施工验收规范和质量检验标准及时进行验收。验收合格的，发包人应当按照约定支付价款，并接收该建设工程。 建设工程**竣工经验收合格**后，方可交付使用；未经验收或者验收不合格的，不得交付使用
设计质量	第八百条　**勘察、设计的质量**不符合要求或者未按照期限提交勘察、设计文件拖延工期，造成发包人损失的，勘察人、设计人应当**继续完善勘察、设计**，**减收**或者**免收**勘察、设计费并**赔偿损失**
设计工作增加	第八百零五条　因发包人变更计划，提供的资料不准确，或未按照期限提供必需的勘察、设计工作条件而造成勘察、设计的返工、停工或者修改设计，发包人应当按照勘察人、设计人**实际消耗的工作量增付费用**
解除合同	第八百零六条　承包人将建设工程**转包、违法分包**的，发包人可以**解除合同**。 发包人提供的主要建筑材料、建筑构配件和设备不**符合强制性标准**或不履行协助义务，致使承包人无法施工，经催告后在合理期限内仍未履行相应义务的，承包人可以**解除合同**。 合同解除后，已经完成的建设工程质量合格的，发包人应当按照约定支付相应的工程价款

典型习题

20-16［2022（12）-74］下列关于建筑工程合同表述，正确的是（　　）。

A. 可以口头形式签订

B. 发包人可以无条件施工进度、质量检查

C. 承包人转包，发包人可以解除合同

D. 隐蔽验收，发包人通知行政主管部门进行检查

答案： C

解析： 参见考点 9 中"形式""发包人权益""顺延工期""解除合同"相关规定，建设工程合同应当采用书面形式。发包人在不妨碍承包人正常作业的情况下，可随时对作业进度、质量进行检查。隐蔽工程在隐蔽以前，承包人应当通知发包人检查。承包人将建设工程转包、违法分包的，发包人可以解除合同。

20-17 [2022 (12)-77] 根据《中华人民共和国民法典》合同编，当事人就有关合同质量要求不明确的，按照什么履行？（　　）

A. 国家标准　　　　B. 行业标准　　　　C. 企业标准　　　　D. 合同规定

答案： A

解析： 参见考点 9 中"合同不明确"相关规定，质量要求不明确的，按强制性国家标准履行。

20-18 [2019-68] 某一栋包含办公、商业和影院功能的综合楼项目，其中影院部分设在商业裙楼顶上部。根据《中华人民共和国合同法》，下列行为错误的是（　　）。

A. 发包人分别与勘察人、设计人、施工人订立该项目勘察、设计、施工承包合同

B. 发包人将该项目的办公商业和影院部分分别与两家设计人订立设计合同

C. 设计承包人经发包人同意，将影院音效设计分包给另一家专业设计人

D. 发包人与总承包人订立该项目设计，施工承包合同

答案： B

解析： 参见考点 9 中"发包承包"相关规定，发包人不得将应当由一个承包人完成的建设工程支解成若干部分发包给数个承包人。

考点 9：《建设工程设计合同示范文本（房屋建筑工程）》相关规定【★】

组成	《建设工程设计合同示范文本（房屋建筑工程）》（简称《示范文本》）由**合同协议书、通用合同条款和专用合同条款**三部分组成
适用范围	《示范文本》供合同双方当事人**参照使用**，可适用于**方案设计招标投标、队伍比选**等形式下的合同订立。【2023】 　《示范文本》适用于建设用地规划许可证范围内的建筑物构筑物设计、室外工程设计、民用建筑修建的地下工程设计及住宅小区、工厂厂前区、工厂生活区、小区规划设计及单体设计等，以及所包含的**相关专业**的设计内容（总平面布置、竖向设计、各类管网管线设计、景观设计、室内外环境设计及建筑装饰、道路、消防、智能、安保、通信、防雷、人防、供配电、照明、废水治理、空调设施、抗震加固等）等工程设计活动
合同	1.1.1.1　合同：是指根据法律规定和合同当事人约定具有约束力的文件，构成合同的文件包括合同协议书、专用合同条款及其附件、通用合同条款、中标通知书（如果有）、投标函及其附录（如果有）、发包人要求、技术标准、发包人提供的上一阶段图纸（如果有）以及其他合同文件 　1.1.1.6　发包人要求：是构成合同文件组成部分的，由发包人就工程项目的目的、范围、功能要求及工程设计文件审查的范围和内容等提出相应要求的书面文件，又称设计任务书

工程设计服务	1.1.3.2　工程设计基本服务：是指设计人根据发包人的委托，提供编制房屋建筑工程**方案设计文件**、**初步设计文件**（含初步设计**概算**）、**施工图设计文件**服务，并相应提供**设计技术交底**、解决施工中的**设计技术问题**、**参加竣工验收**等服务。基本服务费用包含在设计费中
	1.1.3.3　工程设计其他服务：是指发包人根据工程设计实际需要，要求设计人另行提供且发包人应当单独支付费用的服务，包括**总体设计服务**、主体设计**协调服务**、采用**标准设计**和**复用设计**服务、**非标准设备设计文件编制**服务、**施工图预算编制**服务、**竣工图编制**服务等
技术标准	1.4.1　适用于工程的现行有效的**国家标准**、**行业标准**、**工程所在地**的**地方性标准**，以及相应的规范、规程等，合同当事人有特别要求的，应在专用合同条款中约定
	1.4.2　发包人要求使用**国外技术标准**的，发包人与设计人在专用合同条款中约定原文版本和中文译本提供方及提供标准的名称、份数、时间及费用承担等事项
合同文件优先顺序	1.5　合同文件的优先顺序【2021】 组成合同的各项文件应互相解释，互为说明。除专用合同条款另有约定外，解释合同文件的优先顺序如下： 1 **合同协议书**； 2 专用合同条款及其附件； 3 通用合同条款； 4 中标通知书（如果有）； 5 投标函及其附录（如果有）； 6 发包人要求； 7 技术标准； 8 发包人提供的上一阶段图纸（如果有）； 9 其他合同文件
设计分包	3.4.1　设计分包的一般约定。 设计人不得将其承包的全部工程设计转包给第三人，或将其承包的全部工程设计肢解后以分包的名义转包给第三人。设计人**不得**将工程**主体结构**、**关键性工作**及专用合同条款中禁止分包的工程设计分包给第三人。 3.4.2　设计分包的确定。 设计人应按专用合同条款的约定或经过发包人书面同意后进行分包，确定分包人。工程设计分包不减轻或免除设计人的责任和义务，设计人和分包人就分包工程设计向发包人承担连带责任
联合体	3.5.1　联合体各方应共同与发包人签订合同协议书。联合体各方应为履行合同向发包人承担**连带**责任

工程设计要求	5.1.1.2　发包人要求进行**主要技术指标控制**的，钢材用量、混凝土用量等主要技术指标控制值应当符合有关工程设计标准的要求，且应当在工程设计**开始前书面**向设计人提出，经发包人与设计人**协商一致**后以书面形式确定作为**本合同附件。** 5.1.2.4　设计人应当严格执行其双方书面确认的主要技术指标控制值，由于设计人的原因导致工程设计文件超出在专用合同条款中约定的主要技术指标控制值比例的，**设计人**应当承担相应的违约责任。 5.1.2.5　设计人在工程设计中选用的材料、设备，应当注明其**规格、型号、性能**等技术指标及适应性，满足质量、安全、节能、环保等要求。 5.3.4　工程设计文件必须保证工程质量和施工安全等方面的要求，按照有关法律法规规定在工程设计文件中提出**保障施工作业人员安全**和**预防生产安全事故**的措施建议。 5.3.5　应根据法律、技术标准要求，保证房屋建筑工程的合理使用寿命年限，并应在工程设计文件中注明相应的**合理使用寿命年限**
工程设计进度	6.1.1　工程设计进度计划的编制。 工程设计进度计划包括各阶段设计过程中**设计人与发包人的交流时间**，但不包括相关政府部门对设计成果的**审批时间**及发包人的**审查时间**。 6.3.1　因发包人原因导致工程设计进度延误。 在合同履行过程中，发包人导致工程设计进度延误的情形主要有： 　1 发包人未能按合同约定提供工程设计资料或所提供的工程设计资料不符合合同约定或存在错误或疏漏的； 　2 发包人未能按合同约定日期足额支付定金或预付款、进度款的； 　3 发包人提出影响设计周期的设计变更要求的。 6.5.1　**任何情况下**，发包人**不得压缩合理**设计周期
工程设计范围	规划土地内相关建筑物、构筑物的有关建筑、结构、给水排水、暖通空调、建筑电气、总图专业（不含住宅小区总图）的设计。 精装修设计、智能化专项设计、泛光立面照明设计、景观设计、娱乐工艺设计、声学设计、舞台机械设计、舞台灯光设计、厨房工艺设计、煤气设计、幕墙设计、气体灭火及其他特殊工艺设计等，另行约定
各阶段服务内容	1. 方案设计阶段 （1）与发包人及发包人聘用的顾问充分沟通，深入研究项目**基础资料**，**协助发包人**提出本项目的发展规划和市场潜力； （2）完成**总体规划**和**方案设计**，提供满足深度的方案设计图纸，并制作符合政府部门要求的规划意见书与设计方案报批文件，**协助**发包人进行**报批**工作； （3）协调景观、交通、精装修等各专业顾问公司的工作，对其设计方案和技术经济指标进行审核，**提供咨询**意见； （4）**配合**发包人进行人防、消防、交通、绿化及市政管网等方面的咨询工作； （5）负责完成**人防、消防**等**规划**方案，**协助**发包人完成**报批**工作。

各阶段服务内容	2. 初步设计阶段 （1）负责完成并制作建筑、结构、给排水、暖通空调、电气、动力、室外管线综合等专业的初步设计文件，设计内容和深度应满足政府相关规定； （2）制作报政府相关部门进行初步设计审查的设计图纸，配合发包人进行交通、园林、人防、消防、供电、市政、气象等各部门的报审工作，提供相关的工程用量参数，并负责有关解释和修改
	3. 施工图设计阶段 （1）负责完成并制作总图、建筑、结构、机电、室外管线综合等全部专业的施工图设计文件； （2）对发包人的审核修改意见进行修改、完善，保证其设计意图的最终实现； （3）根据项目开发进度要求及时提供各阶段报审图纸，协助发包人进行报审工作，根据审查结果在本合同约定的范围内进行修改调整，直至审查通过，并最终向发包人提交正式的施工图设计文件； （4）协助发包人进行工程招标答疑
	4. 施工配合阶段 （1）负责工程设计交底，解答施工过程中施工承包人有关施工图的问题，项目负责人及各专业设计负责人，及时对施工中与设计有关的问题做出回应，保证设计满足施工要求； （2）根据发包人要求，及时参加与设计有关的专题会，现场解决技术问题； （3）协助发包人处理工程洽商和设计变更，负责有关设计修改，及时办理相关手续； （4）参与与设计人相关的必要的验收以及项目竣工验收工作，并及时办理相关手续； （5）提供产品选型、设备加工订货、建筑材料选择以及分包商考察等技术咨询工作； （6）应发包人要求协助审核各分包商的设计文件是否满足接口条件并签署意见，以保证其与总体设计协调一致，并满足工程要求

 典型习题

20-19［2023-66］根据《建设工程设计合同示范文本》，适用说法正确的是（　　）。

A. 强制要求合同双方当事人使用

B. 适用于方案设计的招投标、队伍比选等形势下的合同订立

C. 不适用于工厂厂区前区规划设计和单体设计

D. 不适用于相关的专业工程设计

答案： B

解析： 参见考点9中"适用范围"相关规定，《示范文本》供合同双方当事人参照使用，可适用于方案设计招标投标、队伍比选等形式下的合同订立。

20-20［2021-70］组成建设工程合同的各项文件，除专用合同条件另有约定外，关于解析合同的优先顺序，正确的是（　　）。

A.（1）合同协议书，（2）专用合同条件，（3）通用合同条件，（4）承包人建议书

B.（1）专用合同条件，（2）通用合同条件，（3）合同协议书，（4）承包人建议书

C.（1）合同协议书，（2）承包人建议书，（3）通用合同条件，（4）专用合同条件

D. （1）承包人建设书，（2）通用合同条件，（3）专用合同条件，（4）合同协议书

答案： A

解析： 参见考点9中"合同文件优先顺序"相关规定。

考点10：《建设工程消防设计审查验收管理暂行规定》相关规定【★★】

各单位责任	第八条　建设单位依法对建设工程消防设计、施工质量负**首要责任**。**设计、施工、工程监理、技术服务等**单位依法对建设工程消防设计、施工质量负**主体责任**。建设、设计、施工、工程监理、技术服务等单位的从业人员依法对建设工程消防设计、施工质量承担相应的 **个人责任**【2024，2022（5），2021】
建设单位	第九条　建设单位应当履行下列消防设计、施工质量责任和义务： （一）不得明示或者暗示设计、施工、工程监理、技术服务等单位及其从业人员违反建设工程法律法规和国家工程建设消防技术标准，降低建设工程消防设计、施工质量； （二）依法**申请**建设工程**消防设计审查**、消防验收，办理备案并接受抽查； （三）实行工程监理的建设工程，依法将消防施工质量委托监理； （四）委托具有相应资质的设计、施工、工程监理单位； （五）按照工程消防设计要求和合同约定，选用合格的消防产品和满足防火性能要求的建筑材料、建筑构配件和设备； （六）组织有关单位进行建设工程竣工验收时，对建设工程是否符合消防要求进行查验； （七）依法及时向档案管理机构移交建设工程消防有关档案
设计单位	第十条　设计单位应当履行下列消防设计、施工质量责任和义务： （一）按照建设工程法律法规和国家工程建设消防技术标准进行设计，编制符合要求的消防设计文件，不得违反国家工程建设消防技术标准强制性条文； （二）在设计文件中选用的消防产品和具有防火性能要求的建筑材料、建筑构配件和设备，应当注明**规格、性能**等技术指标，符合国家规定的标准； （三）参加建设单位组织的建设工程**竣工验收**，对建设工程消防设计实施情况**签章确认**，并对建设工程**消防设计质量**负责。【2021】
施工单位	第十一条　施工单位应当履行下列消防设计、施工质量责任和义务： （一）按照建设工程法律法规、国家工程建设消防技术标准，以及经消防设计审查合格或者满足工程需要的消防设计文件组织施工，不得擅自改变消防设计进行施工，降低消防施工质量； （二）按照消防设计要求、施工技术标准和合同约定检验消防产品和具有防火性能要求的建筑材料、建筑构配件和设备的质量，使用合格产品，**保证消防施工质量**； （三）参加建设单位组织的建设工程竣工验收，对建设工程消防施工质量签章确认，并对建设工程消防施工质量负责
特殊建设工程消防设计	第十四条　具有下列情形之一的建设工程是特殊建设工程：【2024】 （一）总建筑面积大于**二万**平方米的体育场馆、会堂，公共展览馆、博物馆的展示厅； （二）总建筑面积大于**一万五千**平方米的民用机场航站楼、客运车站候车室、客运码头候船厅； （三）总建筑面积大于**一万**平方米的宾馆、饭店、商场、市场；

特殊建设工程消防设计	（四）总建筑面积大于**二千五百**平方米的影剧院，公共图书馆的阅览室，营业性室内健身、休闲场馆，医院的门诊楼，大学的教学楼、图书馆、食堂，劳动密集型企业的生产加工车间，寺庙、教堂；
	（五）总建筑面积大于**一千**平方米的托儿所、幼儿园的儿童用房，儿童游乐厅等室内儿童活动场所，养老院、福利院，医院、疗养院的病房楼，中小学校的教学楼、图书馆、食堂，学校的集体宿舍，劳动密集型企业的员工集体宿舍；
	（六）总建筑面积大于**五百**平方米的歌舞厅、录像厅、放映厅、卡拉 OK 厅、夜总会、游艺厅、桑拿浴室、网吧、酒吧，具有娱乐功能的餐馆、茶馆、咖啡厅；
	（七）国家工程建设消防技术标准规定的一类高层住宅建筑；
	（八）城市轨道交通、隧道工程，大型发电、变配电工程；
	（九）生产、储存、装卸易燃易爆危险物品的工厂、仓库和专用车站、码头，易燃易爆气体和液体的充装站、供应站、调压站；
	（十）国家机关办公楼、电力调度楼、电信楼、邮政楼、防灾指挥调度楼、广播电视楼、**档案楼**；
	（十一）设有本条第一项至第六项所列情形的建设工程；
	（十二）本条第十项、第十一项规定以外的单体建筑面积大于四万平方米或者建筑高度超过五十米的公共建筑
	第十五条　对特殊建设工程实行**消防设计审查**制度。
	特殊建设工程的**建设单位**应当向消防设计审查验收主管部门申请消防设计审查，消防设计审查验收主管部门依法对审查的结果负责。
	第十七条　特殊建设工程具有下列情形之一的，建设单位除提交本规定第十六条所列材料外，还应当同时提交特殊消防设计技术资料：
	（一）国家工程建设消防技术标准**没有规定**的；
	（二）消防设计文件拟采用的**新技术、新工艺、新材料不符合**国家工程建设消防技术标准规定的；
	（三）因保护利用**历史建筑、历史文化街区**需要，确实无法满足国家工程建设消防技术标准要求的。
	前款所称特殊消防设计技术资料，应当包括特殊消防设计文件，以及**两个以上**有关的应用实例、产品说明等资料。
	特殊消防设计涉及采用国际标准或者境外工程建设消防技术标准的，还应当提供相应的中文文本。
	第十八条　特殊消防设计文件应当包括特殊消防设计必要性论证、特殊消防设计方案、火灾数值模拟分析等内容，重大工程、火灾危险等级高的应当包括实体试验验证内容。
	特殊消防设计方案应当对两种以上方案进行比选，从安全性、经济性、可实施性等方面进行综合分析后形成。火灾数值模拟分析应当科学设定火灾场景和模拟参数，实体试验应当与实际场景相符。火灾数值模拟分析结论和实体试验结论应当一致
其他建设工程	第三十四条　对其他建设工程实行**备案抽查**制度，**分类管理**。 其他建设工程经依法抽查不合格的，应当停止使用
	第三十七条　一般项目可以采用**告知承诺制**的方式申请备案，消防设计审查验收主管部门依据承诺书出具备案凭证

20-21［2024-62］根据《建设工程消防设计审查验收管理暂行规定》，注册建筑师对消防设计承担的责任是（   ）。

A. 首要责任　　　　　B. 主体责任　　　　　C. 连带责任　　　　　D. 个人责任

答案：D

解析：参见考点10中"各单位责任"相关规定。建设、设计、施工、工程监理、技术服务等单位的从业人员依法对建设工程消防设计、施工质量承担相应的个人责任。

20-22［2024-72］可以实行消防验收，备案，抽查的项目是（   ）。

A. 3000m² 的档案馆　　　　　　　　　　B. 5000m² 的宾馆

C. 1200m² 的托儿所　　　　　　　　　　D. 600m² 的歌舞厅

答案：B

解析：参见考点10中"特殊建设工程消防设计"相关规定。总建筑面积大于10000m²的宾馆；总建筑面积大于1000m²的托儿所；总建筑面积大于500m²的歌舞厅；档案楼属于特殊建设工程。对特殊建设工程实行消防设计审查制度。

20-23［2021-73］关于设计单位应承担的消防设计的责任和义务，下列说法正确的是（   ）。

A. 应该对消防设计质量承担首要责任

B. 应负责申请消防审查

C. 挑选满足防火要求的建筑产品、材料、配件、和设备并检验其质量

D. 参加工程项目竣工验收，并对消防设计实施情况盖章确认

答案：D

解析：参见考点10中"各单位责任""设计单位"相关规定，设计单位依法对建设工程消防设计、施工质量负主体责任。在设计文件中选用的消防产品和具有防火性能要求的建筑材料、建筑构配件和设备，应当注明规格、性能等技术指标，符合国家规定的标准；参加建设单位组织的建设工程竣工验收，对建设工程消防设计实施情况签章确认，并对建设工程消防设计质量负责。

考点11：《中华人民共和国标准化法》相关规定【★】

强制性国家标准	第十条　强制性国家标准的立项建议，**国务院标准化行政主管部门**认为需要立项的，会同国务院有关行政主管部门决定。 强制性国家标准由**国务院**批准发布或者授权批准发布
推荐性国家标准	第十一条　对满足基础通用、与强制性国家标准配套、对各有关行业起引领作用等需要的技术要求，可以制定推荐性国家标准。推荐性国家标准由**国务院标准化行政主管部门**制定
行业标准	第十二条　行业标准由**国务院有关行政主管部门**制定，报国务院标准化行政主管部门备案
地方标准	第十三条　地方标准由**省、自治区、直辖市**人民政府**标准化行政主管部门**制定

团体标准	第十八条 团体标准，由**本团体成员**约定采用或者按照本团体的规定供社会**自愿**采用。【2021】
要求	第二十一条 推荐性国家标准、行业标准、地方标准、团体标准、企业标准的技术要求**不得低于强制性**国家标准的相关技术要求。国家**鼓励**社会团体、企业制定**高于推荐性标准**相关技术要求的**团体标准、企业标准**

 典型习题

20-24 [2021-76] 关于工程建设标准，正确的是（ ）。

A. 强制性国家标准由国务院会同地方有关行政主管部门制定

B. 地方标准由省级人民政府制定

C. 行业标准由国务院标准化行政主管部门制定

D. 团体标准由团体成员在团体内部使用或社会其他机构可自愿采用

答案： D

解析： 参见考点 11 中"强制性国家标准""行业标准""地方标准""团体标准"相关规定，强制性国家标准由国务院批准发布或者授权批准发布。地方标准由省、自治区、直辖市人民政府标准化行政主管部门制定。行业标准由国务院有关行政主管部门制定。团体标准，由本团体成员约定采用或者按照本团体的规定供社会自愿采用。

第二十一章　城市规划、城市设计及房地产开发程序

 思维导图

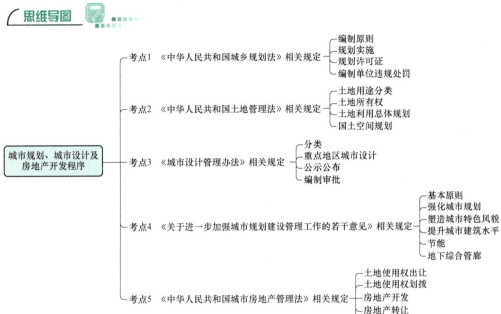

- 考点1　《中华人民共和国城乡规划法》相关规定
  - 编制原则
  - 规划实施
  - 规划许可证
  - 编制单位违规处罚
- 考点2　《中华人民共和国土地管理法》相关规定
  - 土地用途分类
  - 土地所有权
  - 土地利用总体规划
  - 国土空间规划
- 考点3　《城市设计管理办法》相关规定
  - 分类
  - 重点地区城市设计
  - 公示公布
  - 编制审批
- 考点4　《关于进一步加强城市规划建设管理工作的若干意见》相关规定
  - 基本原则
  - 强化城市规划
  - 塑造城市特色风貌
  - 提升城市建筑水平
  - 节能
  - 地下综合管廊
- 考点5　《中华人民共和国城市房地产管理法》相关规定
  - 土地使用权出让
  - 土地使用权划拨
  - 房地产开发
  - 房地产转让
  - 房地产抵押

城市规划、城市设计及房地产开发程序

考情分析

考　点	近5年考试分值统计					
	2024年	2023年	2022年12月	2022年5月	2021年	2020年
考点1　《中华人民共和国城乡规划法》相关规定	1	1	3	2	3	2
考点2　《中华人民共和国土地管理法》相关规定	0	1	0	0	0	0
考点3　《城乡设计管理办法》相关规定	0	0	0	0	0	0
考点4　《关于进一步加强城市规划建设管理工作的若干意见》相关规定	0	1	0	0	0	0
考点5　《中华人民共和国城市房地产管理法》相关规定	1	0	2	2	3	1
总　　计	2	3	5	4	6	3

考点1：《中华人民共和国城乡规划法》相关规定【★★★★★】

城乡规划定义	第二条　本法所称城乡规划，包括**城镇体系**规划、**城市**规划、**镇**规划、**乡**规划和**村庄**规划。**城市**规划、**镇**规划分为**总体规划**和**详细规划**。【2020】 详细规划分为**控制性**详细规划和**修建性**详细规划。 本法所称**规划区**，是指**城市、镇和村庄的建成区**以及因城乡建设和发展需要，必须实行**规划控制的区域**。规划区的具体范围由有关人民政府在组织编制的城市总体规划、镇总体规划、乡规划和村庄规划中，根据城乡经济社会发展水平和统筹城乡发展的需要划定

311

编制原则	第四条　制定和实施城乡规划，应当遵循**城乡统筹、合理布局、节约土地、集约发展**和**先规划后建设**的原则，改善生态环境，促进资源、能源节约和综合利用，保护耕地等自然资源和历史文化遗产，保持地方特色、民族特色和传统风貌，防止污染和其他公害，并符合区域人口发展、国防建设、防灾减灾和公共卫生、公共安全的需要。 **县级以上地方人民政府**应当根据当地经济社会发展的实际，在城市总体规划、镇总体规划中合理确定城市、镇的发展规模、步骤和建设标准
	第五条　城市总体规划、镇总体规划以及乡规划和村庄规划的编制，应当依据国民经济和社会发展规划，并与**土地利用总体规划**相衔接
全国城镇体系规划	第十二条　**国务院城乡规划主管部门**会同**国务院有关部门**组织编制**全国城镇体系规划**，用于指导**省域城镇体系**规划、**城市总体**规划的编制。全国城镇体系规划由国务院城乡规划主管部门报**国务院**审批
省域城镇体系规划	第十三条　**省、自治区人民政府**组织编制**省域城镇体系规划**，报**国务院**审批。 省域城镇体系规划的内容应当包括：城镇空间布局和规模控制，重大基础设施的布局，为保护生态环境、资源等需要严格控制的区域
城市总体规划	第十四条　**城市人民政府**组织编制城市总体规划。 **直辖市**的城市总体规划由直辖市人民政府报**国务院**审批。 **省、自治区人民政府所在地的城市**以及国务院确定的城市的总体规划，由省、自治区人民政府审查同意后，报**国务院**审批。 **其他**城市的总体规划，由城市人民政府报**省、自治区人民政府**审批
总体规划内容	第十七条　城市总体规划、镇总体规划的内容应当包括：城市、镇的发展布局，功能分区，用地布局，综合交通体系，禁止、限制和适宜建设的地域范围，各类专项规划等。 **规划区范围、规划区内建设用地规模、基础设施和公共服务设施用地、水源地和水系、基本农田和绿化用地、环境保护、自然与历史文化遗产保护**以及**防灾减灾**等内容，应当作为城市总体规划、镇总体规划的**强制性内容**。【2024，2022（12）】 城市总体规划、镇总体规划的规划期限一般为**二十年**。 城市总体规划还应当对城市更长远的发展作出预测性安排
详细规划	第十九条　城市人民政府**城乡规划主管部门**根据城市总体规划的要求，组织编制城市的**控制性详细规划**，经**本级人民政府**批准后，报本级人民代表大会常务委员会和上一级人民政府**备案**【2020】
	第二十一条　城市、县人民政府城乡规划主管部门和镇人民政府可以组织编制重要地块的修建性详细规划。**修建性**详细规划应当**符合控制性**详细规划
规划公告	第二十六条　城乡规划报送审批前，组织编制机关应当依法将城乡规划草案予以公告，并采取论证会、听证会或者其他方式征求专家和公众的意见。公告的时间不得少于**三十日**【2022（12）】

规划实施	第二十九条　城市的建设和发展，应当优先安排基础设施以及公共服务设施的建设，妥善处理**新区开发与旧区改建**的关系，统筹兼顾进城务工人员生活和周边农村经济社会发展、村民生产与生活的需要。【2023，2022（5），2021】 第三十一条　**旧城区**的改建，应当保护**历史文化遗产**和**传统风貌**，合理确定拆迁和建设规模，有计划地对危房集中、基础设施落后等地段进行改建。 第三十二条　城乡建设和发展，应当依法保护和合理利用**风景名胜资源**，统筹安排风景名胜区及周边乡、镇、村庄的建设。 第三十三条　**城市地下空间的开发和利用**，应当与经济和技术发展水平相适应，遵循统筹安排、综合开发、合理利用的原则，充分考虑防灾减灾、人民防空和通信等需要，并符合城市规划，履行规划审批手续
城市新区	第三十条　城市新区的开发和建设，应当合理确定建设规模和时序，充分**利用现有**市政基础设施和公共服务设施，严格保护自然资源和生态环境，体现地方特色。 在**城市总体规划、镇总体规划确定**的建设用地范围以外，**不得**设立各类**开发区和城市新区**
近期规划	第三十四条　城市、县、镇人民政府应当根据**城市总体**规划、**镇总体**规划、**土地利用**总体规划和年度计划以及**国民经济**和**社会发展**规划，制定近期建设规划，报总体规划审批机关备案。【2022（12），2021】 近期建设规划应当以**重要基础设施**、**公共服务设施**和**中低收入居民住房建设**以及**生态环境保护**为重点内容，明确近期建设的时序、发展方向和空间布局。近期建设规划的规划期限为**五年**【2022（5），2021】
选址意见书	第三十六条　按照国家规定需要有关部门批准或者核准的建设项目，以**划拨**方式提供国有土地使用权的，**建设单位**在报送有关部门批准或者核准前，应当向**城乡规划主管部门**申请核发**选址意见书**
建设用地规划许可证	第三十七条　在城市、镇规划区内以**划拨方式**提供国有土地使用权的建设项目，经有关部门批准、核准、备案后，建设单位应当向城市、县人民政府城乡规划主管部门提出建设用地规划许可申请，由城市、县人民政府城乡规划主管部门依据控制性详细规划核定建设用地的位置、面积、允许建设的范围，核发建设用地规划许可证。 建设单位在取得建设用地规划许可证后，方可向县级以上地方人民政府土地主管部门申请用地，经县级以上人民政府审批后，由土地主管部门划拨土地。 第三十八条　在城市、镇规划区内以**出让方式**提供国有土地使用权的，在国有土地使用权出让前，城市、县人民政府城乡规划主管部门应当依据**控制性详细规划**，提出出让地块的位置、使用性质、开发强度等规划条件，作为国有土地使用权出让合同的组成部分。**未确定规划条件的地块，不得出让国有土地使用权**。 以出让方式取得国有土地使用权的建设项目，建设单位在取得建设项目的批准、核准、备案文件和签订国有土地使用权出让合同后，向城市、县人民政府城乡规划主管部门领取**建设用地规划许可证**。 城市、县人民政府城乡规划主管部门**不得在建设用地规划许可证中，擅自改变**作为国有土地使用权出让合同组成部分的规划条件

建设工程规划许可证	第四十条　在城市、镇规划区内进行建筑物、构筑物、道路、管线和其他工程建设的，**建设单位或者个人**应当向城市、县人民政府城乡规划主管部门或者省、自治区、直辖市人民政府确定的镇人民政府申请办理建设**工程规划许可证**
临时建设	第四十四条　在城市、镇规划区内进行临时建设的，应当经**城市、县人民政府城乡规划主管部门**批准。 临时建设影响**近期建设规划**或者**控制性详细规划**的实施以及**交通、市容、安全**等的，不得批准。 临时建设应当在批准的使用期限内**自行拆除**。 临时建设和临时用地规划管理的具体办法，由**省、自治区、直辖市人民政府**制定
竣工验收	第四十五条　县级以上地方人民政府城乡规划主管部门按照国务院规定对建设工程是否符合规划条件予以核实。未经核实或者经核实不符合规划条件的，建设单位不得组织竣工验收。 建设单位应当在竣工验收后**六个月**内向城乡规划主管部门报送有关竣工验收资料
修改省域城镇体系规划、城市及镇总体规划	第四十七条　有下列情形之一的，组织编制机关方可按照规定的权限和程序修改省域城镇体系规划、城市总体规划、镇总体规划： （一）上级人民政府制定的**城乡规划**发生变更，提出修改规划要求的； （二）**行政区划调整**确需修改规划的； （三）因**国务院**批准**重大建设工程**确需修改规划的； （四）经**评估**确需修改规划的； （五）城乡规划的**审批机关**认为应当修改规划的其他情形。 修改省域城镇体系规划、城市总体规划、镇总体规划前，组织编制机关应当对原规划的实施情况进行总结，并向**原审批机关**报告；修改涉及城市总体规划、镇总体规划**强制性内容**的，应当先向原审批机关提出**专题报告**，经**同意**后，方可编制修改方案
修改控制性详细规划	第四十八条　修改控制性详细规划的，组织编制机关应当对修改的**必要性**进行论证，征求规划地段内**利害关系人**的意见，并向原审批机关提出专题报告，经原审批机关**同意**后，方可编制修改方案。控制性详细规划修改涉及城市总体规划、镇总体规划的**强制性内容**的，应当**先修改总体规划**。 第五十条　经依法审定的**修建性详细规划**、建设工程设计方案的**总平面图不得随意修改**；确需修改的，**城乡规划主管部门**应当采取听证会等形式，听取利害关系人的意见；因修改给利害关系人合法权益造成损失的，应当依法给予补偿
编制单位违规处罚	第六十二条　城乡规划编制单位有下列行为之一的，由所在地城市、县人民政府城乡规划主管部门责令**限期改正**，处合同约定的规划编制费**一倍以上二倍以下**的罚款；情节**严重**的，责令**停业整顿**，由原发证机关**降低**资质等级或者**吊销**资质证书；造成损失的，依法承担赔偿责任： （一）超越资质等级许可的范围承揽城乡规划编制工作的； （二）违反国家有关标准编制城乡规划的

21-1 [2024-71] 城镇总体规划的强制性内容不包括（　　）。

A. 规划区内建设用地规模   B. 公共服务设施用地

C. 城市风貌保护   D. 水源地和水系

答案：C

解析：参见考点1中"总体规划内容"相关规定，规划区范围、规划区内建设用地规模、基础设施和公共服务设施用地、水源地和水系、基本农田和绿化用地、环境保护、自然与历史文化遗产保护以及防灾减灾等内容，应当作为城市总体规划、镇总体规划的强制性内容。

21-2 [2023-70] 下列关于城乡规划实施的说法，正确的是（　　）。

A. 旧城区的改建应当有计划地对危房集中、基础设施落后等地段进行改造

B. 为了促进经济发展、城市总体规划、镇总体规划确定的建筑用地范围以外应大力设计开发区

C. 城市的建设和发展，应当优先安排城市人口的居住需求

D. 鼓励开发和利用城市地下空间，突破城市规划的要求

答案：A

解析：参见考点1中"规划实施""城市新区"相关规定。

21-3 [2022（5）-75] 根据《中华人民共和国城乡规划法》，说法正确的是（　　）。

A. 旧区改建应统一标准、统一规划，应首先考虑经济效益

B. 城市发展新区应与已有市政基础分离，重新规划

C. 城乡规划发展建设应考虑新区与旧区的关系

D. 鼓励开发利用地下空间，可以适当突破规划条件

答案：C

解析：参见考点1中"规划实施"相关规定，城市的建设和发展，应妥善处理新区开发与旧区改建的关系；旧城区的改建，应当保护历史文化遗产和传统风貌；城市地下空间的开发和利用，应当与经济和技术发展水平相适应，遵循统筹安排、综合开发、合理利用的原则；城市新区的开发和建设，应当合理确定建设规模和时序，充分利用现有市政基础设施和公共服务设施。

21-4 [2022（5）-77] 根据《中华人民共和国城乡规划法》，近期建设规划重点内容是（　　）。

A. 重要基础设施 公共服务设施 中低收入居民住房建设 支柱产业规划

B. 重要基础设施 公共服务设施 中低收入居民住房建设 生态环境保护

C. 公共服务设施 中低收入居民住房建设 生态环境保护 支柱产业规划

D. 重要产业基础设施 中低收入居民住房建设 生态环境保护 支柱产业规划

答案：B

解析：参见考点1中"近期规划"相关规定，近期建设规划应当以重要基础设施、公共服务设施和中低收入居民住房建设以及生态环境保护为重点内容，明确近期建设的时序、发展方向和空间布局。近期建设规划的规划期限为五年。

21-5 [2020-65] 根据《中华人民共和国城乡规划法》，城市的控制性详细规划应当由（　　）。

A. 省级人民政府审批   B. 省级人民代表大会审批

C. 本级人民政府审批   D. 本级人民代表大会审批

答案：C

解析：参见考点1中"详细规划"相关规定，城市人民政府城乡规划主管部门根据城市总体规划的要求，组织编制城市的控制性详细规划，经本级人民政府批准后，报本级人民代表大会常务委员会和上一级人民政府备案。

考点2：《中华人民共和国土地管理法》相关规定【★】

社会主义公有制	第二条　中华人民共和国实行土地的社会主义公有制，即**全民所有制**和**劳动群众集体所有制**。 全民所有，即国家所有土地的所有权由国务院代表国家行使。任何单位和个人不得侵占、买卖或者以其他形式非法转让土地。土地使用权可以依法转让。国家为了公共利益的需要，可以依法对土地实行征收或者征用并给予补偿。国家依法实行国有土地有偿使用制度。但是，国家在法律规定的范围内划拨国有土地使用权的除外
基本国策	第三条　**十分珍惜、合理利用土地**和**切实保护耕地**是我国的基本国策。各级人民政府应当采取措施，全面规划，严格管理，保护、开发土地资源，制止非法占用土地的行为【2023】
土地用途分类	第四条　国家实行土地用途管制制度。国家编制土地利用总体规划，规定土地用途，将土地分为**农用地**、**建设用地**和**未利用地**。严格限制农用地转为建设用地，控制建设用地总量，对耕地实行特殊保护。 前款所称农用地是指直接用于农业生产的土地，包括耕地、林地、草地、农田水利用地、养殖水面等； 建设用地是指建造建筑物、构筑物的土地，包括城乡住宅和公共设施用地、工矿用地、交通水利设施用地、旅游用地、军事设施用地等； 未利用地是指农用地和建设用地以外的土地。 使用土地的单位和个人必须严格按照土地利用总体规划确定的用途使用土地
土地所有权	第九条　**城市市区**的土地属于**国家**所有。**农村**和城市**郊区**的土地，除由法律规定属于国家所有的以外，属于**农民集体**所有；宅基地和自留地、自留山，属于农民集体所有
土地利用总体规划	第十五条　各级人民政府应当依据国民经济和社会发展规划、国土整治和资源环境保护的要求、土地供给能力以及各项建设对土地的需求，组织编制土地利用总体规划。 土地利用总体规划的规划期限由**国务院**规定。 第十六条　下级土地利用总体规划应当依据上一级土地利用总体规划编制。 地方各级人民政府编制的土地利用总体规划中的建设用地总量不得超过上一级土地利用总体规划确定的控制指标，耕地保有量不得低于上一级土地利用总体规划确定的控制指标。省、自治区、直辖市人民政府编制的土地利用总体规划，应当确保本行政区域内耕地总量不减少。 第二十一条　城市建设用地规模应当符合国家规定的标准，充分利用现有建设用地，不占或者尽量少占农用地。 城市总体规划、村庄和集镇规划，应当与土地利用总体规划相衔接，城市总体规划、村庄和集镇规划中建设用地规模不得超过土地利用总体规划确定的城市和村庄、集镇建设用地规模

国土空间规划	第十八条　国家建立国土空间规划体系。编制国土空间规划应当坚持生态优先、绿色、可持续发展，科学有序统筹安排生态、农业、城镇等功能空间，优化国土空间结构和布局，提升国土空间开发、保护的质量和效率。 经依法批准的国土空间规划是各类开发、保护、建设活动的基本依据。 已经编制国土空间规划的，不再编制土地利用总体规划和城乡规划

典型习题

21-6［2023-72］下列关于土地管理的说法，正确的是（　　　）。

A. 我国土地的社会主义公有制，包括国家所有制、各级政府所有制及村集体所有制

B. 十分珍惜合理利用土地和切实保护耕地是我国的基本国策

C. 国家规定土地用途，将国有土地分为产业用地、居住用地和农用地三大类

D. 为确保住宅用地，可以局部利用农用地，先行建设，上报自然资源主管部门备案

答案：B

解析：参见考点 2 中"社会主义公有制"相关规定，社会主义公有制包括全民所有制和劳动群众集体所有制，选项 A 错误。考点 2"基本国策"相关规定，十分珍惜、合理利用土地和切实保护耕地是我国的基本国策，选项 B 正确。考点 2"土地用途分类"相关规定，将土地分为农用地、建设用地和未利用地。严格限制农用地转为建设用地，控制建设用地总量，对耕地实行特殊保护，选项 C、D 错误。

考点 3：《城市设计管理办法》相关规定

分类	第七条　城市设计分为总体城市设计和重点地区城市设计
重点地区城市设计	第十条　重点地区城市设计应当塑造城市风貌特色，注重与山水自然的共生关系，协调市政工程，组织城市公共空间功能，注重建筑空间尺度，提出建筑高度、体量、风格、色彩等控制要求
公示公布	第十三条　编制城市设计时，组织编制机关应当通过座谈、论证、网络等多种形式及渠道，广泛征求专家和公众意见。审批前应依法进行公示，公示时间不少于 30 日。 城市设计成果应当自批准之日起 20 个工作日内，通过政府信息网站以及当地主要新闻媒体予以公布
编制审批	第十七条　城市、县人民政府城乡规划主管部门负责组织编制本行政区域内总体城市设计、重点地区的城市设计，并报本级人民政府审批

考点 4：《关于进一步加强城市规划建设管理工作的若干意见》相关规定【★】

基本原则	（三）基本原则。坚持依法治理与文明共建相结合，坚持规划先行与建管并重相结合，坚持改革创新与传承保护相结合，坚持统筹布局与分类指导相结合，坚持完善功能与宜居宜业相结合，坚持集约高效与安全便利相结合

强化城市规划	（四）依法制定城市规划。按照严控增量、盘活存量、优化结构的思路，逐步调整城市用地结构，把**保护基本农田**放在优先地位，保证生态用地，合理安排建设用地，推动城市**集约**发展。改革完善城市规划管理体制，加强**城市总体规划**和**土地利用总体规划**的衔接，推进**两图合一**。 （五）严格依法执行规划。城市**总体规划**的修改，必须经原审批机关同意，并报同级人大常委会审议通过，从制度上防止随意修改规划等现象。**控制性详细规划**是规划实施的基础，**未编制**控制性详细规划的区域，**不得进行建设**
塑造城市特色风貌	（六）提高城市设计水平。城市设计是**落实城市规划、指导建筑设计、塑造城市特色风貌**的有效手段。鼓励开展城市设计工作，通过城市设计，从整体平面和立体空间上统筹城市建筑布局，协调城市景观风貌，体现城市地域特征、民族特色和时代风貌。单体建筑设计方案必须在形体、色彩、体量、高度等方面符合城市设计要求。【2023】 （七）加强建筑设计管理。按照"适用、经济、绿色、美观"的建筑方针，突出建筑使用功能以及节能、节水、节地、节材和环保，**防止片面追求建筑外观形象**。强化公共建筑和超限高层建筑设计管理，建立**大型公共建筑**工程**后评估**制度。坚持开放发展理念，完善建筑设计招投标决策机制，规范决策行为，提高决策透明度和科学性。 （八）保护历史文化风貌。有序实施城市修补和有机更新，解决老城区环境品质下降、空间秩序混乱、历史文化遗产损毁等问题，促进建筑物、街道立面、天际线、色彩和环境更加协调、优美。通过维护加固老建筑、改造利用旧厂房、完善基础设施等措施，恢复老城区功能和活力。用 5 年左右时间，完成所有城市历史文化街区划定和历史建筑确定工作
提升城市建筑水平	（九）落实工程质量责任。完善工程质量安全管理制度，落实建设单位、勘察单位、设计单位、施工单位和工程监理单位等**五方**主体质量安全责任。实行施工企业**银行保函**和工程质量**责任保险**制度。建立大型工程技术风险控制机制，鼓励大型公共建筑、地铁等按市场化原则向保险公司投保重大工程保险。 （十）加强建筑安全监管。实施工程全生命周期风险管理，重点抓好房屋建筑、城市桥梁、建筑幕墙、斜坡（高切坡）、隧道（地铁）、地下管线等工程运行使用的安全监管，做好质量安全鉴定和抗震加固管理，建立安全预警及应急控制机制。加强对既有建筑改扩建、装饰装修、工程加固的质量安全监管。全面排查城市老旧建筑安全隐患，采取有力措施限期整改，严防发生垮塌等重大事故，保障人民群众生命财产安全。 （十一）发展新型建造方式。大力推广装配式建筑，减少建筑垃圾和扬尘污染，缩短建造工期，提升工程质量。制定装配式建筑设计、施工和验收规范。完善部品部件标准，实现建筑部品部件工厂化生产。鼓励建筑企业装配式施工，现场装配。建设国家级装配式建筑生产基地。加大政策支持力度，力争用 10 年左右时间，使装配式建筑占新建建筑的比例达到 30%。积极稳妥推广钢结构建筑。在具备条件的地方，倡导发展现代木结构建筑

节能	（十三）实施城市节能工程。大力推行采暖地区住宅供热分户计量，**新建**住宅必须**全部**实现供热分户计量，**既有**住宅要逐步实施供热分户计量改造
地下综合管廊	（十五）建设地下综合管廊。城市新区、各类园区、成片开发区域**新建**道路必须**同步**建设地下综合管廊，老城区要结合地铁建设、河道治理、道路整治、旧城更新、棚户区改造等，逐步推进地下综合管廊建设。凡建有地下综合管廊的区域，各类管线必须**全部入廊**，管廊以外区域**不得新建**管线

21-7［2023-71］根据《关于进一步加强城市规划建设管理工作的若干意见》，下列城市设计管理的说法，正确的是（　　　）。

A. 城市设计师落实城市规划，指导城市设计，塑造城市特色风貌的有效手段

B. 城市设计可以优先突出建筑外观形象、体现城市与众不同的特征

C. 城市发展应当大力拆除老城区老旧建筑，建设体现时代特征的超高层建筑，提高城市环境品质

D. 街道的立面色彩应标新立异、体现城市设计的多样性

答案： A

解析： 参见考点 4 中"塑造城市特色风貌"相关规定。

考点 5：《中华人民共和国城市房地产管理法》相关规定【★★★★★】

适用范围	第二条　在中华人民共和国城市规划区**国有土地**（以下简称国有土地）范围内取得房地产开发用地的土地使用权，从事房地产**开发**、房地产**交易**，实施房地产**管理**，应当遵守本法。 本法所称房屋，是指土地上的房屋等建筑物及构筑物。 本法所称房地产开发，是指在依据本法取得国有土地使用权的土地上进行基础设施、房屋建设的行为。 本法所称房地产交易，包括房地产**转让**、房地产**抵押**和房屋**租赁**
土地使用权出让	
定义	第八条　土地使用权出让，是指国家将**国有土地使用权**（简称土地使用权）在一定年限内出让给土地使用者，由土地使用者向国家支付**土地使用权出让金**的行为
集体土地	第九条　城市规划区内的集体所有的土地，经依法**征收**转为**国有土地**后，该幅国有土地的使用权方可有偿出让，但法律另有规定的除外。【2021】
原则	第十条　土地使用权出让必须符合**土地利用总体规划**、**城市规划**和**年度建设用地计划**。【2024，2022（12）】

批准	第十一条　县级以上地方人民政府出让土地使用权用于房地产开发的，须根据省级以上人民政府下达的控制指标拟订**年度出让土地使用权总面积方案**，按照国务院规定，报**国务院**或者**省级人民政府**批准
出让方式	第十三条　土地使用权出让，可以采取**拍卖、招标**或者**双方协议**的方式。【2022（5）】**商业、旅游、娱乐**和**豪华住宅**用地，有条件的，必须采取**拍卖、招标**方式；没有条件，不能采取拍卖、招标方式的，可以采取双方协议的方式。采取双方协议方式出让土地使用权的出让金不得低于按国家规定所确定的最低价
最高年限	第十四条　土地使用权出让**最高年限**由**国务院**规定。【2021，2020】 《中华人民共和国城镇国有土地使用权出让和转让暂行条例》 第十二条　土地使用权出让最高年限按下列用途确定： （一）居住用地 70 年； （二）工业用地 50 年； （三）教育、科技、文化、卫生、体育用地 50 年； （四）商业、旅游、娱乐用地 40 年； （五）综合或者其他用地 50 年
出让合同	第十五条　土地使用权出让，应当签订**书面出让合同**。 土地使用权出让合同由**市、县人民政府土地管理部门**与土地使用者签订
年限届满	第二十二条　土地使用权出让合同约定的使用年限届满，土地使用者需要继续使用土地的，应当至迟于**届满前一年**申请续期，除根据社会公共利益需要收回该幅土地的，应当予以批准。经批准准予续期的，应当重新签订土地使用权出让合同，依照规定支付土地使用权出让金
土地使用权划拨	
定义	第二十三条　土地使用权划拨，是指**县级以上人民政府**依法批准，在土地使用者缴纳**补偿、安置**等费用后将该幅土地交付其使用，或者将土地使用权**无偿交付**给土地使用者使用的行为。 依照本法规定以划拨方式取得土地使用权的，除法律、行政法规另有规定外，**没有使用期限**的限制
划拨条件	第二十四条　下列建设用地的土地使用权，确属必需的，可以由**县级以上人民政府**依法批准划拨：【2022（12），2021】 （一）**国家机关**用地和**军事**用地； （二）城市**基础设施**用地和**公益事业**用地； （三）国家**重点扶持**的能源、交通、水利等项目用地； （四）法律、行政法规规定的其他用地

	房地产开发
原则	第二十五条　房地产开发必须严格执行城市规划，按照经济效益、社会效益、环境效益相统一的原则，实行**全面规划**、**合理布局**、**综合开发**、**配套建设**
逾期未动工	第二十六条　以**出让**方式取得土地使用权进行房地产开发的，必须按照土地使用权出让合同约定的土地用途、动工开发期限开发土地。 超过出让合同约定的动工开发日期**满一年**未动工开发的，可以征收相当于土地使用权出让金**20％以下**的**土地闲置费**； **满二年**未动工开发的，可以**无偿收回**土地使用权；但是，因不可抗力或者政府、政府有关部门的行为或者动工开发必需的前期工作造成动工开发迟延的除外
合格标准	第二十七条　房地产开发项目的设计、施工，必须符合国家的有关标准和规范。 房地产开发项目**竣工**，经**验收合格**后，方可交付使用
开发企业成立条件	第三十条　房地产开发企业是以**营利**为目的，从事房地产开发和经营的企业。设立房地产开发企业，应当具备下列条件： （一）有自己的**名称**和**组织机构**； （二）有固定的**经营场所**； （三）有符合国务院规定的**注册资本**； （四）有**足够**的**专业技术人员**； （五）法律、行政法规规定的其他条件。 设立房地产开发企业，应当向**工商行政管理部门**申请设立登记。工商行政管理部门对符合本法规定条件的，应当予以登记，发给**营业执照**。 房地产开发企业在领取营业执照后的**一个月内**，应当到登记机关所在地的县级以上地方人民政府规定的部门**备案**
	房地产转让
范围	第三十二条　房地产转让、抵押时，房屋的所有权和该房屋占用范围内的土地使用权同时转让、抵押
不得转让	第三十八条　下列房地产，不得转让：【2022（5）】 （一）**以出让方式取得土地使用权的**，不符合本法第三十九条规定的条件的； （二）司法机关和行政机关依法裁定、决定查封或者以其他形式限制房地产权利的； （三）**依法收回土地使用权**的； （四）共有房地产，**未经其他共有人书面同意**的； （五）权属有争议的； （六）**未依法登记领取权属证书**的； （七）法律、行政法规规定禁止转让的其他情形
出让转让	第三十九条　以出让方式取得土地使用权的，转让房地产时，应符合下列条件： （一）按照出让合同约定已经支付**全部土地使用权出让金**，并取得**土地使用权证书**；

出让转让	（二）按照出让合同约定进行投资开发，属于房屋建设工程的，完成开发投资总额的**25%以上**，属于成片开发土地的，形成工业用地或者其他建设用地条件。【2022（5）】 转让房地产时房屋已经建成的，还应当持有房屋所有权证书
划拨转让	第四十条 以划拨方式取得土地使用权的，转让房地产时，应当按照国务院规定，报有批准权的人民政府审批。 有批准权的人民政府准予转让的，应当由受让方办理土地使用权出让手续，并依照国家有关规定缴纳土地使用权出让金。 以划拨方式取得土地使用权的，转让房地产报批时，有批准权的人民政府按照国务院规定决定可以不办理土地使用权出让手续的，转让方应当按照国务院规定将转让房地产所获收益中的土地收益上缴国家或者作其他处理
商品房预售	第四十五条 商品房预售，应当符合下列条件： （一）已交付**全部土地使用权出让金**，取得**土地使用权证书**； （二）持有**建设工程规划许可证**； （三）按提供预售的商品房计算，投入开发建设的资金达到工程建设总投资的**25%以上**，并已经确定**施工进度**和**竣工交付日期**； （四）向县级以上人民政府房产管理部门办理预售登记，取得**商品房预售许可证明**。 商品房预售人应当按照国家有关规定将预售合同报县级以上人民政府房产管理部门和土地管理部门登记备案。 商品房预售所得款项，必须用于有关的工程建设
房地产抵押	
定义	第四十七条 房地产抵押，是指抵押人以其合法的房地产以**不转移占有**的方式向抵押权人提供债务履行担保的行为。债务人不履行债务时，抵押权人有权依法以抵押的房地产拍卖所得的价款优先受偿
抵押权	第四十八条 依法取得的**房屋所有权**连同该房屋占用范围内的**土地使用权**，可以设定抵押权。以**出让**方式取得的土地使用权，可以设定**抵押权**
抵押凭证	第四十九条 房地产抵押，应当凭**土地使用权证书、房屋所有权证书**办理
抵押合同	第五十条 房地产抵押，抵押人和抵押权人应当签订**书面**抵押合同
抵押财产	第五十二条 房地产抵押合同签订后，土地上**新增的房屋不属于抵押财产**。 需要拍卖该抵押的房地产时，可以依法将土地上新增的房屋与抵押财产一同拍卖，但对拍卖新增房屋所得，抵押权人无权优先受偿

典型习题

21-8 [2024-73] 下列与房地产开发无关的是（　　）。

A. 城市总体规划　　　　　　　　B. 政府年度供地计划

C. 城市规划建设用地　　　　　　D. 政府年度财政预算计划

答案： D

解析： 参见考点5中"原则"相关规定，土地使用权出让，必须符合土地利用总体规划、城市规划和年度建设用地计划。

21-9 [2022（12）-82] 根据《中华人民共和国城市房地产管理法》，土地使用权出让必须符合（　　）。

A. 可持续发展规划　　　　　　　　B. 经济发展管理规划

C. 乡规划　　　　　　　　　　　　D. 年度建设用地规划

答案： D

解析： 参见考点5中土地使用权出让"原则"相关规定，土地使用权出让，必须符合土地利用总体规划、城市规划和年度建设用地计划。

21-10 [2022（12）-83] 下列建设用地的土地使用，确需的，可以由县级以上人民政府依法批准划拨的是（　　）。

A. 商业用地　　　　　　　　　　　B. 公益事业用地

C. 旅游用地　　　　　　　　　　　D. 豪华住宅用地

答案： B

解析： 参见考点5中土地使用权划拨"划拨条件"相关规定。

21-11 [2022（5）-78] 下列选项中，根据城市房地产管理法下列房地产可以转让的（　　）。

A. 共有房地产，经其他共有人书面同意

B. 依法撤回土地使用权

C. 未依法领取权属证书

D. 按照出让合同约定进行开发投资，并完成开发总投资额20%的

答案： A

解析： 参见考点5中房地产转让"不得转让""出让转让"相关规定，依法撤回土地使用权、未依法领取权属证书属于不得转让。按照出让合同约定进行投资开发，属于房屋建设工程的，完成开发投资总额的25%以上，才可转让。

21-12 [2020-79] 下列选项中，土地使用权出让最高年限由（　　）规定。

A. 全国人民代表大会　　　　　　　B. 国务院

C. 省级人民代表大会　　　　　　　D. 省级人民政府

答案： B

解析： 参见考点5中土地使用权出让"最高年限"相关规定。

第二十二章　工程监理的有关规定

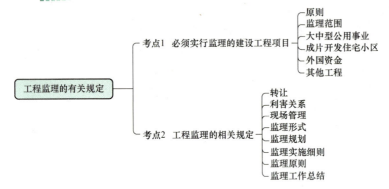

考 点	近 5 年考试分值统计					
	2024 年	2023 年	2022 年 12 月	2022 年 5 月	2021 年	2020 年
考点 1　必须实行监理的建设工程项目	0	1	0	0	0	0
考点 2　工程监理的相关规定	2	0	1	2	1	1
总　计	2	1	1	2	1	1

考点 1：必须实行监理的建设工程项目【★】

原则	《中华人民共和国建筑法》第三十条　国家推行建筑工程监理制度。**国务院**可以规定实行**强制监理**的建筑工程的范围
《建设工程监理范围和规模标准规定》相关规定	
监理范围	第二条　下列建设工程必须实行监理： （一）**国家重点**建设工程； （二）**大中型公用事业**工程； （三）**成片开发建设的住宅小区**工程； （四）利用**外国政府**或者**国际组织贷款、援助资金**的工程； （五）国家规定必须实行监理的其他工程
大中型公用事业	第四条　大中型公用事业工程，是指项目总投资额在**3000 万元以上**的下列工程项目： （一）供水、供电、供气、供热等市政工程项目； （二）科技、教育、文化等项目； （三）体育、旅游、商业等项目； （四）卫生、社会福利等项目； （五）其他公用事业项目

324

成片开发 住宅小区	第五条　成片开发建设的住宅小区工程，建筑面积在**5万平方米以上**的住宅建设工程**必须**实行监理；5万平方米以下的住宅建设工程，可以实行监理，具体范围和规模标准，由省、自治区、直辖市人民政府建设行政主管部门规定。【2023】 为了保证住宅质量，对**高层住宅**及**地基、结构复杂的多层住宅**应当实行监理
外国资金	第六条　利用外国政府或者国际组织贷款、援助资金的工程范围包括： （一）使用**世界银行、亚洲开发银行**等国际组织贷款资金的项目； （二）使用**国外政府**及其机构贷款资金的项目； （三）使用**国际组织或者国外政府援助资金**的项目
其他工程	第七条　国家规定必须实行监理的其他工程是指： （一）项目总投资额在**3000万元以上**关系社会公共利益、公众安全的下列基础设施项目： （1）煤炭、石油、化工、天然气、电力、新能源等项目； （2）铁路、公路、管道、水运、民航以及其他交通运输业等项目； （3）邮政、电信枢纽、通信、信息网络等项目； （4）防洪、灌溉、排涝、发电、引（供）水、滩涂治理、水资源保护、水土保持等水利建设项目； （5）道路、桥梁、地铁和轻轨交通、污水排放及处理、垃圾处理、地下管道、公共停车场等城市基础设施项目； （6）生态环境保护项目； （7）其他基础设施项目。 （二）**学校、影剧院、体育场馆**项目

典型习题

22-1［2023-73］下列建筑中，必须实施监理的项目是（　　）。

A. 投资额2000万元的县科技馆

B. 投资额2500万元的电信枢纽

C. 由民营房地产公司投资开发建设的6万m² 住宅小区工程

D. 外资投资建设的1万m² 多层厂房

答案：C

解析：参见考点1中"成片开发住宅小区"相关规定，成片开发建设的住宅小区工程，建筑面积在5万m² 以上的住宅建设工程必须实行监理。选项D为外资投资，并非是国际组织、外国政府及其机构的贷款资金、援助资金，无需监理。选项A、C投资额未达到3000万元，无需监理。

22-2［2018-68］下列工程中，不是必须实行监理的是（　　）。

A. 国家重点建设工程

B. 大中型公用事业工程

C. 校园宿舍建设工程

D. 利用外国政府或者国际组织贷款、援助资金的工程

答案：C

解析：参见考点1中"监理范围"相关规定。

考点 2：工程监理的相关规定【★★★★】

	《建筑法》相关规定		
权利	第三十二条 建筑工程监理应当依照法律、行政法规及有关的技术标准、设计文件和建筑工程承包合同，对承包单位在施工质量、建设工期和建设资金使用等方面，代表建设单位实施监督。 工程监理人员认为工程施工不符合工程设计要求、施工技术标准和合同约定的，有权要求建筑施工企业改正。 工程监理人员发现工程设计不符合建筑工程质量标准或者合同约定的质量要求的，应当报告建设单位要求设计单位改正		
义务	第三十四条 工程监理单位应当在其资质等级许可的监理范围内，承担工程监理业务。 工程监理单位应当根据建设单位的委托，客观、公正地执行监理任务。 工程监理单位与被监理工程的承包单位以及建筑材料、建筑构配件和设备供应单位不得有隶属关系或者其他利害关系。【2024】 工程监理单位不得转让工程监理业务		
现场管理	第三十七条 工程监理单位应选派具备相应资格的总监理工程师和监理工程师进驻施工现场。 未经监理工程师签字，建筑材料、建筑构配件和设备不得在工程上使用或者安装，施工单位不得进行下一道工序的施工。【2024，2022（12），2022（5），2020】 未经总监理工程师签字，建设单位不拨付工程款，不进行竣工验收		
监理形式	第三十八条 监理工程师应按照工程监理规范要求，采取旁站、巡视和平行检验等形式，对建设工程实施监理【2022（5）】形式还包含见证取样		
	《建设工程监理规范》（GB/T 50319—2013）相关规定		
开工前	1.0.4 工程开工前，建设单位应将工程监理单位的名称，监理的范围、内容和权限及总监理工程师的姓名书面通知施工单位		
负责	1.0.7 建设工程监理应实行总监理工程师负责制		
工作内容	2.0.2 工程监理单位受建设单位委托，根据法律法规、工程建设标准、勘察设计文件及合同，在施工阶段对建设工程质量、进度、造价进行控制，对合同、信息进行管理，对工程建设相关方的关系进行协调，并履行建设工程安全生产管理法定职责的服务活动		
监理规划	2.0.10 项目监理机构全面开展建设工程监理工作的指导性文件		
监理实施细则	2.0.11 针对某一专业或某一方面建设工程监理工作的操作性文件		
具体形式	2.0.13 旁站：项目监理机构对工程的关键部位或关键工序的施工质量进行的监督活动。 2.0.14 巡视：项目监理机构对施工现场进行的定期或不定期的检查活动。 2.0.15 平行检验：项目监理机构在施工单位自检的同时，按有关规定、建设工程监理合同约定对同一检验项目进行的检测试验活动。 2.0.16 见证取样：项目监理机构对施工单位进行的涉及结构安全的试块、试件及工程材料现场取样、封样、送检工作的监督活动		

监理人员	3.1.2 项目监理机构的监理人员应由**总监理工程师、专业监理工程师**和**监理员**组成，且专业配套、数量应满足建设工程监理工作需要，必要时可设总监理工程师代表
调换	3.1.4 工程监理单位调换总监理工程师时，应征得建设单位**书面同意**； 调换专业监理工程师时，总监理工程师应**书面通知**建设单位
职责	3.2.1 总监理工程师应履行下列职责： **组织**验收**分部工程**，组织审查单位工程质量检验资料。 审查施工单位的竣工申请，**组织**工程竣工**预验收**，组织编写工程质量评估报告，**参与工程竣工验收**。 3.2.3 专业监理工程师应履行下列职责： 验收**检验批、隐蔽工程、分项**工程，**参与验收分部**工程
监理原则	5.1.1 项目监理机构应根据建设工程监理合同约定，遵循**动态控制**原理，坚持**预防为主**的原则【2022（5）】
具体方式	5.2.9 项目监理机构应审查施工单位报送的用于工程的材料、构配件、设备的质量证明文件，并应按有关规定、建设工程监理合同约定，对用于工程的材料进行**见证取样、平行检验**。 5.2.11 项目监理机构应根据工程特点和施工单位报送的施工组织设计，确定**旁站**的关键部位、关键工序，安排监理人员进行旁站，并应及时记录旁站情况。 5.2.12 项目监理机构应安排监理人员对工程施工质量进行**巡视**。 5.2.13 项目监理机构应根据工程特点、专业要求，以及建设工程监理合同约定，对施工质量进行**平行检验**
监理工作总结	7.2.4 监理工作总结应包括下列主要内容： 1 工程概况； 2 项目监理机构； 3 建设工程监理合同履行情况； 4 监理工作成效； 5 监理工作中发现的问题及其处理情况； 6 说明和建议

 典型习题

22-3［2024-63］根据《建筑法》，不允许同时发包给同一个工程承包单位的是（   ）。

A. 施工与勘察　　　　　　　　　B. 施工与设备采购

C. 施工与设计　　　　　　　　　D. 施工与监理

答案：D

解析：参见考点2中"义务"相关规定，工程监理单位与被监理工程的承包单位（施工单位）不得有隶属关系或者其他利害关系。

22-4 [2024-74] 下列关于工程监理相关内容，正确的是（　　）。

A. 经建设单位书面同意，工程监理单位可以转让监理业务

B. 工程监理单位可以与设计单位是隶属关系

C. 经总监理工程师同意方可进行下道工序施工

D. 监理工程师对施工质量需旁站进行监理

答案： B

解析： 参见考点 2 中"义务""现场管理""监理形式"相关规定。

22-5 [2022（12）-84] 根据《建设工程质量管理条例》，必须监理工程师签字的是（　　）。

A. 工程竣工验收备案申请　　　　　B. 施工图的使用

C. 建筑设备的采购　　　　　　　　D. 建筑构配件的安装

答案： D

解析： 参见考点 2 中"现场管理"相关规定，未经监理工程师签字，建筑材料、构配件和设备不得在工程上使用或安装，施工单位不得进行下一道工序施工。

22-6 [2022（5）-81] 下列选项中，监理工程师实施监理的形式不包括（　　）。

A. 评估　　　　　　B. 平行检验　　　　　C. 巡视　　　　　　D. 旁站

答案： A

解析： 参见考点 2 中"监理形式"相关规定，项目监理机构采用旁站、巡视和平行检验等方式对建设工程实施监理。

22-7 [2021-81] 甲单位建设一项工程，已委托乙单位设计、丙单位施工，丁、戊单位均有意向参与其监理工作，丙与戊同属一个企业集团，乙、丙、丁、戊均具有相应工程监理资质等级，甲可以选择以下哪项中的一家监理其工程？（　　）

A. 乙、丙　　　　　B. 乙、丁　　　　　C. 丙、戊　　　　　D. 丁、戊

答案： B

解析： 参见考点 2 中"义务"相关规定，工程监理单位与被监理工程的施工承包单位以及建筑材料、建筑构配件和设备供应单位有隶属关系或者其他利害关系的，不得承担该项建设工程的监理业务。丙是施工单位，不能自己监理自己，戊和施工单位丙同属一个集团也不行。

22-8 [2019-82] 下列选项中，工程建设监理的工作内容不包括（　　）。

A. 控制工程建设的投资　　　　　　B. 控制建设工期计划和工程质量

C. 进行工程建设合同管理　　　　　D. 组织工程竣工验收

答案： D

解析： 参见考点 2 中"工作内容"相关规定，项目监理机构在施工阶段对建设工程质量、进度、造价进行控制，对合同、信息进行管理，对工程建设相关方的关系进行协调，并履行建设工程安全生产管理法定职责。建设单位负责组织工程竣工验收，总监理工程师参与工程竣工验收。

第二十三章　招投标管理

思维导图

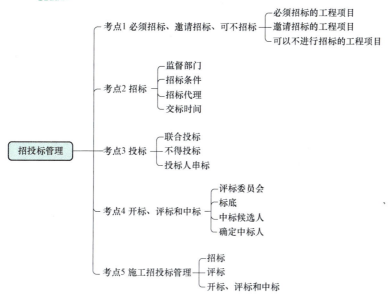

招投标管理
- 考点1 必须招标、邀请招标、可不招标
  - 必须招标的工程项目
  - 邀请招标的工程项目
  - 可以不进行招标的工程项目
- 考点2 招标
  - 监督部门
  - 招标条件
  - 招标代理
  - 交标时间
- 考点3 投标
  - 联合投标
  - 不得投标
  - 投标人串标
- 考点4 开标、评标和中标
  - 评标委员会
  - 标底
  - 中标候选人
  - 确定中标人
- 考点5 施工招投标管理
  - 招标
  - 评标
  - 开标、评标和中标

考情分析

考　　点	近 5 年考试分值统计					
	2024 年	2023 年	2022 年 12 月	2022 年 5 月	2021 年	2020 年
考点 1　必须招标、邀请招标、可不招标	1	1	0	2	0	0
考点 2　招标	2	0	1	1	0	2
考点 3　投标	1	0	1	0	2	1
考点 4　开标、评标和中标	0	0	0	1	0	1
考点 5　施工招投标管理	0	0	0	0	0	0
总　　计	4	1	2	4	2	4

考点 1：必须招标、邀请招标、可不招标 【★★★】

	必须招标的工程项目
《招标投标法》相关规定	第三条　在境内进行下列工程建设项目包括项目的**勘察、设计、施工、监理**以及与工程建设有关的**重要设备、材料等**的采购，必须进行招标： （一）**大型基础设施、公用事业**等关系社会**公共利益、公众安全**的项目； （二）**全部**或者**部分**使用**国有资金**投资或者**国家融资**的项目； （三）使用**国际组织**或者**外国政府贷款、援助资金**的项目

《必须招标的工程项目规定》相关规定	国有资金	第二条　全部或者部分使用国有资金投资或者国家融资的项目包括： （一）使用预算资金200万元人民币以上，且该资金占投资额10%以上的项目； （二）使用国有企业事业单位资金，并且该资金占控股或者主导地位的项目
	境外资金	第三条　使用国际组织或者外国政府贷款、援助资金的项目包括： （一）使用世界银行、亚洲开发银行等国际组织贷款、援助资金的项目； （二）使用外国政府及其机构贷款、援助资金的项目
	大型基建	第四条　不属于本规定第二条、第三条规定情形的大型基础设施、公用事业等关系社会公共利益、公众安全的项目，必须招标的具体范围由国务院发展改革部门会同国务院有关部门按照确有必要、严格限定的原则制订，报国务院批准
	合同估算价	第五条　本规定第二条至第四条规定范围内的项目，其勘察、设计、施工、监理以及与工程建设有关的重要设备、材料等的采购达到下列标准之一的，必须招标： （一）施工单项合同估算价在400万元人民币以上； （二）重要设备、材料等货物的采购，单项合同估算价在200万元人民币以上； （三）勘察、设计、监理等服务采购，单项合同估算价在100万元人民币以上【2022(5)】

邀请招标的工程项目

《招标投标法》相关规定	第十条　招标分为公开招标和邀请招标。 公开招标，是指招标人以招标公告的方式邀请不特定的法人或其他组织投标。 邀请招标，是指招标人以投标邀请书的方式邀请特定的法人或其他组织投标。 第十一条　国务院发展计划部门确定的国家重点项目和省、自治区、直辖市人民政府确定的地方重点项目不适宜公开招标的，经国务院发展计划部门或者省、自治区、直辖市人民政府批准，可进行邀请招标。【2022（5）】 第十七条　招标人采用邀请招标的，应向三个以上具备承担招标项目的能力、资信良好的特定的法人或其他组织发出投标邀请书
《招标投标法实施条例》相关规定	第八条　国有资金占控股或主导地位的依法必须进行招标，有下列情形之一的可邀请招标： （一）技术复杂、有特殊要求或受自然环境限制，只有少量潜在投标人可供选择 （二）采用公开招标方式的费用占项目合同金额的比例过大

可以不进行招标的工程项目

《招标投标法》相关规定	第六十六条　涉及国家安全、国家秘密、抢险救灾或者属于利用扶贫资金实行以工代赈、需要使用农民工等特殊情况，不适宜进行招标的项目，按照国家有关规定可以不进行招标
《招标投标法实施条例》相关规定	第九条　除招标投标法第六十六条规定的可以不进行招标的特殊情况外，有下列情形之一的，可以不进行招标：【2024】 （一）需要采用不可替代的专利或者专有技术； （二）采购人依法能够自行建设、生产或者提供； （三）已通过招标方式选定的特许经营项目投资人依法能够自行建设、生产或者提供； （四）需要向原中标人采购工程、货物或者服务，否则将影响施工或者功能配套要求； （五）国家规定的其他特殊情形

《建筑工程设计招标投标管理办法》相关规定	第四条　建筑工程设计招标范围和规模标准按照国家有关规定执行，有下列情形之一的，可以不进行招标：【2023】 （一）采用**不可替代**的专利或者专有技术的； （二）对建筑艺术造型有**特殊要求**，**并经有关主管部门批准**的； （三）建设单位依法能够**自行设计**的； （四）建筑工程项目的改建、扩建或者技术改造，需要由原设计单位设计，**否则将影响**功能配套要求的； （五）国家规定的其他特殊情形
《工程建设项目勘察设计招标投标办法》	第四条　按照国家规定需要履行项目审批、核准手续的依法必须进行招标的项目，有下列情形之一的，经项目审批、核准部门审批、核准，项目的勘察设计可以不进行招标： （一）涉及国家安全、国家秘密、抢险救灾或者属于利用扶贫资金实行以工代赈、需要使用农民工等特殊情况，不适宜进行招标； （二）主要工艺、技术采用不可替代的专利或者专有技术，或者其建筑艺术造型有特殊要求； （三）采购人依法能够自行勘察、设计； （四）已通过招标方式选定的特许经营项目投资人依法能够自行勘察、设计； （五）**技术复杂或专业性强**，能够满足条件的勘察设计单位少于**三家**，不能形成有效竞争； （六）已建成项目需要改、扩建或者技术改造，由其他单位进行设计影响项目功能配套性； （七）国家规定其他特殊情形

 典型习题

23-1［2024-60］根据《招标投标法实施条例》，可不进行招标的是（　　）。

A. 推荐采用专利的建设工程

B. 采购人依法能自行建设、生产或提供的建设工程

C. 拟定的特许经营投资人依法能自行建造的建设工程

D. 改扩建项目

答案：B

解析：参见考点1中"可以不进行招标的工程项目"中"《招标投标法实施条例》相关规定"。

23-2［2023-65］根据《建筑工程设计招标投标管理办法》，下列建设工程设计明确可以不进行招标的是（　　）。

A. 对造型艺术有特殊要求的项目　　　　B. 有专有技术的

C. 建设单位可依法自行设计的项目　　　D. 改扩建的

答案：C

解析：参见考点1中"可以不进行招标的工程项目"中"《建筑工程设计招标投标管理办法》相关规定"。

23-3［2022（5）-66］某县省级地方重点项目不适合公开招标的，可以邀请招标。该项目邀请招标的批准部门是（　　）。

A. 本县人民政府　　　　　　　　　　　B. 本市人民政府

C. 本省人民政府发展改革部门　　　　　D. 本省人民政府

答案：D

解析：参见考点1中"邀请招标的工程项目"中"《招标投标法》相关规定"，经国务院发展计划部门或者省、自治区、直辖市人民政府批准，可进行邀请招标。

考点2：招标【★★★★★】

原则	《招标投标法》第五条　招标投标活动应当遵循公开、公平、公正和诚实信用的原则		
监督部门	《招标投标法实施条例》第四条国务院发展改革部门指导和协调全国招标投标工作，对国家重大建设项目的工程招标投标活动实施监督检查		
	《建设工程设计招标投标管理办法》第三条　国务院住房城乡建设主管部门依法对全国建筑工程设计招标投标活动实施监督。 县级以上地方人民政府住房城乡建设主管部门依法对本行政区域内建筑工程设计招标投标活动实施监督，依法查处招标投标活动中违法违规行为。【2022（5）】		
招标条件	《工程建设项目勘察设计招标投标办法》第九条　依法必须进行勘察设计招标的工程建设项目，在招标时应当具备下列条件：【2024】 （一）招标人已经依法成立； （二）按照国家有关规定需要履行项目审批、核准或者备案手续的，已经审批、核准或者备案； （三）勘察设计有相应资金或者资金来源已经落实； （四）所必需的勘察设计基础资料已经收集完成； （五）法律法规规定的其他条件		
招标代理	《招标投标法》第十三条　招标代理机构是依法设立、从事招标代理业务并提供相关服务的社会中介组织。 招标代理机构应当具备下列条件： （一）有从事招标代理业务的营业场所和相应资金； （二）有能够编制招标文件和组织评标的相应专业力量； 第十四条　招标代理机构与行政机关和其他国家机关不得存在隶属关系或者其他利益关系		
	《招标投标法实施条例》第十二条　招标代理机构应当拥有一定数量的具备编制招标文件、组织评标等相应能力的专业人员。 第十三条　招标代理机构在招标人委托的范围内开展招标代理业务，任何单位和个人不得非法干涉。 招标代理机构代理招标业务，应当遵守招标投标法和本条例关于招标人的规定。招标代理机构不得在所代理的招标项目中投标或者代理投标，也不得为所代理的招标项目的投标人提供咨询		
招标自主	《招标投标法》第十二条　招标人有权自行选择招标代理机构，委托其办理招标事宜。任何单位和个人不得以任何方式为招标人指定招标代理机构。 招标人具有编制招标文件和组织评标能力的，可以自行办理招标事宜。任何单位和个人不得强制其委托招标代理机构办理招标事宜		
招标公告	《招标投标法》第十六条　招标人采用公开招标的，应发布招标公告。依法必须进行招标项目的招标公告，应通过国家指定报刊、信息网络或其他媒介发布。招标公告应当载明招标人的名称和地址、招标项目的性质、数量、实施地点和时间以及获取招标文件的办法等事项		
发售	《招标投标法实施条例》第十六条　招标人应当按照资格预审公告、招标公告或者投标邀请书规定的时间、地点发售资格预审文件或者招标文件。资格预审文件或者招标文件的发售期不得少于5日		

资格预审	《招标投标法实施条例》第十九条　通过资格预审的申请人**少于 3 个**的，应当重新招标
招标文件修改	《招标投标法》第二十三条　招标人对已发出的**招标文件**进行必要的**澄清或修改**的，应当在招标文件要求提交投标文件截止时间至少**15 日前**，以**书面形式**通知所有招标文件收受人。该澄清或修改的内容为招标文件的组成部分
投标人异议	《招标投标法实施条例》第二十二条　潜在投标人或其他利害关系人对**资格预审文件**有异议的，应当在提交资格预审申请文件截止时间**2 日前**提出；对**招标文件**有异议的，应在投标截止时间**10 日前**提出。 招标人应收到异议之日起**3 日内**作出答复；作出**答复前应暂停招标投标活动**【2024】
交标时间	《招标投标法》第二十四条　依法必须进行招标的项目，自招标文件开始发出之日起至投标人提交投标文件截止之日止，最短不得少于**20 日**【2022（12），2020】
投标有效期	《招标投标法实施条例》第二十五条　招标人**应当**在招标文件中载明投标有效期。投标有效期从**提交投标文件的截止之日**起算
投标保证金	《招标投标法实施条例》第二十六条　招标人在招标文件中要求投标人提交投标保证金的，投标保证金不得超过招标项目估算价的**2%**。投标保证金有效期应当与**投标有效期**一致
标底投标限价	《招标投标法实施条例》第二十七条　招标人可以自行决定是否编制标底。一个招标项目**只能有一个标底。标底必须保密。** 接受委托编制**标底的中介机构**不得参加受托编制标底项目的投标，也不得为该项目的投标人编制投标文件或者提供咨询。招标人设有最高投标限价的，应当在招标文件中**明确最高投标限价**或最高投标限价的计算方法。招标人**不得**规定**最低投标限价**
踏勘	《招标投标法实施条例》第二十八条　招标人不得组织**单个或部分**潜在投标人踏勘项目现场。【2020】
分阶段招标	《招标投标法实施条例》第三十条　对技术复杂或者无法精确拟定技术规格的项目，招标人可以分**两阶段**进行招标。 第一阶段，投标人按照招标公告或者投标邀请书的要求提交**不带报价的技术建议**，招标人根据投标人提交的技术建议确定技术标准和要求，编制招标文件。 第二阶段，招标人向在第一阶段提交技术建议的投标人提供招标文件，投标人按照招标文件的要求提交包括**最终技术方案和投标报价的投标文件**。 招标人要求投标人提交投标保证金的，应当在**第二阶段**提出
不合理限制	《招标投标法实施条例》第三十二条　招标人不得以不合理的条件限制、排斥潜在投标人或者投标人。 招标人有下列行为之一的，**属于以不合理条件限制、排斥潜在投标人或者投标人**： （一）就同一招标项目向潜在投标人或者投标人提供有差别的项目信息； （二）设定的资格、技术、商务条件与招标项目的具体特点和实际需要不相适应或者与合同履行无关； （三）依法必须进行招标的项目以特定行政区域或者特定行业的业绩、奖项作为加分条件或者中标条件； （四）对潜在投标人或者投标人采取不同的资格审查或者评标标准； （五）限定或者指定特定的专利、商标、品牌、原产地或者供应商； （六）依法必须进行招标的项目非法限定潜在投标人或者投标人的所有制形式或者组织形式； （七）以其他不合理条件限制、排斥潜在投标人或者投标人

招标人处罚	《建筑工程设计招标投标管理办法》第三十二条　招标人有下列情形之一的，由**县级以上地方人民政府住房城乡建设主管部门**责令改正，【2022（5）】可以处中标项目金额 10‰ 以下的罚款；给他人造成损失的，依法承担赔偿责任；对单位直接负责的主管人员和其他直接责任人员依法给予处分： （一）无正当理由未按本办法规定发出中标通知书； （二）不按照规定确定中标人； （三）中标通知书发出后无正当理由改变中标结果； （四）无正当理由未按本办法规定与中标人订立合同； （五）在订立合同时向中标人**提出附加条件**

典型习题

23-4〔2024-65〕必须招标的项目，勘察设计招标时必须具备条件（　　）。

A. 已具备招标的施工单位　　　　　　B. 已具备建设资金

C. 所必需的勘察设计基础资料已经收集完成　D. 已具备招标监理单位

答案：C

解析：参见考点 2 中"招标条件"相关规定。

23-5〔2024-59〕关于招投标活动的说法，正确的是（　　）。

A. 招投标活动场所由行政监督部门设立，不得以营利为目的

B. 招标代理机构可以向所招标项目的投标人提供咨询服务

C. 潜在投标人对资格预审文件有异议的，可以随时提出

D. 招标人收到潜在投标人对招标文件的异议后，作出答复前应暂停投标活动

答案：D

解析：参见考点 2 中"招标代理""投标人异议"相关规定。

23-6〔2020-72〕依法进行招标的项目，自招标文件开始发出之日起至投标人提交投标文件截止之日止，最短不得小于（　　）。

A. 10 日　　　　　　　B. 20 日　　　　　　　C. 30 日　　　　　　　D. 40 日

答案：B

解析：参见考点 2 中"交标时间"相关规定，最短不得少于二十日。

考点 3：投标【★★★★】

投标人	《招标投标法》第二十五条　投标人是响应招标、参加投标竞争的法人或其他组织。依法招标的**科研**项目允许**个人**参加投标的
投标人数量	《招标投标法》第二十六条　招标人收到投标文件后，应当签收保存，不得开启。投标人**少于三个**的，招标人应当依照本法**重新招标**
补充修改	《招标投标法》第二十九条　投标人在招标文件要求提交投标文件的**截止时间前**，可以补充、修改或者撤回已提交的投标文件，并书面通知招标人。补充、修改的内容为投标文件的组成部分

联合投标	《招标投标法》第三十一条 两个以上法人或者其他组织可以组成一个联合体，以**一个投标人**的身份共同投标。 　　联合体各方均应具备承担招标项目的相应能力；国家有关规定或招标文件对投标人资格条件有规定的，联合体各方均应当具备规定的相应资格条件。由同一专业的单位组成的联合体，按照**资质等级较低**的单位确定资质等级【2021】	
	《建筑工程设计招标投标管理办法》第十一条 招标人应当在资格预审公告、招标公告或者投标邀请书中载明**是否接受**联合体投标。采用联合体形式投标的，联合体各方应当签订共同投标**协议**，明确约定各方承担的工作和责任，就中标项目向招标人承担**连带责任**【2024】	
不得投标	《招标投标法实施条例》第三十四条 与招标人存在**利害关系**可能影响招标公正性的法人、其他组织或者个人，不得参加投标。**单位负责人为同一人**或者存在**控股、管理关系**的不同单位，不得参加**同一标段投标**或者未划分标段的**同一招标项目**投标【2021】	
投标撤回	《招标投标法实施条例》第三十五条 投标人撤回已提交的投标文件，应当在**投标截止时间前**书面通知招标人。招标人已收取投标保证金的，应自收到投标人书面撤回通知之日起**5日**内退还	
投标人串标	投标人之间	《招标投标法实施条例》第三十九条 有下列情形之一的，属于投标人相互串通投标： （一）投标人之间协商投标报价等投标文件的实质性内容； （二）投标人之间约定中标人； （三）投标人之间约定部分投标人放弃投标或者中标；【2022（12），2020】 （四）属于同一集团、协会、商会等组织成员的投标人按照该组织要求协同投标； （五）投标人之间为谋取中标或者排斥特定投标人而采取的其他联合行动
	投标文件	《招标投标法实施条例》第四十条 有下列情形之一的，视为投标人相互串通投标： （一）不同投标人的投标文件由同一单位或者个人编制； （二）不同投标人委托同一单位或者个人办理投标事宜； （三）不同投标人的投标文件载明的项目管理成员为同一人； （四）不同投标人的投标文件异常一致或者投标报价呈规律性差异； （五）不同投标人的投标文件相互混装； （六）不同投标人的投标保证金从同一单位或者个人的账户转出
招标人与投标人串标	《招标投标法实施条例》第四十一条 有下列情形之一的，属于招标人与投标人串通投标： （一）招标人在开标前开启投标文件并将有关信息泄露给其他投标人； （二）招标人直接或者间接向投标人泄露标底、评标委员会成员等信息； （三）招标人明示或者暗示投标人压低或者抬高投标报价； （四）招标人授意投标人撤换、修改投标文件； （五）招标人明示或者暗示投标人为特定投标人中标提供方便； （六）招标人与投标人为谋求特定投标人中标而采取的其他串通行为	

典型习题

　　23-7［2024-66］根据《建筑工程设计招标投标管理办法》，关于联合投标的说法正确的是（　　）。

A. 接受联合体投标，是招标人的法定义务

B. 联合体应当设立新的法人

C. 联合体各方应当签订共同投标协议

D. 联合体各方应当就中标项目向招标人承担首要责任

答案： C

解析： 参见考点 3 中"联合投标"相关规定。

23 - 8［2022（12）- 72］下列选项中，属于串标的情况是（   ）。

A. 潜在投标单位私下讨论是否参加投标

B. 两家单位以联合体的名义进行投标

C. 属于同一协会的单位，可以参加同一项目的投标

D. 投标单位约定某一方放弃投标

答案： D

解析： 参见考点 3 中"投标人串标"相关规定。

23 - 9［2021 - 69］根据《招标投标法实施条例》，允许参加投标的是（   ）。

A. 与招标人有过其他项目合作的不同潜在投标人

B. 单位负责人为同一人的不同单位

C. 存在控股关系的不同单位

D. 存在管理关系的不同单位

答案： A

解析： 参见考点 3 中"不得投标"相关规定。

考点 4：开标、评标和中标【★★】

开标	《建筑法》第二十一条　建筑工程招标的开标、评标、定标由**建设单位**依法组织实施，并接受有关行政主管部门的监督
	《招标投标法》第三十五条　开标由**招标人**主持，邀请所有投标人参加
评标委员会	《招标投标法》第三十七条　评标由招标人依法组建的**评标委员会**负责。依法必须进行招标的项目，其评标委员会由**招标人的代表**和有关技术、经济等方面的**专家**组成，成员人数为**五人以上单数**，其中技术、经济等方面的**专家**不得少于成员总数的**三分之二**
	《建筑工程设计招标投标管理办法》第十六条　建筑工程**设计方案**评标时，**建筑**专业专家不得少于技术和经济方面**专家总数**的2/3 第二十七条　**大型公共建筑**工程项目评标委员会人数不应少于9人
	《招标投标法实施条例》第四十五条　**省级**人民政府和国务院有关部门应当组建**综合评标专家库**
评标方法	《工程建设项目勘察设计招标投标办法》第三十三条　勘察设计评标一般采取**综合评估法**。评标委员会应按照招标文件确定的评标标准和方法，结合经批准的项目建议书、可行性研究报告或上阶段设计批复文件，对投标人**业绩**、**信誉**和**勘察设计人员能力**及**勘察设计方案优劣**进行评定
标底	《招标投标法实施条例》第五十条　招标项目设有**标底**的，招标人应当在**开标时公布**。标底只能作为评标的参考，不得以投标报价是否接近标底作为中标条件，也不得以投标报价超过标底上下浮动范围作为否决投标的条件

否决投标	《招标投标法实施条例》第五十一条　有下列情形之一的，评标委员会应当否决其投标： （一）投标文件未经投标单位盖章和单位负责人签字； （二）投标联合体没有提交共同投标协议； （三）投标人不符合国家或者招标文件规定的资格条件； （四）同一投标人提交两个以上不同的投标文件或者投标报价，但招标文件要求提交备选投标的除外； （五）投标报价低于成本或者高于招标文件设定的最高投标限价； （六）投标文件没有对招标文件的实质性要求和条件作出响应； （七）投标人有串通投标、弄虚作假、行贿等违法行为
投标澄清	《招标投标法实施条例》第五十二条　投标文件中有含义不明确的内容、明显文字或者计算错误，评标委员会认为需要投标人作出必要澄清、说明的，应当**书面**通知该投标人。投标人的澄清、说明应当采用**书面**形式，并不得超出投标文件的范围或者改变投标文件的实质性内容
评标报告中标候选人	《招标投标法实施条例》第五十三条　评标完成后，评标委员会应向招标人提交**书面评标报告**和**中标候选人名单**。中标候选人应当**不超过3个**，并标明**排序**。 第五十四条　依法必须进行招标的项目，招标人应当自收到评标报告之日起3日内**公示中标候选人**，公示期不得少于**3日**
确定中标人	《建筑工程设计招标投标管理办法》第二十一条　招标人根据评标委员会的书面评标报告和推荐的中标候选人确定中标人。招标人也可授权评标委员会**直接**确定中标人。 采用设计方案招标的，招标人认为评标委员会推荐的候选方案不能最大限度满足招标文件规定的要求的，应当依法重新招标 《招标投标法实施条例》第五十五条　**国有资金**占控股或主导地位的依法必须进行招标的项目，招标人应当确定**排名第一**的中标候选人为**中标人**【2022（5）】
书面合同	《招标投标法》第四十六条　招标人和中标人应当自中标通知书发出之日起30日内，按照招标文件和中标人的投标文件订立**书面合同**。招标人和中标人**不得再行订立背离合同实质性内容的其他协议**【2020】 《招标投标法实施条例》第五十七条　招标人最迟应当在**书面合同签订**后5日内向中标人和未中标的投标人退还投标保证金及银行同期存款利息
履约保证金	《招标投标法实施条例》第五十八条　招标文件要求中标人提交履约保证金的，中标人应按照招标文件要求提交。履约保证金不得超过中标合同金额10%
书面报告	《招标投标法》第四十七条　依法必须进行招标的项目，招标人应自确定中标人之日起15日内，向有关行政监督部门提交招标投标情况**书面报告**
政府公示	《建筑工程设计招标投标管理办法》第二十四条　县级以上地方人民政府住房城乡建设主管部门应当自收到招标投标情况的书面报告之日起**5个工作日**内，公开专家评审意见等信息，涉及国家秘密、商业秘密的除外 《建筑工程方案设计招标投标管理办法》第三十四条　各级建设主管部门应在评标结束后15天内在指定媒介上**公开排名**顺序，并对推荐**中标方案**、评标**专家名单**及各位专家**评审意见**进行公示，公示期为**5个工作日**

中标人分包	《招标投标法》第四十八条　中标人**不得**向他人**转让**中标项目，**不得**将中标项目**肢解**后分别向他人转让。中标人按照合同约定或经招标人同意，可以将中标项目的部分**非主体、非关键性**工作分包给他人完成。接受分包的人应具备相应的资格条件，并不得再次分包

 典型习题

23-10［2019-67］根据《建筑工程设计招标投标管理办法》，确定中标候选人或中标人的说法，错误的是（　　）。

A. 评标委员会应当推荐不超过 3 个中标候选人，并标明顺序

B. 招标人应当公示中标候选人和未中标投标人

C. 招标人根据评标委员会推荐的中标候选人确定中标人

D. 招标人可以授权评标委员会直接确定中标人

答案：B

解析：参见考点 4 中"评标报告""中标候选人""确定中标人"相关规定，评标完成后，评标委员会应向招标人提交书面评标报告和中标候选人名单。中标候选人应当不超过 3 个，并标明排序。依法必须进行招标的项目，招标人应当自收到评标报告之日起 3 日内公示中标候选人，公示不得少于 3 日。招标人根据评标委员会的书面评标报告和推荐的中标候选人确定中标人。招标人也可授权评标委员会直接确定中标人。

考点 5：施工招投标管理【★★】

《房屋建筑和市政基础设施工程施工招标投标管理办法》	
监管机构	第三条　国务院建设行政主管部门负责全国工程施工招标投标活动的监督管理。 **县级以上**地方人民政府**建设行政主管部门**负责本行政区域内工程施工招标投标活动的监督管理。具体的监督管理工作，可以委托工程招标投标监督管理机构负责实施
招标	
施工招标条件	第七条　工程施工招标应当具备下列条件： （一）按照国家有关规定需要履行项目审批手续的，已经履行**审批手续**； （二）工程**资金**或者资金来源已经落实； （三）有满足施工招标需要的**设计文件**及其他技术资料； （四）法律、法规、规章规定的其他条件
不进行招标	第九条　工程有下列情形之一的，经县级以上地方人民政府建设行政主管部门批准，可以不进行施工招标： （一）停建或者缓建后**恢复建设**的单位工程，且承包人**未发生变更**的； （二）施工企业**自建自用**的工程，且该施工企业**资质等级**符合工程要求的； （三）在建工程追加的**附属小型**工程或者主体**加层**工程，且承包人**未发生变更**的； （四）法律、法规、规章规定的其他情形

招标人自行招标	条件	第十条　依法必须进行施工招标的工程，招标人自行办理施工招标事宜的，应当具有编制招标文件和组织评标的能力： （一）有专门的**施工招标组织机构**； （二）有与工程规模、复杂程度相适应并具有同类工程施工招标经验、熟悉有关工程施工招标法律法规的工程技术、概预算及工程管理的**专业人员**。 不具备上述条件的，招标人应当委托工程招标代理机构代理施工招标
	备案	第十一条　招标人自行办理施工招标事宜的，应当在发布招标公告或者发出投标邀请书的**5日前**，向工程所在地**县级以上**地方人民政府**建设行政主管部门**备案，并报送下列材料 （一）按照国家有关规定办理审批手续的各项**批准文件**； （二）本办法第十一条所列条件的**证明材料**，包括专业技术人员的名单、职称证书或者执业资格证书及其工作经历的证明材料； （三）法律、法规、规章规定的其他材料
市场		第十二条　全部使用国有资金投资或者国有资金投资占控股或者主导地位，依法必须进行施工招标的工程项目，应当进入**有形建筑市场**进行招标投标活动
招标文件内容		第十七条　招标人应当根据招标工程的特点和需要，自行或者委托工程招标代理机构编制招标文件。招标文件应当包括下列内容： （一）投标须知，包括工程概况，招标范围，资格审查条件，工程资金来源或者落实情况，标段划分，工期要求，质量标准，现场踏勘和答疑安排，投标文件编制、提交、修改、撤回的要求，投标报价要求，投标有效期，开标的时间和地点，评标的方法和标准等； （二）招标工程的技术要求和设计文件； （三）采用工程量清单招标的，应当提供工程量清单； （四）投标函的格式及附录； （五）拟签订合同的主要条款； （六）要求投标人提交的其他材料
投标		
投标人		第二十二条　施工招标的投标人是响应施工招标、参与投标竞争的**施工企业**。 投标人应当具备相应的施工企业资质，并在工程业绩、技术能力、项目经理资格条件、财务状况等方面满足招标文件提出的要求
投标文件		第二十五条　投标文件应当包括下列内容： （一）**投标函**； （二）施工**组织设计**或者**施工方案**； （三）投标**报价**； （四）招标文件要求提供的其他材料
投标保证金		第二十六条　招标人可以在招标文件中要求投标人提交投标担保。投标担保可以采用**投标保函**或者**投标保证金**的方式。投标保证金可以使用支票、银行汇票等，一般不得超过投标总价的**2%**，最高不得超过**50万元**
开标、评标和中标		
投标人说明		第三十八条　评标委员会可以用**书面形式**要求投标人对投标文件中含义不明确的内容作必要的澄清或者说明。投标人应当采用书面形式进行澄清或者说明，其澄清或者说明不得超出投标文件的范围或者改变投标文件的实质性内容

评标 方法	第四十条　评标可以采用**综合评估法**、**经评审的最低投标价法**或者法律法规允许的其他评标方法。 　　采用综合评估法的，应当对投标文件提出的工程质量、施工工期、投标价格、施工组织设计或者施工方案、投标人及项目经理业绩等，能否最大限度地满足招标文件中规定的各项要求和评价标准进行评审和比较。以**评分**方式进行评估的，对于各种评比奖项不得额外计分。 　　采用经评审的最低投标价法的，应当在投标文件能够满足招标文件实质性要求的投标人中，评审出**投标价格最低**的投标人，但投标价格**低于**其企业**成本**的**除外**
确定 中标人	第四十三条　招标人应当在**投标有效期**截止时限**30 日前**确定中标人。投标有效期应当在招标文件中载明
书面 报告	第四十四条　依法必须进行施工招标的工程，招标人应当自确定中标人之日起**15 日内**，向工程所在地的**县级以上**地方人民政府**建设行政主管部门**提交施工招标投标情况的**书面报告**
中标 通知书	第四十五条　建设行政主管部门自收到书面报告之日起**5 日内**未通知招标人在招标投标活动中有违法行为的，招标人可以向中标人发出**中标通知书**，并将中标结果通知所有未中标的投标人
书面 合同	第四十六条　招标人和中标人应当自中标通知书发出之日起**30 日**内，按照招标文件和中标人的投标文件订立**书面合同**；招标人和中标人不得再行订立背离合同实质性内容的其他协议

第二十四章　建设工程项目管理的有关规定

思维导图

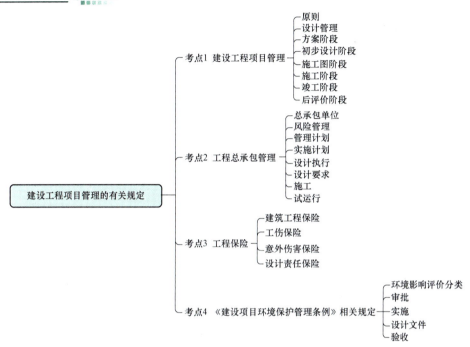

考情分析

考　点	近5年考试分值统计					
	2024 年	2023 年	2022 年 12 月	2022 年 5 月	2021 年	2020 年
考点 1　建设工程项目管理	0	0	0	0	0	0
考点 2　工程总承包管理	1	2	1	1	1	0
考点 3　工程保险	1	1	0	0	0	0
考点 4　《建设项目环境保护管理条例》相关规定	0	0	0	0	0	0
总　　计	2	3	1	1	1	0

考点 1：建设工程项目管理

《建设工程项目管理规范》（GB/T 50326—2017）相关规定	
原则	3.1.2　组织应遵循策划、实施、检查、处置的**动态管理**原理，确定项目管理流程，建立项目管理制度，实施项目系统管理，持续改进管理绩效，提高相关方满意水平，确保实现项目管理目标
责任制	4.1.4　建设工程项目各实施主体和参与方法定代表人应书面授权委托项目管理机构负责人，并实行**项目负责人**责任制

设计管理	8.2.1 设计管理应根据项目实施过程，划分下列阶段： （1）项目方案设计； （2）项目初步设计； （3）项目施工图设计； （4）项目施工； （5）项目竣工验收与竣工图； （6）项目后评价
方案阶段	8.2.3 项目方案设计阶段，项目管理机构应配合建设单位明确设计范围、划分设计界面、设计招标工作，确定项目设计方案，做出**投资估算**，完成项目方案设计任务
初设阶段	8.2.4 项目初步设计阶段，项目管理机构应完成项目初步设计任务，做出**设计概算**，或对委托的设计承包人初步设计内容实施评审工作，并提出勘察工作需求，完成地勘报告申报管理工作
施工图阶段	8.2.5 项目施工图设计阶段，项目管理机构应根据初步设计要求，组织完成施工图设计或审查工作，确定**施工图预算**，并建立设计文件收发管理制度和流程
施工阶段	8.2.6 项目施工阶段，项目管理机构应编制施工组织设计，组织**设计交底**、设计**变更**控制和**深化**设计，根据施工需求组织或实施设计优化工作，组织关键施工部位的设计验收管理工作
竣工阶段	8.2.7 项目竣工验收与竣工图阶段，项目管理机构应组织项目设计负责人参与项目竣工验收工作，并按约定实施或组织设计承包人对设计文件进行整理归档，编制**竣工决算**，完成竣工图的编制、归档、移交工作
后评价阶段	8.2.8 项目后评价阶段，项目管理机构应实施或组织设计承包人针对项目决策至项目竣工后运营阶段设计工作进行总结，对设计管理绩效开展后评价工作

考点 2：工程总承包管理【★★★★】

《房屋建筑和市政基础设施项目工程总承包管理办法》相关规定	
定义	第三条 本办法所称工程总承包，是指承包单位按照与建设单位签订的合同，对工程**设计、采购、施工**或者**设计、施工**等阶段实行总承包，并对工程的质量、安全、工期和造价等全面负责的工程建设组织实施方式
监管部门	第五条 国务院住房和城乡建设主管部门对全国房屋建筑和市政基础设施项目工程总承包活动实施监督管理。国务院发展改革部门依据固定资产投资建设管理的相关法律法规履行相应的管理职责。 **县级以上**地方人民政府**住房和城乡建设主管部门**负责本行政区域内房屋建筑和市政基础设施项目工程总承包（以下简称工程总承包）活动的监督管理。**县级以上**地方人民政府**发展改革部门**依据固定资产投资建设管理的相关法律法规在本行政区域内履行相应的管理职责

适宜项目	第六条　建设单位应当根据项目情况和自身管理能力等，合理选择工程建设组织实施方式。 **建设内容明确、技术方案成熟**的项目，适宜采用工程总承包方式
发包	第七条　建设单位应当在发包前完成项目审批、核准或者备案程序。采用工程总承包方式的**企业投资项目**，应当在**核准**或者**备案后**进行工程总承包项目发包。 　　采用工程总承包方式的**政府投资项目**，原则上应当在**初步设计审批完成后**进行工程总承包项目发包；其中，按照国家有关规定简化报批文件和审批程序的政府投资项目，应当在完成相应的投资决策审批后进行工程总承包项目发包
总承包单位	第十条　工程总承包单位应同时具有与工程规模相适应的工程**设计资质**和**施工资质**，或由具有相应资质的设计单位和施工单位组成**联合体**。工程总承包单位应具有相应的项目管理体系和项目管理能力、财务和风险承担能力及与发包工程类似的设计、施工或工程总承包业绩。【2024】 　　设计单位和施工单位组成联合体的，应根据项目的特点和复杂程度，合理确定**牵头单位**，并在联合体协议中明确联合体成员单位的责任和权利。联合体**各方**应共同与建设单位签订工程总承包合同，就工程总承包项目承担连带责任。 　　第十一条　工程总承包单位**不得**是工程总承包项目的**代建**单位、**项目管理**单位、**监理**单位、**造价咨询**单位、**招标代理**单位。【2023，2022（12），2021】 　　政府投资项目的**项目建议书、可行性研究报告、初步设计文件**编制单位及其评估单位，一般不得成为该项目的工程总承包单位。政府投资项目招标人**公开已经完成**的项目建议书、可行性研究报告、初步设计文件的，上述单位可以参与该工程总承包项目的投标，经依法评标、定标，成为工程总承包单位。 　　第十二条　鼓励设计单位申请取得施工资质，已取得**工程设计综合资质、行业甲级资质**、建筑工程**专业甲级资质**的单位，可以直接申请相应类别施工**总承包一级**资质。鼓励施工单位申请取得工程设计资质，具有一级及以上施工总承包资质的单位可以直接申请相应类别的工程设计甲级资质。完成的相应规模工程总承包业绩可以作为设计、施工业绩申报
风险管理	第十五条　建设单位和工程总承包单位应当加强风险管理，合理**分担风险**。【2023】 建设单位承担的风险主要包括： （一）主要工程材料、设备、人工价格与招标时基期价相比，波动幅度超过合同约定幅度的部分； （二）因国家法律法规政策变化引起的合同价格的变化； （三）不可预见的地质条件造成的工程费用和工期的变化； （四）因建设单位原因产生的工程费用和工期的变化； （五）不可抗力造成的工程费用和工期的变化。 具体风险分担内容由**双方在合同中约定**。 鼓励建设单位和工程总承包单位运用**保险**手段增强防范风险能力

项目经理	第二十条　工程总承包项目经理应当具备下列条件： （一）取得相应**工程建设类注册执业资格**，包括注册建筑师、勘察设计注册工程师、注册建造师、注册监理工程师等；工程总承包单**未实施**注册执业资格的，取得**高级**专业技术职称； （二）**担任过**与拟建项目相类似的工程总承包项目经理、设计项目负责人、施工项目负责人或者项目总监理工程师； （三）熟悉工程技术和工程总承包项目管理知识及相关法律法规、标准规范； （四）具有较强的组织协调能力和良好的职业道德。 工程总承包项目经理**不得同时在两个或两个以上**工程项目担任工程总承包**项目经理、施工项目负责人**
《建设项目工程总承包管理规范》（GB/T 50358—2017）相关规定	
定义	2.0.1　工程总承包：依据合同约定对建设项目的设计、采购、施工和试运行实行全过程或若干阶段的承包
负责制	3.1.1　工程总承包企业应建立与工程总承包项目相适应的项目管理组织，并行使项目管理职能，实行**项目经理**负责制
策划	4.1.1　项目部应在项目初始阶段开展项目策划工作，并编制项目管理计划和项目实施计划。 4.1.4　根据项目的规模和特点，可将项目管理计划和项目实施计划合并编制为项目计划
管理计划	4.3.1　项目管理计划应由**项目经理**组织编制，并由**工程总承包企业相关负责人**审批。 4.3.3　项目管理计划应包括下列主要内容： 1　项目概况； 2　项目范围； 3　项目管理目标； 4　项目实施条件分析； 5　项目的管理模式、组织机构和职责分工； 6　项目实施的基本原则； 7　项目协调程序； 8　项目的资源配置计划； 9　项目风险分析与对策； 10　合同管理
实施计划	4.4.1　项目实施计划应由**项目经理**组织编制，并经**项目发包人**认可。【2022（5）】 4.4.3　项目实施计划应包括下列主要内容： 1　概述； 2　总体实施方案； 3　项目实施要点； 4　项目初步进度计划等
设计执行	5.2.1　设计执行计划应由**设计经理**或**项目经理**负责组织编制，经**工程总承包企业有关职能部门**评审后，由**项目经理**批准实施

设计要求	5.3.6 初步设计文件应满足主要设备、材料订货和编制施工图设计文件的需要；施工图设计文件应满足设备、材料采购，非标准设备制作和施工以及试运行的需要。 5.3.8 在施工前，项目部应组织设计交底或培训。 5.3.9 设计组应依据合同约定，承担施工和试运行阶段的技术支持和服务
采购	6.3.1 采购执行计划应由采购经理负责组织编制，并经项目经理批准后实施
施工	7.2.1 施工执行计划应由施工经理负责组织编制，经项目经理批准后组织实施，并报项目发包人确认
试运行	8.2.1 试运行执行计划应由试运行经理负责组织编制，经项目经理批准、项目发包人确认后组织实施

典型习题

24-1 [2024-64] 总承包或联合总承包除需具备工程施工资质还需要具备（   ）。

A. 工程设计资质　　　B. 工程勘察资质　　　C. 工程监理资质　　　D. 工程咨询资质

答案： A

解析： 参见考点 2 中《房屋建筑和市政基础设施项目工程总承包管理办法》"总承包单位"相关规定，工程总承包单位应当同时具有与工程规模相适应的工程设计资质和施工资质。

24-2 [2023-61] 在房屋建筑市政基础设施项目工程总承包活动中，下列关于主要人工价格与投标后时基准价相比的波动幅度带来的风险分担的说法，正确的是（   ）。

A. 无需合同约定，波动部分由总承包单位承担

B. 波动部分由建设单位和总承包单位各自承担一半

C. 根据合同约定，波动部分由建设单位和总承包单位分担

D. 无需合同约定，波动部分由建设单位承担

答案： C

解析： 参见考点 2 中《房屋建筑和市政基础设施项目工程总承包管理办法》"风险管理"相关规定，建设单位和工程总承包单位应当加强风险管理，合理分担风险。具体风险分担内容由双方在合同中约定。

24-3 [2023-62] 根据房屋建筑和市政基础设施项目工程总承包管理办法，政府投资项目招标人公开已完成的项目建议书，可行性研究报告、初步设计的，工程总承包单位可以是本项目的（   ）。

A. 代建单位　　　B. 项目管理单位　　　C. 初步设计编制单位　　　D. 监理单位

答案： C

解析： 参见考点 2 中《房屋建筑和市政基础设施项目工程总承包管理办法》"总承包单位"相关规定，工程总承包单位不得是工程总承包项目的代建单位、项目管理单位、监理单位、造价咨询单位、招标代理单位。

24-4 [2022(5)-70] 根据《建设项目工程总承包管理规范》(GB 50358)，工程总承

包项目实施计划应（   ）。

    A. 项目经理签署，并经发包人认可

    B. 项目经理签署，并经工程总承包企业法人认可

    C. 工程总承包企业法人签署，并经发包人认可

    D. 工程总承包企业法人签署，报建设主管部门备案

答案： A

解析： 参见考点2中《建设项目工程总承包管理规范》（GB/T 50358—2017）"实施计划"相关规定，项目实施计划应由项目经理组织编制，并经项目发包人认可。

考点3：工程保险【★】

基本概念	工程保险包括**建筑工程保险**和**安装工程保险**两种，它是以建筑工程和安装工程中的各种财产和第三者的经济赔偿责任为保险标的的保险。保险人主要承保由各种自然灾害、意外事故以及因"突然""不可预测"的外来原因和工厂、技术人员缺乏经验、疏忽、恶意行为等造成的物质损失和费用
建筑工程保险	凡是在工程进行期间，对这项工程承担一定风险的有关**各方**，**均可**作为被保险人之一。因此，建筑工程保险的被保险人可包括以下各方：业主或工程所有人、首席承包商或次承包商、业主或工程所有人雇用的建筑师、工程师、顾问等。 建筑工程保险一般都同时承保建筑工程**第三者责任**保险。所谓建筑工程第三者责任险是指，该工程在保险期限内，因发生意外事故所造成的依法应由被保险人负责的工地上及邻近地区的第三者的人身伤亡、疾病、财产损失，以及被保险人因此而支出的费用
	建筑工程一切险的保险责任自保险工程在工地动工或用于保险工程的材料、设备运抵工地之时起始，至工程所有人对部分或全部工程签发完工验收证书或验收合格，或工程所有人实际占用或使用或接受该部分或全部工程之时终止，以先发生者为准
	安装工程保险主要适用于安装各种工厂用的机器、设备、起重机、钢结构工程等内容的保险，其基本内容与建筑工程保险相似
	安装工程一切险的保险期限，通常应以整个工期为保险期限。一般是从被保险项目被卸至施工地点时起生效到工程预计竣工验收交付使用之日止
工伤保险	《中华人民共和国安全建筑法》第四十八条　建筑施工企业应当依法为职工**参加工伤保险**缴纳**工伤保险费**。鼓励企业为从事危险作业的职工办理意外伤害保险，支付保险费
意外伤害保险	《建筑工程安全生产管理条例》第三十八条　施工单位应当为施工现场从事**危险作业**的人员办理**意外伤害保险**。意外伤害保险费由施工单位支付。实行施工总承包的，由总承包单位支付意外伤害保险费。意外伤害保险期限自建设工程**开工之日**起至**竣工验收合格**止
设计责任保险	《建设工程设计合同示范文本（房屋建筑工程）》12.3 工程设计责任保险应承担**由于设计人的疏忽或过失而引发的工程质量事故所造成的建设工程本身的物质损失**以及**第三者人身伤亡**、**财产损失**或**费用**的赔偿责任。【2023】 《建设项目工程总承包合同（示范文本）》18.1.1 双方应按照**专用合同条件**的约定向双方同意的保险人投保建设工程设计责任险、建筑安装工程一切险等保险

工伤和意外伤害保险	18.2.1　发包人应依照**法律规定**为其在施工现场的雇用人员办理工伤保险，缴纳工伤保险费；并要求工程师及由发包人为履行合同聘请的第三方在施工现场的雇用人员依法办理工伤保险。 18.2.2　承包人应依照**法律规定**为其履行合同雇用的全部人员办理工伤保险，缴纳工伤保险费，并要求分包人及由承包人为履行合同聘请的第三方雇用的全部人员依法办理工伤保险。 18.2.3　发包人和承包人可以为其施工现场的全部人员办理意外伤害保险并支付保险费，包括其员工及为履行合同聘请的第三方的人员，具体事项由合同当事人在**专用合同条件**约定
货物保险	承包人应按照**专用合同条件**的约定为运抵现场的施工设备、材料、工程设备和临时工程等办理财产保险，保险期限自上述货物运抵现场至其不再为工程所需要为止

24-5［2023-61］下列关于工程总承包项目中工程保险，说法正确的是（　　　）。

A. 建筑工程设计责任险应当按照专用合同条件的约定办理

B. 发包人为其在施工现场的雇佣人办理的意外伤害保险是强制规定

C. 工程总承包人应当为进入施工现场的全部人员办理工伤保险

D. 工程总承包人为抵运现场的施工设备办理财产保险应当按通用合同条件的约定办理

答案：A

解析： 参见考点3中"设计责任保险""工伤和意外伤害保险""货物保险"相关规定。

24-6［2023-63］在工程建设设计合同中，发包人让设计人投保的工程设计责任保险应承担（　　　）。

A. 设计人的医疗保险

B. 施工人员工伤，死亡赔偿金

C. 由施工人员失误引起的工程质量问题造成财产损失

D. 由设计人员疏忽引起工程质量问题造成工程财产损失

答案：D

解析： 参见考点3中"设计责任保险"相关规定，工程设计责任保险应承担由于设计人的疏忽或过失而引发的工程质量事故所造成的建设工程本身的物质损失以及第三者人身伤亡、财产损失或费用的赔偿责任。

考点4：《建设项目环境保护管理条例》相关规定

环境影响评价分类	第七条　国家根据建设项目对环境的影响程度，按照下列规定对建设项目的环境保护实行分类管理： （一）建设项目对环境可能造成**重大**影响的，应当编制**环境影响报告书**，对建设项目产生的污染和对环境的影响进行全面、详细的评价； （二）建设项目对环境可能造成**轻度**影响的，应当编制**环境影响报告表**，对建设项目产生的污染和对环境的影响进行分析或者专项评价； （三）建设项目对环境影响**很小**，不需要进行环境影响评价的，应当填报**环境影响登记表**

审批	第九条　依法应当编制环境影响报告书、环境影响报告表的建设项目，建设单位应当在**开工建设前**将环境影响报告书、环境影响报告表报有审批权的环境保护行政主管部门审批；建设项目的环境影响评价文件未依法经审批部门审查或者审查后未予批准的，建设单位不得开工建设
实施	第十五条　建设项目需要配套建设的环境保护设施，必须与主体工程**同时设计、同时施工、同时投产使用**
设计文件	第十六条　建设项目的**初步设计**，应当按照环境保护设计规范的要求，编制环境保护篇章，落实防治环境污染和生态破坏的措施以及环境保护设施投资概算。 　建设单位应当将环境保护设施建设纳入施工合同，保证环境保护设施建设进度和资金，并在项目建设过程中同时组织实施环境影响报告书、环境影响报告表及其审批部门审批决定中提出的环境保护对策措施
验收	第十七条　编制环境影响报告书、环境影响报告表的建设项目竣工后，**建设单位**应当按照国务院环境保护行政主管部门规定的标准和程序，对配套建设的环境保护设施进行验收，编制验收报告

第二十五章 行业发展要求

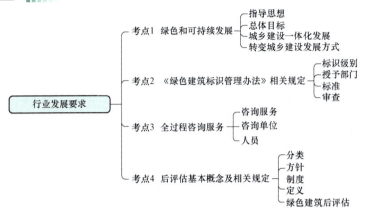

考点1 绿色和可持续发展 ── 指导思想
总体目标
城乡建设一体化发展
转变城乡建设发展方式

考点2 《绿色建筑标识管理办法》相关规定 ── 标识级别
授予部门
标准
审查

行业发展要求 ── 考点3 全过程咨询服务 ── 咨询服务
咨询单位
人员

考点4 后评估基本概念及相关规定 ── 分类
方针
制度
定义
绿色建筑后评估

考　点	近5年考试分值统计					
	2024年	2023年	2022年12月	2022年5月	2021年	2020年
考点1　绿色和可持续发展	0	0	0	0	0	0
考点2　《绿色建筑标识管理办法》相关规定	0	0	0	0	0	0
考点3　全过程咨询服务	1	2	2	1	1	0
考点4　后评估基本概念及相关规定	0	1	0	0	0	0
总　计	1	3	2	1	1	0

考点1：绿色和可持续发展

	《关于推动城乡建设绿色发展的意见》相关规定
指导思想	坚持生态优先、节约优先、保护优先，坚持系统观念，统筹发展和安全，同步推进物质文明建设与生态文明建设，落实碳达峰、碳中和目标任务，推进城市更新行动、乡村建设行动，加快转变城乡建设方式，促进经济社会发展全面绿色转型，为全面建设社会主义现代化国家奠定坚实基础
总体目标	到2025年，城乡建设绿色发展体制机制和政策体系基本建立，建设方式绿色转型成效显著，碳减排扎实推进，城市整体性、系统性、生长性增强，"城市病"问题缓解，城乡生态环境质量整体改善，城乡发展质量和资源环境承载能力明显提升，综合治理能力显著提高，绿色生活方式普遍推广。 到2035年，城乡建设全面实现绿色发展，碳减排水平快速提升，城市和乡村品质全面提升，人居环境更加美好，城乡建设领域治理体系和治理能力基本实现现代化，美丽中国建设目标基本实现
城乡建设一体化发展	（一）促进区域和城市群绿色发展。 在国土空间规划中统筹划定生态保护红线、永久基本农田、城镇开发边界等管控边界，统筹生产、生活、生态空间，实施最严格的耕地保护制度，建立水资源刚性约束制度，建设与资源环境承载能力相匹配、重大风险防控相结合的空间格局

城乡建设 一体化发展	**（二）建设人与自然和谐共生的美丽城市。** 以**自然资源承载能力**和**生态环境容量**为基础，合理确定城市人口、用水、用地规模、开发建设密度和强度。提高中心城市综合承载能力，建设产城融合、职住平衡、生态宜居、交通便利的郊区新城，推动**多中心、组团式**发展。实施海绵城市建设，推动绿色城市、森林城市、"无废城市"建设
	（三）打造绿色生态宜居的美丽乡村。 提高农房设计和建造水平，建设满足乡村生产生活实际需要的新型农房，完善水、电、气、厕配套附属设施，加强既有农房节能改造。保护塑造乡村风貌，延续乡村历史文脉，严格落实有关规定，**不破坏地形地貌、不拆传统民居、不砍老树、不盖高楼**。统筹布局县城、中心镇、行政村基础设施和公共服务设施，促进城乡设施联动发展。提高镇村设施建设水平，持续推进农村生活垃圾、污水、厕所粪污、畜禽养殖粪污治理，实施农村水系综合整治，推进生态清洁流域建设，加强水土流失综合治理，加强农村防灾减灾能力建设
转变 城乡建设 发展方式	**（一）建设高品质绿色建筑。** 规范绿色建筑设计、施工、运行、管理，鼓励建设**绿色农房**。推进既有建筑**绿色化改造**，鼓励与城镇老旧小区改造、农村危房改造、抗震加固等同步实施。开展绿色建筑、节约型机关、绿色学校、绿色医院创建行动。加强财政、金融、规划、建设等政策支持，推动高质量绿色建筑规模化发展，大力推广**超低能耗、近零能耗**建筑，发展**零碳**建筑。实施**绿色建筑统一标识**制度。建立城市建筑用水、用电、用气、用热等数据共享机制，提升建筑能耗监测能力。推动区域建筑能效提升，推广合同能源管理、合同节水管理服务模式，降低建筑运行能耗、水耗，大力推动可再生能源应用，鼓励**智能光伏**与绿色建筑融合创新发展
	（二）提高城乡基础设施体系化水平。 统筹**地下空间**综合利用。加强**公交优先**、绿色出行的城市街区建设，合理布局和建设城市公交专用道、公交场站、车船用加气加注站、电动汽车充换电站，加快发展**智能网联汽车、新能源汽车、智慧停车**及**无障碍**基础设施，强化城市**轨道交通**与其他交通方式衔接。加强交通**噪声**管控，落实城市交通设计、规划、建设和运行噪声技术要求。加强城市高层建筑、大型商业综合体等重点场所**消防安全**管理，打通消防生命通道，推进城乡应急避难场所建设。持续推动城镇污水处理提质增效，完善再生水、集蓄雨水等非常规水源利用系统，推进城镇**污水管网全覆盖**，建立污水处理系统运营管理长效机制。因地制宜加快连接港区管网建设，做好船舶生活污水收集处理。统筹推进煤改电、煤改气及集中供热替代等，加快农村电网、天然气管网、热力管网等建设改造
	（三）加强城乡历史文化保护传承。 建立历史文化名城、名镇、名村及传统村落保护制度，加大保护力度，不拆除历史建筑，不拆真遗存，不建假古董，做到**按级施保、应保尽保**
	（四）实现工程建设全过程绿色建造。 开展绿色建造示范工程创建行动，推广绿色化、工业化、信息化、集约化、产业化建造方式，加强技术创新和集成，利用新技术实现精细化设计和施工。大力发展装配式建筑，重点推动**钢结构装配式住宅**建设，推动智能建造和建筑工业化协同发展。完善**绿色建材产品认证**制度，开展绿色建材应用示范工程建设，鼓励使用综合利用产品。加强建筑材料循环利用，促进建筑垃圾减量化，严格施工扬尘管控，采取综合降噪措施管控施工噪声。推动传统建筑业转型升级，完善工程建设组织模式，加快推行工程总承包，推广全过程工程咨询，推进民用建筑工程建筑师负责制

转变城乡建设发展方式	（五）推动形成绿色生活方式。 推广节能低碳节水用品，推动**太阳能**、**再生水**等应用，鼓励使用环保再生产品和绿色设计产品，减少一次性消费品和包装用材消耗。倡导**绿色装修**，鼓励选用绿色建材、家具、家电。持续推进垃圾分类和减量化、资源化，推动生活垃圾源头减量，建立健全生活垃圾分类投放、分类收集、分类转运、分类处理系统。加强危险废物、医疗废物收集处理，建立完善应急处置机制。科学制定**城市慢行**系统规划，因地制宜建设自行车专用道和绿道，全面开展人行道净化行动，改造提升重点城市步行街。深入开展绿色出行创建行动，优化交通**出行结构**，鼓励公众选择公共交通、自行车和步行等出行方式

考点 2：《绿色建筑标识管理办法》相关规定

标识级别	第四条　绿色建筑标识星级由低至高分为**一星级、二星级和三星级**3个级别
授予部门	第五条　**住房和城乡建设部**负责制定完善绿色建筑标识制度，指导监督地方绿色建筑标识工作，认定**三星级**绿色建筑并授予标识。**省级住房和城乡建设部门**负责本地区绿色建筑标识工作，认定**二星级**绿色建筑并授予标识，组织**地市级住房和城乡建设部门**开展本地区**一星级**绿色建筑认定和标识授予工作
标准	第六条　绿色建筑**三星级**标识认定统一采用**国家标准**，**二星级**、**一星级**标识认定可采用**国家标准**或与国家标准相对应的**地方标准**
审查	第十条　绿色建筑标识认定需经申报、推荐、审查、公示、公布等环节，审查包括**形式审查和专家审查**

考点 3：全过程咨询服务【★★★★】

《关于推进全过程工程咨询服务发展的指导意见》	
咨询服务	投资决策综合性咨询服务可由工程咨询单位采取**市场合作、委托专业服务**等方式牵头提供，或由其会同具备相应资质的服务机构联合提供。 为增强政府投资决策科学性，提高政府投资效益，政府投资项目要**优先**采取综合性咨询服务方式
	在房屋建筑、市政基础设施等工程建设中，鼓励建设单位委托咨询单位提供**招标代理、勘察、设计、监理、造价、项目管理**等全过程咨询服务，满足建设单位一体化服务需求，增强工程建设过程的协同性。【2022（12），2021】
咨询单位	工程建设全过程咨询服务应当由**一家具有综合能力**的咨询单位实施，也可由**多家**具有招标代理、勘察、设计、监理、造价、项目管理等不同能力的咨询单位**联合实施**。 由多家咨询单位联合实施的，应当明确牵头单位及各单位的权利、义务和责任。 全过程咨询服务单位应当自行完成自有资质证书许可范围内的业务，在保证整个工程项目完整性的前提下，按照合同约定或经建设单位同意，可将自有资质证书许可范围外的咨询业务依法依规择优委托给具有相应资质或能力的单位，全过程咨询服务单位应对被委托单位的委托业务负总责

人员	投资决策综合性咨询应当充分发挥**咨询工程师（投资）**的作用，鼓励其作为综合性咨询项目负责人，提高统筹服务水平
	设计单位在民用建筑中实施全过程咨询的，要充分发挥**建筑师**的主导作用【2023】
	工程建设全过程咨询**项目负责人**应当取得**工程建设类注册执业资格**且具有**工程类、工程经济类高级职称**，并具有类似**工程经验**【2023，2022（12），2022（5）】
服务模式	除投资决策综合性咨询和工程建设全过程咨询外，咨询单位可根据市场需求，从投资决策、工程建设、运营等项目全生命周期角度，开展**跨阶段**咨询服务组合或**同一阶段内不同类型**咨询服务组合。鼓励和支持咨询单位创新全过程工程咨询服务模式，为投资者或建设单位提供多样化的服务。同一项目的全过程工程咨询单位与**工程总承包、施工、材料设备供应单位**之间**不得**有利害关系
酬金计取	全过程工程咨询服务酬金可在项目投资中列支，也可根据所包含的具体服务事项，通过项目投资中列支的投资咨询、招标代理、勘察、设计、监理、造价、项目管理等费用进行支付。全过程工程咨询服务酬金在**项目投资**中列支的，所对应的**单项咨询服务费用不再列支**。【2024】

典型习题

25-1 ［2024-56］下列关于工程建设全过程咨询的说法，正确的是（   ）。

A. 全过程咨询必须由一家具有综合能力的咨询单位单独实施，不可多单位联合实施

B. 政府类项目必须全部采用全过程咨询

C. 咨询单位可以是同一项目材料设备采购单位

D. 全过程工程咨询服务酬金在项目投资中列支的，所对应的单项咨询服务费用不再列支

答案：D

解析：参见考点3中"咨询服务""咨询单位""服务模式""酬金计取"相关规定。

25-2 ［2023-56］设计单位在民用建筑中实施全过程咨询的，要充分发挥主导作用的是（   ）。

A. 建筑师   B. 造价师   C. 工程师   D. 建造师

答案：A

解析：参见考点3中"人员"相关规定，设计单位在民用建筑中实施全过程咨询的，要充分发挥建筑师的主导作用。

25-3 ［2023-57］下列条件中，不属于工程建设全过程咨询项目负责人任职必要条件的是（   ）。

A. 具有工程类、工程经济类高级职称   B. 具有工程建设类注册职业资格

C. 具有类似工程经验   D. 具有本科及以上学历

答案：D

解析：参见考点3中"人员"相关规定，工程建设全过程咨询项目负责人应当取得工程

建设类注册执业资格且具有工程类、工程经济类高级职称，并具有类似工程经验。

25-4［2022（12）-66］下列选项中，全过程咨询项目负责人除了能力应具备（　　）。

A. 中级工程师　　　　　　　　　　B. 建筑类注册执业资格

C. 建筑类注册执业资格＋法律职业资格　D. 建筑类注册执业资格＋经济高级职称

答案： D

解析： 参见考点3中"人员"相关规定，全过程咨询项目负责人应当取得工程建设类注册执业资格且具有工程类、工程经济类高级职称，并具有类似工程经验。

25-5［2021-63］下列选项中，全过程咨询服务不包含（　　）。

A. 勘察　　　　　B. 设计　　　　　C. 施工　　　　　D. 监理

答案： C

解析： 参见考点3中"咨询服务"相关规定，咨询单位提供招标代理、勘察、设计、监理、造价、项目管理等全过程咨询服务。

考点4：后评估基本概念及相关规定【★】

分类	基于评估的时间、资源、特性、深度和广度等方面，与建筑使用评估的短期、中期和长期价值相对应的是三种不同类型的使用后评估：描述式使用后评估、调查式使用后评估和诊断式使用后评估。由于目标的不同，其操作过程和周期也不相同。这三种评估系统不是逐一进行的，而是针对不同的需求水平而各自独立进行
方针	《中共中央、国务院关于进一步加强城市规划建设管理工作的若干意见》（七）加强建筑设计管理。按照"适用、经济、绿色、美观"的建筑方针，突出建筑使用功能以及节能、节水、节地、节材和环保，防止片面追求建筑外观形象。强化公共建筑和超限高层建筑设计管理，建立大型公共建筑工程后评估制度
	《住房城乡建设部关于完善质量保障体系提升建筑工程品质指导意见》
制度	建立建筑"前策划、后评估"制度，完善建筑设计方案审查论证机制，提高建筑设计方案决策水平
	《中央政府投资项目后评价管理办法》相关规定
定义	第二条　本办法所称项目后评价，是指在项目竣工验收并投入使用或运营一定时间后，运用规范、科学、系统的评价方法与指标，将项目建成后所达到的实际效果与项目可行性研究报告、初步设计（含概算）文件及其审批文件的主要内容进行对比分析，找出差距及原因，总结经验教训、提出相应对策建议，并反馈到项目参与各方，形成良性项目决策机制。【2023】 根据需要，可以针对项目建设（或运行）的某一问题进行专题评价，可以对同类的多个项目进行综合性、政策性、规划性评价
适用范围	第三条　国家发展改革委审批可行性研究报告的中央政府投资项目的后评价工作，适用本办法。 国际金融组织和外国政府贷款项目后评价管理办法另行制定
责任部门	第五条　国家发展改革委负责项目后评价的组织和管理工作。 具体包括：确定后评价项目，督促项目单位按时提交项目自我总结评价报告并进行审查，委托承担后评价任务的工程咨询机构，指导和督促有关方面保障后评价工作顺利开展和解决后评价中发现的问题，建立后评价信息管理系统和后评价成果反馈机制，推广通过后评价总结的成功经验和做法等

自我总结评价	第六条　本办法第三条第一款规定范围内的项目，项目单位应在项目竣工验收并投入使用或运营**一年后两年内**，将自我总结评价报告报送国家发展改革委。其中，中央本级项目通过项目行业主管部门报送同时抄送项目所在地省级发展改革部门，其他项目通过省级发展改革部门报送同时抄送项目行业主管部门
	第七条　项目单位可委托具有相应资质的工程咨询机构编写自我总结评价报告。**项目单位**对自我总结评价报告及相关附件的**真实性**负责
评价机构	第十三条　国家发展改革委根据项目后评价年度计划，委托具备相应资质的工程咨询机构承担项目后评价任务。国家发展改革委**不得委托参加过同一项目前期、建设实施工作**或**编写自我总结评价报告**的工程咨询机构承担该项目的后评价任务
方法	第十七条　项目后评价应采用**定性和定量**相结合的方法，主要包括：**逻辑框架法**、**调查法**、**对比法**、**专家打分法**、**综合指标体系评价法**、**项目成功度评价法**。具体项目的后评价方法应根据项目特点和后评价的要求，选择一种或多种方法对项目进行综合评价
《绿色建筑后评估技术指南》（办公和商店建筑版）	
后评估内容	1.0.2　绿色建筑后评估是对绿色建筑投入使用后的效果评价，包括建筑运行中的**能耗、水耗、材料消耗**水平评价，建筑提供的室内外**声环境、光环境、热环境、空气品质、交通组织、功能配套、场地生态**的评价，以及建筑使用者干扰与反馈的评价
指标体系	2.2.1　绿色建筑后评估指标体系由**节地与室外环境、节能与能源利用、节水与水资源利用、节材与材料资源利用、室内环境质量、运营管理** 6 类指标组成。 每 6 类指标包含分值不等的评分项

 **典型习题**

25-6［2023-64］中央政府投资项目评价是项目建成后使用或运营一段时间后，对比分析（　　）。

A. 勘察设计效果和施工完成度

B. 设计管理和施工管理过程

C. 可行性研究报告、初步设计文件（含概算）和审批文件主要内容与项目建成的实际效果

D. 审批文件与施工监理过程

答案：C

解析：参见考点 4 中《中央政府投资项目后评价管理办法》"定义"相关规定，项目后评价是指在项目竣工验收并投入使用或运营一定时间后，运用规范、科学、系统的评价方法与指标，将项目建成后所达到的实际效果与项目的可行性研究报告、初步设计（含概算）文件及其审批文件的主要内容进行对比分析。

参考法律、标准、规范、规程

[1]《中华人民共和国建筑法》
[2]《中华人民共和国城乡规划法》
[3]《中华人民共和国土地管理法》
[4]《中华人民共和国民法典 第三编 合同》
[5]《中华人民共和国招标投标法》
[6]《中华人民共和国城市房地产管理法》
[7]《中华人民共和国标准化法》
[8]《中华人民共和国注册建筑师条例》
[9]《中华人民共和国注册建筑师条例实施细则》
[10]《建设工程质量管理条例》
[11]《建设工程勘察设计管理条例》
[12]《实施工程建设强制性标准监督规定》
[13]《中华人民共和国招标投标法实施条例》
[14]《必须招标的工程项目规定》
[15]《建筑工程设计招标投标管理办法》
[16]《工程建设项目勘察设计招标投标办法》
[17]《建设工程方案设计招标投标管理办法》
[18]《工程勘察设计收费管理规定》
[19]《工程设计收费标准》
[20]《建设工程勘察设计资质管理规定》
[21]《建筑工程设计文件编制深度规定》
[22]《房屋建筑和市政基础设施工程施工图设计文件审查管理办法》
[23]《建设工程安全生产管理条例》
[24]《建设工程监理范围和规模标准规定》
[25]《城市设计管理办法》
[26]《房屋建筑和市政基础设施项目工程总承包管理办法》
[27]《中央政府投资项目后评价管理办法》
[28]《房屋建筑和市政基础设施工程施工招标投标管理办法》
[29]《住房城乡建设部关于推进全过程工程咨询服务发展的指导意见》
[30]《关于进一步加强城市规划建设管理工作的若干意见》
[31]《建设工程消防设计审查验收管理暂行规定》
[32]《建设项目环境保护管理条例》
[33]《住房城乡建设部关于完善质量保障体系提升建筑工程品质指导意见》
[34]《绿色建筑后评估技术指南》（办公和商店建筑版）
[35]《关于推动城乡建设绿色发展的意见》
[36]《绿色建筑标识管理办法》
[37]《建筑安装工程费用项目组成》（建标〔2013〕44 号）
[38]《建设工程造价咨询规范》（GB/T 51095—2015）
[39]《建设工程工程量清单计价规范》（GB 50500—2013）
[40]《工程造价术语标准》（GB/T 50875—2013）

［41］《建筑工程施工质量验收统一标准》（GB 50300—2013）

［42］《建筑与市政工程施工质量控制通用规范》（GB 55032—2022）

［43］《砌体结构工程施工质量验收规范》（GB 50203—2011）

［44］《混凝土结构工程施工规范》（GB 50666—2011）

［45］《砌体结构通用规范》（GB 55007—2021）

［46］《混凝土结构工程施工质量验收规范》（GB 50204—2015）

［47］《混凝土结构通用规范》（GB 55008—2021）

［48］《钢结构工程施工质量验收标准》（GB 50205—2020）

［49］《钢结构通用规范》（GB 55006—2021）

［50］《地下防水工程质量验收规范》（GB 50208—2011）

［51］《屋面工程质量验收规范》（GB 50207—2012）

［52］《建筑与市政工程防水通用规范》（GB 55030—2022）

［53］《建筑装饰装修工程质量验收标准》（GB 50210—2018）

［54］《建筑地面工程施工质量验收规范》（GB 50209—2010）

［55］《建设工程项目管理规范》（GB/T 50326—2017）

［56］《建设项目工程总承包管理规范》（GB/T 50358—2017）

［57］《建设工程监理规范》（GB/T 50319—2013）

［58］《建设项目投资估算编审规程》（CECA/GC 1—2015）

［59］《建设项目设计概算编审规程》（CECA/GC 2—2015）

［60］《建设项目工程结算编审规程》（CECA/GC 3—2010）

［61］《建设项目全过程造价咨询规程》（CECA/GC 4—2009）

［62］《建设项目施工图预算编审规程》（CECA/GC 5—2010）

［63］《建设工程招标控制价编审程序》（CECA/GC 6—2011）

［64］《建设工程造价咨询成果文件质量标准》（CECA/GC 7—2012）

［65］《建设工程造价鉴定规程》（CECA/GC 8—2012）

［66］《建设项目工程竣工决算编制规程》（CECA/GC 9—2013）

［67］《建设工程造价咨询工期标准（房屋建筑工程）》（CECA/GC 10—2014）

［68］《建筑外墙防水工程技术规程》（JGJ/T 235—2011）

［69］《建设工程设计合同示范文本（房屋建筑）》（GF—2015—0209）

［70］《建设项目工程总承包合同（示范文本）》（GF—2020—0216）